Drei grundsätzliche Empfehlungen zur Arbeitskleidung:

- Arbeitskleidung aus Naturfasern, z.B. Baumwolle,
- enganliegende Kleidung
- feste Schuhe

Gebotszeichen

Augenschutz tragen | Schutzhelm tragen | Gehörschutz tragen | Atemschutz tragen | Schutzschuhe tragen | Schutzhandschuhe tragen

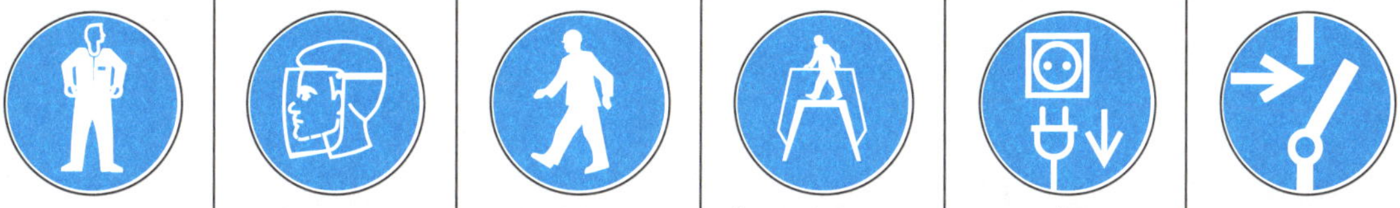

Schutzkleidung tragen | Gesichtsschild tragen | Für Fußgänger | Übergang benutzen | Vor Öffnen Netzstecker ziehen | Vor Arbeitsbeginn freischalten

Warnzeichen

Warnung vor feuergefährlichen Stoffen | Warnung vor explosionsgefährlichen Stoffen | Warnung vor giftigen Stoffen | Warnung vor ätzenden Stoffen | Warnung vor radioaktiven Stoffen oder ionisierenden Strahlen

Warnung vor schwebenden Lasten | Warnung vor Flurförderzeugen | Warnung vor gefährlicher elektrischer Spannung | Warnung vor Laserstrahlen | Warnung vor brandfördernden Stoffen

Warnung vor Kälte | Warnung vor gesundheitsschädlichen oder reizenden Stoffen | Warnung vor Gasflaschen | Warnung vor explosionsfähiger Atmosphäre | Warnung vor Biogefährdung

Warnung vor Gefahren durch Batterien | Warnung vor Quetschgefahr | Warnung vor Handverletzungen | Warnung vor Fräswelle | Warnung vor elektromagnetischen Feldern

Warnung vor automatischem Anlauf | Warnung vor heißer Oberfläche | Warnung vor Stolpergefahr | Warnung vor Rutschgefahr | Warnung vor einer Gefahrenstelle

auch über Web-Link

NEU Rufen Sie animierte Grafiken ab

Mit einem QR-Code oder über *www.westermann.de/links/231220*

per Smartphone

1. Scannen Sie den QR-Code.

2. Die gewünschte Animation läuft direkt auf dem Display Ihres Smartphones.

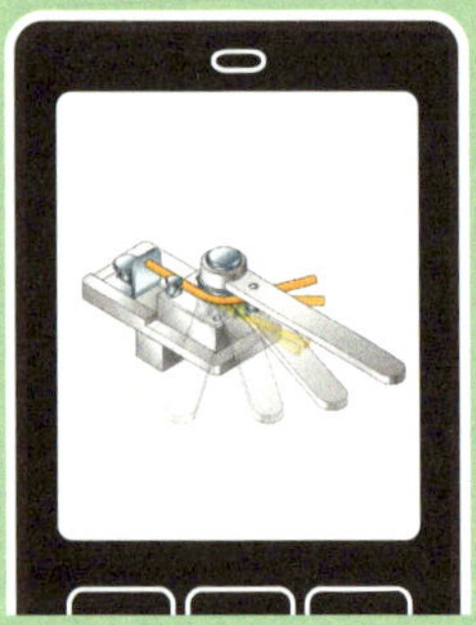

Hinweis: Flash oder html5 ist erforderlich!

per Web-Link am PC

1. Geben Sie *www.westermann.de/links/231220* in den Browser ein.

2. Wählen Sie die gewünschte Animation aus.

3. Sie gelangen direkt zur gewünschten Animation.

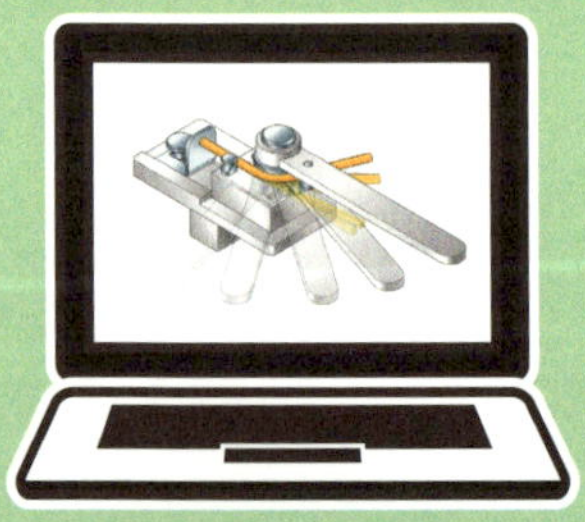

Jürgen Kaese, Lutz Langanke, Karl-Georg Schmid, Günter Sokele, Gunther Tiedt

Metalltechnik

Grundwissen

- Manuelles Fertigen
- Maschinelles Fertigen
- Herstellen von Baugruppen
- Warten/Steuern

Unter Mitarbeit der Verlagsredaktion.

westermann

Diesem Buch wurden die bei Manuskriptabschluss vorliegenden neuesten Ausgaben der DIN-Normen, VDI-Richtlinien und sonstigen Bestimmungen zu Grunde gelegt. Verbindlich sind jedoch nur die neuesten Ausgaben der DIN-Normen und VDI-Richtlinien und sonstigen Bestimmungen selbst.

Die DIN-Normen wurden wiedergegeben mit Erlaubnis des DIN Deutsches Institut für Normung e.V. Maßgebend für das Anwenden der Norm ist deren Fassung mit dem neuesten Ausgabedatum, die bei der Beuth-Verlag GmbH, Burggrafenstraße 6, 10787 Berlin, erhältlich ist.

3. Auflage, 2012
Druck 2, Herstellungsjahr 2013

Redaktion: Martin Reinelt
Titelgestaltung: boje5 Grafik & Werbung, Braunschweig
Satz und Lay-out: Sabine Fehmer, Grafik & Layout, Destedt
Druck und Bindung: westermann druck GmbH, Braunschweig

ISBN 978-3-14-**23 1220**-0

VORWORT UND NUTZERHINWEISE

Der Schülerband vermittelt die berufsbezogenen Lerninhalte für die industriellen und handwerklichen Metallberufe der Grundstufe. Das Unterrichtswerk ist entsprechend dem Rahmenlehrplan nach **LERNFELDERN** gegliedert. Abweichend vom Rahmenlehrplan sind die steuerungstechnischen Sachverhalte in einem eigenständigem Kapitel beschrieben.

ARBEITSAUFTRAG

Für die Fertigung des Trichters einschließlich der Halterung sind die geeigneten Halbzeuge zu verwenden.

Aus der Stückliste kann man die Bezeichnungen für die Halbzeuge und die dazugehörigen Werkstoffe entnehmen. Das Material ist zu beschaffen. Dazu sind Kenntnisse über die Bezeichnung der Halbzeuge und der Werkstoffe notwendig.

In den Kapiteln werden die berufsbezogenen Lerninhalte an Hand von Aufträgen, die sich beispielhaft auf ausgewählte praxisorientierte Projekte beziehen, dargestellt. Die grundlegenden kommunikativen, technologischen und mathematischen Sachverhalte werden herausgearbeitet und umfassend beschrieben. Hierbei wird auch auf sicherheitstechnische und umweltbezogene Aspekte eingegangen. Für die Arbeitsaufträge werden am Ende größerer Abschnitte beispielhafte Arbeitsplanungen dargestellt und dokumentiert.

Durch das Konzept werden fachsystematische und handlungssystematische Strukturen miteinander verschränkt.

Fertigen

Die einzelnen Abschnitte der Kapitel sind entsprechend ihrem fachlichen Schwerpunkt durch Hinweise am Seitenrand gegliedert. Abschnitte, in denen beispielweise die einzusetzenden Verfahren, Werkzeuge und Maschinen zum Durchführen einer Arbeitshandlung beschrieben werden, sind mit dem Hinweis Fertigen gekennzeichnet.

Die Sachverhalte sind in einfacher Sprache beschrieben. Aufzählungen, tabellarische Darstellungen, kursive Hervorhebungen und Verweise auf die zugehörigen Abbildungen unterstützen das selbstständige Lernen.

Grundlagen

Naturwissenschaftliche Grundlagen zum vertiefenden Verständnis technologischer Sachverhalte sind im entsprechenden Zusammenhang dargestellt. Es werden dabei allgemeingültige Prinzipien und Gesetzmäßigkeiten herausgearbeitet und erläutert. Diese sind auf andere Zusammenhänge übertragbar und durch einen blau unterlegten Hinweis am Seitenrand hervorgehoben.

Farbige Merksätze und Zusammenfassungen dienen der schnellen Orientierung und Wiederholung.

! Der Ausgang einer *UND-Verknüpfung* führt nur dann ein 1-Signal, wenn alle Eingänge ein 1-Signal aufweisen.

Zusammenfassung

Die mathematische Darstellung technologischer Sachverhalte erfolgt immer auch an durchgerechneten Beispielen. Sie sind durch blaue Unterlegungen gekennzeichnet.

Beispiel:
In eine Platte aus S 235 JR soll eine Nut 20 mm breit und 2 mm tief mit einem Schlichtschnitt eingefräst werden. Als Werkzeug wird ein Schaftfräser Ø 20 mm aus Schnellarbeitsstahl mit 6 Zähnen verwendet.

Hinweise zur Arbeitssicherheit und zum Umweltschutz sind durch eine rote Unterlegung hervorgehoben.

Unfallverhütung
- Schutzkleidung und Schutzbrille tragen.
- Für gute Belüftung sorgen, da Lot- und Flussmitteldämpfe gesundheitsschädigend sind.
- Hautkontakt mit den Flussmitteln vermeiden.

Auf die Darstellung umfangreicher Tabellenwerte, die in Tabellenbüchern nachgeschlagen werden können, wurde bewusst verzichtet. Stattdessen wird im Text auf das Tabellenbuch verwiesen. Durch das Nachschlagen von Informationen soll zum selbstständigen Arbeiten mit Informationsquellen angehalten werden.

In einem eigenen Abschnitt werden Methoden zum Entwickeln, Auswählen und Präsentieren am Beispiel fachlicher Inhalte dargestellt.

Am Ende eines Kapitels wird am Beispiel eines kleineren technischen Systems eine Gesamtaufgabe gestellt. Sie enthält Aufgaben zum selbstständigen Informieren, Planen und Reflektieren.

Gesamtaufgabe

Ein umfangreiches Sachwortverzeichnis in deutscher und englischer Sprache soll den Fremdsprachenerwerb in der Berufsschule unterstützen.

Zum Grundwissenband gehört ein Band mit Arbeitsaufträgen. Die Arbeitsaufträge bieten zahlreiche auf dieses Buch abgestimmte Aufgabenstellungen zur Vertiefung und Erweiterung.

Autoren und Verlag, Braunschweig 2012

Inhaltsverzeichnis — contents

1 Manuelles Fertigen von Bauteilen — manual producing of components

Inhaltsverzeichnis — contents

2 Maschinelles Fertigen von Bauteilen — mechanical producing of components

Inhaltsverzeichnis — contents

3 Herstellen von Baugruppen — producing assemblies

Inhaltsverzeichnis — contents

4 Herstellen einfacher Steuerungen — producing simple controls

5 Warten technischer Systeme — service of technical systems

TRICHTER

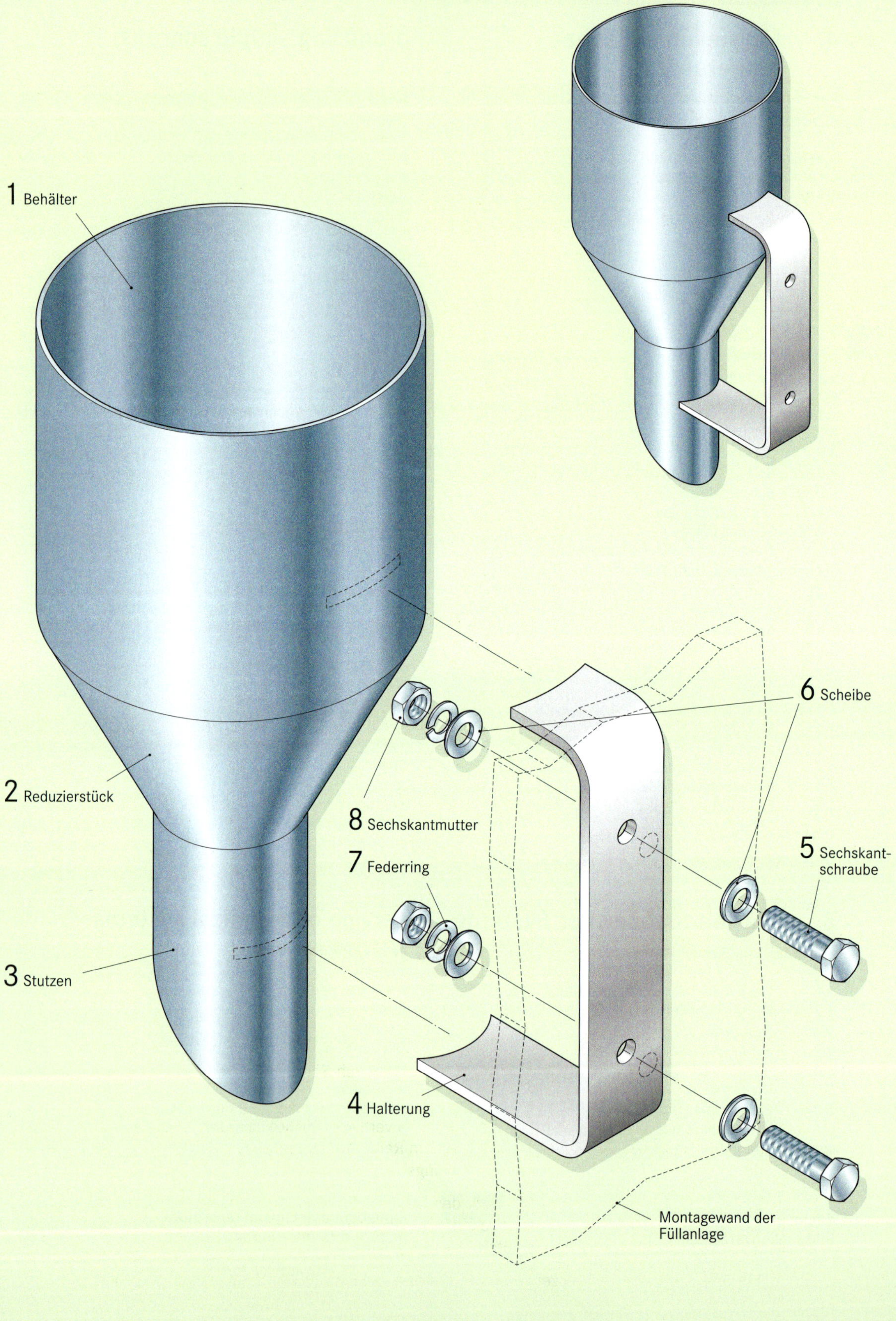

1 Behälter
2 Reduzierstück
3 Stutzen
4 Halterung
5 Sechskant-schraube
6 Scheibe
7 Federring
8 Sechskantmutter
Montagewand der Füllanlage

GESAMTAUFTRAG

Der abgebildete Trichter soll zum Umfüllen von Granulat verwendet werden. In den oberen zylindrischen Behälter wird das Schüttgut eingefüllt und gelangt durch das kegelige Reduzierstück und den unteren zylindrischen Stutzen auf ein Förderband. Der Trichter ist durch eine Halterung an der Füllanlage befestigt.

Der Trichter wird vorerst als Einzelteil hergestellt, da die gesamte Füllanlage noch erprobt werden soll. Daher wird der Trichter manuell gefertigt.

ANALYSE

Technische Unterlagen

Zur Vorbereitung der Fertigung stehen folgende technische Unterlagen zur Verfügung:

- die *Gesamtzeichnung*, die den Trichter im zusammengebauten Zustand zeigt,
- die *Stückliste*, in der alle zum Erzeugnis gehörenden Gegenstände mit Angabe der Bezeichnung, der Menge und der Einheit aufgezählt sind und
- die *Einzelteilzeichnungen*, die die einzelnen Bauteile fertigungsgerecht darstellen.

Diese Unterlagen sind zuerst auszuwerten. Reichen die dort gemachten Angaben nicht aus, sind weitere Unterlagen heranzuziehen, z. B. das Tabellenbuch.

Aus der Gesamtzeichnung und der dazugehörenden Stückliste kann man den Aufbau des Trichters erkennen. Der Aufbau ergibt sich aus

- der Art und der Anzahl der Einzelteile und
- der räumlichen Anordnung der Teile zueinander.

Aufbau des Trichters

Der Trichter besteht aus drei Hohlkörpern. Der Behälter (Pos. 1) und der Stutzen (Pos. 3) sind aus Blech zylindrisch geformt.

Das Reduzierstück (Pos. 2) ist ebenfalls aus Blech gefertigt und hat die Form eines Kegelstumpfes. An den Stoßstellen sind die Bleche jeweils durch Löten gefügt. Der Trichter ist mit einer Halterung (Pos. 4) versehen, die an den Hohlkörper angelötet ist. Die Halterung ist mit zwei Sechskantschrauben (Pos. 5) an der Füllanlage befestigt. Beidseitig der Halterung sind Scheiben (Pos. 6) untergelegt, die Sechskantmuttern (Pos. 8) sind jeweils durch einen Federring (Pos. 7) gesichert.

Fertigung

Die Einzelteile Pos. 1 bis Pos. 4 des Trichters werden manuell gefertigt.

Die Halterung wird aus Flachstahl hergestellt. Dieser wird durch *Sägen* auf die erforderliche Länge zugeschnitten und dann in die vorgegebene Form gebogen.

Um die Halterung mit Behälter und Stutzen durch Löten verbinden zu können, werden an den Enden des Flachstahls durch *Feilen* Radien gefertigt, die dem Radius des Behälters bzw. des Stutzens entsprechen. Für die Verschraubung werden zwei Durchgangslöcher gebohrt.

Durch Scherschneiden werden die Rohteile für den Behälter, das Reduzierstück und den Stutzen aus Blech ausgeschnitten und durch *Biegen* zu je einem Hohlkörper umgeformt. Anschließend werden die Bleche an den Stoßstellen zusammengelötet.

Für die Fertigung müssen die Halbzeuge und Werkstoffe nach der Stückliste ausgesucht werden.

ANALYSE

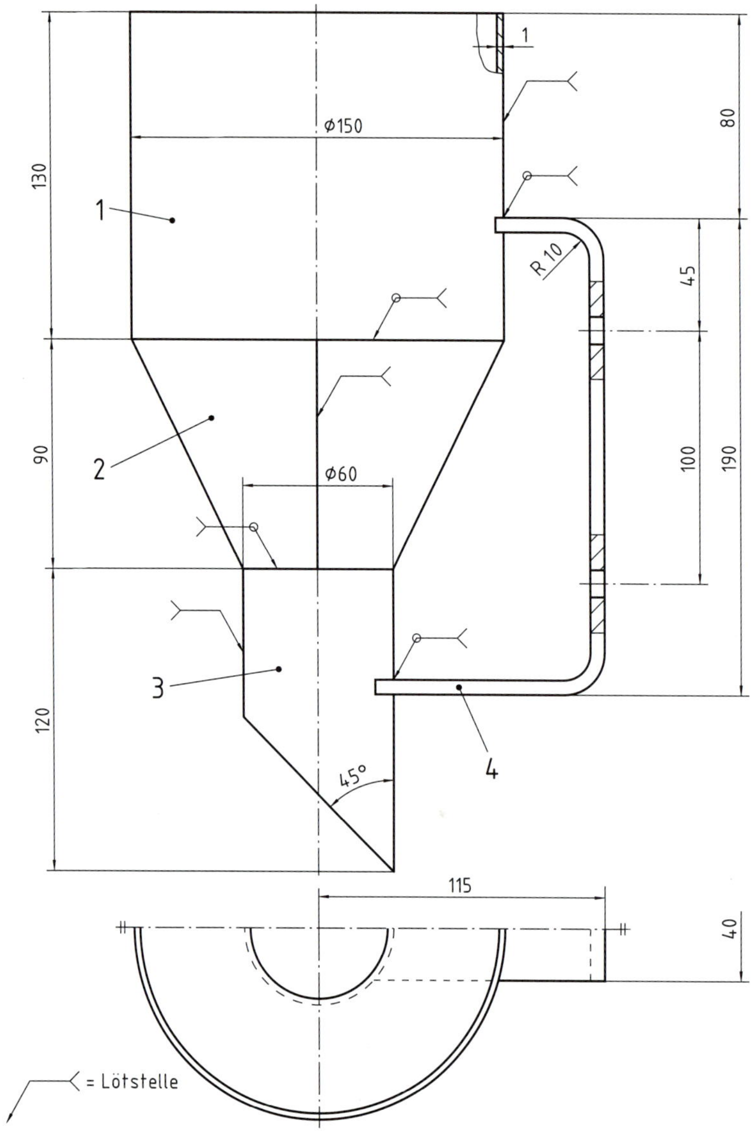

1.1 Auswerten von technischen Unterlagen

ARBEITSAUFTRAG

Für die Fertigung des Trichters liegen einige technische Unterlagen vor, nach denen das Bauteil hergestellt werden soll.

Um die Einzelteile fertigen und alle Einzelteile funktionsgerecht montieren zu können, muss man die technischen Unterlagen auswerten und eventuell durch Zusatzinformationen ergänzen.

Ermitteln Sie alle für die Fertigung und Montage notwendigen Informationen.

1.1.1 Technische Unterlagen

Für die Fertigung, die Qualitätskontrolle und die Montage des Trichters gibt es folgende technische Unterlagen:

- eine Gesamtzeichnung, um die Lage der Einzelteile zueinander und die Funktion der Vorrichtung zu erkennen,
- eine Stückliste, um die Anzahl der Einzelteile zu erfassen und eine Mengen- und Preiskalkulation vornehmen zu können,
- die Einzelteilzeichnungen mit allen für die Fertigung notwendigen Angaben und
- einen Anordnungsplan (Explosionszeichnung), um die Einzelteile funktionsgerecht montieren zu können.

Neben den genannten technischen Unterlagen werden noch weitere Informationen benötigt, z. B. aus

- Normen, um den Durchmesser der Durchgangslöcher für die Schrauben festzulegen,
- Tabellen, um Werkzeuge und Fertigungsdaten zu ermitteln,
- Plänen, um den Ablauf der Fertigung festzulegen,
- Firmenkatalogen, um geeignete Bauteile und Werkzeuge mit deren Eigenschaften, Abmessungen und Preisen heraus zu finden,
- Internetveröffentlichungen, um Daten, Untersuchungen und Erfahrungen anderer nutzen zu können und
- Lehrbüchern und Nachschlagewerken, um Informationen aufbereitet und in verständlicher oder kurzer Form erhalten zu können.

Viele Informationen kann man dem Tabellenbuch entnehmen.

! Technische Unterlagen sind Informationsträger, z. B. Zeichnungen, Stücklisten, Pläne und Normen, die für die Produktion notwendig sind.

1.1.2 Gesamtzeichnung und Stückliste

Die Gesamtzeichnung des Trichters zeigt die einzelnen Bauteile im Zusammenbau. Das Lesen und Verstehen der Gesamtzeichnung ist Voraussetzung für die Montage und im Falle einer Wartung der Demontage einer komplexen Baugruppe. Es wird der Funktionszusammenhang der Einzeiteile und die Gesamtfunktion der Konstruktion erkennbar. Die vorliegende Gesamtzeichnung enthält auch die Stückliste.

Das Schriftfeld ① unten auf der Seite gibt die Leselage der Zeichnung vor. Die Buchstaben und Zahlen der Zeichnung sind von unten und von rechts lesbar. Im Schriftfeld sind angeben:

- der Name des Gegenstandes: Türschlossriegel,
- die Zeichnungsnummer: 1.000,
- die Angaben zur Bearbeitung, Prüfung und Normenkontrolle.

Daneben gibt es weitere Angaben, die den Umgang mit der Zeichnung erleichtern.

Die kurze Stückliste ② ist hier über dem Schriftfeld angeordnet. Es werden darin angegeben:

- die Positionsnummern,
- die Menge der Einzelteile einschließlich der Mengeneinheit,
- die Benennung der Einzelteile,
- die Sach- oder Zeichnungsnummer
- und wenn notwendig Bemerkungen.

Besteht der dargestellte Gegenstand aus vielen Einzelteilen und wird die Stückliste dadurch länger, wird sie auf einem besonderen Formular geschrieben. Während hier die Einzelteile von unten nach oben angeordnet sind, werden sie auf einem Stücklistenformular von oben nach unten sortiert. Man erkennt dieses an der Anordnung der Positionsnummern (Pos.).

Der Trichter ist in der Gesamtzeichnung in zwei Ansichten dargestellt, in der Vorderansicht und der Draufsicht (→📖).

In der Zeichnung sind die Grundmaße des Trichters angegeben. Grundmaße sind Länge, Breite und Höhe.

In der Gesamtzeichnung kann man die Lage der einzelnen Bauteile zueinander erkennen. Die Bauteile sind durch Positionsnummern gekennzeichnet. Mit Hilfe der Stückliste sind sie eindeutig zu identifizieren.

Für die Montage des Trichters aus den einzelnen Bauteilen ist die Gesamtzeichnung eine Grundlage. Es kann auch der Anordnungsplan (Explosionszeichnung) (→📖) für die Montage verwendet werden.

1.1.3 Einzelteilzeichnung

Die Einzelteilzeichnung der Halterung (Abb. 1) muss alle notwendigen Informationen für die Fertigung und die Qualitätskontrolle enthalten. Dazu zählen:

- Informationen des Schriftfeldes, z. B. Benennung, Halbzeug und Werkstoff, Maßstab der Darstellung, Angaben zur Oberflächenbeschaffenheit und zu den Allgemeintoleranzen,
- Informationen der Darstellung, z. B. Grundformen, Bearbeitungsformen,
- Informationen der Bemaßung, z. B. Größe und Formen, besondere Abmaße und
- Informationen durch Symbole, z. B. Angaben zur Oberflächenbeschaffenheit und Allgemeintoleranzen.

Im Schriftfeld sind angegeben:

- ① die Benennung des Einzelteils: Halterung
- ② die Zeichnungsnummer: 231220-04
- ③ die Angaben für das Halbzeug:
  Flach EN 10278-40 x 6h11 x 304
  EN 10277-2-S235JRC+C
- ④ der Zeichnungsmaßstab: 1:2
- ⑤ der Hinweis auf die Norm für die Oberflächenbeschaffenheit: **DIN EN ISO 1302**
- ⑥ der Hinweis auf die Norm für die Allgemeintoleranzen: **DIN ISO 2768 - c**

Im ersten Produktionsschritt sind das angegebene Halbzeug bereitzustellen und dessen Rohmaße zu überprüfen.

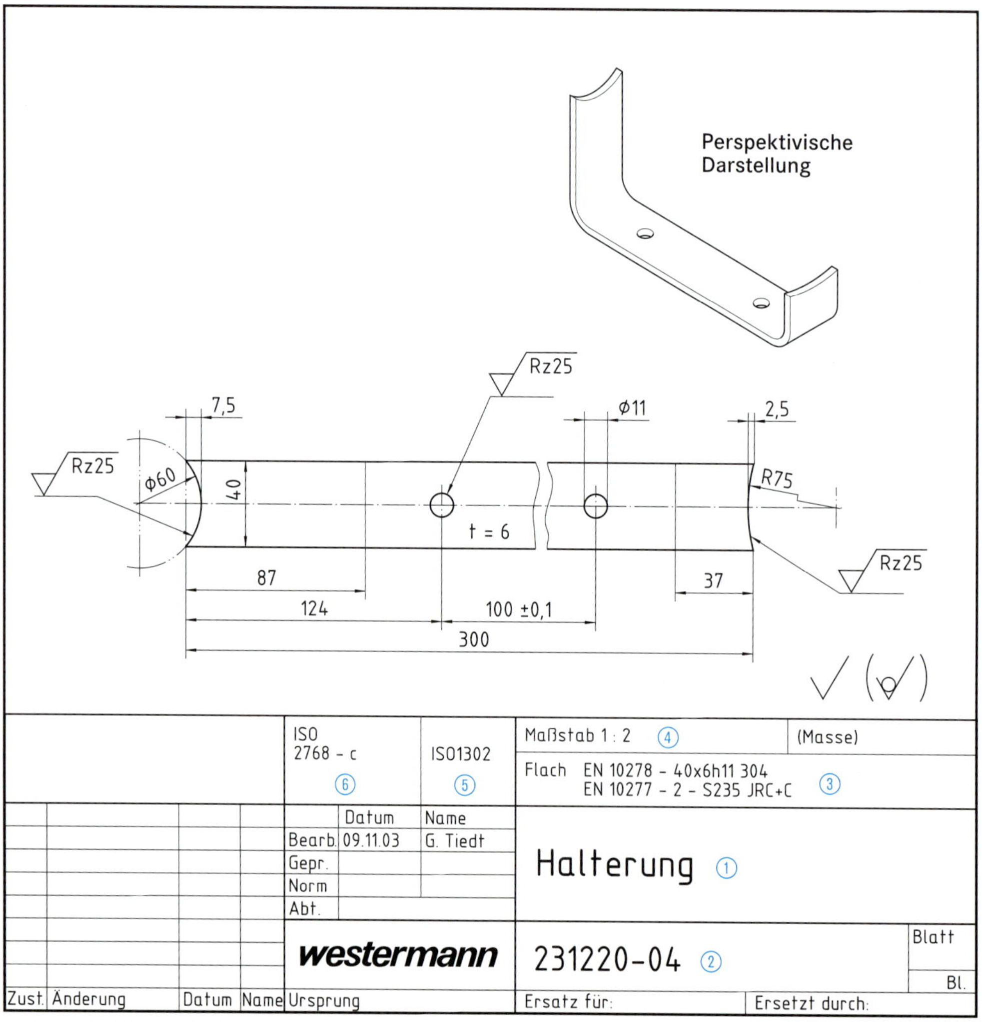

Abb. 1: Einzelteilzeichnung der Halterung

1.2 Halbzeuge und Werkstoffe

ARBEITSAUFTRAG

Für die Fertigung des Trichters einschließlich der Halterung sind die geeigneten Halbzeuge zu verwenden.

Aus der Stückliste kann man die Bezeichnungen für die Halbzeuge und die dazugehörigen Werkstoffe entnehmen. Das Material ist zu beschaffen. Dazu sind Kenntnisse über die Be-zeichnung der Halbzeuge und der Werkstoffe notwendig.

informieren

1.2.1 Halbzeuge

! *Halbzeuge* sind im Allgemeinen Flacherzeugnisse und Profile, z. B. Stahlblech oder Stahlprofile.

Halbzeugbezeichnung

Für die Halterung (Pos. 4) findet man in der Stückliste in der Spalte „Norm-Kurzbezeichnung" die Angabe für die Bezeichnung des Halbzeuges und in der Spalte „Bemerkungen" den dazugehörigen Werkstoff.

Vielfach werden die Benennungen für Halbzeuge auch abgekürzt oder die Halbzeuge werden mit Hilfe eines Bildzeichens benannt.

Beispiel:
Flach oder FL oder ▭

Weitere Angaben findet man im Tabellenbuch (➡📖). Halbzeuge gibt es in unterschiedlichen Erzeugnisformen (Tab. 1).

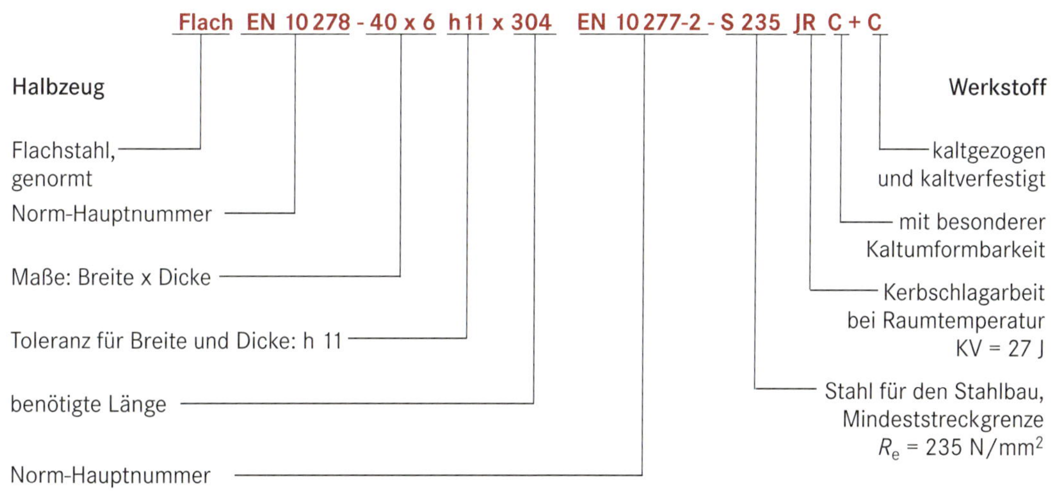

Tab. 1: Erzeugnisformen

Halbzeuge			
Bleche und Bänder		Vollprofile	
	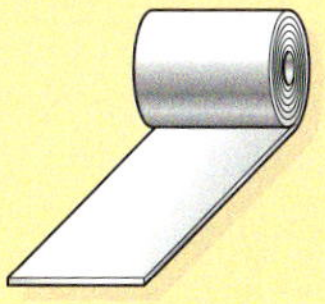	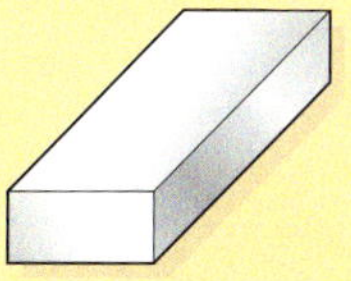	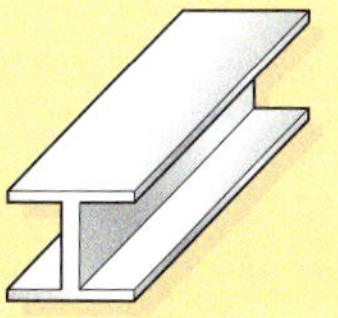
Blech	Band	Rechteckprofil	I-Profil
nahtlose Rohre		geschweißte Rohre	
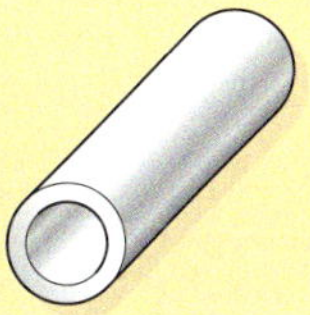	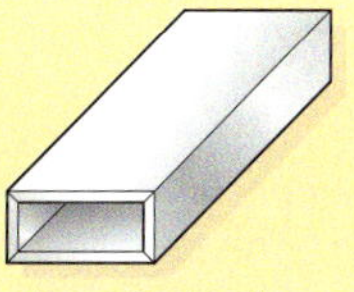	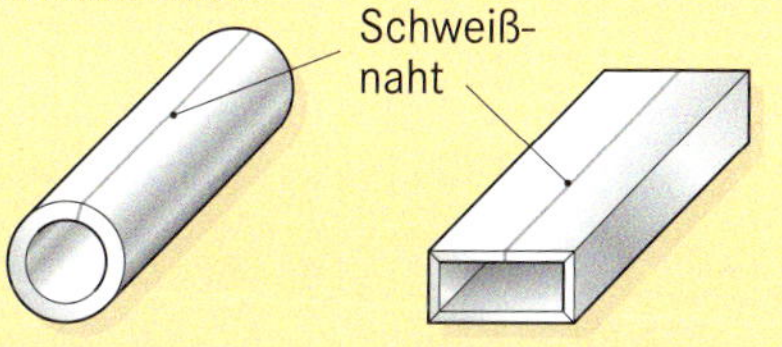	
kreisförmiges Rohr	Rechteckrohr	kreisförmiges Rohr	Rechteckrohr

1.2.2 Werkstoffe

1.2.2.1 Einteilung der Werkstoffe

Die Einzelteile des Trichters werden aus unterschiedlichen Stählen hergestellt.

Neben den Stählen gibt es noch viele verschiedenartige Werkstoffe, aus denen je nach Verwendung Bauteile hergestellt werden.

Um die verschiedenen Werkstoffe, deren Eigenschaften und Verwendung gegeneinander abzugrenzen, werden sie in Gruppen eingeteilt. Man unterscheidet zwischen Metallen, Verbundstoffen und Nichtmetallen.

Diese Gruppen kann man weiter unterteilen (Tab. 1).

Tab. 1: Einteilung der Werkstoffe

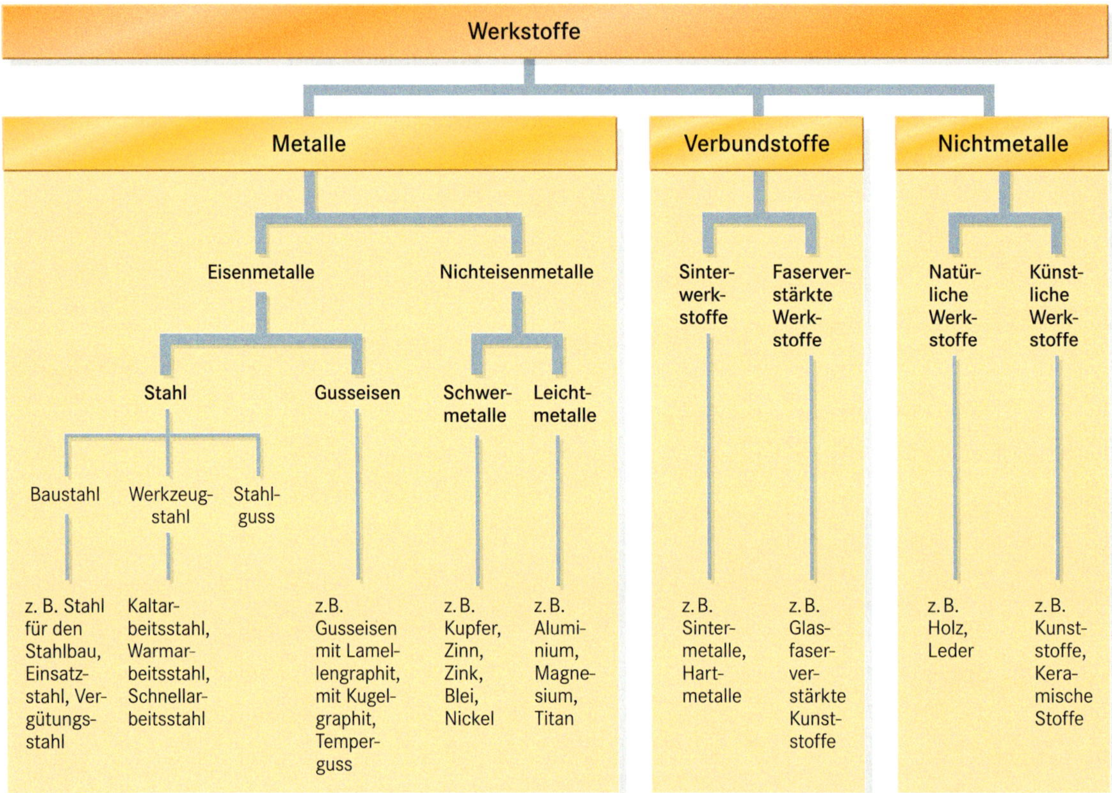

Für die Herstellung der Werkstücke benötigt man zusätzlich *Energie* und *Hilfsstoffe*.

Energie wird gebraucht z. B.

- als elektrischer Strom zum Antreiben der Fertigungsmaschinen,
- als Druckluft zur pneumatischen Steuerung der Maschinen,
- als Wärme zur Behandlung der Werkstoffe.

Hilfsstoffe werden ebenfalls für die Produktion benötigt. Sie sind nicht Teil des fertigen Werkstückes.

Zu den *Hilfsstoffen* zählen z. B.

- Schmierstoffe zur Minderung der Reibung an beweglichen Teilen einer Werkzeugmaschine,
- Kühlschmierstoffe zur Herabsetzung der Reibung und Abfuhr der Wärme, z. B. an den Bohrerschneiden,
- Schleif- und Poliermittel zur Herstellung feiner Oberflächen,
- Flussmittel zur Herstellung einer einwandfreien Lötnaht,
- Reinigungsmittel zur Erzeugung einer sauberen Werkstückoberfläche, z. B. vor dem Beschichten.

Hilfsstoffe bestehen vielfach aus umweltschädigenden Chemikalien, z. B. Ölen, Säuren und Lösungsmitteln.

Daher sind bei der Verwendung die Unfallverhütungsvorschriften einzuhalten. Bei der Entsorgung ist das Abfallgesetz und die Abfallbestimmungsverordnung zu beachten (→).

1.2.2.2 Bezeichnung der Eisenwerkstoffe

In der Stückliste für den Trichter ist für die Halterung neben der Halbzeugbezeichnung auch die Bezeichnung des Werkstoffes mit S 235 JR C+C angegeben.

Die Benennung der Eisenwerkstoffe ist in den Normen festgelegt (➡📖).

Bezeichnung von Stahl und Stahlguss

Die Stähle werden bezeichnet nach

- der Verwendung und den Eigenschaften oder
- der chemischen Zusammensetzung.

Die Bezeichnung besteht nach **DIN EN 10027** aus dem Hauptsymbol und dem Zusatzsymbol (➡📖).

- **Stähle, die nach der Verwendung und den Eigenschaften bezeichnet werden**

Das Hauptsymbol setzt sich zusammen

- aus einem Buchstaben für die Stahlgruppe, der Hinweise auf die Verwendung gibt (Tab. 2), und
- einer Zahl für die Eigenschaften. In Einzelfällen werden für die Eigenschaften zusätzlich ein Buchstabe und Zahlen angeben.

Dem Hauptsymbol können *Zusatzsymbole* aus Buchstaben und Zahlen folgen.

Tab. 2: Buchstaben für die Stahlgruppe (Auszug)

B	Betonstähle
D	Flacherzeugnisse aus weichen Stählen zum Kaltumformen
E	Maschinenbaustähle
H	Kaltgewalzte Flacherzeugnisse aus höherfesten Stählen zum Kaltumformen
L	Stähle für den Rohrleitungsbau
P	Stähle für den Druckbehälterbau
S	Stähle für den Stahlbau
G	Stahlguss

Bezeichnung eines Stahls für den Stahlbau:

Zusatzsymbol

Hauptsymbol

S 235 JR

Angabe der Stahlgruppe
Stähle für den Stahlbau

Angabe der Eigenschaft
Streckgrenze R_{eH} = 235 N/mm²

Angabe der Kerbschlagarbeit
KV = 27 J bei 20° C

Die als Zusatzsymbole in der Werkstoffbezeichnung S 235 JR C+C angefügten Buchstaben bedeuten:

- C : Stahl mit besonderer Kaltumformbarkeit
- +C : kalt umgeformt und kaltverfestigt.

Bezeichnung eines Stahls für den Maschinenbau:

E 295

Angabe der Stahlgruppe
Stähle für den Maschinenbau

Angabe der Eigenschaft
Streckgrenze R_{eH} = 295 N/mm²

Ein Zusatzsymbol wird in diesem Beispiel nicht angegeben.

Neben dieser Bezeichnung wird noch das bisherige Kurzzeichen für allgemeine Baustähle verwendet (➡📖). Es setzt sich zusammen aus dem Kurzzeichen für Stahl und der Angabe der Gebrauchseigenschaft. Diese wird durch eine Kennzahl, z. B. für die Mindestzugfestigkeit, angegeben. Die Kennzahl ist 1/10 der Mindestzugfestigkeit.

St 37

Kurzzeichen für allgemeinen Baustahl

Angabe der Gebrauchseigenschaft
Mindestzugfestigkeit
R_m = 370 N/mm²

Dieser Benennung können Buchstaben vorangestellt werden. Sie geben Hinweise auf die Erschmelzungsart und besondere Eigenschaften, die durch die Erschmelzung bedingt sind. Ebenso können Buchstaben oder Zahlen nachgesetzt werden. Sie geben Hinweise auf besondere Eigenschaften.

Stahlguss wird durch den vorgesetzten Buchstaben *G* und der Angabe der Gebrauchseigenschaft gekennzeichnet, z. B. GS - 52.

Die neuen Bezeichnungen nach **DIN EN 10027** und die alten Bezeichnungen werden nebeneinander angewandt.

- **Stähle, die nach der chemischen Zusammensetzung bezeichnet werden**

Das Hauptsymbol besteht

- aus der Angabe des Kohlenstoffgehaltes und
- der Angabe der Legierungselemente.

Dem Hauptsymbol können *Zusatzsymbole* aus Buchstaben und Zahlen folgen.

Unlegierte Stähle

Unlegierte Stähle sind Kohlenstoffstähle mit nur geringen Legierungsbestandteilen. Stähle, deren Mangan-Gehalt unter 1 % liegt, werden mit dem chemischen Symbol für Kohlenstoff und dessen Gehalt gekennzeichnet.

C 45 E

Chemisches Symbol für Kohlenstoff

Kennzahl für den Kohlenstoffgehalt
Kohlenstoffgehalt = 0,45 %

Angabe für den max. Schwefelgehalt

Der tatsächliche Kohlenstoffgehalt ist 1/100 der Kennzahl. Dem Hauptsymbol können Zusatzsymbole folgen, z. B. *E* oder *R* für bestimmte Schwefelgehalte. Diese Stähle sind Edelstähle.

Wird der Stahl als Stahlguss hergestellt, wird der Bezeichnung ein *G* vorangestellt, z. B. GC 25.

Niedrig legierte Stähle

Zu dieser Gruppe zählen legierte Stähle, unlegierte Stähle mit einem Mangangehalt > 1 % und Automatenstähle. Die Gehalte der einzelnen Legierungsbestandteile liegen unter 5 %. Sie werden mit Kenn-zahlen für die Gehalte und mit chemischen Symbolen bezeichnet.

15 CrMoV 5-9

Kennzahl für den Kohlenstoffgehalt
Kohlenstoffgehalt = 0,15 %

Angabe der Legierungselemente in fallender Reihenfolge

Kennzahl für den Gehalt der Legierungselemente
5 : **4** = 1,25 % Cr
9 : **10** = 0,9 % Mo
V in Anteilen

Aus der Bezeichnung kann man den tatsächlichen Anteil des einzelnen Legierungselementes ermitteln, indem man die entsprechende Kennzahl in der Bezeichnung durch den Faktor dividiert (Tab.1).

Tab. 1: Umrechnungsfaktoren

Legierungselement	Faktor
Cr, Co, Mn, Ni, Si, W	4
Al, Cu, Mo, Nb, Pb, Ta, Ti, V	10
C, N, P, S	100

Dem Hauptsymbol können Zusatzsymbole folgen.

Wird der Stahl als Stahlguss hergestellt, wird der Bezeichnung ein *G* vorangestellt, z. B. G 17 CrMo 5-5.

Hochlegierte Stähle

Stähle sind hochlegiert, wenn mindestens für ein Legierungsbestandteil der Gehalt ≥ 5 % Masseanteile beträgt. Der Gehalt an Legierungselementen wird ohne Umrechnung angegeben.

X 6 CrNiMoNb 17-12-2

Buchstabe für die Stahlgruppe hochlegierte Stähle

Kennzahl für den Kohlenstoffgehalt: Kohlenstoffgehalt = 0,06%

Angabe der Legierungsbestandteile in fallender Reihenfolge

Gehalt der Legierungselemente
17 % Cr, 12% Ni, 2% Mo,
Anteile Nb

Dem Hauptsymbol können Zusatzsymbole folgen.
Wird der Stahl als Stahlguss hergestellt, wird der Bezeichnung ein *G* vorangestellt, z. B. GX 6 CrNi 18-9.

Schnellarbeitsstähle

Das Hauptsymbol für die Bezeichnung der Schnellarbeitsstähle besteht aus

- den Buchstaben der Stahlgruppe und
- der Angabe der Masseprozente der Legierungsbestandteile in der Reihenfolge W-Mo-V-Co.

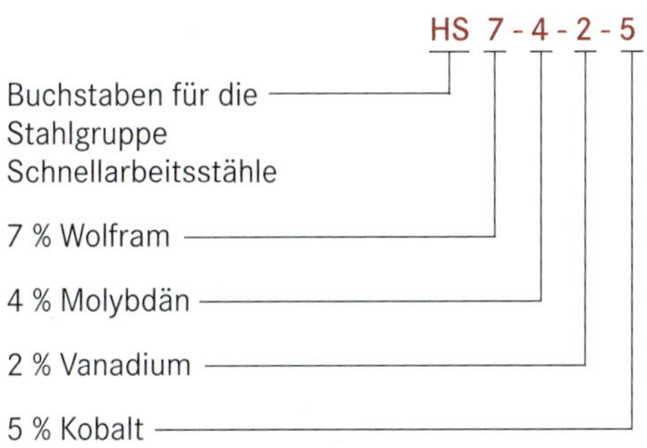

Haben Schnellarbeitsstähle weniger als 4,5 % Co und weniger als 2,6 % V, werden sie mit HSS bezeichnet.

Gusseisenwerkstoffe

Die Bezeichnung der Gusseisenwerkstoffe besteht aus dem Vorsatz EN (Euro-Norm), dem Hauptsymbol, welchem Zusatzsymbole folgen können. Das Hauptsymbol besteht aus

- dem Kurzzeichen für den Gusswerkstoff gefolgt von einem Bindestrich und
- der Angabe der Gebrauchseigenschaft (→).

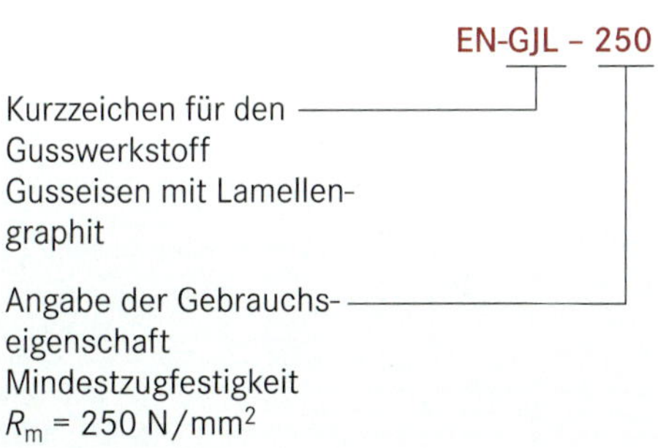

Bezeichnung der Werkstoffe durch Werkstoffnummern

Werkstoffe werden neben der Bezeichnung durch Buchstaben und Zahlen auch durch Werkstoffnummern gekennzeichnet. Dies ist vorteilhaft, wenn im Betrieb der Einsatz der Werkstoffe mit Hilfe der EDV verwaltet wird. Es sind je nach Werkstoff unterschiedliche Nummernsysteme im Gebrauch (→).

Zusammenfassung

Eisenwerkstoffe werden bezeichnet durch eine

- Werkstoffkurzbezeichnung oder
- Werkstoffnummer.

Die Werkstoffkurzbezeichnung besteht aus einem Hauptsymbol und einem Zusatzsymbol.

Stähle und *Gusseisenwerkstoffe* werden bezeichnet

- nach der Verwendung und den Eigenschaften oder
- nach der chemischen Zusammensetzung.

Aufgaben

1. Erläutern Sie mit Hilfe des Tabellenbuches die Benennung des Halbzeuges:
Blech EN 10131-2x130x465
Stahl EN 10130-DC04Am

2. Erläutern Sie den Aufbau der Stahlbezeichnung nach DIN EN 10 027.

3. Erläutern Sie folgende Kurznamen: S 275 JR, 16 MnCr 5, C 35E, 34 CrAlNi 7, X 155 CrVMo 12-1, GG-20, GS-17 CrMo 5-5, HS 18-1-2-10.

4. Welche Umrechnungsfaktoren haben die Legierungselemente C, S, Mn, W, Mo, V, Cr?

Informieren

1.2.2.3 Einteilung und Verwendung der Stähle

Stahl ist ein Eisenwerkstoff mit weniger als 2,06 % Kohlenstoff.

In der **DIN EN 10020** unterscheidet man

- unlegierte Stähle und
- legierte Stähle.

Ein Stahl gilt als *unlegiert*, wenn die tatsächlichen Massegehalte der Begleit- und Legierungselemente unter den in Tabelle 1 (nächste Seite) angegebenen Grenzgehalten liegen.

Ein Stahl heißt *legiert*, wenn die genannten Grenzgehalte zumindest in einem Fall erreicht oder überschritten werden.

Hat ein Stahl mindestens ein Legierungselement mit einem Gehalt von ≥ 5 %, so nennt man den Stahl hochlegiert.

Tab. 1: Grenzgehalte (Auswahl)

Elemente		Grenzgehalt Masseanteil in %
Kobalt	Co	0,30
Chrom	Cr	0,30
Mangan	Mn	1,65
Molybdän	Mo	0,08
Nickel	Ni	0,30
Blei	Pb	0,40
Silizium	Si	0,50
Vanadium	V	0,10
Wolfram	W	0,30

- **Einteilung in Hauptgüteklassen**

Die Stähle werden aufgrund ihrer Eigenschaften und Anwendungsmerkmale in Hauptgüteklassen eingeteilt (Tab. 2).

Tab. 2: Einteilung der Stähle in Hauptgüteklassen

	Qualitätsstähle	Edelstähle
Unlegierte Stähle	Unlegierte Qualitätsstähle (UQ) sind Stahlsorten, an die normale Anforderungen gestellt werden. Die Stähle sind teilweise für die Wärmebehandlung geeignet.	Unlegierte Edelstähle (UE) haben einen höheren Reinheitsgrad gegenüber den Qualitätsstählen. Sie sind für die Wärmebehandlung geeignet.
Legierte Stähle	Legierte Qualitätsstähle (LQ) werden für ähnliche Zwecke wie die unlegierten Qualitätsstähle verwendet. Es werden jedoch höhere Anforderungen an sie gestellt, die durch die Legierungselemente erreicht werden. Die legierten Qualitätsstähle sind für die Wärmebehandlung geeignet.	Legierte Edelstähle (LE) haben eine genau festgelegte chemische Zusammensetzung. Sie sind dadurch für besondere Verwendungszwecke bestimmt. Die legierten Edelstähle sind für die Wärmebehandlung geeignet.
Nichtrostende Stähle	Nichtrostende Stähle haben mindestens 10,5 % Cr und höchstens 1,2% C. Sie sind korrosionsbeständig, hitzebeständig und warmfest.	

- **Einteilung nach der Verwendung**

Neben der Einteilung nach der chemischen Zusammensetzung und in Hauptgüteklassen ist die Einteilung der Stähle nach der Verwendung üblich (Abb.1).

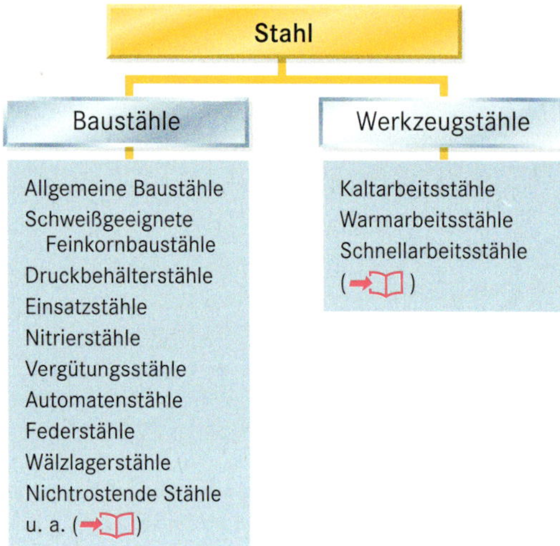

Abb. 1: Einteilung nach der Verwendung

Baustähle

Allgemeine Baustähle nach **DIN EN 10 025** sind

- unlegierte Qualitätsstähle, z. B. **S 235 JR C**.

Für die Auswahl ist die Festigkeit entscheidend. Sie wird im Kurznamen in Form der Streckgrenze angegeben. Das Zusatzsymbol JR steht für die Zähigkeit, angegeben wird die Kerbschlagarbeit.

Die unlegierten Baustähle sind im normalgeglühten Zustand warmumformbar und werden auf besondere Bestellung auch kaltumformbar geliefert (Zusatzsymbol C). Die Stähle S 235 ... S 355 sind für das Gasschmelz- und Lichtbogenschweißen geeignet.

Warmgewalzte und kaltgezogene Stahlprofile sind aus unlegiertem Baustahl.

Schweißgeeignete Feinkornbaustähle nach **DIN EN 10113** und *Druckbehälterstähle* nach **DIN EN 10028** sind

- unlegierte Qualitätsstähle, z. B. **S 255 N** oder
- unlegierte oder legierte Edelstähle, z. B. **P460 N**.

Die Stähle haben ein feines Korn. Die Legierungsbestandteile, z. B. Al und Cr, bilden außerdem harte Carbide und Nitride. Daher sind die Stähle besonders fest und zäh. Die Festigkeit wird im Kurznamen in Form der Streckgrenze angegeben. Das Zusatzsymbol N steht für normalgeglüht. Die Stähle sind warm- und kaltumformbar.

Schweißgeeignete Feinkornbaustähle werden vorwiegend im Behälter- und Druckbehälterbau eingesetzt.

Einsatzstähle nach **DIN EN 10 084** sind

- unlegierte Qualitätsstähle, z. B. **C 10**,
- unlegierte Edelstähle, z. B. **C 10 E** (E steht für einen maximalen Schwefelgehalt) oder
- legierte Edelstähle, z. B. **16 MnCr 5**.

Die Einsatzstähle haben einen Kohlenstoffgehalt von etwa 0,1 ... 0,2 %. Ziel der Wärmebehandlung ist eine harte und verschleißfeste Oberfläche und ein zäher Kern bei ausreichender Festigkeit.

Einsatzstähle werden im Maschinenbau z. B. für Wellen, Zahnräder, Bolzen und Hebel eingesetzt.

Nitrierstähle nach **DIN EN 10 085** sind

- legierte Edelstähle, z. B. **31 CrMoV 9**.

Die Stähle eignen sich wegen ihres Kohlenstoffgehaltes ≥ 0,2 % zum Vergüten. Die Legierungsbestandteile Cr, Mo und Al bilden bei entsprechender Wärmebehandlung mit Stickstoff harte Nitride. Dadurch wird eine sehr verschleißfeste Oberfläche erzielt.

Nitrierstähle werden u. a. für die Herstellung von Kurbelwellen und Ventilteilen verwandt.

Vergütungsstähle nach **DIN EN 10 083** sind

- unlegierte Qualitätsstähle, z. B. **C 45**,
- unlegierte Edelstähle, z. B. **C 45 E** (E steht für einen maximalen Schwefelgehalt) oder
- legierte Edelstähle, z. B. **42 CrMo 4**.

Vergütungsstähle haben einen Kohlenstoffgehalt von 0,2 ... 0,6 % und können vergütet werden. Damit werden eine höhere Festigkeit und eine höhere Zähigkeit bei gleichzeitig zunehmender Härte erreicht. Sie werden deshalb hauptsächlich für dynamisch beanspruchte Bauteile verwandt. Vergütungsstähle sind durch Flammhärten oder Induktionshärten randschichthärtbar. Die Oberfläche wird hart, der Kern bleibt fest und zäh.

Vergütungsstähle werden z. B. für Achsen, Wellen, Zahnräder, Gesenke und Vorrichtungen eingesetzt.

Automatenstähle nach **DIN EN 10 087** sind

- unlegierte Qualitätsstähle, z. B. **35 SPb 20**.

Sie haben einen Schwefelgehalt bis 0,4 % und teilweise einen Bleizusatz. Durch diese Legierungsbestandteile werden beim Zerspanen kurze Späne und saubere Schnittflächen erzielt. Daher eignen sich diese Stähle für die Fertigung auf automatischen Werkzeugmaschinen.

Die meisten Automatenstähle sind für das Einsatzhärten und Vergüten geeignet. Die Stähle sind wegen des hohen Schwefel- und Phosphoranteiles nicht schweißgeeignet.

Aus Automatenstählen werden Massenteile für den Automobilbau, Apparatebau und Maschinenbau wie Bolzen, Stifte, Scheiben und Schrauben hergestellt.

Federstähle nach **DIN 17 221** sind

- legierte Edelstähle, z. B. **60 SiCr 7**.

Kennzeichnend für die Federstähle ist ein hoher Anteil an Kohlenstoff und Silizium. Silizium erhöht die Streckgrenze und damit die Elastizität des Werkstoffes. Federstähle werden vergütet. Durch die Legierungsbestandteile und die Wärmebehandlung bekommen die Stähle ihre elastische Verformbarkeit.

Aus Federstählen werden u. a. Federringe, Tellerfedern, Blattfedern und Drehstabfedern hergestellt.

Wälzlagerstähle nach **DIN EN ISO 683-17** sind

- legierte Edelstähle, z. B. **18 Ni Cr Mo 14-6**.

Die Wälzlagerstähle gibt es je nach Kohlenstoffgehalt als Einsatz- und Vergütungsstähle oder als nichtrostende Stähle. Die Stähle unterliegen einer hohen Wechselbelastung und einem hohen Verschleiß. Sie müssen daher hochfest mit einem feinen, gleichmäßigen Gefüge sein. Die Wälzlagerstähle ähneln in ihren Eigenschaften den Werkzeugstählen.

Aus Wälzlagerstählen werden die Teile der Wälzlager hergestellt, z. B. Wälzkörper, Ringe und Scheiben.

Nichtrostende Stähle nach **DIN 17 440** sind

- hochlegierte Edelstähle, z. B. **X 5 CrNi 18-10**.

Sie sind beständig gegen chemisch angreifende Stoffe, z. B. Säuren und Laugen. Diese Korrosionsbeständigkeit wird durch den hohen Chromanteil erreicht, der über 10,5 % liegen muss. Die Stähle sind wegen des niedrigen Kohlenstoffgehaltes für das Härten und Vergüten nicht geeignet.

Aus nichtrostenden Stählen werden z. B. Apparate und Behälter für die chemische Industrie, Haushaltsgeräte, Schneidwaren und Geräte für die Lebensmittelindustrie hergestellt.

Werkzeugstähle

Alle Werkzeugstähle sind Edelstähle nach **DIN EN ISO 4957**. Sie können unlegiert oder legiert sein (Abb. 1).

Die Stähle müssen

- hart und verschleißfest sein,
- für die spanende Fertigung auch bei höheren Temperaturen schneidhaltig sein,
- für die umformende und schneidende Fertigung zäh und schlagunempfindlich sein.

Die Stähle haben einen Kohlenstoffgehalt von 0,2 ... 2,06 %, sie sind für die Wärmebehandlung geeignet.

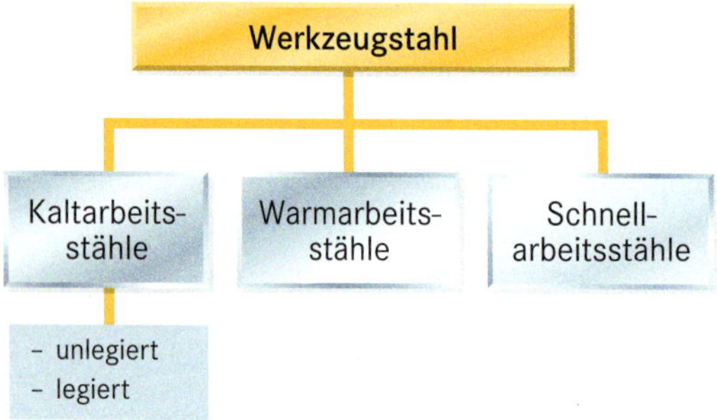

Abb. 1: Einteilung der Werkzeugstähle

Kaltarbeitsstähle sind

- unlegierte Edelstähle, z. B. **C 80 U 1** oder
- legierte Edelstähle, z. B. **105 W Cr 6**.

Unlegierte Kaltarbeitsstähle haben einen Kohlenstoffgehalt von 0,4 ... 1,3 %. Sie werden für den Gebrauch gehärtet. Da sie bei höheren Temperaturen ihre Härte verlieren, darf die Arbeitstemperatur 200 °C nicht überschreiten.

Aus unlegierten Kaltarbeitsstählen, werden z. B. Stemmeisen, Hämmer, Locheisen und Holzsägen gefertigt.

Legierte Kaltarbeitsstähle sind ebenfalls bis zu einer Arbeitstemperatur von 200 °C einsetzbar. Besonders durch die Legierungszusätze Chrom und Wolfram wird die Verschleißfestigkeit erhöht, da sie im Gefüge harte Karbide bilden.

Aus legierten Kaltarbeitsstählen werden z. B. Bohrer, Gewindebohrer, Messer und Schneidwerkzeuge hergestellt.

Warmarbeitsstähle sind

- legierte Edelstähle, z. B. **X 37 CrMoV 5-1**.

Aus ihnen werden Werkzeuge hergestellt, mit denen Werkstoffe bei über 200 °C bearbeitet werden. Die Warmarbeitsstähle müssen warmfest, anlassbeständig, zäh und maßbeständig bei Temperaturwechsel sein.

Diese Eigenschaften werden durch die Legierungselemente Molybdän und Vanadium gefördert.

Aus Warmarbeitsstählen werden z. B. Schmiedegesenke und Gießformen hergestellt.

Schnellarbeitsstähle sind

- legierte Edelstähle, z. B. **HS 10-4-3-10**.

Die Legierungsbestandteile Wolfram, Molybdän, Vanadium und Kobalt erhöhen die Warmhärte und Anlassbeständigkeit. Die Arbeitstemperatur der Werkzeuge aus Schnellarbeitsstahl kann bis 600 °C betragen. Wolfram und Molybdän bilden im Gefüge Karbide und machen damit die Schnellarbeitstähle hart.

Aus Schnellarbeitsstählen werden z. B. Spiralbohrer, Reibahlen, Drehmeißel und Fräser hergestellt.

1.2.2.4 Einteilung und Verwendung der Gusseisensorten

Gusseisen ist ein Eisenwerkstoff mit 2 ... 4 % Kohlenstoff. Gusseisen ist nicht umformbar. **!**

Folgende *Gusseisensorten* werden unterschieden:

- *Gusseisen mit Lamellengraphit*, der Kohlenstoff ist als Graphit lamellenförmig im Gefüge verteilt;

  Verwendung für Werkzeugmaschinenbetten und Getriebegehäuse (Abb. 2);
- *Gusseisen mit Kugelgraphit*, der Kohlenstoff ist als Graphit kugelförmig im Gefüge verteilt;

  Verwendung für Zahnräder, Kurbelwellen, Turbinengehäuse (Abb. 2);
- *Meehanite-Guss* mit Lamellen- oder Kugelgraphit mit feiner Graphitausbildung;

  Verwendung für Kettenräder, Gehäuse, Hebel;
- *Temperguss* als weißer Temperguss, dem der Kohlenstoff durch Glühen ganz oder teilweise entzogen wurde oder als schwarzer Temperguss mit im Gefüge gleichmäßig verteiltem Kohlenstoff.

  Verwendung für Lenksäulen, Schaltgabeln, Fittings, Gehäuse, Hebel (Abb. 2);

- *Hartguss,* legiert mit Ni, Cr, Mo und Cu;
  Verwendung für Walzenkörper, Mahlwerkzeuge und Räder für Eisenbahnwaggons.

Getriebegehäuse aus Gusseisen mit Lamellengraphit

Kurbelwelle aus Gusseisen mit Kugelgraphit

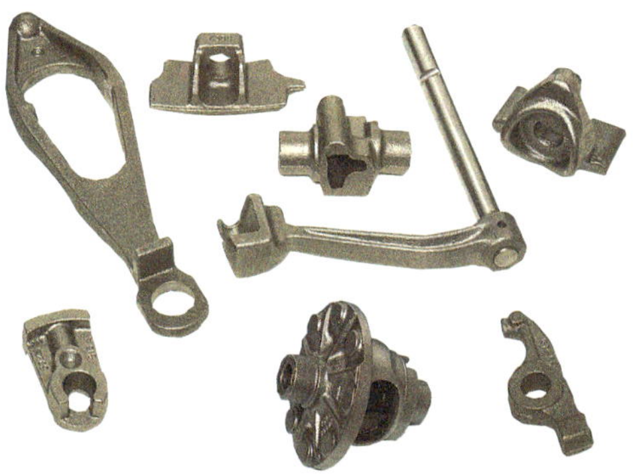

Bauteile aus Temperguss

Abb. 2: Werkstücke aus Gusseisen

Die Bezeichnung der Gusswerkstoffe ist dem Tabellenbuch zu entnehmen (➜📖).

1.2.2.5 Einteilung und Verwendung der Nichteisenmetalle

Nichteisenmetalle lassen sich aufgrund ihrer jeweiligen Dichte in Schwermetalle und Leichtmetalle einteilen (Tab. 1).

Tab. 1: Einteilung der NE-Metalle

Nichteisenmetalle (NE-Metalle)	
Schwermetalle Dichte $\varrho > 5\ kg/dm^3$	Leichtmetalle Dichte $\varrho < 5\ kg/dm^3$
Kupfer	Aluminium
Zinn	Magnesium
Zink	Titan
Blei	
Nickel	

In der Praxis werden reine NE-Metalle und deren Legierungen verwendet. Reine NE-Metalle haben im Vergleich zu ihren Legierungen

- einen höheren Schmelzpunkt,
- eine geringere Festigkeit,
- eine bessere Umformbarkeit,
- eine bessere elektrische Leitfähigkeit.

Die Legierungen sind fester und härter, dagegen aber oft spröde. Durch geeignete Nachbehandlungen können die Eigenschaften der Legierungen verändert werden.

Die Legierungen kann man einteilen in

- Gusslegierungen (Abb. 3b) und
- Knetlegierungen (Abb. 3a).

Aus Gusslegierungen werden fertige Teile hergestellt, z. B. Gas- und Wasserarmaturen, Motorengehäuse, Zylinderköpfe, Gleitlager, Buchsen.

Aus reinen NE-Metallen und Knetlegierungen fertigt man Halbzeuge, z. B. Folien, Bleche, Rohre und Drähte.

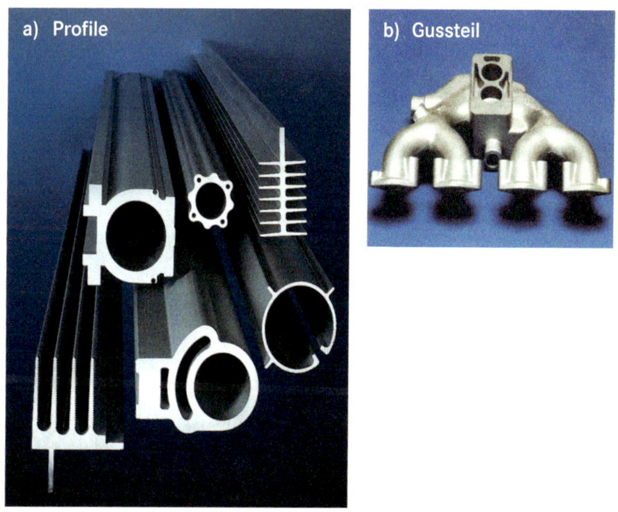

Abb. 3: Teile aus Aluminium

Bezeichnung der Nichteisenmetalle

Die *Bezeichnung* der Nichteisenmetalle ist genormt (➜📖).

Die Bezeichnung kann durch

- Angabe des Grundwerkstoffes und der Legierungsbestandteile oder durch
- Werkstoffnummern erfolgen.

Je nach Werkstoff werden noch weitere Angaben gemacht.

Eine Übersicht über die Nichteisenmetalle zeigt Tabelle 1 auf der nächsten Seite.

Tab. 1: Übersicht über Nichteisenmetalle

Metall			Eigenschaften	Verwendung
Schwermetalle				
Kupfer	Cu	Reinmetall	gut kaltumformbar, gut löt- und schweißbar, korrosionsbeständig, gute elektrische Leitfähigkeit	Rohrleitungen, Tiefziehteile, Dachabdeckungen, elektrische Leiter
		Legierungen	*Cu-Zn-Leg.*: gut kalt- und warmumformbar, gut spanbar, korrosionsbeständig *Cu-Sn-Leg.*: gut kaltumformbar, gut spanbar, Gusslegierungen gut gießbar	Beschläge, Schlossteile, Gas- und Wasserarmaturen Spindelmuttern, Schnecken, Hülsen, Buchsen, Gleitlager
Nickel	Ni	Reinmetall	gut umformbar, gut schweiß- und lötbar, gut spanbar, sehr korrosionsbeständig	Elektroden, Überzugsmaterial
		Legierungen	*Ni-Cu-Leg.* (Monel-Metall): warmfest und korrosionsbeständig *Ni-Cr-Leg.*: sehr hitze- und korrosionsbeständig	Turbinenschaufeln, Verdampferrohre, Säurefilter, Brillengestelle Heizleiter, Thermoelemente
Blei	Pb	Reinmetall	gut gießbar, gut umformbar, gut schweiß- und lötbar, korrosionsbeständig gegen Säuren, absorbiert Röntgen- und γ-Strahlen, GIFTIG	Einsatz in der chemischen Industrie, Strahlenschutz für Röntgengeräte und radioaktive Stoffe, Akkumulatorenplatten
		Legierungen	*Pb-Sb-Leg.* (Hartblei): härter als Pb *Pb-Sb-Sn-Leg.*: härter, besser gießbar	Kabelmäntel, Rohre Letternmetall
Zink	Zn	Reinmetall	gut gießbar, schlecht kaltumformbar und spröde, warmumformbar bei 100 ... 200 °C, gut schweißbar, nicht korrosionsbeständig gegen Laugen und Säuren	Verzinken von Stahl, Bauteile für Dachentwässerung
		Legierungen	*Zn-Al-Cu-Leg.*: fester, besser gießbar, korrosionsempfindlicher als Reinzink	Druckgussstücke, z. B. Vergasergehäuse, Uhrenteile, niedrig beanspruchte Lager
Zinn	Sn	Reinmetall	weich, gut umformbar, korrosionsbeständig, zerfällt bei -20 °C (Zinnpest), ungiftig	Zinnüberzüge (Weißblech), Geschirr und Kunstgegenstände
		Legierungen	*Sn-Pb-Leg.*, *Sn-Pb-Sb-Leg.*: niedriger Schmelzpunkt	Lotwerkstoffe
Leichtmetalle				
Aluminium	Al	Reinmetall	sehr gute Umformbarkeit, gute elektrische Leitfähigkeit, korrosionsbeständig	Gebrauchsgegenstände, Verpackungen, elektrische Leiter
		Legierungen	*Al-Mg-Leg.* (Knetlegierungen): schweißbar, hohe Festigkeit *Al-Si-Leg.* (Gusslegierungen): sehr gut gießbar, sehr gut schweißbar, hohe Festigkeit	Fahrzeugbau, Schiffbau, Profile, Verbindungselemente, z. B. Schrauben, Niete Maschinengehäuse, Motorengehäuse, Zylinderköpfe, dünnwandige Gussteile
Magnesium	Mg	Reinmetall	weich, sehr leicht oxidierend	Feuerwerkstechnik
		Legierungen	*Mg-Al-Leg.*: gut gießbar, fester, schlecht umformbar, sehr gut spanbar (Späne können sich entzünden, Löschen z. B. mit Sand, nicht mit Wasser), schweißbar unter Schutzgas	Druckgussstücke, z. B. Getriebegehäuse im Fahrzeugbau, Felgen
Titan	Ti	Reinmetall	gut umformbar, fest, korrosionsbeständig, schlecht warmumformbar, schweißbar unter Schutzgas	chemischer Apparatebau
		Legierungen	*Ti-Al-Leg.*: gut warmumformbar, schlecht kaltumformbar, warmfest, sehr fest, korrosionsbeständig	Bauteile in der Fahrzeug- und Flugzeugindustrie, hochfeste Schrauben

1.2.2.6 Einteilung und Verwendung von Kunststoffen

Kunststoffe können mit unterschiedlichen Eigenschaften hergestellt werden (Tab. 2). Sie sind deshalb natürlichen Werkstoffen vielfach überlegen. Metalle werden durch Kunststoffe ersetzt, wenn ein geringes Gewicht und Korrosionsbeständigkeit bedeutend sind.

Tab. 2: Eigenschaften der Kunststoffe

geringe Dichte ϱ = 0,9 ... 2,2 g/cm^3	
Transport-behälter Kfz-Teile Flugzeugteile	
fest und hart oder weich und elastisch, gut gießbar, gut umformbar je nach Kunststoff	
Zahnräder Gehäuse Autoreifen	
elektrisch nicht leitend, schlecht wärmeleitend	
Werkzeuge Kabel-ummantelungen Wärme-dämmplatten	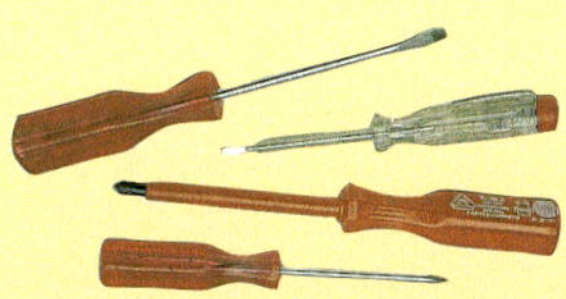
weitgehend beständig gegen Chemikalien und Umwelteinflüsse	
Behälter Rohrleitungen Beschich-tungen	

Kunststoffe haben eine geringe Wärmebeständigkeit, sind teilweise brennbar und zersetzen sich beim Überschreiten einer Grenztemperatur. Kunststoffe sind teilweise unbeständig gegen Lösungsmittel. Die Festigkeit ist gegenüber den Metallen gering. Daher sind die Einsatzmöglichkeiten der Kunststoffe begrenzt.

Kunststoffe werden aus Kohle, Erdöl oder Erdgas künstlich hergestellt.

Einteilung der Kunststoffe

Kunststoffe werden nach ihrem inneren Aufbau und ihren Eigenschaften eingeteilt in

- Thermoplaste,
- Duroplaste und
- Elastomere (Tab. 1, nächste Seite).

Thermoplaste sind bei Raumtemperatur fest und hart. Bei Erwärmung nimmt die Festigkeit ab. Sie sind dann weicher und leicht umformbar. Bei weiterer Erwärmung werden die Thermoplaste teigig und sind dann schweißbar. Bei Abkühlung erlangen sie wieder die ursprüngliche Festigkeit und Härte.

Thermoplaste sind warm umformbar und schweißbar.

Duroplaste sind bei Raumtemperatur fest, hart und spröde. Bei Erwärmung ändern sich die Eigenschaften nicht.

Duroplaste sind nicht warm umformbar und nicht schweißbar.

Füllstoffe verbessern die Eigenschaften der Duroplaste, sie erhöhen z. B. die Dichte und Härte. Füllstoffe sind z. B. Holzmehl, Korund (Al_2O_3), Graphit.

Verstärkungsstoffe erhöhen die Zugfestigkeit und die Scherfestigkeit. Verstärkungsstoffe sind z. B. Holzfasern, Cellulosefasern, Glasfasern, Kohlefasern und Metallfasern. Die so verstärkten Kunststoffe nennt man faserverstärkte Kunststoffe oder Verbundstoffe.

Schichtpressstoffe besitzen eine erhöhte Zähigkeit, Festigkeit und gute Zerspanbarkeit. Zur Herstellung von Schichtpressstoffen werden Textil-, Papier- und dünne Holzbahnen mit Phenol- oder Melaminharz getränkt und aufeinander geschichtet. In einer Presse schmilzt unter Druck und Wärme das Harz und härtet aus. Es entstehen formstabile Platten. Aus den Platten werden z. B. Zahnräder hergestellt.

Elastomere sind bei Raumtemperatur gummielastisch. Durch äußere Krafteinwirkung lassen sie sich erheblich verformen, nach Wegnahme der Kraft nehmen sie ihre ursprüngliche Form wieder an. Bei Erwärmung ändern sich die Eigenschaften nur wenig, sie werden etwas weicher.

! Elastomere sind gummielastisch, nicht warm umformbar und nicht schweißbar.

Tab. 1: Verwendung von Kunststoffen

Bezeichnung	Kurzzeichen	Handelsname	Verwendung
Thermoplaste			
Polyethylen	*PE*	Hostalen, Lupolen	Folien, Schläuche, Isolierungen, Kraftstoffbehälter
Polyvinylchlorid	*PVC*	Hostalit, Vestolit	Rohre, Folien, Isolierungen, Behälter für die chemische Industrie
Polystyrol	*PS*	Styropor, Vestyron	Einwegverpackungen, Schaugläser, Dämmplatten
Polytetrafluorethylen	*PTFE*	Teflon, Hostaflon TF	Dichtungen, Schläuche, Beschichtungen
Polyamid	*PA*	Ultramid, Neylon	Zahnräder, Schrauben, Armaturen
Duroplaste			
Melaminharz	*ML*	Duropal, Resopal	Steckdosen, Schichtpressstoffe, Klebstoffe
Epoxidharz	*EP*	Duralit, Epilox	Angelruten, Flugzeugteile, Klebstoffe
Polyurethanharz	*PUR*	Elastoflex, Moltpren	Zahnräder, Lagerschalen, Schaumstoffe
Elastomere			
Naturkautschuk	*NR*	Para, Semperit	Beimischung für Autoreifen, Kupplungen
Acrylnitril-Butadien-Kautschuk	*NBR*	Breon, Perbunan	ölbeständige Dichtungen, Membrane
Siliconkautschuk	*Q*	Silopren, Silastic	Dichtungen, Schläuche, Transportbänder

Die *Bezeichnung der Kunststoffe* ist nicht so systematisch aufgebaut wie die der Metalle (→📖). Neben einem Kurzzeichen, das von dem chemischen Namen abgeleitet ist, gibt es für die Kunststoffe Handelsnamen. Diese Handelsnamen werden von den Herstellern festgelegt.

Daher gibt es für denselben Kunststoff unterschiedliche Handelsnamen.

Beispiel:
Benennung: PTFE - Polytetrafluorethylen
Handelsnamen: Hostaflon TF, Teflon.

1.2.2.7 Werkstoffe und Umwelt

In metallverarbeitenden Betrieben werden überwiegend Werkstoffe eingesetzt, die unschädlich sind. Es müssen aber auch Werk- und Hilfsstoffe verwendet werden, die umweltbelastend und gesundheitsschädigend sind. Bei der Planung der Fertigung und bei der Auswahl der Werkstoffe ist hierauf besonders zu achten.

! Es sollen möglichst nur solche Werk- und Hilfsstoffe verwendet werden, die nicht gesundheitsgefährdend und nicht umweltbelastend sind.

Belastungen für Umwelt und Mensch können auftreten bei

- der Erzeugung und Verarbeitung,
- der Verwendung und
- der Beseitigung

der Werk- und Hilfsstoffe.

Für die *Erzeugung* der Werkstoffe aus Grundstoffen, z. B. Erz oder Rohöl, wird viel Energie benötigt. Diesen Energiebedarf kann man dadurch vermindern, dass man Werkstoffschrott wieder verwendet.

Die bei der Erzeugung der metallischen Werkstoffe anfallenden Nebenprodukte, z. B. Schlacke und Abgase, werden weiterverarbeitet oder nach Reinigung weitgehend schonend an die Umwelt abgegeben.

Bei der Erzeugung von Kunststoffen gibt es hinsichtlich der Umweltverträglichkeit große Unterschiede. Die Herstellung des Polyethylen ist weitgehend unproblematisch, dagegen müssen bei der Erzeugung von Polyvinylchlorid wegen des Chloranteiles der Ausgangsstoffe umfangreiche Schutzmaßnahmen ergriffen werden.

Die *Verwendung* der metallischen Werkstoffe ist überwiegend unschädlich. Bei der Verarbeitung von

Blei oder Cadmium sind besondere Vorsichtsmaßnahmen zu ergreifen. Beim Löten mit Zinn-Blei-Loten entstehen giftige Gase. Kunststoffe sind umweltfreundlich, solange sie ihrer Bestimmung gemäß angewendet werden. Besonders ist auf die Beständigkeit gegen Lösungsmittel zu achten.

Zur Fertigung von Werkstücken müssen vielfach Kühlschmiermittel und Schmierstoffe eingesetzt werden.

Diese Hilfsstoffe können die Gesundheit gefährden, z. B. Hautkrankheiten hervorrufen. Daher sind die Unfallverhütungsvorschriften genau einzuhalten. Hilfsstoffe müssen im Betrieb ordnungsgemäß aufbewahrt und nach Gebrauch vorschriftsmäßig gelagert werden.

Die *Beseitigung* der Werk- und Hilfsstoffe ist durch das Abfallgesetz und entsprechende Vorschriften geregelt (→). Verbrauchte Hilfsstoffe und Chemikalien dürfen weder in die Kanalisation geschüttet werden noch in Gewässer oder den Erdboden gelangen.

Metallischer Schrott, z. B. Späne und Abfall aus dem Fertigungsprozess werden gesammelt und anschließend dem Stoffkreislauf wieder zugeführt. Ebenso werden die Werkstoffe nicht mehr brauchbarer Maschinen und Geräte sowie PKW's sortenrein getrennt und wiederverwendet. Nahezu 50 % des Stahls wird aus Schrott erschmolzen. Damit spart man Rohstoffe und Energie.

Ein sinnvolles Recycling ist nur möglich, wenn eine Sortenreinheit gewährleistet werden kann. Bei den Eisenwerkstoffen ist diese wegen der magnetischen Eigenschaften leicht zu erreichen, bei Kunststoffen ist dies erheblich schwieriger. Deshalb werden Kunststoffverpackungen mit dem Umweltzeichen und Zusätzen gekennzeichnet (Tab. 2).

Tab. 2: Kennzeichnung von Kunststoffen

Kunststoffart	Kurzzeichen	Zusatzbezeichnung
Polyethylenterephthalat	PET	01
Polyethylen hoher Dichte	PE-HD	02
Polyvinylchlorid	PVC	03
Polyethylen niedriger Dichte	PE-LD	04
Polypropylen	PP	05
Polystyrol	PS	06

Beispiel: Kunststoffart: PE-HD

PE — zusätzliche Angabe Polyethylen

Das Recycling von thermoplastischen Kunststoffen ist am weitesten entwickelt. Nicht mehr brauchbare Kunststoffteile werden zu Granulat zerkleinert. Aus dem sortenreinen Granulat können neue Bauteile gefertigt werden, z. B. Teile für Parkbänke oder Begrenzungspfosten.

Aufgaben

1. Was ist Stahl?

2. Nach welchen Unterscheidungsmerkmalen kann man Stähle einteilen?

3. Wodurch unterscheiden sich legierte Stähle von unlegierten?

4. Wodurch unterscheiden sich Edelstähle von Qualitätsstählen?

5. Unterscheiden Sie Einsatzstähle und Vergütungsstähle und nennen Sie Einsatzbeispiele.

6. Unterteilen Sie die Werkzeugstähle nach der Arbeitstemperatur.

7. Suchen Sie für folgende Werkzeuge die geeigneten Werkstoffe: Hammer, Flachmeißel, Sägeblatt einer Bügelsäge, Spiralbohrer, Messschieber, Gesenk, Gewindebohrer, Schraubendreher.

8. Wodurch unterscheiden sich weißer Temperguss und schwarzer Temperguss?

9. Wodurch unterscheiden sich Thermoplaste und Duroplaste?

10. Wie werden Kunststoffe bezeichnet? Informieren Sie sich auch im Tabellenbuch.

11. Ein Zahnrad soll aus Kunststoff hergestellt werden. Wählen Sie einen geeigneten Kunststoff. Welche Vorteile und welche Nachteile ergeben sich gegenüber der Herstellung des Zahnrades aus Stahl?

12. Welche Vorteile besitzen Schichtpressstoffe gegenüber anderen Kunststoffen? Nennen Sie Einsatzbeispiele.

13. Unterscheiden Sie die Beseitigung und die Wiederverwendung von Metallen und Kunststoffen.

14. Beschreiben Sie den Umgang mit Werk- und Hilfsstoffen im Betrieb.

Fertigen Sie dazu eine Tabelle an und ordnen Sie den jeweiligen Arbeitsplätzen Maßnahmen zur Umweltentlastung und zum Gesundheitsschutz zu.

Erkunden Sie dazu Ihren Betrieb.

Informieren

1.2.2.8 Werkstoffeigenschaften

Für die Fertigung der Blechkörper und der Halterung des Trichters müssen die Werkstoffe gut schneidbar und leicht biegbar sein und eine ausreichende Festigkeit besitzen. Für die Halterung wurde der Stahl S 235 JR C+C gewählt.

! Maßgebend für die Auswahl der Werkstoffe sind deren Eigenschaften für Fertigung und Funktion.

Die Eigenschaften der Werkstoffe kann man einteilen in

- physikalische Eigenschaften,
- technologische Eigenschaften,
- chemische Eigenschaften und
- ökologische Eigenschaften.

auch über Web-Link

- **Physikalische Eigenschaften**

Zu den physikalischen Eigenschaften der Werkstoffe zählt man

- mechanische Eigenschaften,
- thermische Eigenschaften und
- elektrische Eigenschaften.

Die physikalischen Eigenschaften beschreiben das Verhalten der Werkstoffe unter Einwirkung von Kraft, Wärme oder elektrischem Strom.

Dichte

Soll ein Bauteil ein möglichst geringes Eigengewicht haben, werden überall dort, wo es möglich ist, leichte Werkstoffe verwendet. Dies sind Werkstoffe mit einer geringen *Dichte* ϱ (→📖).

Im Fahrzeugbau, im Flugzeugbau, bei der Konstruktion von vorgehängten Fassaden u. ä. werden Werkstoffe mit geringer Dichte verwendet.

! Die *Dichte* ist bei der Auswahl der Werkstoffe immer dann von Bedeutung, wenn es um Gewichtsersparnis geht.

Elastizität - Plastizität

Ein Bauteil, z. B. eine Feder, wird durch Einwirken einer Kraft gebogen. Nimmt das Werkstück nach Entlastung seine ursprüngliche Form wieder an, so verhält sich der Werkstoff elastisch.

! *Elastizität* ist die Eigenschaft eines Werkstoffes, nach Entlastung seine ursprüngliche Form wieder anzunehmen.

Stahl zeigt ein besseres elastisches Verhalten als Kupfer oder Aluminium.

Nimmt ein Werkstück nach der Entlastung seine ursprüngliche Form nicht wieder an, so verhält sich der Werkstoff plastisch.

! *Plastizität* ist die Eigenschaft eines Werkstoffes, nach Entlastung eine bleibende Formänderung beizubehalten.

Die Plastizität ist aber die Voraussetzung für alle Umformvorgänge, z. B. Biegen. Werden Werkstücke plastisch verformt, so ist in der Regel auch ein elastisches Verhalten des Werkstoffes zu beobachten. Beim Kaltbiegen eines Flachstahls wird dies als Rückfederung deutlich (Abb. 1).

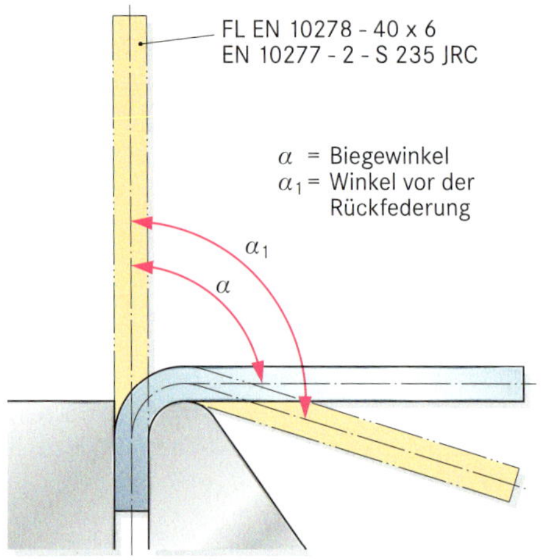

Abb. 1: Rückfederung

! Um einen Biegewinkel von α = 90° zu erreichen, muss der Flachstahl um α_1 = 92° gebogen werden.

Zähigkeit - Sprödigkeit

Wird ein Bauteil schlagartigen Beanspruchungen ausgesetzt, muss der Werkstoff zäh sein. Bei einer Überbelastung soll sich der Werkstoff erst spürbar verformen ehe er bricht.

! Werkstoffe sind *zäh*, wenn sie erst nach einer starken Verformung brechen.

Vergütungsstähle, nichtrostende Stähle oder Kupfer sind zähe Werkstoffe.

! Ein Werkstoff ist *spröde*, wenn er bei Belastung plötzlich ohne nennenswerte Verformung bricht.

Spröde Werkstoffe sind u. a. gehärteter Stahl, Gusseisen, Glas und Diamant. Zähigkeit und Sprödigkeit sind einander ausschließende Eigenschaften.

Festigkeit

Wirken auf einen Körper von außen Kräfte, wird diesen ein innerer Widerstand entgegengesetzt. Ursache dafür sind die Bindungskräfte zwischen den Atomen und Molekülen.

Diese Bindungskräfte werden als *Kohäsionskraft* bezeichnet. Übersteigt die äußere Beanspruchung die Kohäsionskraft, werden die Werkstoffteilchen voneinander getrennt. Beim Zerspanen oder Zerteilen ist dies notwendig.

! Die *Festigkeit* eines Werkstoffes ist der größtmögliche innere Widerstand gegen äußere Kräfte.

Eine Kenngröße für die Festigkeit eines Werkstoffes ist die Zugfestigkeit (➔). Sie ist die Kraft F, die zur Überwindung der Kohäsionskraft in einem Werkstück mit einem Querschnitt $A = 1\ mm^2$ notwendig ist (Abb. 2).

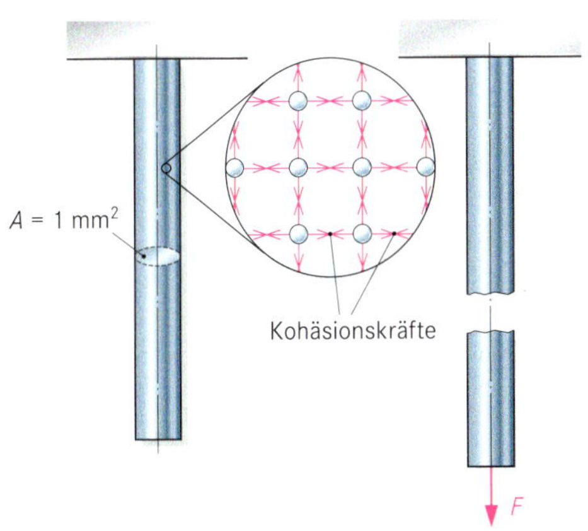

Abb. 2: Kohäsionskraft - Mindestzugfestigkeit

Härte

Werkstoffe sind unterschiedlich hart. Diese Eigenschaft spielt neben der Festigkeit besonders bei Werkzeugen eine große Rolle. Beim Bohren eines Loches setzt der Werkstoff des Werkstückes dem Bohrer einen Widerstand entgegen. Damit der Bohrer in das Werkstück eindringen und Teilchen abtragen kann, muss der Werkstoff eines Bohrers härter sein als der zu bearbeitende Werkstoff.

! *Härte* ist der Widerstand eines Werkstoffes gegen das Eindringen eines anderen Körpers.

Werkzeuge und alle Bauteile, die auf Verschleiß beansprucht werden, z. B. Bohrer oder Feilen, müssen aus harten Werkstoffen bestehen. Man verwendet dazu u. a. gehärteten Stahl.

Wärmedehnung

Jeder Körper dehnt sich bei Erwärmung aus und zieht sich beim Abkühlen wieder zusammen. Diesen Vorgang nennt man Wärmedehnung. Sie ist bei allen Werkstoffen unterschiedlich (Abb. 3).

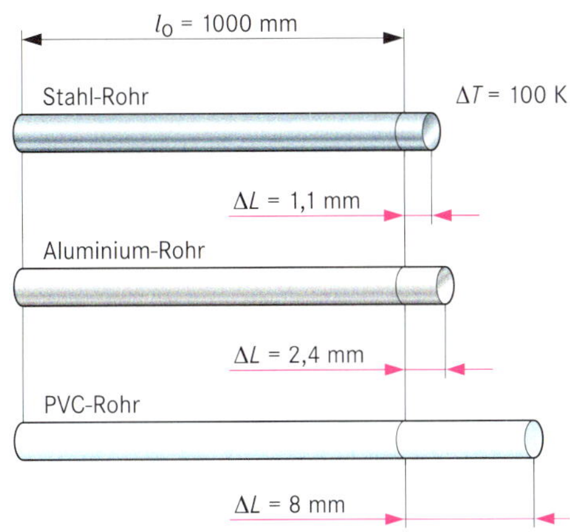

Abb. 3: Wärmedehnung

! Die *Wärmedehnung* ist die Eigenschaft eines Werkstoffes, sein Volumen bei Temperaturänderung zu verändern.

Ein Maß für die Ausdehnung ist der *Längenausdehnungskoeffizient* α (➔).

Beim Sägen erwärmen sich durch die Reibung das Sägeblatt und das zu trennende Werkstück. Sägeblatt und Werkstück dehnen sich aus. Der Sägeschlitz muss daher breiter sein als das Sägeblatt, da dieses sonst eingeklemmt würde. Man erreicht dieses durch eine besondere Form des Sägeblattes.

Elektrische Leitfähigkeit

Elektrische Leiter sind aus Kupferdrähten gefertigt. Dieser Werkstoff leitet den elektrischen Strom besonders gut.

! Die *elektrische Leitfähigkeit* ist die Eigenschaft eines Werkstoffes, den elektrischen Strom leiten zu können.

In der Elektrotechnik werden Silber, Kupfer und Aluminium als Leiterwerkstoffe eingesetzt. Stähle sind keine guten elektrischen Leiter.

Andere Werkstoffe, z. B. Kunststoffe, Glas und Keramik leiten den elektrischen Strom nicht. Sie werden Isolierstoffe genannt. Deshalb ist auch die elektrische Leitung der Bohrmaschine mit Kunststoff ummantelt.

Zusammenfassung

Physikalische Eigenschaften der Werkstoffe:
- Dichte
- Elastizität - Plastizität
- Zähigkeit - Sprödigkeit
- Festigkeit
- Härte
- Wärmedehnung

Außerdem zählen zu den physikalischen Eigenschaften die Wärmeleitfähigkeit und die elektrische Leitfähigkeit.

Diese Eigenschaften sind bedeutend für die Verwendung der Werkstoffe.

- **Technologische Eigenschaften**

Die technologischen Eigenschaften beschreiben das Verhalten der Werkstoffe bei der Herstellung von Werkstücken.

Gießbarkeit

Werkstücke mit komplizierten Formen werden durch Gießen hergestellt (Abb. 1). Bedingung dafür ist eine ausreichende Gießbarkeit des Werkstoffes.

Der flüssige Werkstoff muss die Gussform völlig ausfüllen, das Gefüge soll gleichmäßig erkalten. Bei der Abkühlung sollen nur geringe Spannungen aufgrund der Schrumpfung entstehen.

! *Gießbarkeit* ist die Eigenschaft eines Werkstoffes, sich in Formen zu fertigen Werkstücken gießen zu lassen.

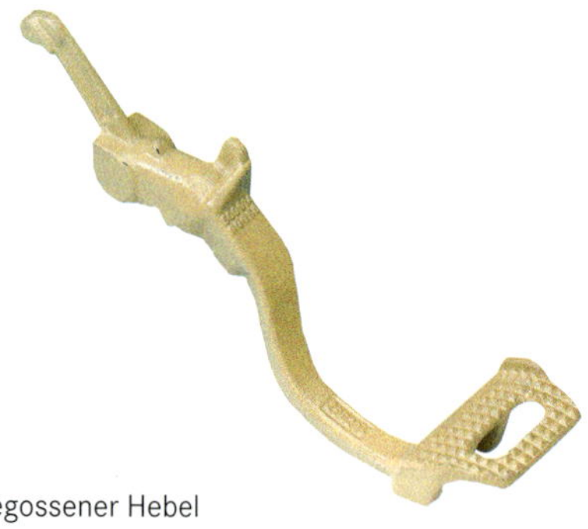

Abb. 1: Gegossener Hebel

Gut gießbare Werkstoffe sind Gusseisensorten, Aluminium-Gusslegierungen und Kupfer-Zink-Legierungen.

Schlecht gießbare Werkstoffe sind u.a. Stähle, unlegiertes Aluminium und Kupfer.

Umformbarkeit

Werkstücke lassen sich durch Umformen, z. B. Biegen, in eine andere Form bringen. Die Umformbarkeit der Werkstoffe ist unterschiedlich und hängt von der Plastizität ab. Durch Umformen wird das Werkstoffgefüge nicht zerstört.

! *Umformbarkeit* ist die Eigenschaft eines Werkstoffes, sich durch Belastung bleibend in eine andere Form bringen zu lassen.

Gut umformbar sind u. a. kohlenstoffarmer Stahl, Aluminium, Kupferknetlegierungen und Blei (Abb. 2).

Schlecht umformbar ist Zink. Nicht umformbar ist Gusseisen.

Die Umformbarkeit hängt wesentlich von der Temperatur ab. Man unterscheidet Kaltumformen bei Raumtemperatur und Warmumformen bei erhöhter Temperatur.

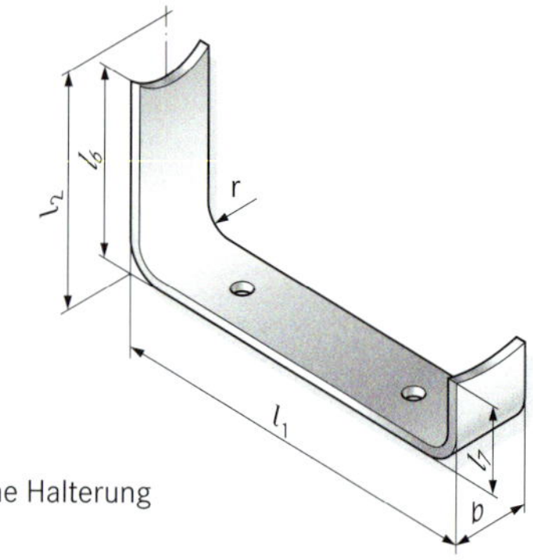

Abb. 2: Gebogene Halterung

Zerspanbarkeit

In die Halterung müssen zwei Löcher gebohrt werden (Abb. 2). Bohren, Drehen, Fräsen und Schleifen sind spanende Fertigungsverfahren.

! *Zerspanbarkeit* ist die Eigenschaft eines Werkstoffes, sich durch spanende Bearbeitung in eine gewünschte Form bringen zu lassen.

Werkstoffe lassen sich unterschiedlich gut zerspanen.

Gut spanend zu bearbeiten sind u.a. unlegierte und niedriglegierte Stähle, Gusseisen-Werkstoffe und Aluminiumlegierungen. Schwierig zu spanen sind zähe Werkstoffe, z. B. nichtrostende Stähle und Kupfer, sowie sehr harte Werkstoffe, z. B. gehärteter Stahl.

Zusammenfassung

Technologische Eigenschaften der Werkstoffe:
- Gießbarkeit,
- Umformbarkeit,
- Zerspanbarkeit.

Außerdem zählen zu den technologischen Eigenschaften die Schweißbarkeit und die Härtbarkeit.

Diese Eigenschaften sind bedeutend für die Herstellung von Werkstücken.

- **Chemische Eigenschaften**

Werkstoffe können sich in der Luft, im Wasser oder bei Erwärmung verändern. Allgemeiner Baustahl rostet, Kunststoffe zerfallen oder verbrennen. Diese chemischen Eigenschaften spielen bei der Auswahl der Werkstoffe eine wesentliche Rolle.

Korrosionsbeständigkeit

Unter Korrosion versteht man die Zerstörung der metallischen Werkstoffe durch chemische oder elektrochemische Vorgänge (Abb. 3).

! *Korrosionsbeständigkeit* ist der Widerstand gegen die zerstörende Wirkung der feuchten Luft, der schadstoffhaltigen Luft, des Wassers und chemisch aggressiver Stoffe.

Korrosionsbeständige Metalle sind nichtrostende Stähle, Kupfer- und Aluminium-Werkstoffe, Zinn und Zink. Nicht korrosionsbeständig sind unlegierte und niedriglegierte Stähle und Eisen-Guss-Werkstoffe.

! Da die volkswirtschaftlichen Schäden durch Korrosion sehr hoch sind, ist bei der Konstruktion und Fertigung von Bauteilen besonders auf den Korrosionsschutz zu achten.

Abb. 3: Korrodierter Flansch

Giftigkeit

Metalle können durch chemische Reaktionen schädliche Produkte bilden. Daher sind u. a. beim Umgang mit Blei und Cadmium besondere Unfallverhütungsvorschriften (UVV) zu beachten.

Auch Nichtmetalle, wie Öle, Schmierstoffe, Kühlschmierstoffe und Reinigungsmittel sind vielfach giftig. Sie können bei unsachgemäßem Umgang gesundheitliche Schäden hervorrufen.

Brennbarkeit

Metalle brennen im Allgemeinen nicht. Magnesium jedoch oxidiert sehr leicht und ist deshalb brennbar. Bei der Verarbeitung und dem Einsatz von Nichtmetallen muss die Anwendungstemperatur genau eingehalten werden.

Dies gilt auch besonders für Kunststoffe, weil sie z.T. leicht brennbar sind (→📖). Sicherheitsvorschriften sind zu beachten.

Zusammenfassung

Chemischen Eigenschaften der Werkstoffe:
- Korrosionsbeständigkeit,
- Giftigkeit,
- Brennbarkeit.

Diese Eigenschaften sind bedeutend für die Verwendung.

Sicherheitsvorschriften sind zu beachten.

- **Ökologische Eigenschaften**

Bei der Auswahl der Werkstoffe sind Umweltaspekte zu berücksichtigen. Die Belastung der Menschen und der Umwelt ist bei der Herstellung, der Verarbeitung und der Verwendung der Werkstoffe möglichst gering zu halten. Bei der *Herstellung* der Werkstoffe werden umfangreiche Schutzmaßnahmen ergriffen, z. B. werden staubhaltige Gase gefiltert, schädliche Gase verbrannt.

Bei der *Verarbeitung* der Werkstoffe werden Hilfsstoffe benötigt. Diese sind vielfach gesundheits- und umweltschädlich. Unfallverhütungsvorschriften und Entsorgungsvorschriften sind zu beachten. Die *Verwendung* der meisten metallischen Werkstoffe, z. B. Stahl, Eisen-Guss-Werkstoffe, Aluminium- und Kupferwerkstoffe ist umweltverträglich.

Nach Gebrauch lassen sich Metalle mit Hilfe geeigneter Recycling-Verfahren aufbereiten und dann wieder verwenden. Unter Umweltgesichtspunkten ist die Verwendung von Kunststoffen, z. B. PVC, PTFE und Epoxidharz, problematischer.

Sowohl bei der Herstellung vieler Kunststoffe, als auch bei der Verbrennung von Kunststoffabfällen können gesundheitsschädliche Stoffe entstehen. Ein Recycling ist oft aufwändig. Da die Kunststoffe nicht verrotten, benötigen sie ein großes Deponievolumen. Die Verwendung stark gesundheitsschädlicher Stoffe, z.B. Asbest, ist verboten. Bei der Entsorgung der Werkstoffe sind das Abfallgesetz und die Abfallbestimmungsverordnung zu beachten (→📖).

Zusammenfassung

Werkstoffeigenschaften

Physikalische Eigenschaften	Technologische Eigenschaften	Chemische Eigenschaften	Ökologische Eigenschaften
• Dichte • Elastizität – Plastizität • Zähigkeit – Sprödigkeit • Festigkeit • Härte • Wärmedehnung • Wärmeleitfähigkeit • Elektrische Leitfähigkeit	• Gießbarkeit • Umformbarkeit • Zerspanbarkeit • Schweißbarkeit • Härtbarkeit	• Korrosionsbeständigkeit • Giftigkeit • Brennbarkeit	• Wiederverwendbarkeit • Möglichkeit der Entsorgung
bedeutend für			
Verwendung	Herstellung	Verwendung und Schutzmaßnahmen	Verwendung und Recycling

Aufgabe

Mit der Schlauchpumpe werden in einem Labor Chemikalien gefördert. Beim Drehen des Rotors (Pos. 4) drücken die Rollen (Pos. 5) den Schlauchquerschnitt zusammen, so dass die Flüssigkeiten gefördert werden können.

auch über Web-Link

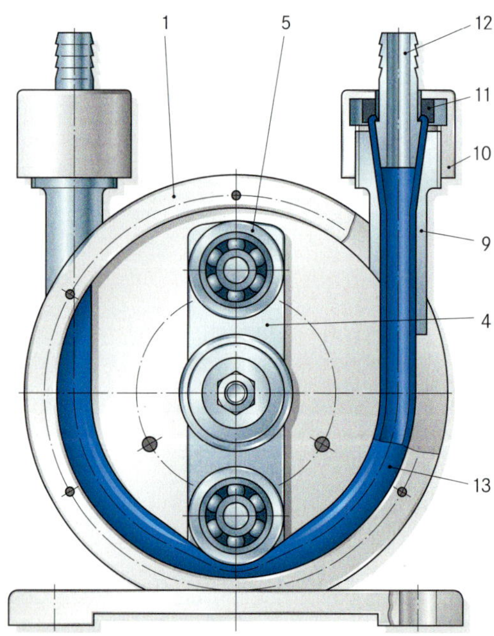

1. Welcher Werkstoff ist geeignet, wenn das Pumpengehäuse (Pos.1) gegossen werden soll?

2. In der Stückliste sind folgende Werkstoffe angegeben:

- für den Rotor (Pos. 4): S 235 JR,
- für den Stutzen (Pos. 9): X 8 CrNiS 18-9.

Erläutern Sie mit Hilfe des Tabellenbuches die Werkstoffbezeichnungen.

3. Nach Gebrauch der Pumpe stellt sich heraus, dass der Werkstoff für die Schlauchtülle (Pos. 12) ungeeignet ist, da er von den Chemikalien ange-griffen wird. Wählen Sie einen korrosionsbestän-digen Werkstoff aus der folgenden Aufzählung aus:

S 275 JR, 38 Cr 2, X 20 Cr 13, G-CuSn 10, PVC hart.

4. Der Schlauch (Pos. 13) unterliegt starken Belastungen.

Beschreiben Sie diese und wählen Sie einen für den Schlauch geeigneten Kunststoff aus.

1.3 Spanen

ARBEITSAUFTRAG

Die Halterung ist aus Flachstahl herzustellen. Der Flachstahl wird vom Stahlwerk in 6 m langen Stangen mit dem Querschnitt 40 mm x 6 mm geliefert und muss in der Werkstatt auf die notwendige Länge durch Sägen abgetrennt werden.

Die Länge des benötigten Rohteiles ist in der Einzelteilzeichnung der Halterung festgelegt. Daneben enthält die Zeichnung alle für die Fertigung notwendigen Angaben.

Die für die Fertigung angegebenen Maße sind der Zeichnung zu entnehmen und durch Anreißen auf das Rohteil zu übertragen.

Nach dem Zuschneiden auf die angegebene Länge sind die Radien an den Stirnflächen zu feilen und die Bohrungen zu fertigen.

1.3.1 Zeichnungsanalyse

Informieren

Flache Werkstücke, z. B. Platten oder Biegeteile, werden aus Blechen oder Flachprofilen gefertigt. Die Halterung wird aus Flachstahl vorgefertigt und durch Biegen in die vorgesehene Form gebracht.

1.3.1.1 Darstellung flacher Werkstücke

Die Halterung ist in der Perspektive gezeichnet (Abb. 1). Die Form des Bauteiles ist in dieser Darstellung gut zu erkennen.

Bauteile werden in technischen Zeichnungen in der Regel in mehreren Ansichten gezeichnet, flache Werkstücke nur in einer Ansicht. Hier ist die Halterung in einer Ansicht als Zuschnittzeichnung dargestellt. Diese Zeichnung zeigt Form und Abmessung der Halterung vor dem Biegen.

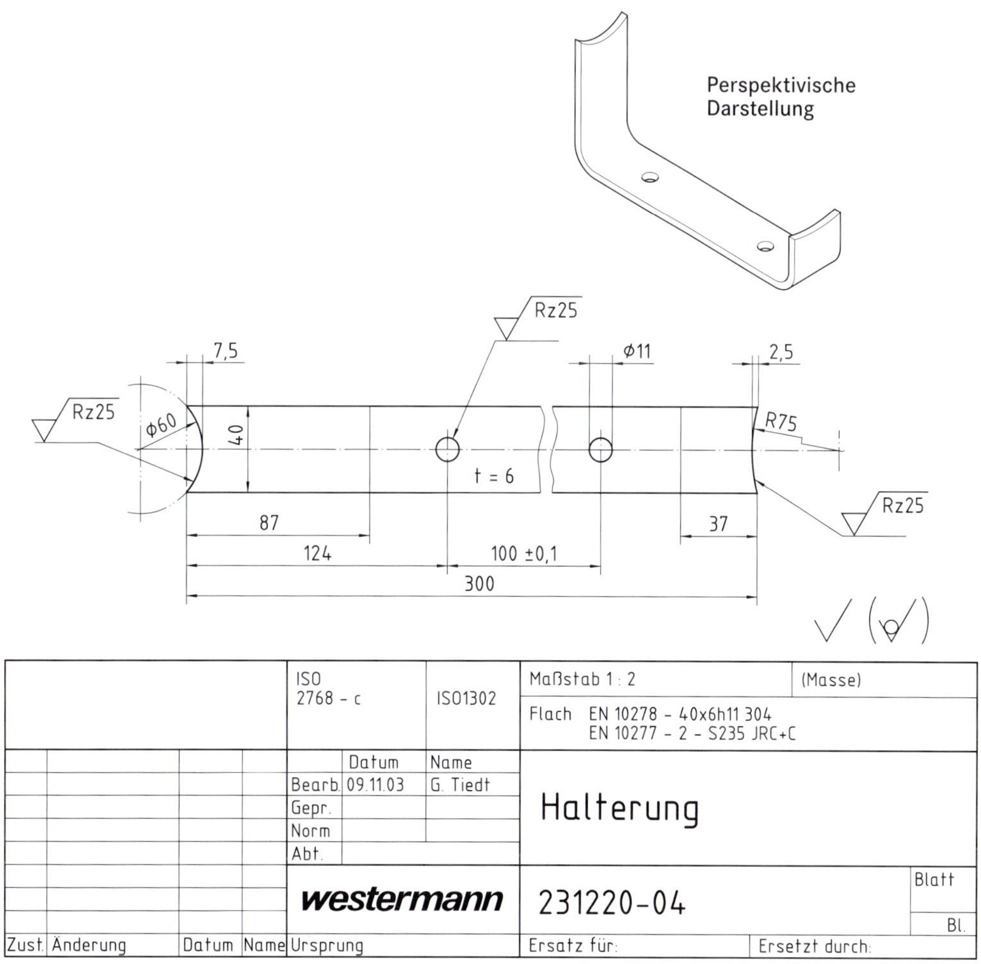

Abb. 1: Zeichnung der Halterung

Linienarten

Die zeichnerische Darstellung von Werkstücken erfolgt nach **ISO 128** (→) in unterschiedlichen Linienarten und Linienbreiten (Tab. 1). Dadurch wird gewährleistet, dass Darstellungen einheitlich und eindeutig sind, Lese- und Interpretationsfehler werden vermieden.

Verschiedene Linienbreiten sind in Liniengruppen zusammengefasst. Die meistens verwendete Gruppe ist die Liniengruppe 0,5.

Tab. 1: Linienarten nach ISO 128

Linienarten (Auswahl)	Liniengruppe 0,5	Anwendungsbeispiele
Volllinie, breit	**0,50**	sichtbare Kanten, Umrisse
Volllinie, schmal	0,25	Maßlinien, Maßhilfslinien, Biegelinien
Freihandlinie	0,25	Begrenzung von unterbrochen dargestellten Konturen
Strichlinie	0,25	verdeckte Kanten und Umrisse
Strichpunktlinie - schmal -	0,25	Mittellinien
Strichpunktlinie - breit -	0,50	Kennzeichnung von Schnittebenen

1.3.1.2 Maßeintragung

Zusätzlich zur Darstellung sind Informationen über die Größe des Werkstückes und seine Formen notwendig. Hierzu werden in Fertigungszeichnungen alle Maße eingetragen, die zur Herstellung notwendig sind. Die Regeln der Maßeintragung sind in **DIN 406** festgelegt (→).

Eine Maßangabe besteht aus den Elementen

- Maßlinie,
- Maßlinienbegrenzung,
- Maßhilfslinien,
- Maßzahl (Abb. 1).

① Die *Maßlinie* verläuft parallel zur Werkstückkante im Abstand von ca. 10 mm, sie schließt an die Maßhilfslinien an.

② Mehrere parallele Maßlinien haben zueinander einen Abstand von jeweils 10 mm.

③ Die *Maßhilfslinien* gehen ca. 2 mm über die Maßlinie hinaus und stehen senkrecht zur Maßlinie. Sie schließen an das zu bemaßende Element an. Maßlinien und Maßhilfslinien von unterschiedlichen Maßen sollen sich möglichst nicht kreuzen.

④ Als *Maßlinienbegrenzung* werden im Maschinenbau ausgefüllte Maßpfeile verwendet. Bei der Liniengruppe 0,5 sind sie ca. 2,5 mm lang und haben einen Öffnungswinkel von 15°.

⑤ *Maßpfeile* werden in der Regel zwischen die Maßhilfslinien gezeichnet. Bei Platzmangel werden sie von außen an die Maßhilfslinie geführt.

⑥ Die *Maßzahl* steht über der Maßlinie und zwischen den Maßhilfslinien. Maßzahlen haben die Einheit mm, diese wird jedoch nicht angegeben. Die Maße sind so einzutragen, dass sie von unten und von rechts lesbar sind. Die Schriftgröße beträgt 3,5 mm, die Linienbreite 0,35 mm (→).

⑦ Bei Platzmangel wird die Maßzahl außerhalb über eine verlängerte Maßlinie geschrieben.

⑧ *Rundungen* werden durch Angabe des Radius (R) oder des Durchmessers (Ø) bemaßt. Der Mittelpunkt der Rundung wird nur dann gekennzeichnet, wenn seine Lage aus Funktions- oder Fertigungsgründen festgelegt sein muss.

⑨ Durchmessermaßen von *Bohrungen* wird immer das Symbol Ø vorangestellt.

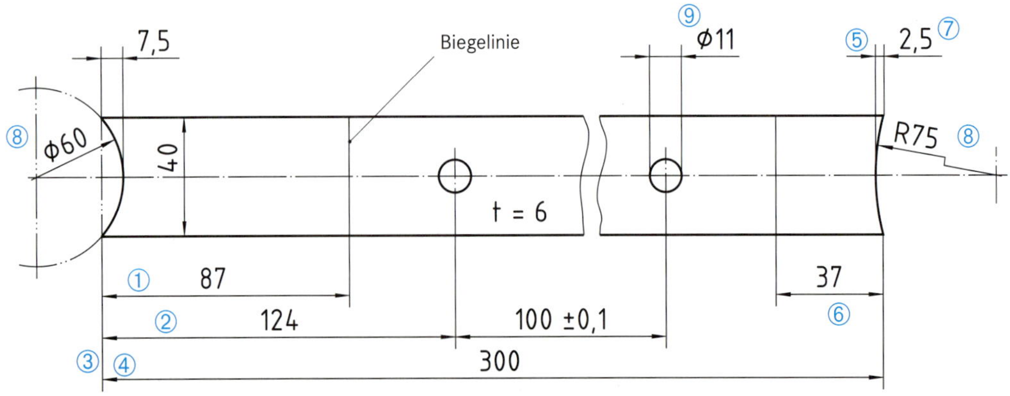

Abb. 1: Maßeintragung

1.3.1.3 Toleranzangaben

Die in technischen Zeichnungen angegebenen Maße können bei der Fertigung des Werkstückes nicht genau eingehalten werden. Daher werden zulässige Maßabweichungen angegeben.

Die Größe der Maßabweichungen richtet sich nach der Funktion des Werkstückes. Aus wirtschaftlichen Gründen gilt folgender Grundsatz:

! Die Fertigung soll so genau wie nötig und so grob wie möglich erfolgen.

In der Zuschnittzeichnung (Abb. 1) ist das Maß 100 mit einer Toleranzangabe versehen.

Das Maß 100 heißt nach **DIN ISO 286** *Nennmaß* (➜📖). Die zulässigen Abweichungen vom Nennmaß werden durch die *Grenzabmaße* angegeben.

Toleriertes Maß

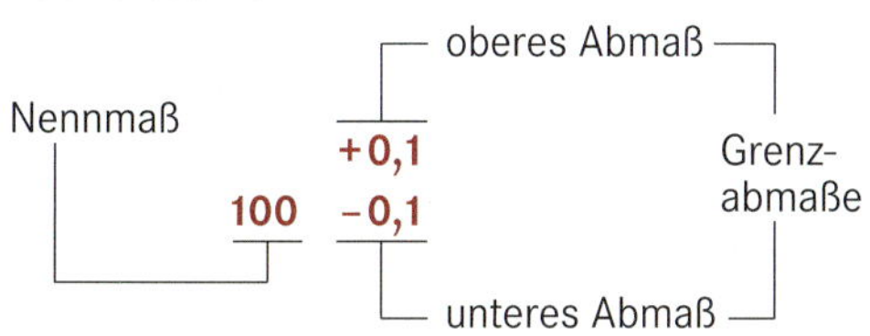

Bei den Grenzabmaßen unterscheidet man zwischen dem oberen und dem unteren Abmaß. Das *obere Abmaß ES* (+0,1) begrenzt die zulässige Abweichung vom Nennmaß nach oben. Das *untere Abmaß EI* (-0,1) begrenzt die zulässige Abweichung vom Nennmaß *N* nach unten. Eine aus Nennmaß und Abmaßen gebildete Maßangabe nennt man toleriertes Maß. Aus dem Nennmaß und den Abmaßen ergeben sich die *Grenzmaße*. Das Grenzmaß für das größte zulässige Maß heißt *Höchstmaß* G_o, das kleinste zulässige Maß heißt *Mindestmaß* G_u.

$$G_o = N + ES$$

$$G_u = N + EI$$

Toleriertes Maß	$100\ ^{+0,1}_{-0,1}$
Nennmaß	100
oberes Abmaß *ES*	+ 0,1
unteres Abmaß *EI*	- 0,1
Höchstmaß G_o	100,1
Mindestmaß G_u	99,9
Toleranz *T*	0,2

Die Grenzmaße geben die maßlichen Grenzen an, zwischen denen das Istmaß des Werkstückes liegen muss. Das Istmaß ist das am Werkstück gemessene Maß.

Der Unterschied zwischen dem Höchstmaß und dem Mindestmaß entspricht der Maßtoleranz oder *Toleranz T*.

$$T = G_o - G_u$$

1.2.1.4 Eintragen von Toleranzen

In technischen Zeichnungen werden tolerierte Maße angegeben durch

- Grenzabmaße,
- Allgemeintoleranzen oder
- Kurzzeichen der Toleranzklasse.

- **Toleranzangaben durch Grenzabmaße**

Das Eintragen von tolerierten Maßen wird nach **DIN 406-12** vorgenommen (➜📖). Grenzabmaße stehen hinter dem Nennmaß mit dem Vorzeichen + oder –. Sind oberes und unteres Abmaß gleich groß, so kann der Wert nur einmal mit den beiden Vorzeichen eingetragen werden. Die Grenzabmaße werden in derselben Einheit angegeben wie das Nennmaß.

Nennmaß und Abmaße werden in derselben Schriftgröße in die Zeichnung eingetragen (Abb. 2).

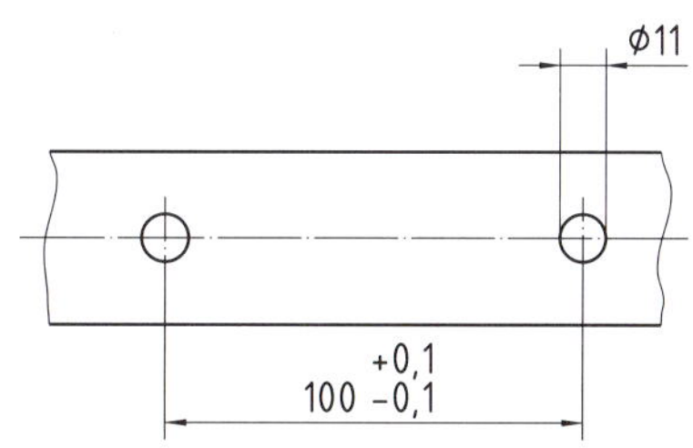

Abb. 2: Eintragen von Grenzabmaßen

Toleranzangaben durch Grenzabmaße werden dann gemacht, wenn die genormten Allgemeintoleranzen für die Funktion des Bauteiles nicht ausreichen oder zu genau sind.

- **Toleranzangaben durch Allgemeintoleranzen**

In **DIN ISO 2768-1** sind Allgemeintoleranzen genormt für

- Längenmaße,
- Rundungshalbmesser und Fasen,
- Winkelmaße.

Diese Norm dient der Vereinfachung von Toleranzangaben. An die Nennmaße werden in der technischen Zeichnung keine Grenzabmaße angetragen.

Die Abmaße sind Tabellen für Allgemeintoleranzen zu entnehmen (➜). Oberes und unteres Abmaß sind dabei gleich groß. Die Größe der Toleranz hängt von der Größe des Nennmaßes und von der Toleranzklasse ab. In abgestuften Nennmaßbereichen sind vier Toleranzklassen genormt:

- f (fein),
- c (grob),
- m (mittel),
- v (sehr grob).

Je größer das Nennmaß, desto größer ist die Toleranz innerhalb einer Toleranzklasse.

Ein Verweis auf die Norm und die Toleranzklasse, die für die in der Zeichnung angegebenen Maße gelten soll, ist im Schriftfeld anzugeben (Abb. 1).

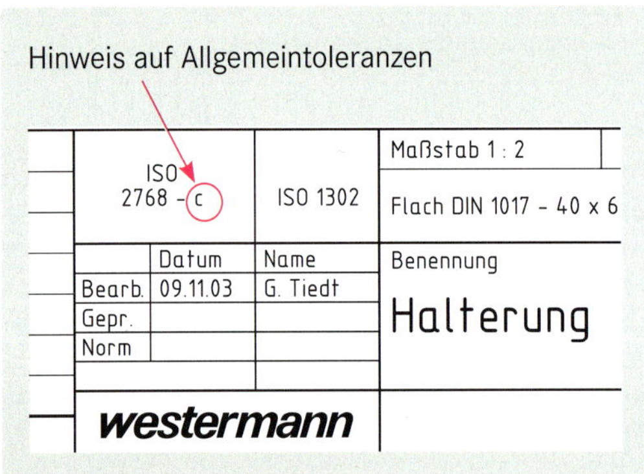

Abb. 1: Angaben im Schriftfeld

Für das Maß 100 ergäben sich nach der Norm entgegen der Zeichnungsangabe die Abmaße ± 0,8 mm.

- **Toleranzangaben durch Toleranzklassen**

Toleranzangaben durch Toleranzklassen werden dann gewählt, wenn Nennmaße mit Toleranzen im Mikrometerbereich (1/1000 mm) gefertigt werden müssen.

Die Toleranzangabe durch Toleranzklassen darf nur angewendet werden bei

- kreiszylindrischen Formen, z. B. Bohrungen und Wellen, oder
- parallelen ebenen Flächen, z. B. Nuten.

Das Kurzzeichen für die Toleranzklasse setzt sich aus Buchstaben und Zahlen zusammen (Abb. 2).

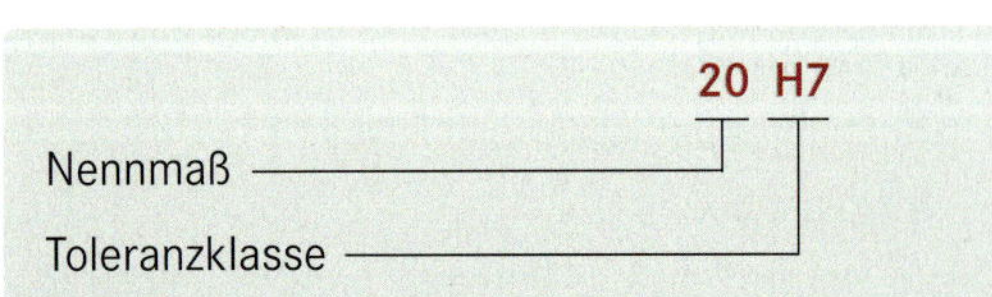

Abb. 2: Angabe der Toleranzklasse

Die Zahlen stehen für die Größe der Maßtoleranz (Toleranzfeld). Die Buchstaben geben die Lage des Toleranzfeldes zum Nennmaß an (Abb. 3).

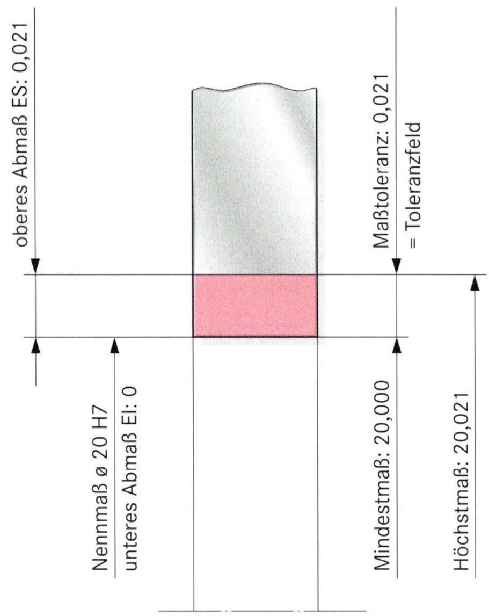

Abb. 3: Toleranzfeld und Abmaße

Man verwendet

- Großbuchstaben für Innenmaße, z. B. Bohrungsdurchmesser (20 H7),
- Kleinbuchstaben für Außenmaße, z. B. Wellendurchmesser (10 h11).

Die Kurzzeichen der Toleranzklasse geben die Abmaße indirekt an. Die Abmaße sind Tabellen nach **DIN ISO 286-2** zu entnehmen (➜).

Die Kurzzeichen werden in technischen Zeichnungen hinter dem Nennmaß eingetragen. Sie werden vorzugsweise in derselben Schriftgröße wie das Nennmaß geschrieben.

Damit die Abmaße bei der Fertigung und Kontrolle eines Werkstückes nicht aus Tabellen herausgesucht werden müssen, können sie direkt in die Zeichnung eingetragen werden (Abb. 4).

Die Abmaße können in Form einer Tabelle in der Nähe des Schriftfeldes einer Zeichnung angegeben sein.

Nennmaß Tol.-Klasse	Abmaße
20H7	$\begin{pmatrix} +0{,}021 \\ 0 \end{pmatrix}$

Abb. 4: Angabe der Abmaße bei Toleranzklassen

Fertigen

1.3.2 Anreißen

Die Grundlage für die Fertigung von Werkstücken ist die technische Zeichnung. Sie enthält alle notwendigen Angaben über Größe und Form eines Werkstückes. Das Übertragen von Maßen und Formen auf das Rohteil mit Hilfe von Messzeugen und Anreißwerkzeugen nennt man Anreißen.

! Anreißen ist das Übertragen von Maßen und Formen aus der Fertigungszeichnung auf das zu bearbeitende Rohteil oder Halbfertigteil.

Die Anrisslinien sollen gut sichtbar sein. Deshalb wird das Rohteil vor dem Anreißen häufig mit einem Anstrich versehen. Die Reißnadel ritzt die aufgetragene Schicht. Dadurch hebt sich die Anrisslinie deutlich von der Oberfläche ab. Als Anstrichmittel verwendet man z. B. Schlämmkreide oder Anreißlack. Wird kein Anstrichmittel verwendet, ritzt beim Anreißen die Reißnadel die Oberfläche des Rohteiles ein. Dies führt zur Beschädigung der Oberfläche. Beim Biegen im Bereich des Anrisses können dünne Werkstücke brechen. Deshalb dürfen Biegeteile nur auf der Seite des Innenradius angerissen werden.

Die Profilflächen des Flachstahls sind im Stahlwerk in ausreichender Genauigkeit und Oberflächengüte vorgefertigt. Zur Herstellung der Halterung werden die Flächen evtl. mit einer Bürste entrostet. Vor dem Anreißen wird eine Stirnfläche so bearbeitet, dass sie eben und rechtwinklig zu den Seitenflächen ist. Auf diese Fläche werden die Längenmaße bezogen, man nennt sie Maßbezugsebene (Abb. 5).

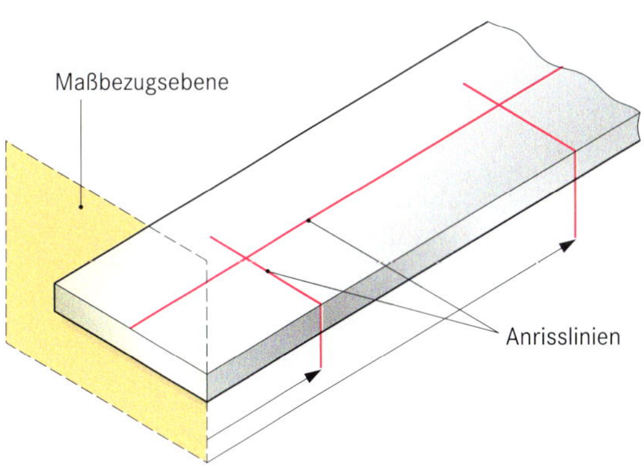

Abb. 5: Maßbezugsebenen

Als Anreißwerkzeuge werden Reißnadeln verwendet (Abb. 6). Der Werkstoff der Reißnadeln richtet sich nach dem Werkstoff und der Oberflächenbeschaffenheit der anzureißenden Werkstücke (Tab. 1, nächste Seite).

Einfache Anreißarbeiten werden meistens auf der Werkbank ausgeführt. Für genauere oder umfangreiche Anreißarbeiten wird die Anreißplatte verwendet. Die Anreißplatte darf nicht für andere Arbeiten oder als Ablage für Werkstücke und Werkzeuge benutzt werden.

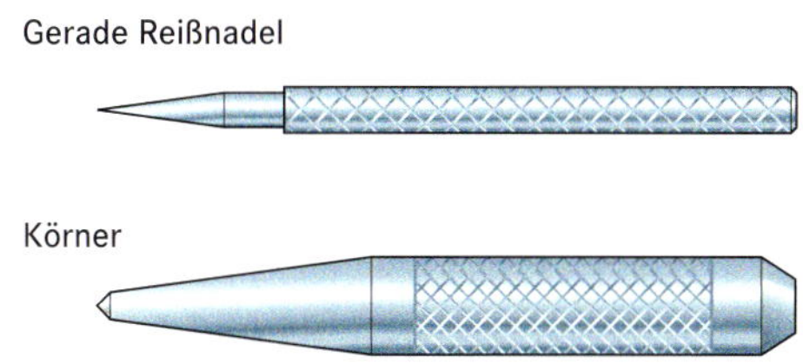

Abb. 6: Reißnadel und Körner

Abbildung 7a zeigt das Anreißen gerader Linien mit unterschiedlichen Anreißwerkzeugen.

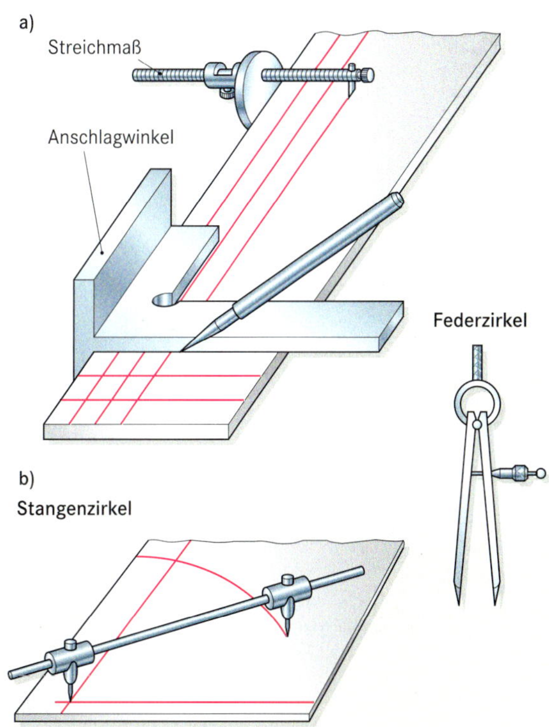

Abb. 7: Anreißen

Zum Anreißen von Kreisen verwendet man Anreißzirkel mit zwei geschliffenen und gehärteten Metallspitzen (Abb. 7b).

Der Kreismittelpunkt muss angekörnt werden, damit sich die Zirkelspitze beim Zeichnen des Kreises nicht verschiebt. Man benutzt dazu einen Körner, dessen Spitze einen Winkel von ca. 60° hat (Abb. 6). Die Spitze des Körners ist gehärtet.

Mit fortschreitender Bearbeitung sind Anreißlinien häufig nicht mehr genau zu erkennen. Sie werden deshalb nach dem Anreißen durch Körnungen ergänzt (Abb. 1). Nach der Bearbeitung bis zur Anreißlinie sind noch Teile der Körnerpunkte zu erkennen.

Körnungen werden auch bei der Herstellung von Bohrungen angebracht. Die Körnung des Mittelpunktes gibt der Zirkelspitze beim Anreißen und der Bohrerspitze beim Anbohren die notwendige Führung.

Der Kontrollkreis mit der Größe der herzustellenden Bohrung zeigt, ob der Mittelpunkt der angebohrten Bohrung mit dem Mittelpunkt des Anrisses übereinstimmt. Nach dem Bohren zeigen die stehengebliebenen halben Körnerpunkte, ob die Lage der Bohrung einwandfrei ist.

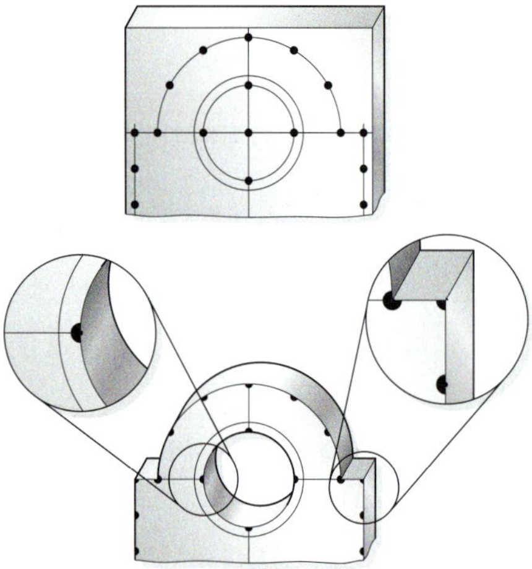

Abb. 1: Ankörnen von Anreißlinien

Werkstücke werden angekörnt, um

- der Zirkelspitze beim Anreißen Halt zu geben,
- die Bohrerspitze beim Anbohren zu führen,
- Anreißlinien bei fortschreitender Bearbeitung noch eindeutig zu erkennen,
- die Lage von Bohrungen zu kontrollieren.

Anreißen wird vorwiegend in der Einzelfertigung angewendet. Es ist eine rein manuelle Tätigkeit. Dadurch entstehen hohe Kosten. Bei schwierigen Werkstückumrissen oder höheren Stückzahlen ist es meistens kostengünstiger, mit Anreißschablonen zu arbeiten (Abb. 2).

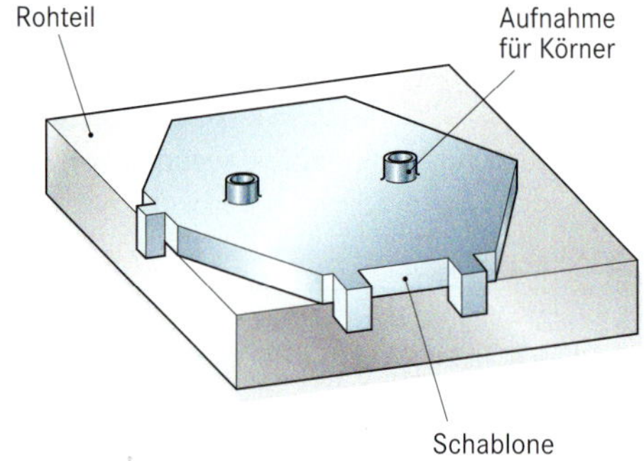

Abb. 2: Anreißschablone

Aufgaben

1. Biegeteile sollen nur auf der Seite des Innenradius angerissen werden. Begründen Sie diese Aussage.

2. Beschreiben Sie das Anreißen der Halterung. Geben Sie die notwendigen Anreißwerkzeuge, Hilfsmittel und Hilfsstoffe an.

Tab. 1: Anreißwerkzeuge

Anreißwerkzeug	Verwendung	Eigenschaften
Stahlreißnadel mit gehärteter Spitze	angestrichene Rohteile und Halbteile aus Stahl	Spitze härter als Werkstück, geringe Abnutzung der Reißnadel, Werkstückoberfläche wird geritzt, Kerbwirkung
Stahlreißnadel mit Hartmetallspitze	Werkstücke mit Rost- und Zunderschichten	Spitze härter als Werkstück, sehr geringe Abnutzung der Reißnadel, Werkstückoberfläche wird geritzt, Kerbwirkung
Messingreißnadel	beschichtete Oberfläche, harte Werkstücke, Anreißen von Biegelinien	Spitze weicher als Werkstück, hohe Abnutzung der Reißnadel, Werkstückoberfläche wird nicht geritzt, geringe Kerbwirkung, messingfarbene Anreißspur auf der Oberfläche des Werkstückes
Bleistift	dünne Bleche aus weichen Werkstoffen (Aluminium, Zink und deren Legierungen), beschichtete, oberflächenveredelte Werkstücke, Kunststoffe	Spitze weicher als Werkstück, sehr hohe Abnutzung, Werkstückoberfläche wird nicht geritzt, keine Kerbwirkung, Graphitspur auf der Oberfläche des Werkstückes

Fertigen

1.3.3 Grundlagen des Spanens

Beim manuellen Spanen werden die Trennkräfte durch Muskelkraft aufgebracht und die Bewegungen des Werkzeuges von Hand ausgeführt.

Manuelles Spanen ist kraft- und zeitaufwändig. Deshalb wird es immer mehr durch maschinelle Verfahren ersetzt.

Dennoch wird z. B. bei Reparaturarbeiten und in der Einzelfertigung manuelles Spanen mit Handwerkzeugen angewandt. Dazu zählen u. a. Sägen und Feilen.

Beim Spanen werden durch keilförmige Schneiden Werkstoffteile schichtweise vom Werkstück abgetrennt. Die mit dem Werkzeug aufgebrachten Trennkräfte heben den Werkstoffzusammenhalt auf. Es wird ein Span abgehoben.

Der Schneidkeil des Werkzeuges bewegt sich dabei entlang der zu bearbeitenden Fläche des Werkstückes (Abb. 3). Diese Bewegung heißt *Schnittbewegung*.

- **Schneidengeometrie des spanenden Keils**

Die Keilfläche, vor der die Späne entstehen, heißt *Spanfläche*. Die Keilfläche, die zur erzeugten Werkstückoberfläche hin zeigt, heißt *Freifläche*.

Die beim Spanen am Werkstück erzeugte Werkstückoberfläche heißt *Schnittfläche*.

Die Lage der Flächen zueinander und zum Werkstück wird durch Winkel beschrieben:

Der Winkel zwischen der Freifläche und der Spanfläche ist der *Keilwinkel* β. Er beschreibt die Größe des Schneidkeils.

Der Winkel zwischen der Schnittfläche und der Freifläche ist der *Freiwinkel* α.

Der Winkel zwischen der Spanfläche und der Senkrechten auf die Schnittfläche ist der *Spanwinkel* γ.

Die *Summe* von Freiwinkel α, Keilwinkel β und Spanwinkel γ *am spanenden Keil* beträgt immer 90°. **!**

Die Größenänderung eines Winkels hat immer eine weitere Winkeländerung zur Folge.

- **Schneidengeometrie und Zerspanungsvorgang**

Die Größe des Freiwinkels α, des Keilwinkels β und des Spanwinkels γ beeinflussen den Zerspanungsvorgang.

Davon abhängig sind

- die Spanbildung und der dabei entstehende Span,
- die Oberflächengüte des Werkstückes,
- die Haltbarkeit der Schneide und damit die Standzeit des Werkzeuges (Abb. 4).

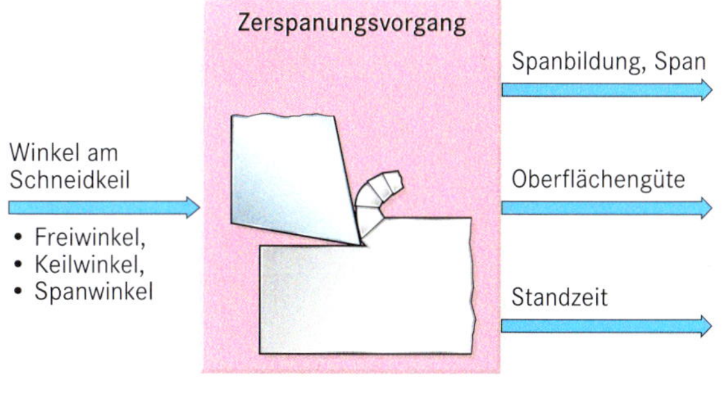

Abb. 4: Zerspanungsvorgang

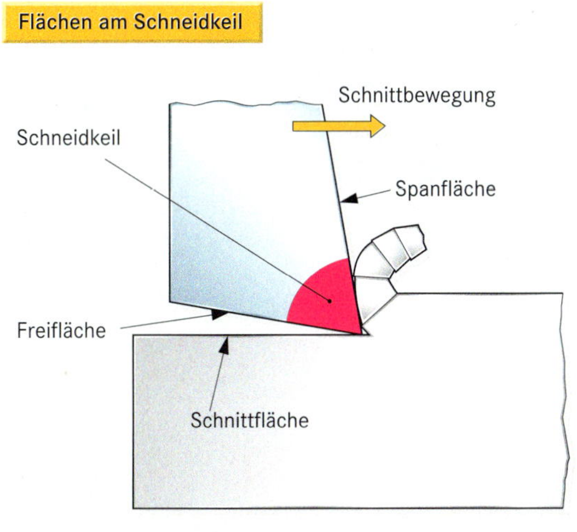

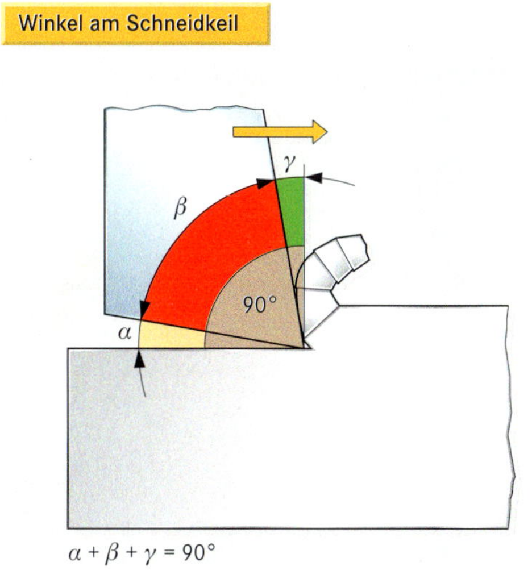

Abb. 3: Flächen und Winkel am Schneidkeil

Fertigen

1.3.4 Sägen

Sägen ist ein spanendes Trennverfahren zum Ablängen von Halbzeugen (Abtrennen), Ausarbeiten von unterschiedlichen Formen (Formsägen) und zum Einarbeiten von schmalen Nuten in Werkstücke (Schlitzen).

Sägeblätter schneiden nur in einer Richtung. Beim Sägen wechseln ein Arbeitshub mit Druck und ein Rückhub ohne Druck miteinander ab (Abb. 1).

Abb. 1: Abtrennen mit einer Handbügelsäge

Sägeblätter haben viele kleine hintereinander angeordnete keilförmige Schneiden. Die keilförmigen Schneiden der Säge nennt man Zähne.

! Sägen ist ein Spanen mit einem vielzahnigen Werkzeug von geringer Schnittbreite.

Beim Sägen wird der Werkstoff in der Schnittfuge durch die Zähne in mehreren Schichten zerspant (Abb. 2). Dabei nehmen die Zahnzwischenräume (Zahnlücken) die Späne auf und führen sie aus der Schnittfuge heraus.

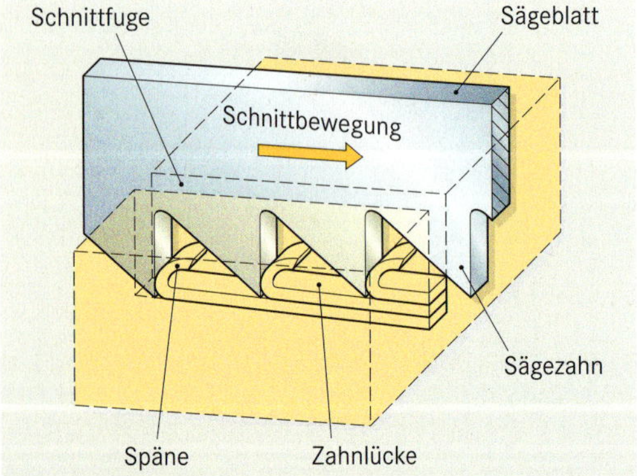

Abb. 2: Sägevorgang

Längere Profile, z. B. Flachstahl oder Rohre, werden auf der Maschinensäge auf Länge geschnitten (Abb. 3). Die notwendige Hubkraft wird durch einen Elektromotor erzeugt. Eine Spannvorrichtung und eine Auflage für lange Werkstücke befinden sich an der Säge.

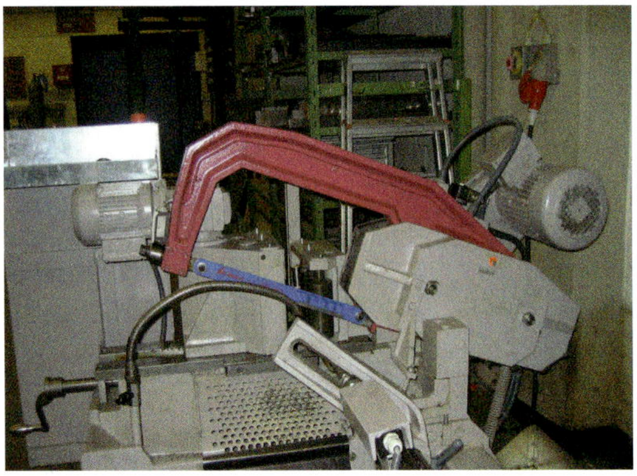

Abb. 3: Maschinensäge

- **Zahnformen**

Handsägeblätter haben in der Regel Winkelzähne (Abb. 4a). Der Freiwinkel α beträgt im Allgemeinen etwa 40°. Der Freiwinkel α wird so groß gewählt, damit die Zahnlücken entsprechend groß sind. Nur große Zahnlücken können die Späne problemlos aus der Schnittfuge transportieren. Der Keilwinkel β beträgt etwa 50°. Damit ergibt sich ein ausreichend stabiler Schneidkeil. Freiwinkel und Keilwinkel betragen zusammen etwa 90°. Der Spanwinkel γ beträgt dann etwa 0°.

Maschinensägeblätter haben meist Bogenzähne (Abb. 4b). Bei ihnen können die Winkel am Schneidkeil den Schnittbedingungen besser angepasst werden. Bogenzähne sind stabiler als Winkelzähne und haben trotzdem große Zahnlücken.

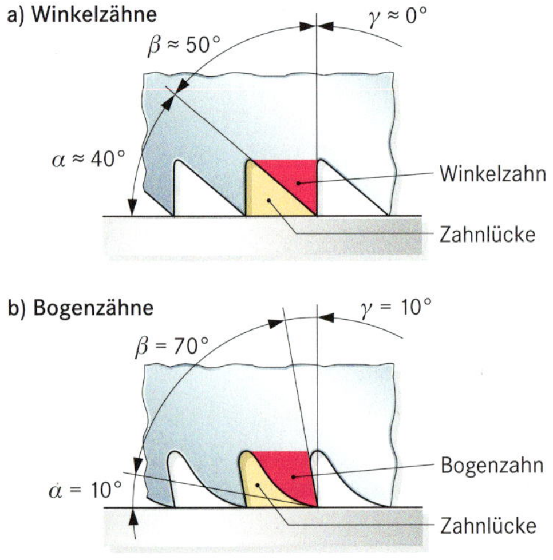

Abb. 4: Zahnformen

- **Zahnteilung**

Den Abstand von Zahn zu Zahn bezeichnet man als Zahnteilung *t*. Es gibt Sägeblätter mit grober, mittlerer und feiner Zahnteilung. Zur Kennzeichnung der Zahnteilung bei Sägeblättern wird die Zähnezahl auf 25,4 mm = 1 inch angegeben (Tab. 1).

Tab. 1: Zahnteilung bei Handsägeblättern

Zahnteilung	Anwendung
grob 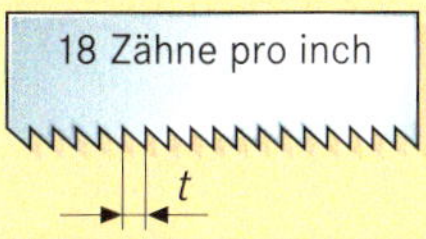	weiche Werkstoffe: Aluminium, Kupfer
mittel 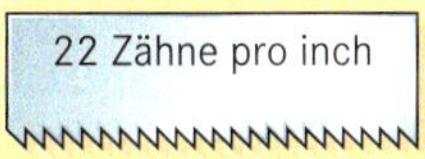	Werkstoffe mit mittlerer Festigkeit: CuZn-Legierungen, Baustahl z. B. S 235
fein 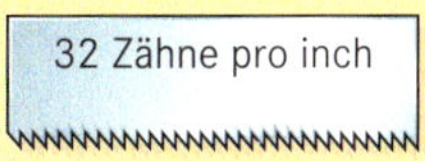	harte Werkstoffe: Vergütungsstahl z. B. C 60 legierte Stähle dünnwandige Profile, Bleche

Die Auswahl der Sägeblätter für eine Sägearbeit richtet sich nach

- der Festigkeit des zu sägenden Werkstoffes und
- der Dicke des Werkstückes.

Grobe Zahnteilung verwendet man bei weichen Werkstoffen. Diese lassen sich leichter zerspanen. Es fallen mehr Späne an. Die größeren Zahnlücken können die anfallende Spanmenge besser aus der Schnittfuge transportieren.

Mittlere Zahnteilung verwendet man bei Werkstoffen mittlerer Festigkeit und bei Werkstücken mittlerer Breite (bis 40 mm).

Feine Zahnteilung verwendet man bei harten Werkstoffen. Harte Werkstoffe lassen sich schwerer zerspanen. Es fallen weniger Späne an. Bei feiner Zahnteilung schneiden mehr Zähne gleichzeitig den Werkstoff. Der Schnittdruck verteilt sich dadurch auf mehr Zähne. Die einzelnen Sägezähne werden weniger stark belastet. Die Schneiden werden nicht so schnell stumpf.

Feine Zahnteilung verwendet man auch bei dünnen Werkstücken und dünnwandigen Hohlprofilen (z. B. Rohre). Das gilt unabhängig vom Werkstoff des Werkstückes.

Das Sägeblatt hakt nicht und bricht nicht aus, da immer mehrere Zähne gleichzeitig im Eingriff sind (Abb. 5).

grobe Zahnteilung

feine Zahnteilung

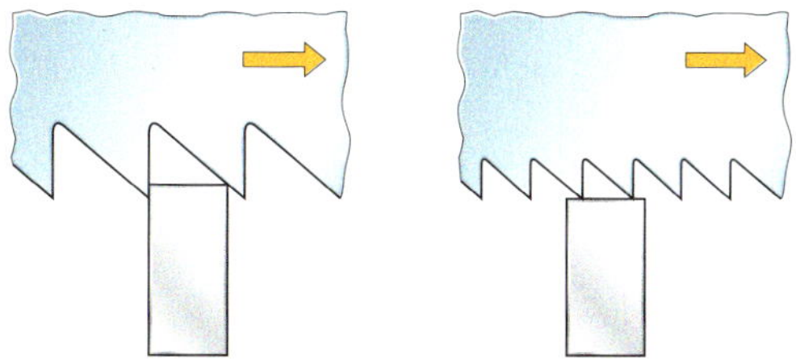

Säge hakt, Sägezähne können ausbrechen

mehrere Sägezähne im Eingriff, Säge schneidet einwandfrei

Abb. 5: Sägen dünner Werkstoffe

Feine Zahnteilung wird für harte Werkstoffe und dünne Werkstücke eingesetzt, grobe Zahnteilung für weiche Werkstoffe und breite Werkstücke.

- **Freischneiden**

Beim Sägen muss die Schnittfuge breiter sein als der Sägeblattkörper. Das Sägeblatt würde sonst in der Schnittfuge reiben und sich stark erwärmen. Es könnte in der Schnittfuge verklemmen.

Um die unerwünschte Reibung zu verringern, müssen die Sägeblätter eine breitere Schnittfuge schneiden als die Blätter selbst breit sind.

Das Freischneiden eines Sägeblattes erreicht man z. B. durch Schränken, Wellen oder Stauchen der Sägezähne (Abb. 6).

Das Freischneiden des Sägeblattes vermindert die Reibung in der Schnittfuge.

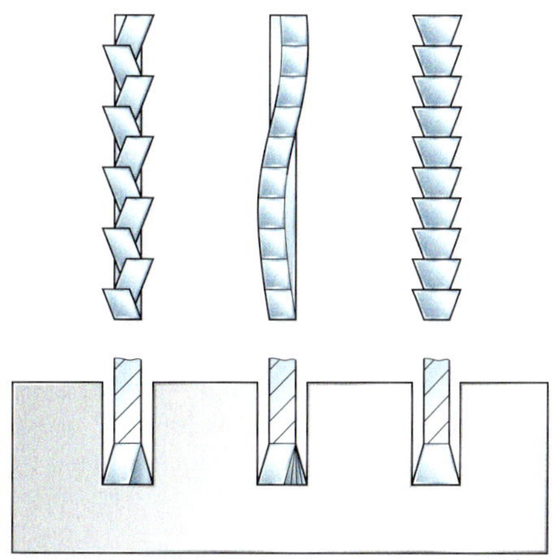

Abb. 6: Freischneiden

Fertigen

1.3.5 Feilen

Feilen ist ein spanendes Trennverfahren zum Bearbeiten ebener Flächen und unterschiedlicher Werkstückformen (Rundungen, Nuten). Feilen wird vornehmlich bei handwerklicher Fertigung, bei Reparaturarbeiten und zum Entgraten von Werkstücken angewandt (Abb. 1).

Abb. 1: Feilen einer Fläche

Die Spanabnahme erfolgt bei der Vorwärtsbewegung in Schnittrichtung unter Druck der Feile gegen das Werkstück. Die Schneidenzähne der Feile dringen in das Werkstück ein und heben kleine Späne ab. Die Späne sammeln sich in den Zahnlücken und werden über die Werkstückkanten abgeführt. Die Rückbewegung erfolgt ohne Druck, um ein vorzeitiges Stumpfwerden der Feilenzähne zu vermeiden.

Feilen sind vielschneidige Werkzeuge zum Abtragen geringer Werkstoffmengen. Im Vergleich zur Säge sind die Schneidenzähne bei der Feile nicht nur hintereinander, sondern auch nebeneinander angeordnet.

! *Feilen* ist ein Spanen mit vielen hinter- und nebeneinander liegenden Schneidenzähnen von geringer Höhe.

- **Zahnformen**

Man unterscheidet gehauene und gefräste Feilen.
Gehauene Feilenzähne haben einen großen Keilwinkel β von fast 70°. Der Schneidkeil ist sehr stabil. Gehauene Feilen werden daher zum Bearbeiten von Werkstoffen höherer Festigkeit eingesetzt (Stahl, Gusseisen). Freiwinkel α und Keilwinkel β betragen zusammen über 90°. Der Spanwinkel γ ist negativ. Er kann bis zu -15° betragen. Die Spanfläche ist in Schnittrichtung geneigt. Gehauene Feilenzähne haben dadurch eine *schabende Wirkung* (Abb. 2a).

Gefräste Feilenzähne haben einen positiven Spanwinkel γ bis 5°. Der Keilwinkel β ist kleiner und beträgt etwa 50°. Der Schneidkeil ist dadurch weniger stabil. Gefräste Feilen werden zur Grobbearbeitung weicher Werkstoffe verwendet (Aluminium, Kupfer).

Gefräste Feilenzähne dringen leichter in den Werkstoff ein. Es können so größere Spanmengen abgenommen werden (Abb. 2b).

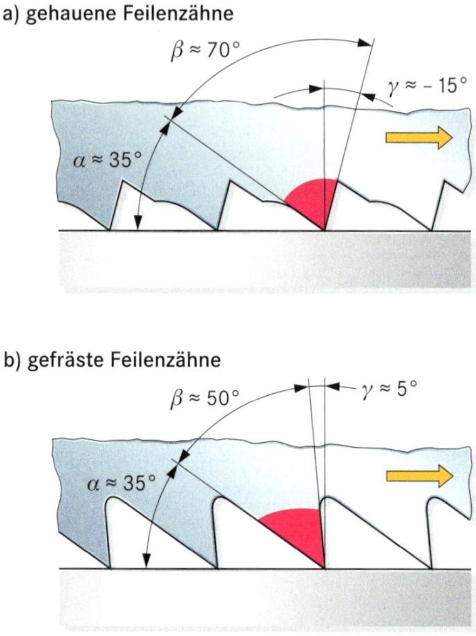

Abb. 2: Zahnformen

- **Hiebarten**

Die einzelnen Schneidenzähne einer Feile liegen in Reihen hintereinander. Sie werden als Hieb bezeichnet.

Gefräste Feilen haben meist *Einhieb*. Die Hiebe sind dabei zur besseren Spanabfuhr schräg zum Feilenblatt (Abb. 3) oder bogenförmig angeordnet. Bei einhiebigen Feilen sieht man zur besseren Spanabnahme so genannte Spanbrechernuten vor.

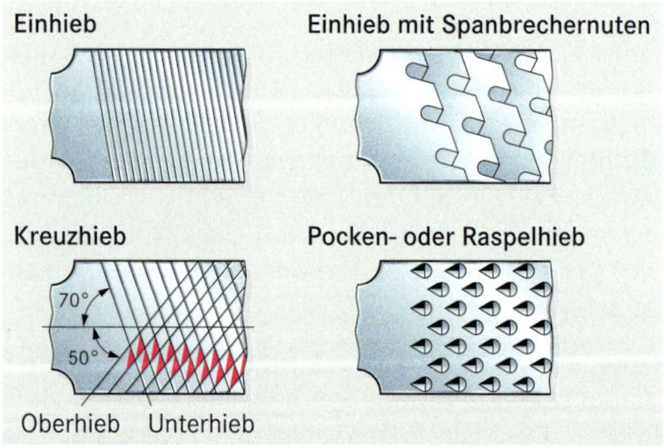

Abb. 3: Hiebarten

Gehauene Feilen haben *Kreuzhieb*. Bei kreuzhiebigen Feilen wird ein zweiter Hieb schräg zum ersten eingeschlagen. Sie werden als Unterhieb und Oberhieb bezeichnet. Unterhieb und Oberhieb sind in unterschiedlichen Winkeln zueinander angeordnet. Dadurch entstehen einzelne rautenförmige Zähne, die seitlich versetzt hintereinander liegen. Die Riefenbildung wird dadurch vermindert.

Beim *Raspelhieb* sind die einzeln gehauenen Zähne verhältnismäßig weit auseinander auf dem Feilenblatt angeordnet. Man verwendet sie zum Bearbeiten von Kunststoff oder Holz.

- **Hiebzahl und Hiebnummer**

Die Anzahl der Feilenzähne (Hiebe) je cm Feilenlänge ergibt die Hiebzahl. Die Hiebzahl wird mit Hiebnummern gekennzeichnet (Tab. 1).

Tab. 1: Hiebnummern und Oberflächengüte

Hieb-Nr.	Hiebzahl	Feilenbezeichnung	Erreichbare Oberflächengüte
0	4,5 - 10	Grobfeile	*Rz* = 25 - 160 µm
1	6,3 - 16	Bastardfeile	
2	10 - 25	Halbschlichtfeile	*Rz* = 10 - 40 µm
3	14 - 35,5	Schlichtfeile	
4	25 - 50	Doppelschlichtfeile	*Rz* = 2,5 - 16 µm
5	40 - 71	Feinschlichtfeile	

Bei kleinen Hiebnummern ist die Anzahl der Hiebe je cm Feilenlänge gering. Die Hiebzahl ist klein. Die Anzahl der Hiebe ist auch abhängig von der Feilengröße.

Bei gleicher Hiebnummer (z. B. 1) haben große Feilen eine kleinere Hiebzahl (6,3) und kleine Feilen eine größere Hiebzahl (16).

Bei Feilen mit kleiner Hiebnummer ist der Hiebabstand groß. Solche Feilen erzeugen große Späne und damit raue Oberflächen. Sie werden zum Vorfeilen (Schruppen) eingesetzt.

Bei Feilen mit großer Hiebnummer ist der Hiebabstand klein. Solche Feilen nehmen kleine Späne ab. Sie erzeugen glatte Oberflächen. Sie werden zum Fertigfeilen (Schlichten) eingesetzt.

- **Auswahl von Feilen**

Feilen unterscheiden sich neben dem Hieb vor allem in der Form und Größe (Abb. 4). Die Auswahl einer Feile richtet sich nach der

- Größe und Form der Bearbeitungsfläche am Werkstück,
- Art des Werkstoffes,
- abzutragenden Werkstoffmenge und
- geforderten Oberflächengüte.

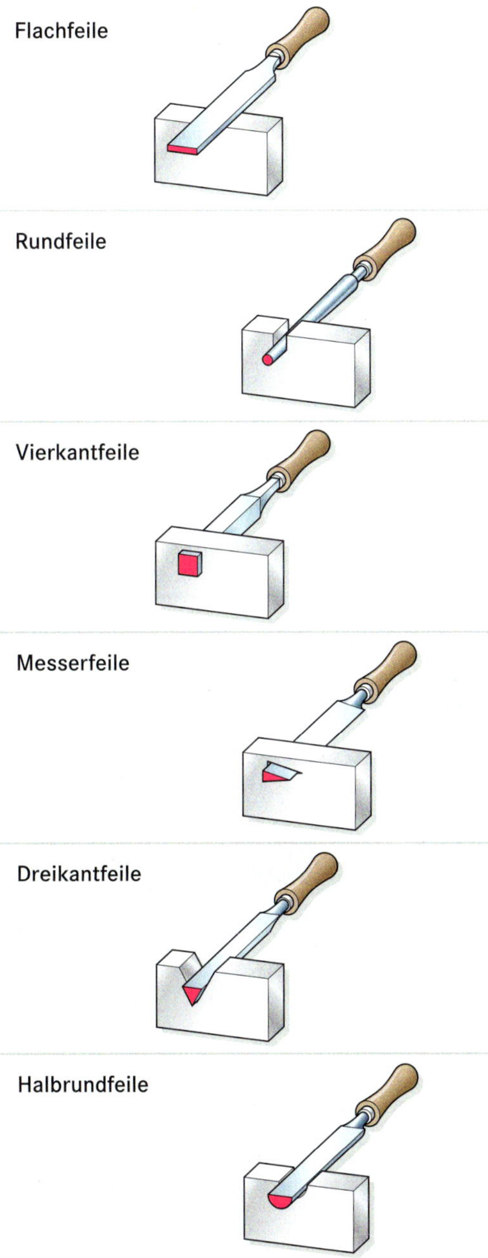

Abb. 4: Feilenformen

Zusammenfassung

Winkel am spanenden Keil

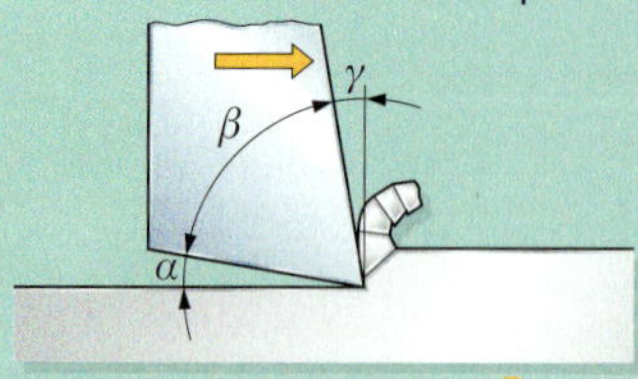

α = Freiwinkel
β = Keilwinkel
γ = Spanwinkel

$$\alpha + \beta + \gamma = 90°$$

Handsägeblatt

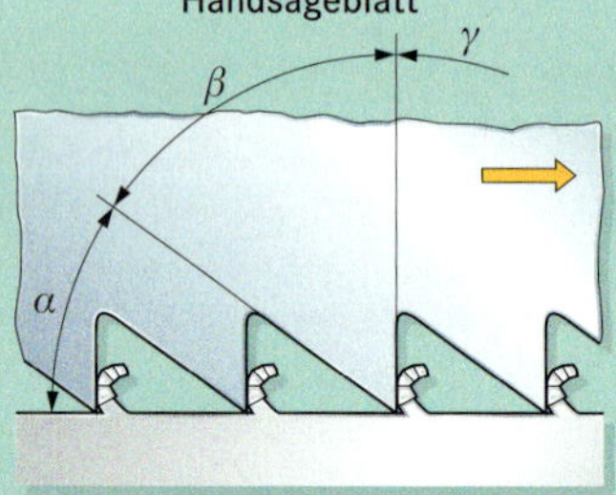

- viele hintereinander liegende schmale Schneidkeile,
- für alle Werkstoffe gleiche Winkel,
- unterschiedliche Zahnteilung t für unterschiedliche Werkstoffe und Werkstückdicken:
  grobe Zahnteilung für weiche Werkstoffe,
  feine Zahnteilung für harte Werkstoffe, für dünne Werkstücke

gehauene Feile

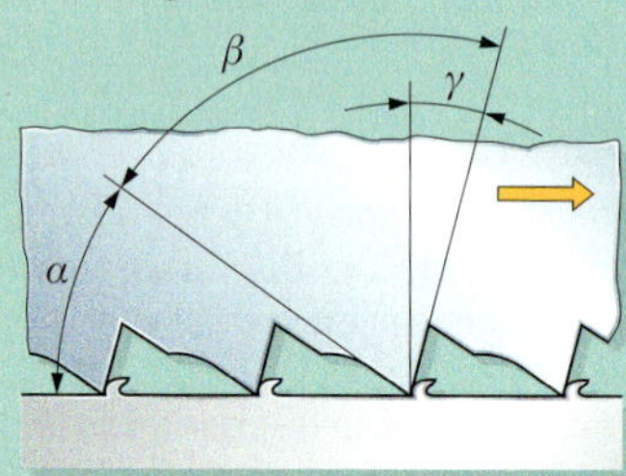

- viele kleine hinter- und nebeneinander liegende Schneidkeile,
- stabiler Keil für harte Werkstoffe,
- negativer Spanwinkel γ ergibt schabende Wirkung,
- Hiebzahl beeinflusst die zerspante Werkstoffmenge und erreichbare Oberflächengüte:
  kleine Hiebzahl für Schruppen,
  große Hiebzahl für Schlichten

Aufgaben

1. Skizzieren Sie die Zahnform eines Handsägeblattes und tragen Sie die Winkel und deren Größe ein.

2. Erläutern Sie die Gestaltung der Sägezähne beim Handsägeblatt.

3. Welche Abhängigkeit besteht zwischen Zahnteilung und zu sägendem Werkstoff?

4. Welche Zahnteilung ist zum Sägen dünnwandiger Stahlrohre sinnvoll?

5. Begründen Sie, weshalb man für das Sägen

a) weicher Werkstoffe eine grobe Zahnteilung verwendet und

b) harter Werkstoffe eine feine Zahnteilung verwendet.

6. Geben Sie die Herstellungsarten von Feilenzähnen an. Beschreiben Sie

a) die jeweilige Zahnform und

b) die Verwendung der Feilen.

7. Begründen Sie die Notwendigkeit des Freischneidens von Sägeblättern. Geben Sie einige Möglichkeiten dazu an.

8. Weshalb sind bei gehauenen Feilen Unterhieb und Oberhieb in unterschiedlichen Winkeln auf dem Feilenblatt angeordnet?

9. Was geben die Hiebnummern bei Feilen an?

10. Beschreiben Sie den Einfluss der Hiebteilung auf eine Feilarbeit.

11. Wählen Sie für folgende Feilarbeiten das entsprechende Werkzeug aus:

a) Vorfeilen der abgesägten Fläche eines Flachstahls Flach EN 10278 - 30x10 EN 10277 - 2 - 235 JR,

b) Fertigfeilen der vorgefertigten Fläche eines Flachstahls mit einer Oberflächengüte von R_z = 16 µm,

c) Vorfeilen einer ebenen Fläche 20 x 30 aus AlMg3.

Prüfen

1.3.6 Prüfen von Längen, Winkeln und Formen

Nach Fertigen der geforderten Länge und der Rundungen der Halterung sind Maße und Form zu prüfen. Dieses geschieht durch Messen und Lehren.

!

Messen ist das Vergleichen einer Länge oder eines Winkels mit einem Messgerät. Man erhält einen Messwert.
Lehren ist das Vergleichen eines Gegenstandes mit einer Lehre. Man stellt dabei fest, ob der Prüfgegenstand Gut oder Ausschuss ist.

1.3.6.1 Auswahl von Prüfgeräten

Der Zeichnung der Halterung (Abb. 1, S. 31) kann man folgende Informationen entnehmen:

- größte Länge : 300 mm,
- kleinste Länge: 2,5 mm.

Die durch den Hinweis auf die Allgemeintoleranzen geforderte Genauigkeit liegt zwischen ± 0,2 und ± 1,2 mm.

Für das Messen der Gesamtlänge ist ein Messgerät mit einem Messbereich 300 mm und einer Messgenauigkeit von 1 mm erforderlich. Dafür eignet sich ein *Stahlmaßstab*.

Das Messen der Breite des Flachstahls von 40 mm und der Dicke von 6 mm erfolgt mit einem *Messschieber* mit einer Messgenauigkeit von 0,1 mm.

Für das Messen der Bogenhöhen 2,5 mm und 7,5 mm der beiden Kreisabschnitte benötigt man ein Messgerät mit einer Messgenauigkeit von 0,1 mm. Aufgrund der konkaven Form der Kreisbögen muss man die Tiefe messen. Geeignet ist dafür ein *Tiefenmessschieber*.

Zum Prüfen der Bogenformen benötigt man Prüfgeräte, welche die jeweiligen Bögen darstellen. Gefordert ist ein Kreisbogen mit dem Durchmesser 60 mm und ein Kreisbogen mit dem Radius 150 mm. Zum Prüfen verwendet man *Radienlehren* mit einem Radius 30 mm und einem Radius 150 mm. Ist eine geeignete Lehre nicht vorhanden, muss man sich eine solche selbst aus Blech herstellen.

1.3.6.2 Stahlmaßstab

Stahlmaßstäbe aus Federbandstahl gibt es mit Messbereichen von 300 mm und 500 mm (Abb. 1). Sie werden ohne optische Vergrößerung abgelesen. Deshalb haben sie meistens nur eine Messgenauigkeit von 1 mm. Beim Messen muss darauf geachtet werden, dass die Nullmarke genau mit der Kante des zu messenden Werkstücks abschließt (Abb. 1a).

Deshalb wird beim Messen häufig ein Anschlagstück verwendet.

Um Ablesefehler zu vermeiden, muss unter einem Blickwinkel senkrecht zur Skale abgelesen werden (Abb. 1b).

Stahlmaßstäbe werden für Messungen mit großen Toleranzen und für Anreißarbeiten verwendet.

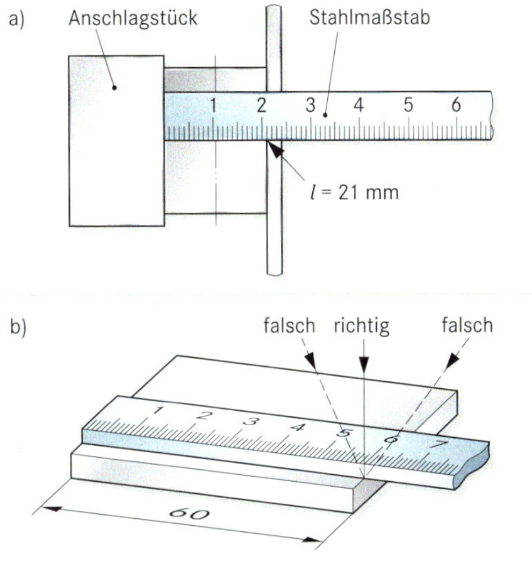

Abb. 1: Ablesen des Stahlmaßstabes

Neben dem Stahlmaßstab verwendet man weitere Strichmaße. Diese sind der Gliedermaßstab mit einem Messbereich von 2 m und das Bandmaßstab mit einem Messbereich von bis zu 50 m. Sie haben beide eine Ablesegenauigkeit von 1 mm (Abb. 2).

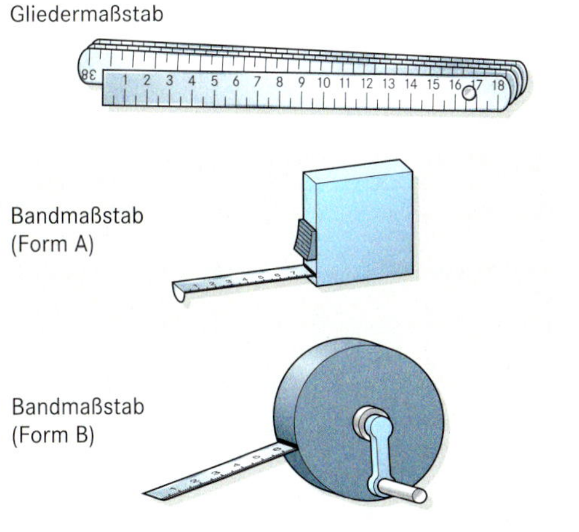

Abb. 2: Strichmaße

Gliedermaßstäbe und Bandmaßstäbe werden für Messungen großer Längen verwendet. Die Toleranzen spielen dabei eine untergeordnete Rolle.

1.3.6.3 Messschieber

Messschieber (Abb. 1) sind die in der Metalltechnik am häufigsten verwendeten Längenmessgeräte. Messschieber sind anzeigende Messgeräte.

Mit ihnen können schnell und sicher Außen-, Innen- und Tiefenmessungen ausgeführt werden. Längenmaße können mit einer Genauigkeit von 1/10 mm oder 1/20 mm abgelesen werden. Diese Messgenauigkeit wird dadurch erreicht, dass der Messschieber mit einem zusätzlichen Hilfsmaßstab ausgestattet ist. Dieser Hilfsmaßstab wird als *Nonius* bezeichnet.

Bei dem einfachen 1/10-Nonius (Abb. 2) sind 9 mm in 10 gleiche Teile unterteilt. Der Abstand von einem Teilstrich zum nächsten beträgt daher auf dem Nonius 9/10 mm = 0,9 mm. Auf der Millimeterskale der Schiene beträgt der Teilstrichabstand 1 mm. Der Unterschied zwischen einem Teilstück der Millimeterskale und einem Teilstück des Nonius beträgt 1 mm - 0,9 mm = 0,1 mm.

! Die Messgenauigkeit des *Messschiebers mit 1/10-Nonius* beträgt Now = 1/10 mm = 0,1 mm. Dieser Wert heißt Noniuswert.

Wird der Messschieber so weit geöffnet, dass sich z. B. Teilstrich 2 des Nonius mit Teilstrich 2 der Millimeterskale deckt (Abb. 3), so ist der bewegliche Messschenkel gegenüber dem festen Messschenkel um 0,2 mm verschoben worden. Der Messwert beträgt Mw = 0,2 mm.

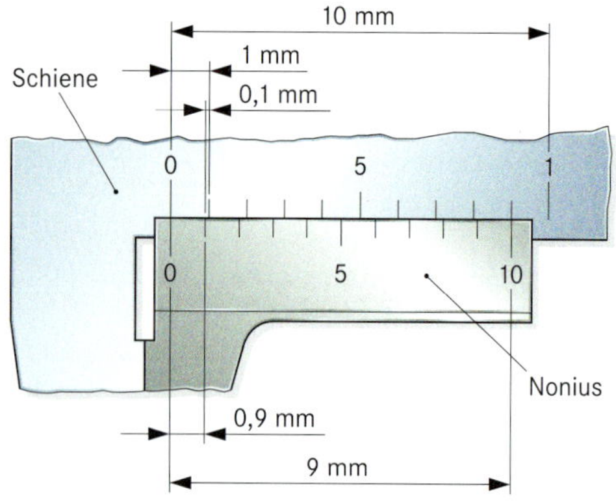

Abb. 2: Einfacher 1/10-Nonius

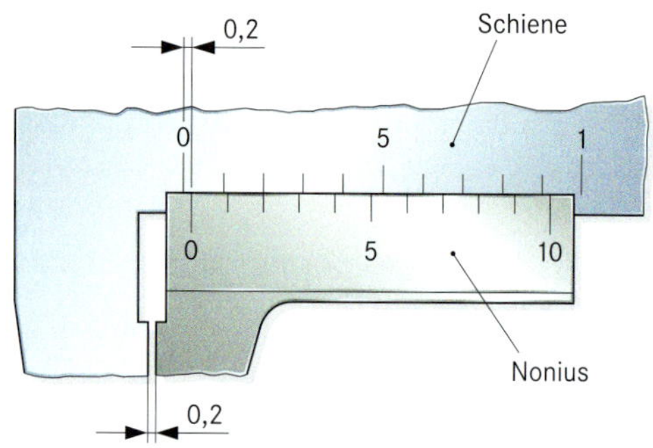

Abb. 3: Ablesen des einfachen 1/10-Nonius

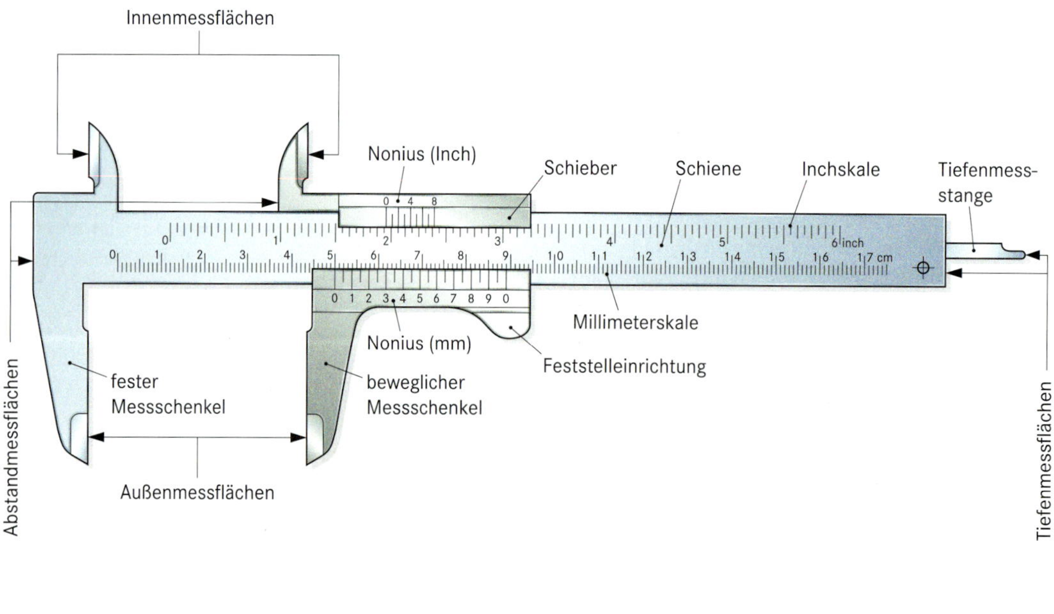

auch über Web-Link

Abb. 1: Messschieber - Form A

Beim Ablesen des Messschiebers kommt es darauf an, denjenigen Teilstrich des Nonius zu bestimmen, der mit einem Teilstrich der Millimeterskale zusammenfällt. Das Ablesen wird optisch erleichtert, wenn der Abstand der Teilstriche auf dem Nonius vergrößert wird (Abb. 4). Man erreicht dies beim erweiterten 1/10-Nonius dadurch, dass 19 mm in 10 gleiche Teile unterteilt werden. Der Abstand von einem Teilstrich zum nächsten beträgt dann auf dem Nonius 19/10 mm = 1,9 mm. Der Unterschied zwischen einem Teilstück der Millimeterskale und einem Teilstück des Nonius beträgt wie beim einfachen 1/10-Nonius 0,1 mm (2 mm - 1,9 mm = 0,1 mm).

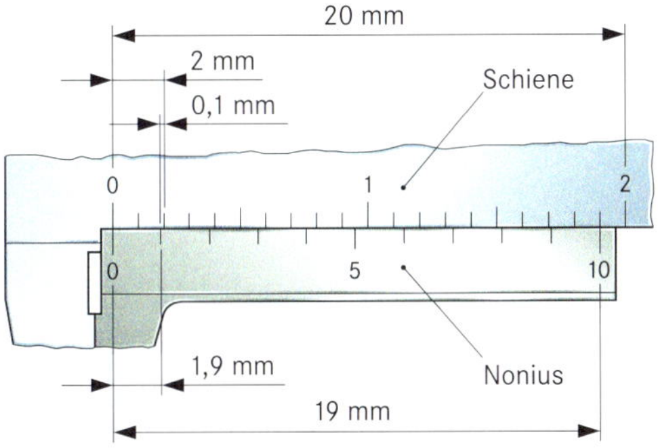

Abb. 4: Erweiterter 1/10-Nonius

Die Messgenauigkeit des Messschiebers mit erweitertem 1/10-Nonius beträgt Now = 1/10 mm = 0,1 mm.

Eine größere Messgenauigkeit wird mit dem Messschieber mit 1/20-Nonius erreicht (Abb. 5).

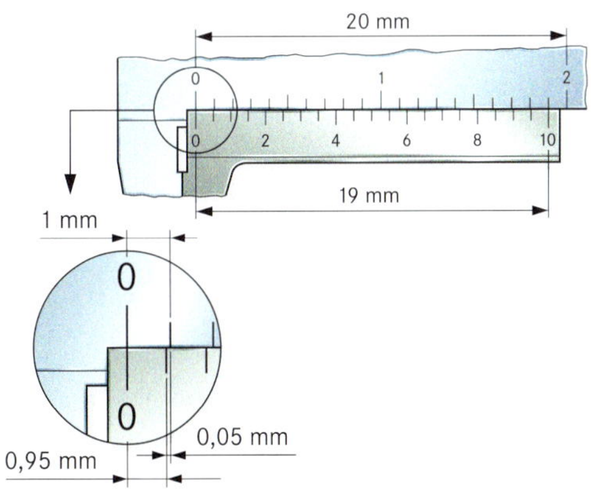

Abb. 5: 1/20-Nonius

Beim Messschieber mit einem 1/20-Nonius werden 19 mm in 20 gleiche Teile unterteilt. Der Abstand von einem Teilstrich zum nächsten beträgt bei diesem Nonius 19/20 mm = 0,95 mm. Auf der Millimeterskale der Schiene beträgt der Teilstrichabstand 1 mm. Der Unterschied zwischen einem Teilstück der Millimeterskale und einem Teilstück des Nonius beträgt daher Now = 1 mm - 0,95 mm = 0,05 mm = 1/20 mm.

Die Messgenauigkeit des Messschiebers mit erweitertem 1/20-Nonius beträgt Now = 1/20 mm = 0,05 mm.

Den 1/20-Nonius gibt es auch als erweiterten 1/20-Nonius. Dabei sind 39 mm in 20 gleiche Teile unterteilt. Der Noniuswert beträgt hierbei Now = 2 mm - 1,95 mm = 0,05 mm = 1/20 mm.

Das *Ablesen eines Messwertes* erfolgt in drei Schritten (Abb. 6):

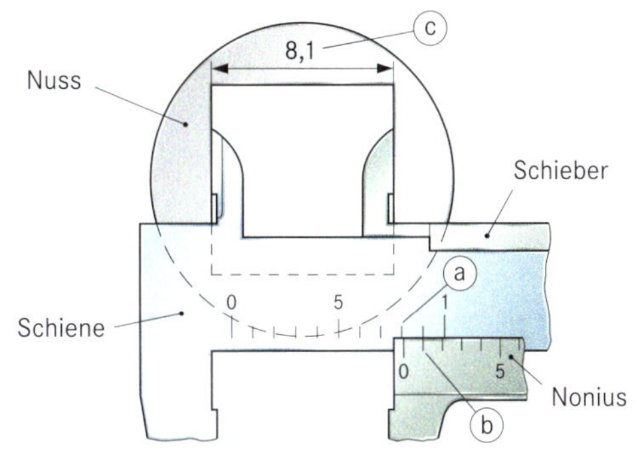

Abb. 6: Ablesen eines Messwertes

a) Ablesen der vollen Millimeter links von der Nonius- Null auf der Millimeterskale der Schiene (8 mm).
b) Bestimmen desjenigen Teilstrichs des Nonius, der mit einem Teilstrich der Millimeterskale übereinstimmt (1. Teilstrich). Dieser Nonius-Teilstrich gibt die Zehntelmillimeter an (0,1 mm).
c) Volle Millimeter und Zehntelmillimeter werden addiert (8 mm + 0,1 mm = 8,1 mm). Die Summe der beiden Werte ergibt den Messwert Mw = 8,1 mm.

Messschieber mit *Rundskale* (Abb. 7a) haben ein Zifferblatt mit Zeiger und eine Messgenauigkeit (= Skalenteilungswert Skw) bis zu 1/100 mm. *Tiefenmessschieber* (Abb. 7b) haben einen beweglichen Schenkel in Form einer Brücke. Damit hat man am Werkstück eine bessere Anlage als bei der Tiefenmessstange des Messschiebers Form A.

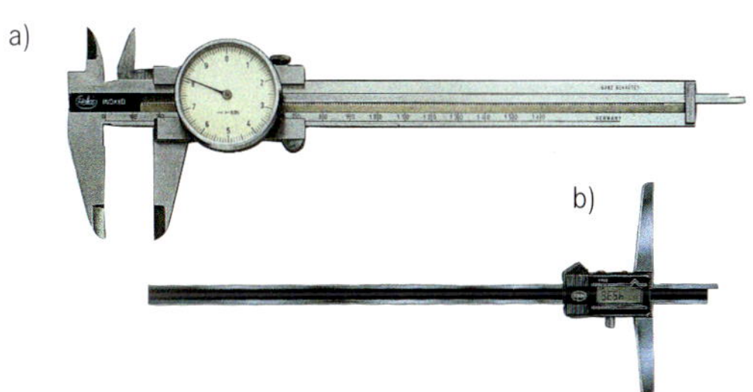

Abb. 7: Sonderformen von Messschiebern

Messschieber mit Ziffernanzeige (Digitalmessschieber) setzen sich immer mehr durch (Abb. 1). Die Messgenauigkeit (= Ziffernschrittwert Zw) beträgt 1/100 mm. Der Messwert kann direkt abgelesen werden.

Längenmessungen mit Messschiebern müssen bei der genormten Bezugstemperatur von 20 °C durchgeführt werden. Abweichungen hiervon verursachen Messfehler.

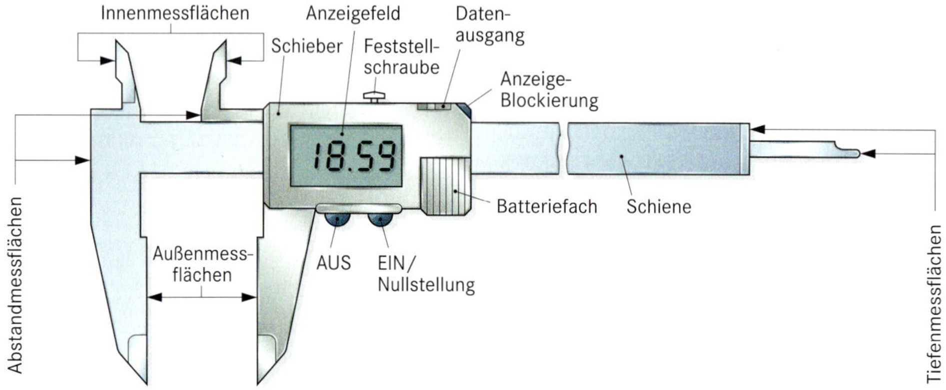

Abb. 1: Digitalmessschieber

1.3.6.4 Geräte zum Prüfen von Winkeln

Winkel werden häufig mit Lehren geprüft. Hierfür verwendet man *feste Winkel* (Abb. 2), die jeweils nur für die Prüfung eines bestimmten Winkels geeignet sind. Die gebräuchlichsten 90°-Winkel sind

- Flachwinkel,
- Haarwinkel und
- Anschlagwinkel.

Mit Flach- und Haarwinkeln prüft man die Lage von Kanten und Flächen zueinander. Anschlagwinkel verwendet man zum Ausrichten und Anreißen.

120°-Winkel werden zum Anreißen und Prüfen von Sechskanten, 135°-Winkel für Achtkante und Gehrungen verwendet.

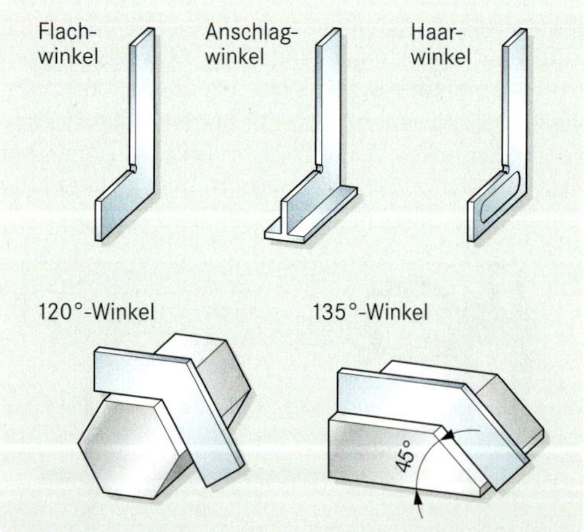

Abb. 2: Feste Winkel

Schmiegen sind verstellbare Lehren, die für das Prüfen und Übertragen von Winkeln verwendet werden.

Mit Hilfe des beweglichen Schenkels sind sie auf jedes beliebige Winkelmaß einstellbar (Abb. 3).

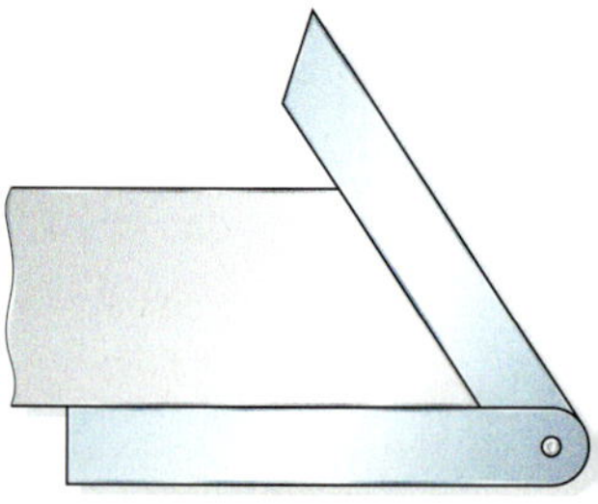

Abb. 3: Schmiege

Einfache Winkelmesser werden für Messungen mit Messgenauigkeiten von 1° eingesetzt. Der Skalenteilungswert beträgt 1°. Der Messbereich reicht von 0° bis 180° (Abb. 4).

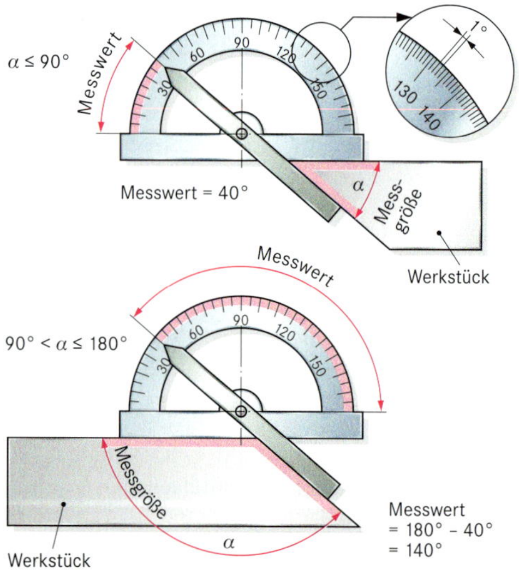

Abb. 4: Einfacher Winkelmesser

Universalwinkelmesser (Abb. 5) werden für Winkelmessungen mit Ablesegenauigkeiten von 5' eingesetzt. Der Skalenteilungswert beträgt 5'. Der Messbereich reicht von 0° bis 360°.

Der Universalwinkelmesser besteht aus zwei Funktionsgruppen. Die Funktionsgruppe *„Teilscheibe"* besteht aus der Teilscheibe (Pos. 1), die zusammen mit dem festen Messschenkel (Pos. 2) eine starre Einheit bildet. Die kreisförmige Teilscheibe enthält die Hauptskale, die eine Einteilung von 4 x 90° hat.

Die Funktionsgruppe *„Noniusträger"* besteht u. a. aus dem doppelseitigen Nonius (Pos. 6) und dem Träger für den beweglichen Messschenkel (Pos. 9). Der bewegliche Messschenkel (Pos. 10) ist in Längsrichtung verschiebbar. Der gesamte Noniusträger ist um den Aufnahmezapfen (Pos. 5) schwenkbar. Mit der zentralen Feststellschraube (Pos. 13) ist er in jeder beliebigen Lage feststellbar.

Der doppelseitige Nonius erstreckt sich rechts und links vom gemeinsamen Nullstrich jeweils über einen Winkel von 23°. Dieser Winkel ist in 12 gleiche Teile unterteilt. Der Abstand von einem Teilstrich zum nächsten beträgt daher auf dem Nonius 23°/12 = 1 11/12° = 1°55'.

Der Unterschied zwischen dem ersten Teilstrich des Nonius und dem nächsten Teilstrich auf der Hauptskale beträgt 2° - 1°55' = 5'.

! *Universalwinkelmesser* haben eine Ablesegenauigkeit von Now = 5'. Der Messbereich beträgt 360°.

Die Grundstellung des Universalwinkelmessers ist gegeben, wenn fester Messschenkel (Pos. 2) und beweglicher Messschenkel (Pos. 10) eine Gerade bilden. Der Nullstrich des Nonius stimmt dann mit dem oberen Nullstrich der Hauptskale überein.

Die Grundstellung ist entscheidend für die Ableserichtung des Winkelmessers. Weil die Ableserichtung sowohl rechtsdrehend als auch linksdrehend sein kann, ist je ein rechter und ein linker Nonius vorhanden.

Für das Ablesen des *spitzen* Winkels α ist die Ableserichtung *linksdrehend* (Abb. 1a, nächste Seite). Die ganzen Grade werden auf der Hauptskale am Nullstrich des Nonius abgelesen (39°). Dann sucht man in Ableserichtung auf dem *linken* Nonius den Teilstrich, der sich mit einem Teilstrich auf der Hauptskale deckt (4. Teilstrich). 4 Teilstriche entsprechen einer Anzeige von 4 · 5' = 20'. Die Summe der beiden abgelesenen Werte ergibt den Messwert Mw = 39° + 20' = 39°20'.

Funktionsgruppe Teilscheibe

1 Teilscheibe mit Hauptskale (4 x 90°)
2 fester Messschenkel
3 Verzahnung für Feineinstellung
4 Gewindezapfen
5 Aufnahmezapfen

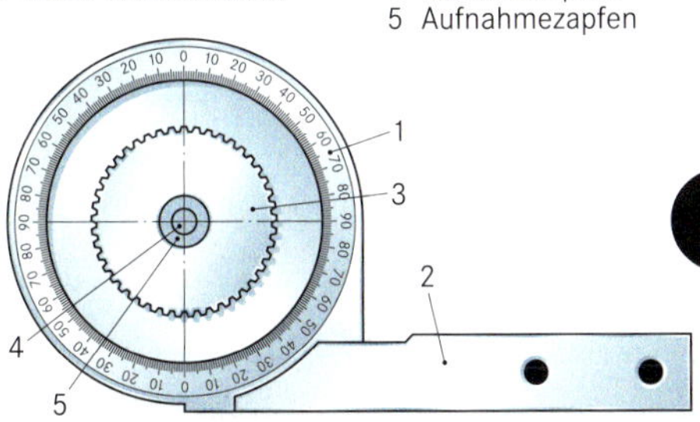

Funktionsgruppe Noniusträger

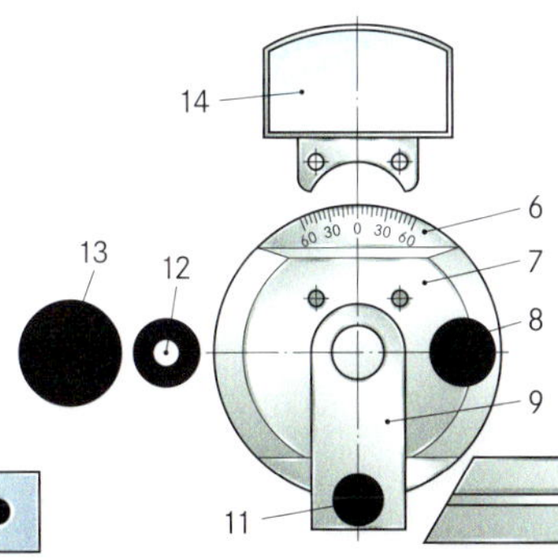

6 doppelseitiger Nonius
7 Noniusträger
8 Feineinstellung
9 Träger für beweglichen Messschenkel
10 beweglicher Messschenkel
11 Klemmeinrichtung für beweglichen Messschenkel
12 Unterlegscheibe
13 Zentrale Feststellschraube
14 Lupe

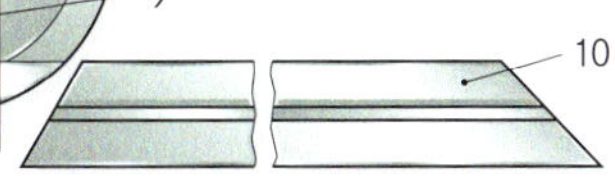

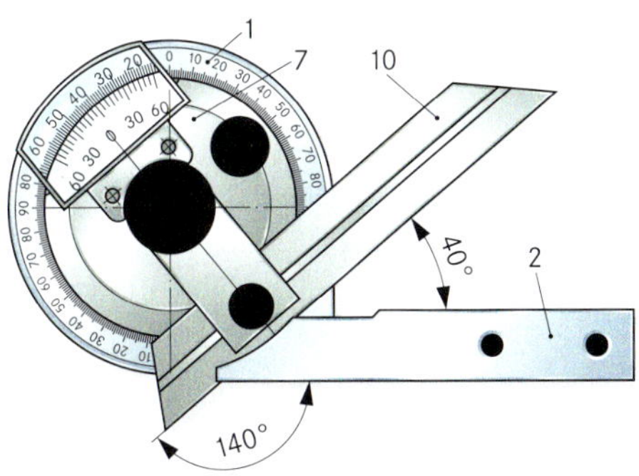

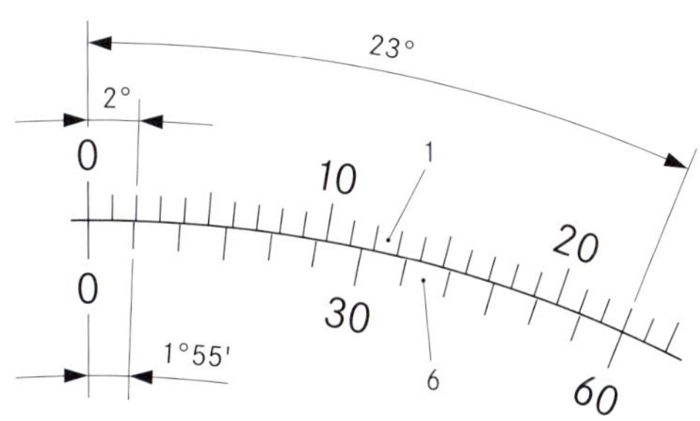

Abb. 5: Universalwinkelmesser

auch über Web-Link

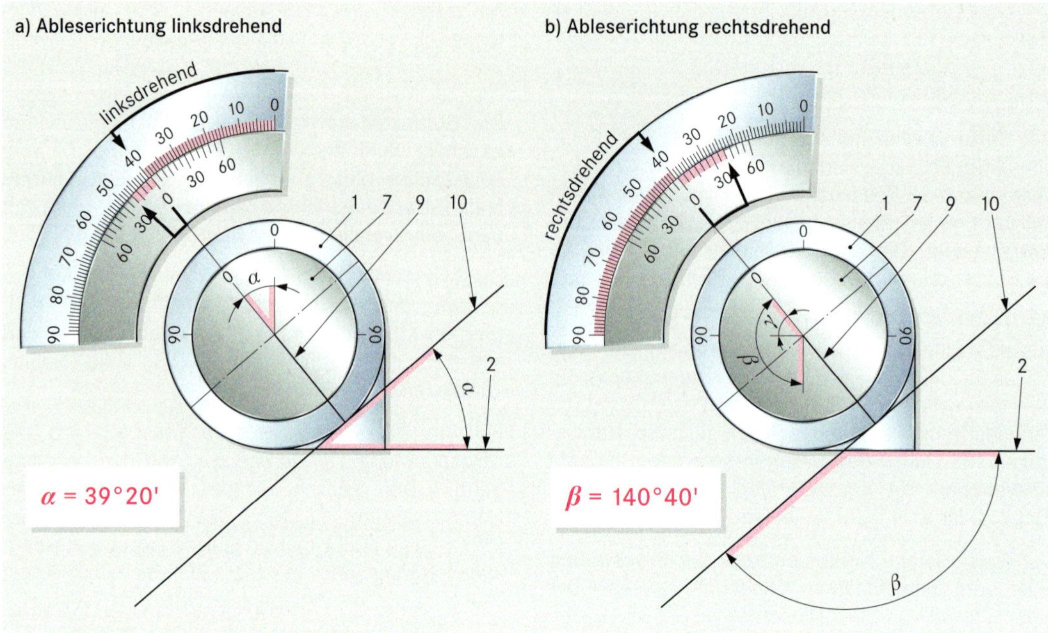

Abb. 1: Ablesen des Universalwinkelmessers

Für das Ablesen des *stumpfen* Winkels β ist die Ableserichtung *rechtsdrehend* (Abb. 1b). Der Winkel β wird zerlegt in einen rechten Winkel (90°) und den Hilfswinkel γ. Die Ausgangsstellung für das Ablesen des Hilfswinkels γ ist die linke 90°-Marke der Hauptskale. Von hier aus werden – ohne Berücksichtigung der Gradangaben auf der Hauptskale – die ganzen Grade des Hilfswinkels bis zum Nullstrich des Nonius gezählt (50°). Dann sucht man in Ableserichtung auf dem *rechten* Nonius den Teilstrich, der sich mit einem Teilstrich auf der Hauptskale deckt (8. Teilstrich). 8 Teilstriche entsprechen einer Anzeige von 8 · 5' = 40'. Die Summe der drei Winkelwerte ergibt den Messwert Mw = 90° + 50° + 40' = 140°40'.

! Beim Prüfen von stumpfen Winkeln entspricht der angezeigte Wert nicht dem tatsächlichen Winkel am Werkstück. Der Messwert muss unter Berücksichtigung der Stellung von festem und beweglichem Messschenkel berechnet werden.

1.3.6.5 Prüfen mit Formlehren

Mit einer Formlehre wird festgestellt, ob die Istform eines Werkstückes mit der Sollform der Lehre übereinstimmt.

Die bekanntesten Formlehren sind

- *Haarlineale* zum Prüfen von Flächen (Abb. 2a),
- *Radienlehren* zum Prüfen von erhabenen (konvexen) und hohlen (konkaven) Rundungen (Abb. 2b).

Mit beiden Lehren prüft man nach dem *Lichtspaltverfahren*. Lehre und Werkstück werden aufeinandergesetzt und gegen eine Lichtquelle gerichtet. Je kleiner und gleichmäßiger der hierbei sichtbare Lichtspalt ist, umso mehr entsprechen sich die Formen von Lehre und Werkstück.

a) Haarlineale

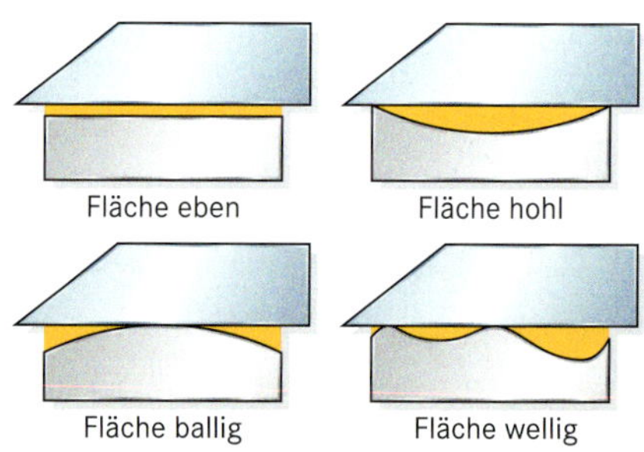

b) Radienlehren

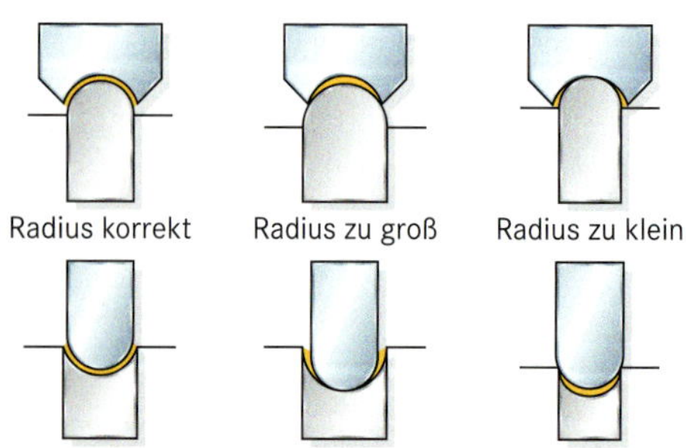

Abb. 2: Prüfen mit Formlehren

1.3.6.6 Prüfvorgang

Durch Prüfen soll festgestellt werden, ob ein Produkt die geforderten Eigenschaften hat. Durch die Eingangsprüfung vor der Fertigung werden Werkstoff und Maße des Rohteils geprüft. Durch die Zwischenprüfung während der Fertigung werden fortlaufend Maße, Formen und Oberflächenbeschaffenheit des Werkstücks geprüft. Durch die Endprüfung nach der Fertigung werden alle von dem Werkstück geforderten Eigenschaften geprüft. Das Ergebnis des Prüfens erhält man immer durch eine JA-NEIN-Entscheidung (Abb. 3).

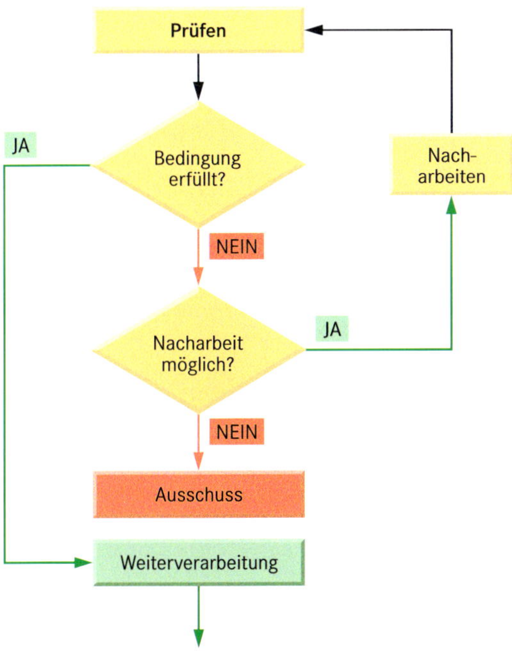

Abb. 3: Ablaufplan für einen Prüfvorgang

Das Prüfen von Werkstücken kann durch Messen oder durch Lehren erfolgen.

Beim *Messen* wird ein unbekanntes Maß am Werkstück mit einem festgelegten Maß verglichen (Abb. 4). Die durch den Stahlmaßstab festgelegte Maßeinheit ist das Millimeter. Beim Messen wird das Maß am Werkstück mit dem Maß am Stahlmaßstab verglichen. Das Ergebnis des Messens ist das Istmaß. Es wird angegeben als Produkt aus Zahlenwert und Maßeinheit.

Beim *Lehren* wird ein Maß oder eine Form des Werkstückes mit einer Maßlehre oder einer Formlehre verglichen. Die Lehre verkörpert ein gefordertes Sollmaß oder eine geforderte Sollform. Beim Prüfen durch Lehren wird festgestellt, ob Istmaß oder Istform des Werkstückes von dem idealen Maß oder von der idealen Form der Lehre abweichen oder nicht. Ein Zahlenwert für die Größe der Abweichung wird beim Lehren nicht ermittelt.

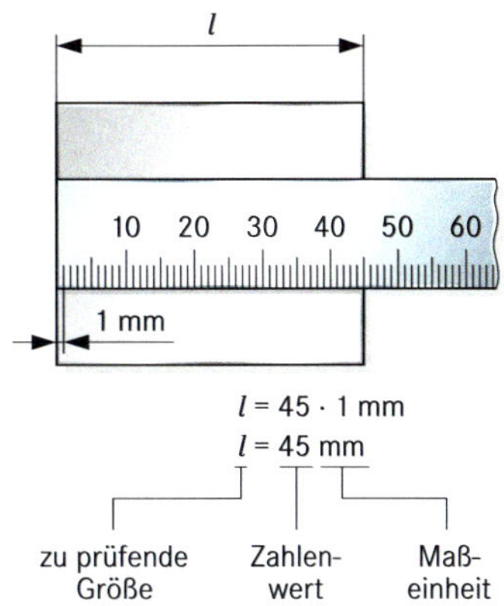

Abb. 4: Messen

1.3.6.7 Prüfabweichungen

Das Nennmaß eines Werkstücks kann nie hundertprozentig exakt hergestellt werden. Deshalb werden Maßtoleranzen zugelassen. Dies trifft auch für die Herstellung der Prüfmittel zu. Jedes Prüfmittel kann deshalb als „fehlerbehaftet" angesehen werden.

Ebenso wenig kann das Istmaß eines Werkstückes hundertprozentig exakt ermittelt werden. Das führt zwangsläufig zu Unterschieden zwischen dem Prüfergebnis und dem tatsächlich vorhandenen Istmaß, wenn Prüfmittel eingesetzt werden. Ungenügende Übung des Prüfers können ebenfalls zu Unterschieden zwischen Prüfergebnis und tatsächlichem Maß führen. Der Unterschied zwischen gemessener Größe und tatsächlicher Größe heißt *Messabweichung*.

Messabweichung =

gemessene Größe – tatsächliche Größe

- **Ursachen von Abweichungen**

Abweichungen der gemessenen Größe von der tatsächlichen Größe beruhen auf unterschiedlichen Ursachen. Fehlerquellen, die Abweichungen beim Prüfen verursachen können, liegen bei

- den Prüfmitteln → Gerätefehler,
- den Werkstücken → Prüflingfehler,
- den Umgebungsbedingungen → umweltbedingte Fehler,
- dem Prüfer → persönliche Fehler.

Gerätefehler (z. B. bei Messgeräten und Lehren) ergeben sich durch Fertigungstoleranzen oder durch Justierfehler bei der Montage. Typische Gerätefehler sind Teilungsfehler an den Skalen von Messschiebern und Verschleiß der Messflächen.

Prüflingfehler ergeben sich z. B. durch Grat oder Zunder, durch Reste von Kühlschmierstoffen oder Anreißlack, durch Verschmutzungen mit Öl, Fett oder Staub. Zu große Messkraft kann zu Verformungen des Werkstücks und damit zu Prüfabweichungen führen.

Umweltbedingte Fehler ergeben sich z. B. durch Schwankungen der Temperatur, unzureichende Beleuchtung, hohe Staubbelastung und Erschütterungen. Ein besonders wichtiger Umwelteinfluss ist die Temperatur. Metallische Werkstoffe dehnen sich bei Erwärmung aus und ziehen sich bei Abkühlung zusammen.

Zur Vermeidung von Temperatureinflüssen sollten Prüfgeräte und Werkstücke während des Prüfvorganges die vorgeschriebene Bezugstemperatur von 20 °C haben.

Persönliche Fehler ergeben sich z. B. durch unsachgemäßes oder falsches Anwenden von Prüfgeräten, durch ungenügende Übung beim Ablesen des Messwertes, durch schräge Blickrichtung beim Ablesen (Parallaxe) oder unzureichende Sichtverhältnisse.

- **Arten von Abweichungen**

Prüfabweichungen werden unterteilt in

- systematische Abweichungen und
- zufällige Abweichungen.

Systematische Abweichungen entstehen z. B. durch fertigungsbedingte Teilungsabweichungen bei Skalen, durch Abnutzung der Prüfmittel und durch gleichbleibende Abweichungen von der genormten Bezugstemperatur von 20 °C.

Systematische Abweichungen haben unter gleichen Prüfbedingungen immer die gleiche Größe und das gleiche Vorzeichen. Gleiche Prüfbedingungen bedeutet: gleiches Prüfgerät, gleiche Prüfstelle, gleicher Prüfer. Systematische Abweichungen ergeben einen falschen Prüfwert. Sie können jedoch als Korrekturwert erfasst werden. Der Korrekturwert kann bei jeder Prüfung berücksichtigt werden.

Zufällige Abweichungen entstehen z. B. durch Verformungen von Werkstück oder Prüfgerät während des Prüfens. Je nach aufgebrachter Messkraft wird die Anzeige am Messschieber größer oder kleiner (Abb. 1). Grat und anhaftender Schmutz am Werkstück beeinflussen ebenfalls das Messergebnis.

Zufällige Abweichungen treten unregelmäßig auf. Sie schwanken selbst unter gleichen Messbedingungen. Sie können beim Prüfen nicht durch einen Korrekturwert berücksichtigt werden. Man kann jedoch versuchen, sie durch ein statistisches Verfahren zu erfassen. Hierbei werden für eine Messgröße mehrere Messungen unter gleichen Bedingungen durchgeführt. Aus der so ermittelten Messreihe wird ein Mittelwert gebildet. Dieser Mittelwert stimmt annähernd mit dem tatsächlichen Wert überein.

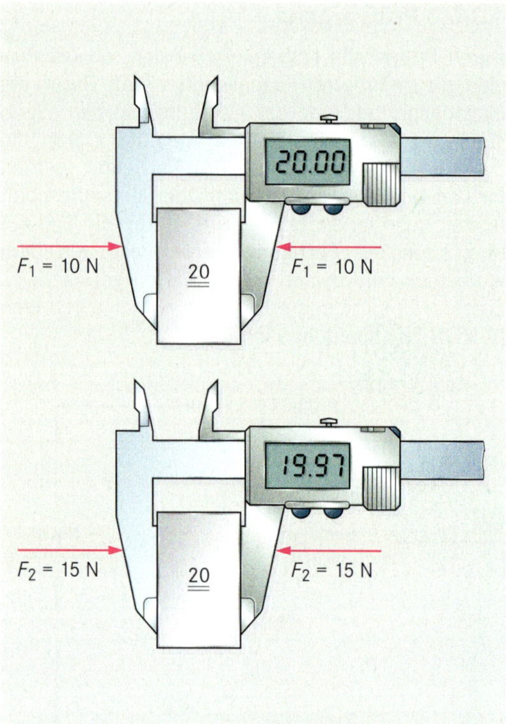

Abb. 1: Zufällige Abweichungen durch Messkraftschwankung

Beispiel:

Ein Werkstück wurde 5-mal an der gleichen Stelle gemessen. Aus den aufgenommenen Messwerten ist der Mittelwert zu bilden.

Messwert Nr.	Messwert Mw in mm
1	30,04
2	29,99
3	30,09
4	30,06
5	30,07

$$\text{Mittelwert} = \frac{\text{Summe der Messwerte}}{\text{Anzahl der Messwerte}}$$

$$\text{Mittelwert} = \frac{150{,}25\ \text{mm}}{5\ \text{mm}}$$

Mittelwert = **30,05 mm**

Zusammenfassung

Prüfen

Feststellen, ob ein Prüfgegenstand bestimmte vorgeschriebene Bedingungen erfüllt

Messen

Vergleichen einer physikalischen Größe mit einem Messgerät

Messgeräte:

- Stahlmaßstab
- Messschieber
- einfacher Winkelmesser
- Universalwinkelmesser

Lehren

Vergleichen eines Prüfgegenstandes mit einer Lehre

Lehren:

- Haarlineale
- Radienlehren
- feste Winkel

Bezugstemperatur: Die genormte Bezugstemperatur beim Prüfen beträgt 20 °C. Sie gilt für das Prüfgerät und das zu prüfende Werkstück.

Aufgaben

1. Ordnen Sie die folgenden Prüfgeräte den Verfahren Messen oder Lehren zu:
Stahlmaßstab, Messschieber, Radienlehre, Universalwinkelmesser, Haarlineal, Flachwinkel.

2. Nennen Sie Beispiele für die Anwendung einfacher Formlehren in Ihrem Ausbildungsbetrieb.

3. Erklären Sie den Aufbau des dargestellten Nonius. Wie groß ist bei diesem Messschieber der Abstand zwischen zwei Strichen des Nonius und der Noniuswert Now?

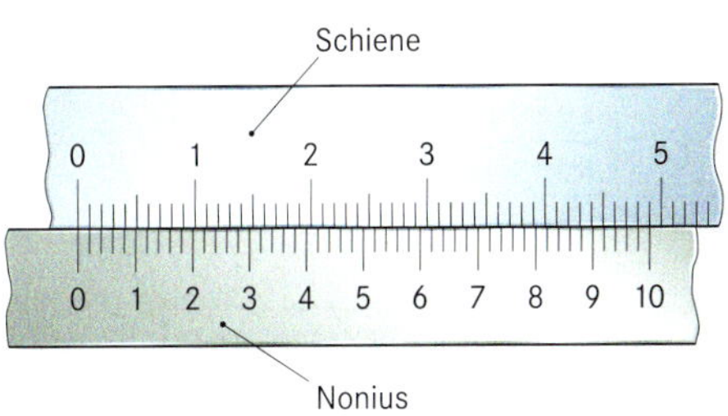

4. Unterscheiden Sie einen Messschieber mit einem erweiterten 1/10-Nonius von einem Messschieber mit einem 1/20-Nonius.

5. Beschreiben Sie zwei Möglichkeiten für das Messen des Mittenabstandes l_m.

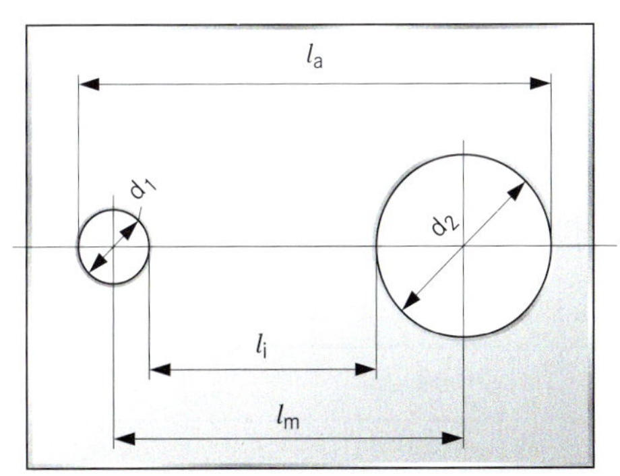

6. Lesen Sie die Messwerte an den Messschiebern ab.

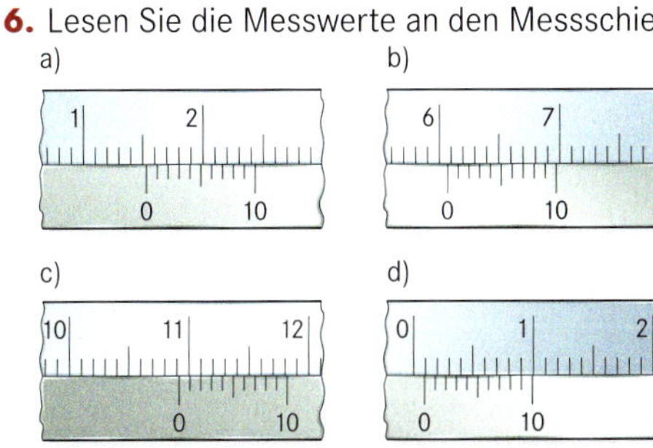

Planen/ Dokumentieren

1.3.7 Arbeitsplanung

Ein Arbeitsplan beschreibt, wie eine Arbeit durchgeführt werden soll. Je genauer er ist, umso eher können beim Durchführen der Arbeit Fehler vermieden werden.

! Ein Arbeitsplan legt die Vorgehensweise für das Durchführen von Arbeitsaufgaben fest. Er gibt Informationen und Anweisungen zugleich.

Im Rahmen der Planung müssen Entscheidungen getroffen werden über

- die Fertigungsverfahren,
- die Arbeitsmittel wie Werkzeuge und Spannmittel und
- die Arbeitsfolge.

Diese Daten werden im Arbeitsplan tabellarisch zusammengefasst (Abb. 2).

Während und nach der Fertigung erfolgt die Kontrolle des Arbeitsergebnisses. Es wird überprüft, ob das Ergebnis mit den Vorgaben der Zeichnung übereinstimmt.

! Bei der Planung und der Durchführung von Arbeitshandlungen sind grundsätzlich die Vorschriften zur Arbeitssicherheit und zum Umweltschutz einzuhalten.

Die wichtigste Grundlage für das Erstellen eines Arbeitsplanes ist die Einzelteilzeichnung (Abb. 1). Aus ihr können die Bearbeitungsformen mit ihren Abmessungen und der geforderten Genauigkeit entnommen werden. An der Halterung sind zunächst Rundungen zu fertigen. Die Halterung wird später vor dem Fügen an Behälter und Stutzen angepasst.

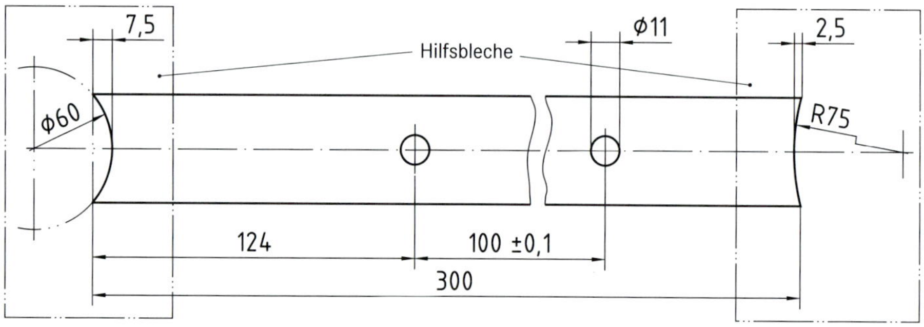

Abb. 1: Halterung

westermann	Arbeitsplan	Blatt-Nr. 1	Anzahl 1
Benennung: Halterung; Zeichn.Nr. Sach.-Nr.	Auftragsnr.:	Name:	
Halbzeug: Flach DIN 1017 – 40x6x304 – S 235 JR	Stückzahl:	Klasse/Gr.:	
[x] Einzelteil [ ] Montage/Demontage	Termin:	Kontr.-Nr.:	

Lfd. Nr.	Arbeitsvorgang	Arbeitsmittel	Arbeitswerte/ Bemerkungen
1	Rohteil auf Länge prüfen	Stahlmaßstab	
2	Stirnflächen entgraten	Flachfeile	Hieb-Nr.1
3	Stirnfläche rechtwinklig zur Seitenfläche feilen	Flachfeile, Schraubstock	Hieb-Nr.1
4	Rechtwinkligkeit prüfen	fester 90°-Winkel	
5	Länge 300 anreißen	Stahlmaßstab, Reißnadel	
6	Rohteil auf Länge 300 feilen	Flachfeile, Schraubstock	Hieb-Nr.1
7	Rechtwinkligkeit prüfen	fester 90°-Winkel	
8	Rundungen anreißen	Stahlmaßstab, Zirkel	Hilfsbleche verwenden
9	Rundungen vorfeilen	Halbrundfeile,	Hieb-Nr. 1, Fertigfeilen
		Schraubstock	vor dem Fügen
10	Bohrungen anreißen und körnen	Reißnadel, Körner	

Abb. 2: Arbeitsplan

Informieren

1.4 Scheren

ARBEITSAUFTRAG

Die Hohlkörper des Trichters sind

- der Behälter,
- das Reduzierstück und
- der Stutzen.

Diese Bauteile sollen aus Blech hergestellt werden.

Vor dem Biegen werden die Blechrohlinge auf einer ebenen Blechtafel angerissen. Danach sind sie durch *Scheren* auszuschneiden.

1.4.1 Zeichnungsanalyse

Aus der Gesamtzeichnung erkennt man

- den Behälter als Hohlzylinder,
- das Reduzierstück als geraden, hohlen Kegelstumpf,
- den Stutzen als schräg geschnittenen Hohlzylinder.

Um die Hohlkörper auf einer ebenen Blechtafel abbilden zu können, muss man sie abwickeln. Die Mantelfläche wird dazu in wahrer Größe aufgezeichnet.

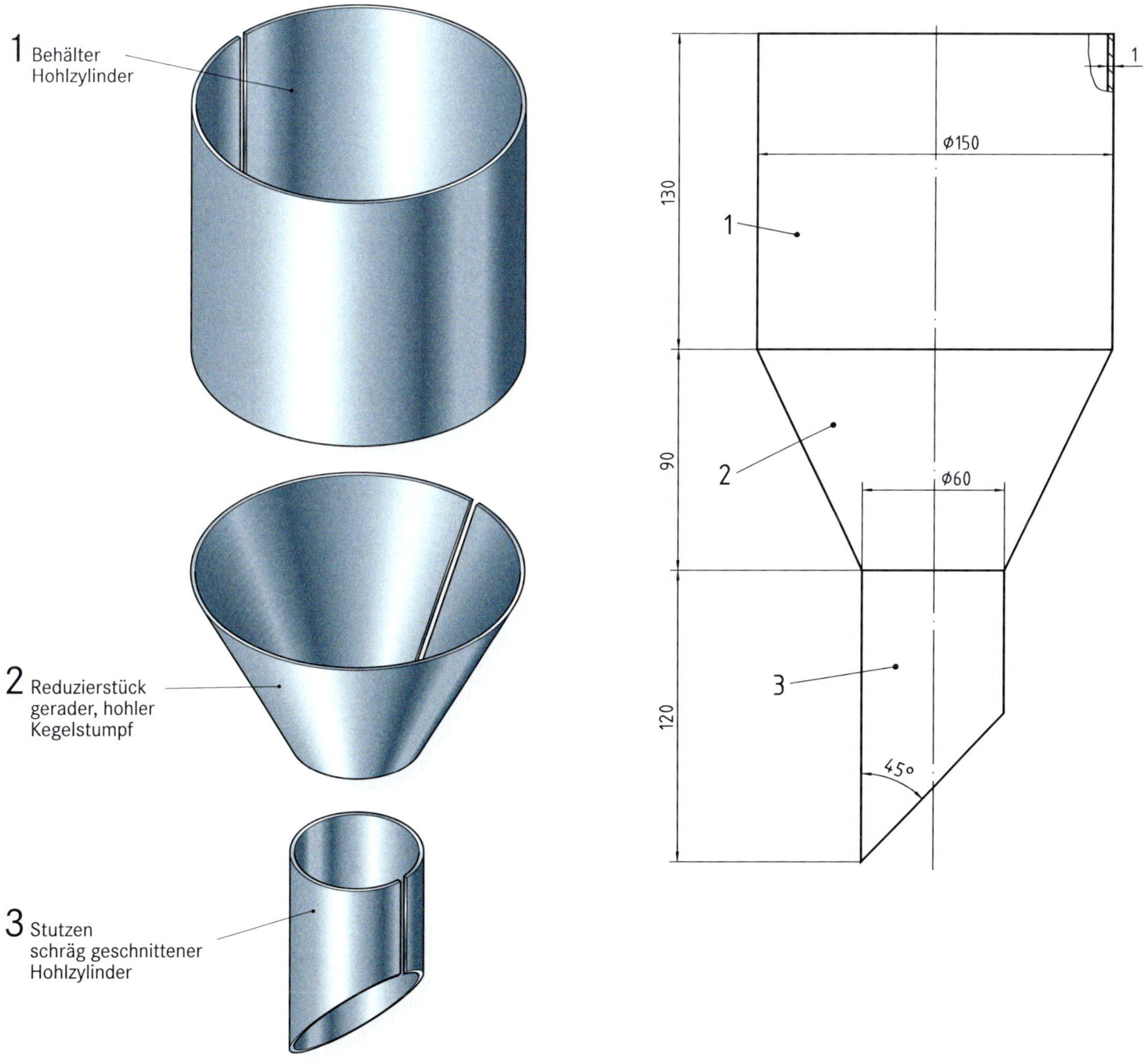

Abb. 3: Trichter

Fertigen

1.4.2 Anreißen von Abwicklungen

Abwickeln zylinderförmiger Hohlkörper

Von dem Behälter soll eine Abwicklung gezeichnet werden. Der Behälter ist ein *gerader Zylinder*, die Abwicklung eines geraden Zylinders ist immer ein Rechteck. Die Maße der Abwicklung entsprechen dem Zylinderumfang (gestreckte Länge des Zylinders) und der Zylinderhöhe (Abb. 1).

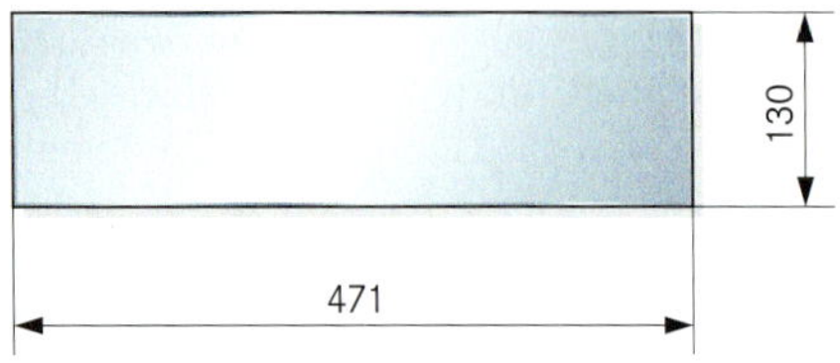

$U = d \cdot \pi = 150 \cdot \pi = 471$ mm

Abb. 1: Abwicklung eines Zylinders

Der Stutzen ist ein *schräg geschnittener Zylinder*, der an der kürzesten Mantellinie aufgeschnitten ist. Hier ist später die Fügenaht.

Um die Abwicklung des schräg geschnittenen Zylinders zu zeichnen, sind die folgenden Konstruktionsschritte zu vollziehen (Abb. 2).

① Zylinder in der Ansicht zeichnen, in der der Schrägschnitt erkennbar ist.

② Gestreckte Länge des Zylinders berechnen und unter Berücksichtigung der Höhe die Hüllform (Rechteck) der Abwicklung zeichnen.

③ Zeichnen eines Halbkreises über die Zylinderansicht als Ersatz für die Draufsicht.

④ Halbkreis in sechs gleich große Teile teilen und durch die Teilungspunkte Mantellinien bis zum Schrägschnitt zeichnen.

⑤ Gestreckte Länge des Zylinders in 12 gleich große Teile teilen und Mantellinien zeichnen.

⑥ Hilfslinien von den Schnittpunkten des Schrägschnittes in beide symmetrische Hälften der Abwicklung zeichnen.

⑦ Zuschnittkurve mit Hilfe eines Kurvenlineals zeichnen.

Abwicklung kegelförmiger Hohlkörper

Das Reduzierstück ist ein senkrecht zur Achse geschnittener Kegel, man nennt ihn Kegelstumpf.

Die Hüllform eines Kegelstumpfes ist ein Kreisringsegment. Die Breite des Kreisringsegmentes entspricht der Seitenlänge des Kegelstumpfes. Die Seitenlänge des Kegelstumpfes liegt in der Zeichenebene und erscheint in der wahren Länge. Der Winkel α des Kreisringsegmentes muss errechnet werden.

Zur leichteren Erstellung der Abwicklung kann man diese an die Kegelansicht anschließen. Die zeichnerische Lösung erfolgt in mehreren Schritten (Abb. 3).

① Zeichnen des Kegelstumpfes in einer Ansicht.

② Ergänzen des Kegelstumpfes zum Kegel.

③ Errechnen der Längen L und L2.

④ Hüllform der Abwicklung mit den Radien L und L_2 zeichnen. Der Abwicklungswinkel wird nach folgender Formel berechnet:

$$\alpha = \frac{D \cdot 180°}{L}$$

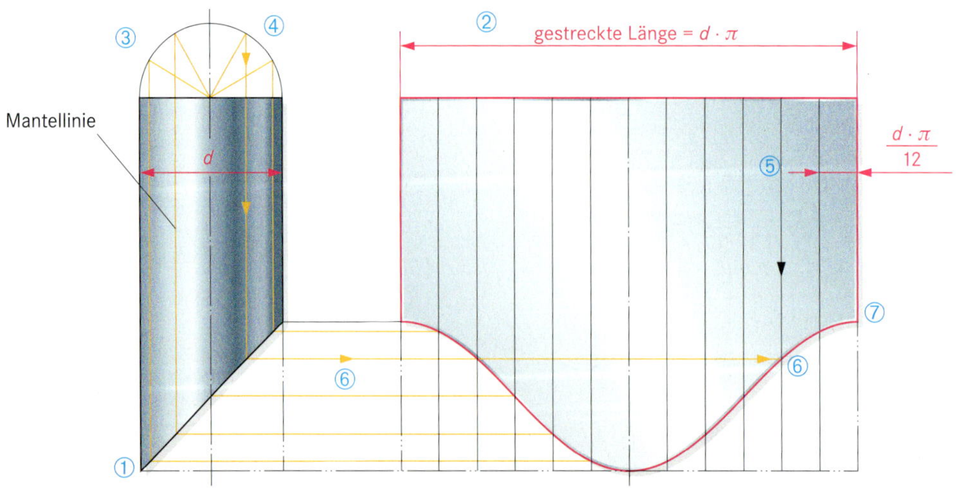

Abb. 2: Abwicklung eines schräg geschnittenen Zylinders

auch über Web-Link

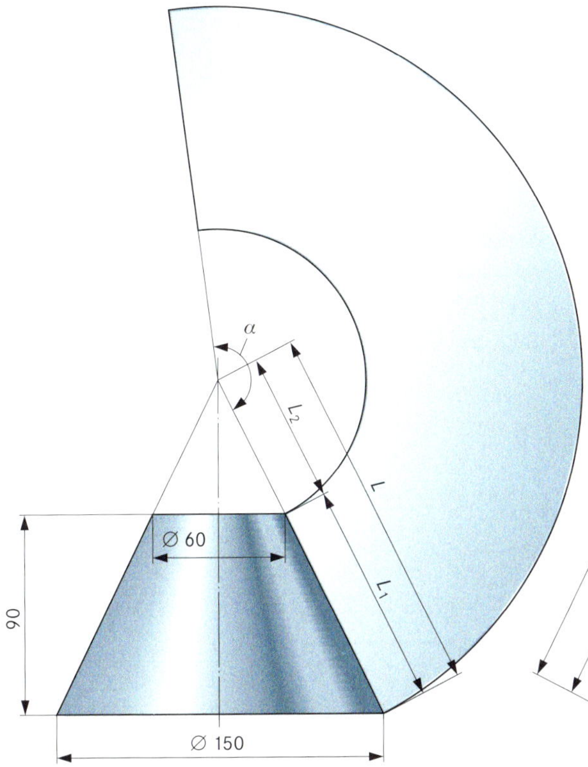

$$\alpha = \frac{D \cdot 180°}{L}$$

$$\alpha = \frac{150\ \text{mm} \cdot 180°}{167{,}7\ \text{mm}}$$

$$\underline{\underline{\alpha = 161°}}$$

nach dem Lehrsatz des Pythagoras:

$$L_1 = \sqrt{90^2 + \left(\frac{150 - 60}{2}\right)^2}$$

$$L_1 = \sqrt{90^2 + \left(\frac{90}{2}\right)^2}$$

$$\underline{L_1 = 100{,}6\ \text{mm}}$$

auch über Web-Link

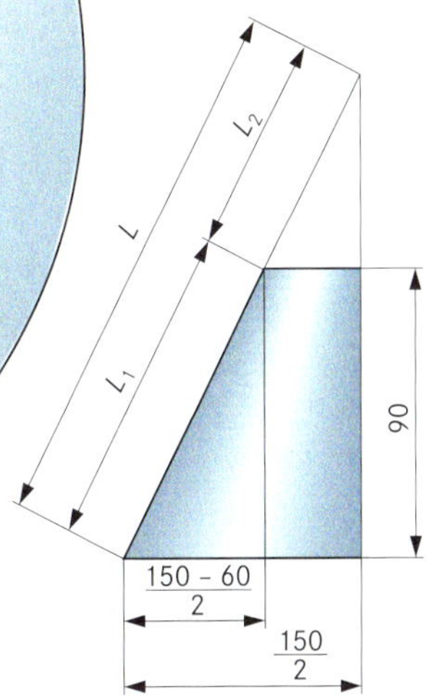

nach dem Strahlensatz:

$$L : \frac{150}{2} = L_1 : \frac{150 - 60}{2}$$

$$L = \frac{\frac{150}{2} \cdot 100{,}6}{\frac{150 - 60}{2}}$$

$$L = \frac{75 \cdot 100{,}6}{45}$$

$$\underline{\underline{L = 167{,}7\ \text{mm}}}$$

$$L_2 = L - L_1$$

$$L_2 = 167{,}7 - 100{,}6$$

$$\underline{\underline{L_2 = 67{,}1}}$$

Abb. 3: Abwicklung eines Kegelstumpfes

Fertigen

1.4.3 Blechbedarf

Bei dem Ausschneiden der Rohteile für die Hohlkörper aus einer Blechtafel entsteht Abfall. Dieser Abfall heißt Verschnitt. Aufgabe des Facharbeiters ist es, den Verschnitt möglichst gering zu halten. Dies geschieht durch eine entsprechende Anordnung der Anrisse auf der Blechtafel (Abb. 4).

Aus der Anordnung der Anrisse kann man den Blechbedarf ausrechnen.

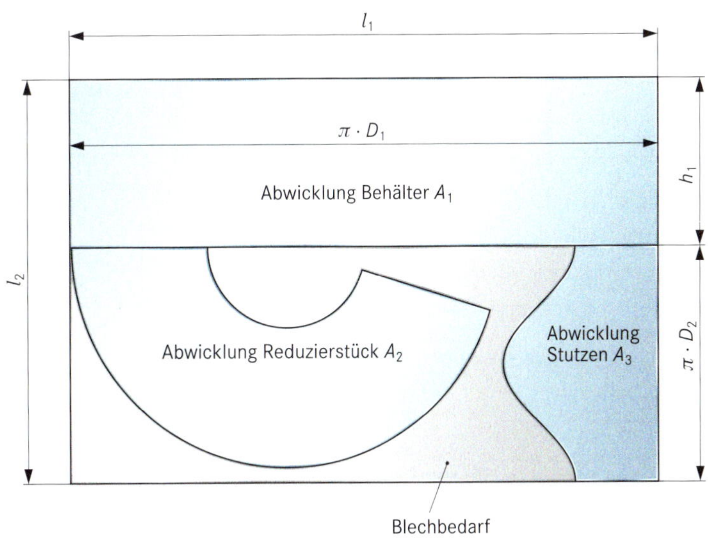

Abb. 4: Anordnung der Anrisse

Blechbedarf:

$A_B = l_1 \cdot l_2$

$l_1 = \pi \cdot D_1$	$l_2 = h_1 + \pi \cdot D_2$
$l_1 = \pi \cdot 150\ \text{mm}$	$l_2 = 130\ \text{mm} + \pi \cdot 60\ \text{mm}$
$l_1 = 471{,}2\ \text{mm}$	$l_2 = 318{,}5\ \text{mm}$

Das benötigte Blech muss mindestens die Abmessungen 472 mm x 319 mm haben.

Grundlagen

Blechbedarf und Verschnitt

Bei der Fertigung von Werkstücken aus Blech entsteht beim Ausschneiden aus einer Blechtafel Abfall. Diesen Abfall nennt man Verschnitt A_V.

Der Verschnitt errechnet sich aus der Fläche des ausgeschnittenen Werkstückes A_W und der Fläche des dazu benötigten Rohteiles. Die Fläche des benötigten Rohteiles ist der Blechbedarf A_B.

Verschnitt =
Fläche Blechbedarf - Fläche Werkstück

$$A_V = A_B - A_W$$

Vielfach wird der *Verschnitt in Prozent* angegeben. Dabei wird der Blechbedarf mit 100 % angenommen.

$$A_{V\%} = \frac{A_V \cdot 100\,\%}{A_B}$$

Werden mehrere Werkstücke aus einer Blechtafel herausgeschnitten, addiert man die einzelnen Flächen der Werkstücke.

Aus der Gesamtfläche der Werkstücke und dem Blechbedarf kann man den Werkstoffausnutzungsgrad η berechnen.

$$\eta = \frac{A_W}{A_B}$$

Aus dem Blech sollen die Werkstücke ausgeschnitten werden. Der Verschnitt, der Verschnitt in Prozent und der Werkstoffnutzungsgrad sind zu ermitteln.

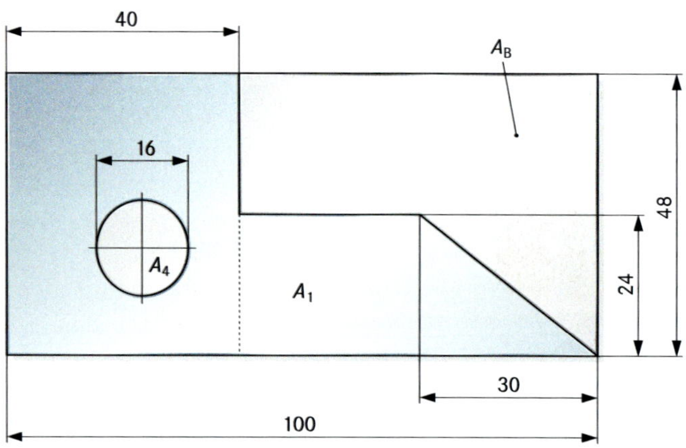

$A_V = A_B - A_W$

$A_W = A_1 - A_4$

$A_1 = 40\text{ mm} \cdot 48\text{ mm} + 30\text{ mm} \cdot 24\text{ mm} + \frac{1}{2}\,30\text{ mm} \cdot 24\text{ mm}$

$A_1 = 1920\text{ mm}^2 + 720\text{ mm}^2 + 360\text{ mm}^2$

$A_1 = 3000\text{ mm}^2$

$A_4 = \frac{\pi}{4}\,d^2 = \frac{\pi}{4} \cdot 16^2\text{ mm}^2$

$A_4 = 201{,}1\text{ mm}^2$

$A_W = 3000\text{ mm}^2 - 201{,}1\text{ mm}^2$

$A_W = 2798{,}9\text{ mm}^2$

$A_B = 100\text{ mm} \cdot 48\text{ mm}$

$A_B = 4800\text{ mm}^2$

$A_V = 4800\text{ mm}^2 - 2798{,}9\text{ mm}^2$

$A_V = 2001{,}1\text{ mm}^2$

$A_{V\%} = \frac{A_V \cdot 100\,\%}{A_B}$

$A_{V\%} = \frac{2001{,}1\text{ mm}^2 \cdot 100\,\%}{4800\text{ mm}^2}$

$A_{V\%} = 41{,}7\,\%$

$\eta = \frac{A_W}{A_B} = \frac{2798{,}9\text{ mm}^2}{4800\text{ mm}^2}$

$\eta = 0{,}583$

1.4.4 Scherschneiden

Für das Zerteilen von Blechen werden vorteilhaft Scheren eingesetzt. Scheren haben zwei Schneidkeile. Die Schneiden der Schneidkeile bewegen sich während des Schneidvorganges *aneinander vorbei* (Abb. 1).

Scherschneiden ist das Zerteilen von Werk-stücken zwischen zwei Schneiden, die sich aneinander vorbeibewegen.

Abb. 1: Scherschneiden mit einer Handhebelschere

1.4.4.1 Scherschneidvorgang

Beim Scherschneiden drückt eine Fläche der Schneidkeile auf das Werkstück. Sie wird Druckfläche genannt. Über die Druckfläche wird die Scherkraft zum Zerteilen auf das Werkstück aufgebracht (Abb. 2a).

Die zweite Fläche der Schneidkeile gleitet beim Scherschneiden an der Schnittfläche vorbei. Sie wird *Freifläche* genannt. Die Freifläche soll die Schnittfläche möglichst nicht berühren.

Dazu ist die Freifläche hinterschliffen. Durch den Hinterschliff weist die Freifläche eine Neigung zur Senkrechten auf die Werkstückoberfläche auf. Es entsteht der *Freiwinkel* α (Abb. 2b). Der Freiwinkel beträgt α = 2 ... 3°. Durch den Freiwinkel wird die Reibung zwischen Freifläche und Schnittfläche verringert und damit der Werkzeugverschleiß.

Der *Keilwinkel* beträgt β = 75 ... 85°. Dadurch ist der Schneidkeil ausreichend stabil.

Das Zerteilen des Werkstoffes erfolgt beim Scherschneiden in folgenden Phasen:

- Durch die Scherkräfte F_S dringen die Schneidkeile in den Werkstoff ein. Der Werkstoff verformt sich. Das Werkstück wird auf beiden Seiten eingekerbt (Abb. 1a, nächste Seite).
- Die Schneidkeile dringen weiter in den Werkstoff ein. Dabei wird der Werkstoff geschnitten (Abb. 1b, nächste Seite).

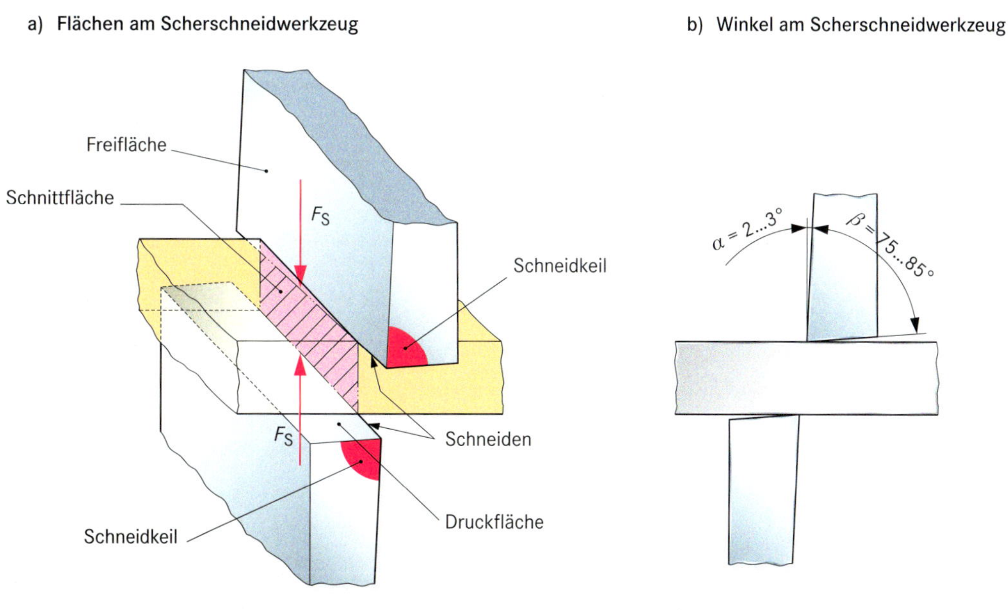

Abb. 2: Flächen und Winkel an Scherschneidwerkzeugen

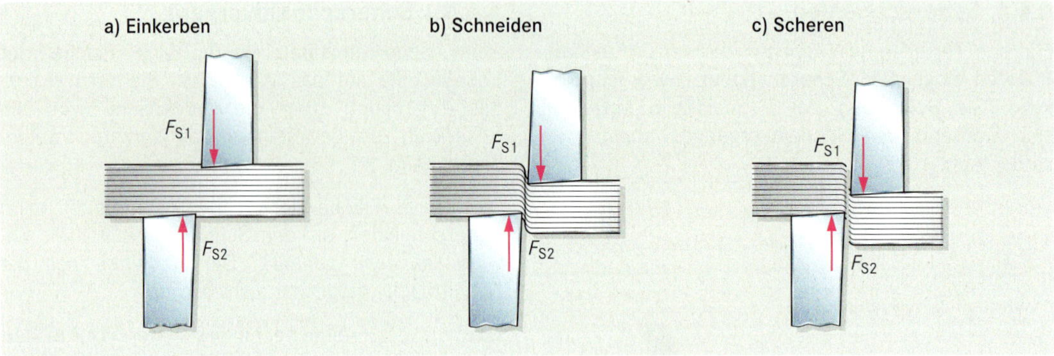

Abb. 1: Phasen des Schneidvorganges

- Die Schneidkeile dringen weiter in den Werkstoff ein. Dabei werden die Werkstoffteilchen durch die Druckfläche gegeneinander verschoben. Der Werkstoff gleitet an den Freiflächen der Schneidkeile vorbei. Diesen Vorgang nennt man Scheren (Abb. 1c).

Werkstoffe lassen sich unterschiedlich gut scherschneiden. Die Scherbarkeit eines Werkstoffes wirkt sich auf die Beschaffenheit der Schnittfläche aus:

- Harte und spröde Werkstoffe lassen sich schlecht scherschneiden. Der Anteil von Einkerben und Schneiden ist klein. Im Verlauf des Scherens wird der Werkstoff an der Schnittstelle brechen. Die Schnittfläche ist rau. Man benötigt große Scherkräfte.
- Weiche Werkstoffe lassen sich gut scherschneiden. Der Anteil von Einkerben und Schneiden ist groß. Die Schnittfläche ist glatt. Man benötigt geringere Scherkräfte.

Die Schnittflächen müssen vor der weiteren Verwendung des Werkstückes nachbearbeitet werden, z. B. durch Feilen.

Schneidspalt

Damit die Schneiden sich nicht gegenseitig beschädigen, sieht man einen geringen Abstand zwischen den beiden Schneidkeilen vor (Abb. 2). Diesen Abstand nennt man Schneidspalt.

Mit zunehmender Werkstückdicke und Festigkeit des Werkstoffes ist ein größerer Schneidspalt einzustellen (→📖).

Die Größe des Schneidspaltes beeinflusst auch die Genauigkeit des Werkstücks. Ein zu großer Schneidspalt führt zu starker Gratbildung und zu unebenen und rissigen Schnittflächen. Dünne Bleche können in den Schneidspalt gezogen werden. Dadurch ist ein einwandfreies Scherschneiden nicht mehr möglich.

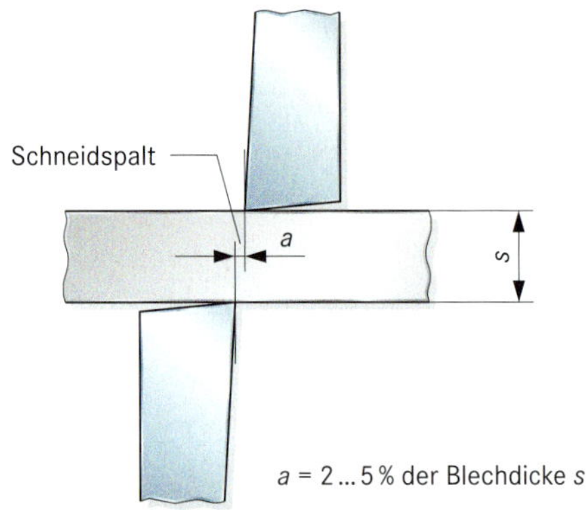

Abb. 2: Schneidspalt

Durch den Schneidspalt erzeugen die Scherkräfte F_S eine Drehwirkung, die das Werkstück zu kippen versucht. Die *Drehwirkung* ist umso größer, je größer der Schneidspalt ist. Diese störende und gefährliche Wirkung wird bei Handhebelscheren und maschinell angetriebenen Scheren durch *Niederhalter* unterbunden (Abb. 3).

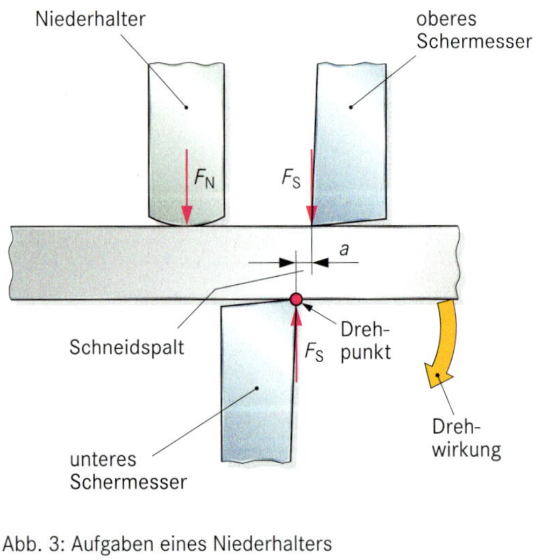

Abb. 3: Aufgaben eines Niederhalters

1.4.4.2 Scherschneidwerkzeuge

Zum Scherschneiden von Blechen verwendet man je nach Dicke und Material Handblechscheren oder Handhebelscheren.

Bei allen Handblechscheren und Handhebelscheren werden Bleche durch kreuzendes Schneiden getrennt. Die beiden Keilschneiden bewegen sich um einen Drehpunkt und dringen allmählich in den Werkstoff ein. Die notwendige Scherkraft wird durch die Handkraft des Menschen aufgebracht.

Mit *Handblechscheren* können Bleche bis zu einer Dicke von etwa 1,5 mm geschnitten werden. Sie haben keinen Schneidspalt und keinen Niederhalter. Damit die Schneiden sich nicht auf der gesamten Länge berühren und aneinander reiben, sind sie hohlgeschliffen. Durch den Hohlschliff sind die Schneiden leicht gegeneinander gekrümmt (Abb. 4).

Durch Anziehen der Gelenkschraube werden die Schermesser gegeneinander verspannt. Sie haben *Vorspannung*. Dadurch berühren sich die Schneiden lediglich an einer Stelle:

- Bei geschlossener Schere liegt diese Stelle an der Spitze der Schneiden.
- Bei geöffneter Schere verlagert sich die Berührungstelle an die jeweilige Schnittstelle.

Hebelübersetzung bei der Handblechschere

Kurze Schneiden und lange Handgriffe der Handschere verringern die erforderliche Handkraft. Durch den Hebelarm des Griffes l_H wird die Handkraft F_H übersetzt. An der Schnittstelle wirkt eine größere Scherkraft F_S. Die Lage der Schnittstelle beeinflusst die zum Scherschneiden notwendigen Handkräfte.

Bei *weit geöffneter Schere* (großer Öffnungswinkel) liegt die Schnittstelle dicht am Drehpunkt (Abb. 5). Für das Schneiden wird eine geringe Handkraft F_H benötigt.

Beim Anschneiden greifen die Schneiden aber nicht, sondern drücken das Werkstück aus der Schere. Bei großen Öffnungswinkeln lässt sich die Schere außerdem schlecht in der Hand halten.

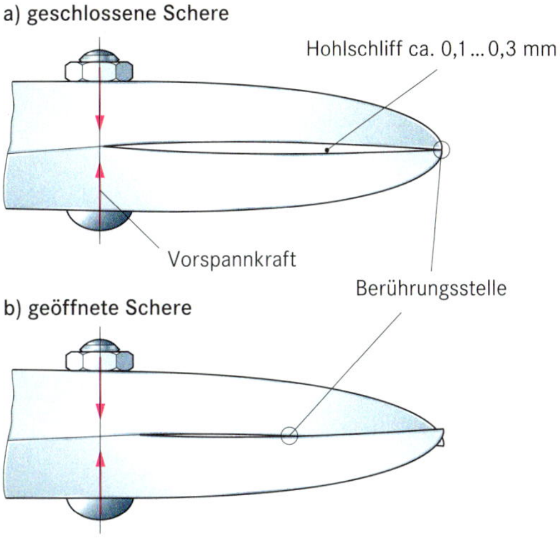

Abb. 4: Hohlschliff und Vorspannung bei Handblechscheren

Bei *wenig geöffneter Schere* (kleiner Öffnungswinkel) liegt die Schnittstelle weit vom Drehpunkt. Für das Schneiden wird eine große Handkraft F_H benötigt. Das Werkstück wird nicht mehr aus der Schere gedrückt. Günstig ist ein Öffnungswinkel von 10° ... 15°.

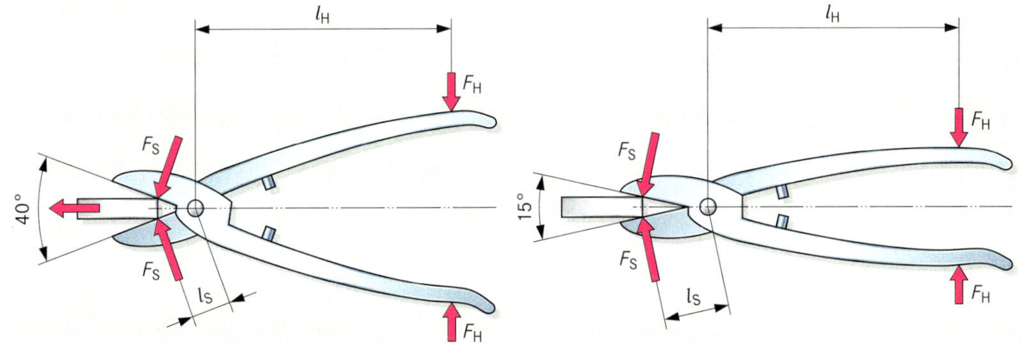

- Schnittstelle dicht am Drehpunkt,
- große Hebelübersetzung der Handkraft F_H,
- Werkstück wird aus der Schere gedrängt.

- Schnittstelle weit vom Drehpunkt,
- kleine Hebelübersetzung der Handkraft F_H,
- große Handkraft F_H erforderlich.

Abb. 5: Hebelübersetzung und Öffnungswinkel

Grundlagen

Hebelgesetz

Die beim Scheren erforderlichen Scherkräfte F_S werden bei Handblechscheren durch Hebelübersetzung erreicht.

Griff und Schneide der Handschere drehen sich um die Gelenkschraube. Die Gelenkschraube bildet den Drehpunkt, Griff und Schneide bilden einen Hebel.

Ein *Hebel* ist ein drehbar gelagerter starrer Körper.

Am Griff der Handschere wirkt auf der einen Seite die Handkraft F_H. An den Schneiden muss auf der anderen Seite die Widerstandskraft des Werkstoffes gegen das Scherschneiden F_S überwunden werden. Handscheren bilden einen zweiseitigen Hebel.

Beim *zweiseitigen Hebel* wirken Kräfte auf beiden Seiten vom Drehpunkt.

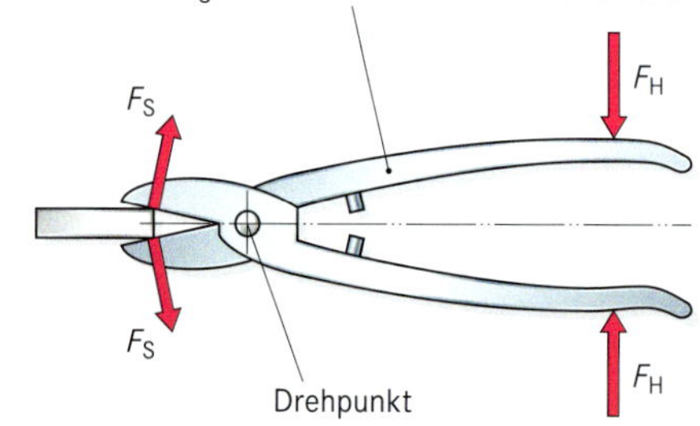

Handkraft F_H und Scherkraft F_S haben einen unterschiedlich großen Abstand vom Drehpunkt. Die Handkraft F_H hat den Abstand l_H vom Drehpunkt. Die Scherkraft F_S hat den Abstand l_S vom Drehpunkt.

Der *senkrechte Abstand* der Kraft vom Drehpunkt wird *Hebelarm* genannt.

Kräfte an einem Hebelarm erzeugen eine *Drehwirkung*. Die Drehwirkung hängt von der Größe der Kraft und von der Länge des Hebelarmes ab. Ein Maß für die Größe der Drehwirkung ist das Kraftmoment.

Das *Kraftmoment M* ist das Produkt aus der angreifenden Kraft *F* und dem Hebelarm *l*:

$$M = F \cdot l$$

Die Einheit des Kraftmomentes ist Nm.

Bei der Richtung der Drehwirkung muss man rechtsdrehende Momente und linksdrehende Momente unterscheiden.

Die Handkraft F_H am Hebelarm l_H dreht den zweiseitigen Hebel nach rechts. Die Scherkraft F_S am Hebelarm l_S dreht den zweiseitigen Hebel nach links.

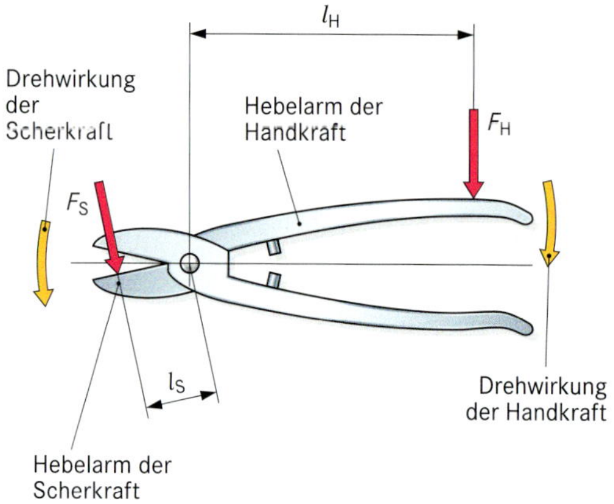

Das linksdrehende Moment der Scherkraft F_S am Hebelarm l_S ist gleich groß dem rechtsdrehenden Moment der Handkraft F_H am Hebelarm l_H.

$$F_S \cdot l_S = F_H \cdot l_H$$

Eine Kraft kann umso kleiner sein, je weiter sie vom Drehpunkt entfernt ist. Ein Hebel ermöglicht somit eine Kraftübersetzung.

Dieser Zusammenhang wird als Hebelgesetz bezeichnet:

Hebelgesetz: $M_l = M_r$

An einem Hebel herrscht Gleichgewicht, wenn das linksdrehende Moment gleich dem rechtsdrehenden Moment ist.

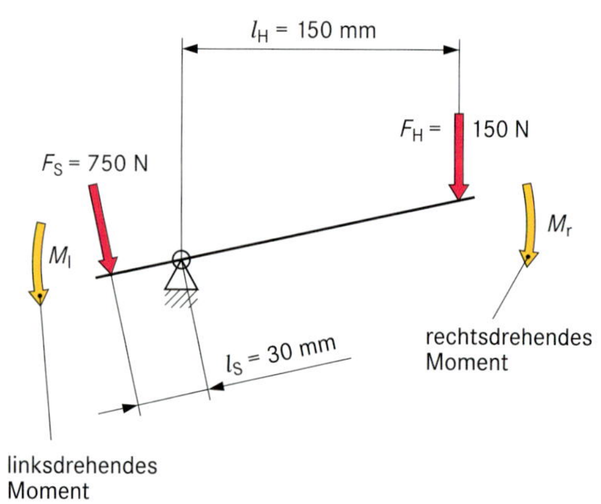

Je nach Arbeitsauftrag werden verschiedene Handblechscheren verwendet (Tab. 1).

Tab. 1: Verwendung von Handblechscheren

Scherenart	Handblechscheren	Verwendung
gerade Blechschere	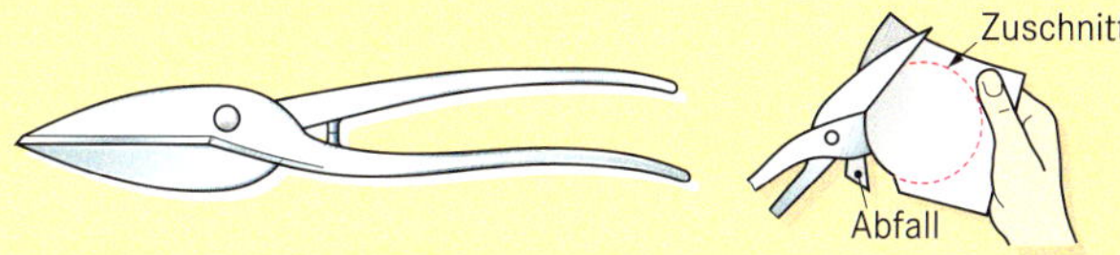	kurze Schnitte, Außenkreisformen
Durchlauf-schere	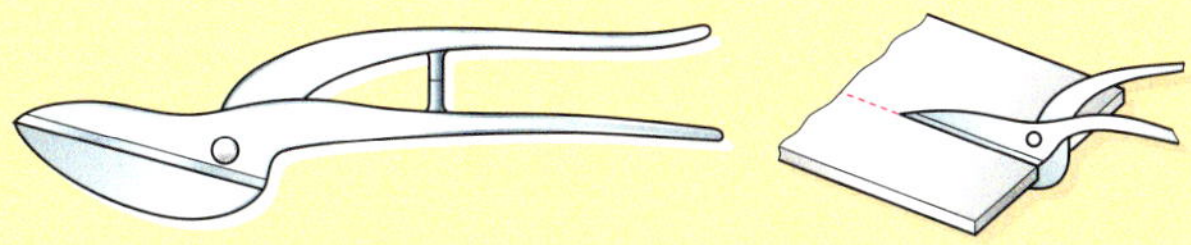	lange gerade Schnitte
Lochschere	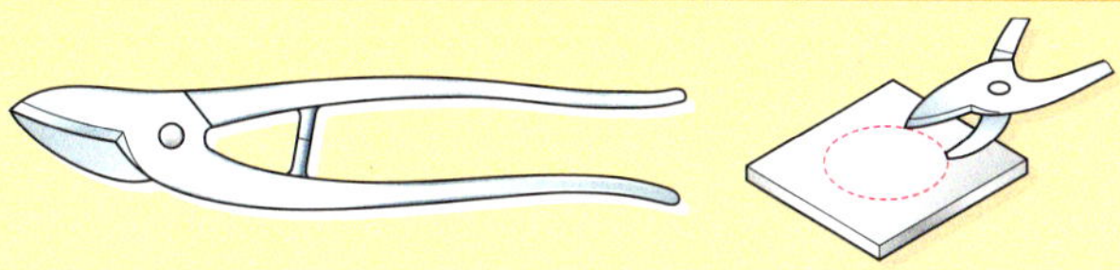	Innenkreisformen

Hebelübersetzung bei der Handhebelschere

Mit *Handhebelscheren* können Bleche je nach Material bis etwa 15 mm Dicke geschnitten werden. Handhebelscheren haben einen Schneidspalt und sind mit einem Niederhalter ausgestattet.

Um dickere Bleche und festere Werkstoffe scheren zu können, benötigt man größere Scherkräfte. Diese werden bei der Handhebelschere durch einen längeren Handhebel und eine zusätzliche Kraftübersetzung erzeugt (Abb. 1). Man kann mit Handhebelscheren Grobbleche aus Stahl bis etwa 10 mm schneiden.

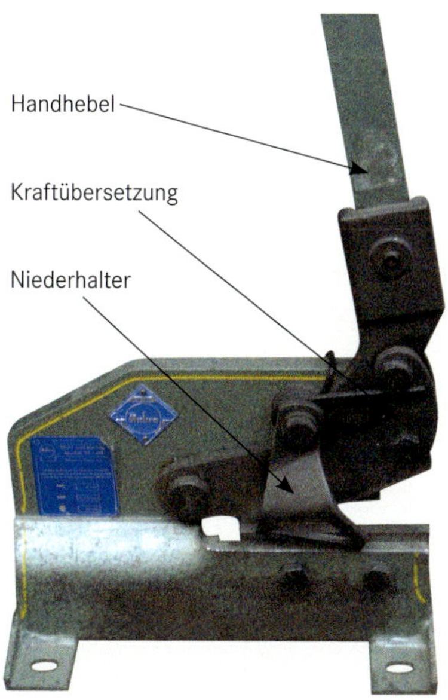

Abb. 1: Kraftübersetzung an der Handhebelschere

Aufgaben

1. Geben Sie die Bezeichnungen an einem Scherschneidwerkzeug an.

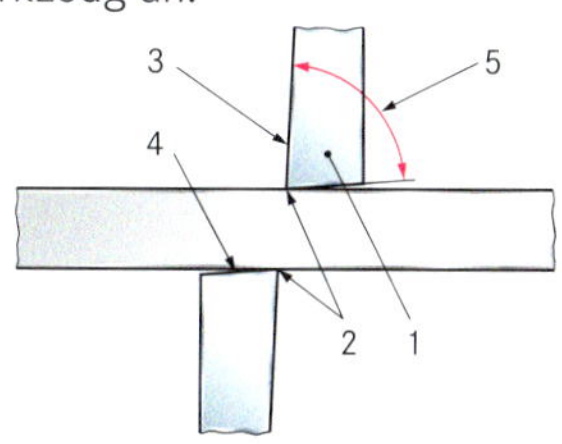

2. Beim Scherschneiden von 0,75 mm dickem Stahlblech wird das Blech in den Schneidspalt hineingezogen.

a) Geben Sie mögliche Ursachen dafür an.

b) Beschreiben Sie die Folgen.

c) Beschreiben Sie Maßnahmen, um den Fehler zu beheben.

3. Bestimmen Sie für folgende Scherarbeiten die notwendige Handkraft F_H.

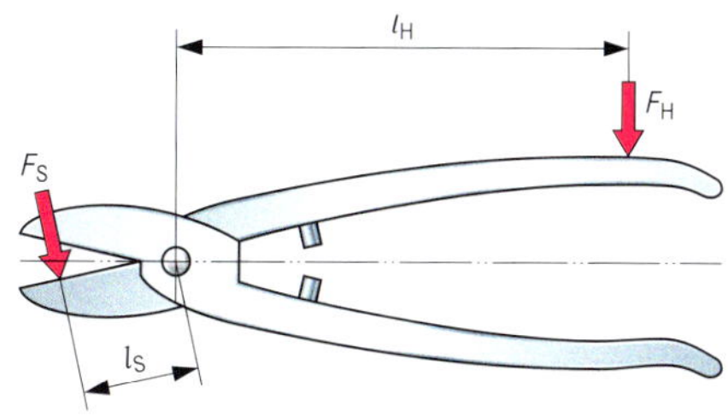

Halbzeug	F_S	l_S	l_H
Bl EN 10131-0,70-DC 01	450 N	30 mm	150 mm
Bl EN 485-1,2-AW-Al Mg3	330 N	40 mm	160 mm

1.5 Biegen

ARBEITSAUFTRAG

Die vorbereitete Halterung und die zugeschnittenen Bleche sind durch *Biegen* in ihre endgültige Form zu bringen. Die Halterung ist vor dem Fügen an die Hohlkörper des Trichters anzupassen.

Informieren

1.5.1 Zeichnungsanalyse

- Halterung

In der Zuschnittzeichnung (Abb. 1a) ist die Halterung im gestreckten Zustand als Abwicklung dargestellt. Die Biegelinien sind als schmale Volllinien eingezeichnet und bemaßt. Die Biegelinien kennzeichnen die Mitte der Biegerundungen.

Ist eine Zuschnittzeichnung nicht vorhanden, wird in der Einzelteilzeichnung die Abwicklung durch eine Strich-Zweipunktlinie dargestellt und durch ein Hilfsmaß bemaßt (Abb. 1b). Die Maße für die Lage der Biegelinien müssen dann errechnet werden.

- Blechkörper

Die Bleche zur Herstellung des Trichters sind als Abwicklung dargestellt (Abb. 1-3, S. 54, 55). Sie werden durch Runden zu den zylindrischen und dem kegeligen Hohlkörpern gebogen.

Fertigen

1.5.2 Gestreckte Länge

Die Berechnung der Gesamtlänge der Halterung und der Lage der Biegelinien wird über die Ermittlung der *gestreckten Länge* vorgenommen.

Die gestreckte Länge des abgewickelten Bauteiles entspricht der Länge der neutralen Faser, die sich während des Biegens nicht verändert.

Man berechnet die gestreckte Länge aus den jeweiligen Außenmaßen des Bauteiles unter Berücksichtigung eines Ausgleichswertes.

Entsprechendes gilt für die Berechnung der Abstände der Biegelinien von den Außenkanten.

a) Zuschnittzeichnung

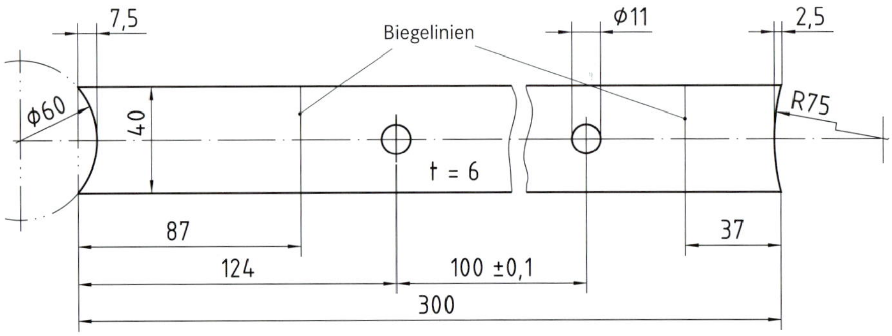

b) Vorderansicht mit Darstellung der Abwicklung

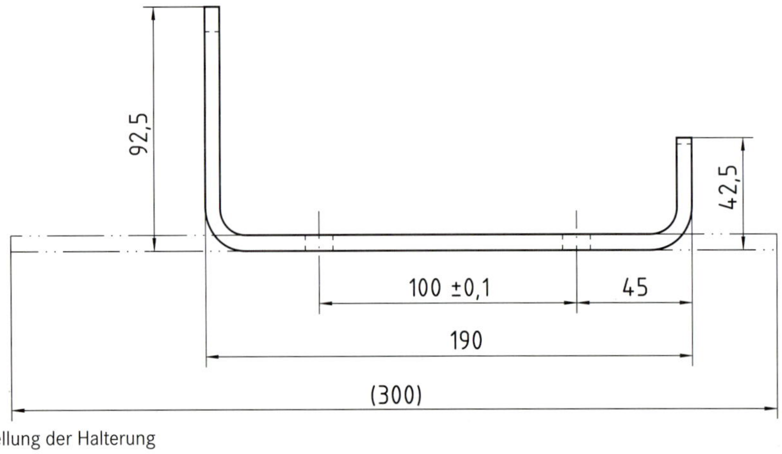

Abb. 1: Darstellung der Halterung

Berechnung der gestreckten Länge

Die gestreckte Länge des Biegeteiles entspricht der Länge der neutralen Faser.

Die neutrale Faser verläuft durch den Schwerpunkt der Querschnittfläche. Die gestreckte Länge entspricht daher auch der Länge der Schwerpunktlinie. Bei rechteckigen, quadratischen und kreisförmigen Querschnitten liegt der Schwerpunkt in der Mitte der Querschnittfläche (➔📖).

- **Biegeteile mit kleinem Biegeradius**

Die gestreckte Länge l kann ermittelt werden, indem man von der Summe aller Außenmaße des Bauteiles für jede Biegestelle einen entsprechenden Ausgleichswert v abzieht.

Der Ausgleichswert v berücksichtigt, dass sich die neutrale Faser beim Umformen zur Innenseite der Biegestelle verschiebt.

Der Ausgleichswert v ist abhängig von

- der Blechdicke t,
- dem Biegeradius r und
- dem Biegewinkel α.

Für den Biegewinkel α = 90° können die Ausgleichswerte direkt aus dem Tabellenbuch entnommen werden (➔📖).

Die gestreckte Länge wird stets auf volle Millimeter aufgerundet.

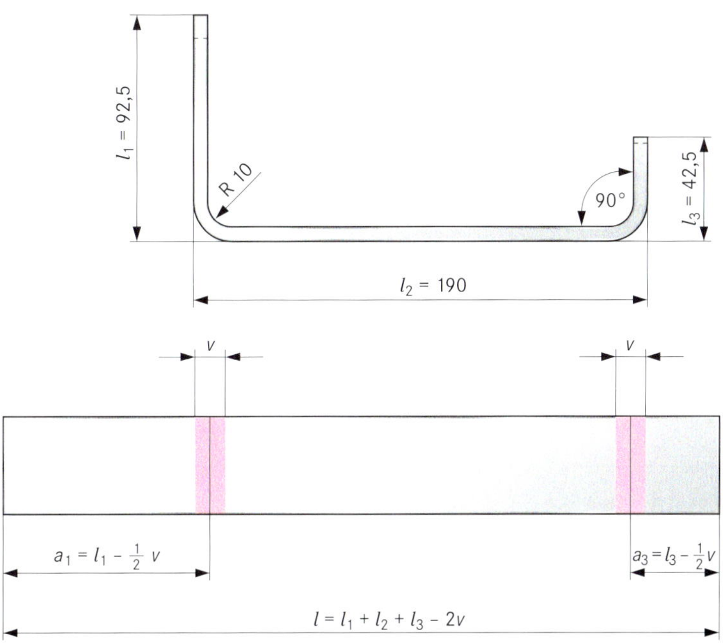

Blechdicke	t = 6 mm
Biegeradius	r = 10 mm
Biegewinkel	α = 90°
Ausgleichswert	v = 12,7 mm

Gesamtlänge:

l = 92,5 mm + 190 mm + 42,5 mm − 2 · 12,7 mm

l = 299,6 mm ≈ 300 mm

Lage der Biegelinien:

a_1 = 92,5 mm − 1/2 · 12,7 mm

a_1 = 86,15 mm ≈ 87 mm

a_3 = 42,5 mm − 1/2 · 12,7 mm

a_3 = 36,15 mm ≈ 37 mm

- **Biegeteile mit größerem Biegeradius**

Für größere Biegeradien gibt es keinen Ausgleichswert. Daher muss die gestreckte Länge aus der Summe der Teillängen der neutralen Faser berechnet werden.

$l = l_1 + l_2 + l_3$

$l = l_1 + 1/4\, d\, \pi + l_3$

l = 75 mm + 1/4 126 mm π + (270 mm − 66 mm)

l = 377,96 mm ≈ 378 mm

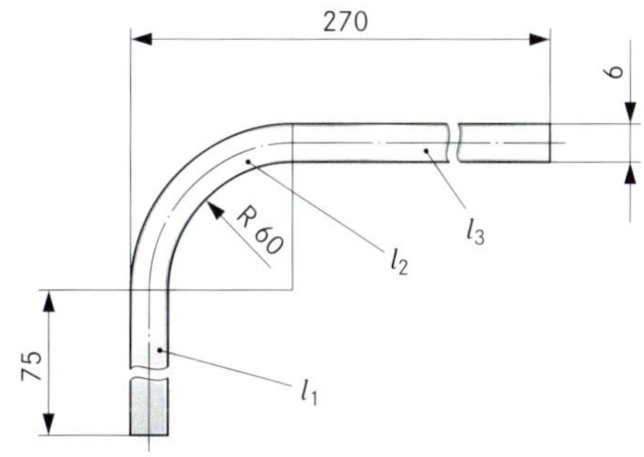

Fertigen

1.5.3 Biegevorgang

Der Flachstahl für die Halterung soll über einen Biegeklotz mit dem Radius R 10 zu einem 90°-Bogen gebogen werden (Abb. 1). Das Umformen erfolgt durch Aufbringen der Biegekraft *F*. Durch das Biegen wird der Werkstoff

- im äußeren Bereich auf Zug beansprucht und dadurch gestreckt (Zugzone),
- im inneren Bereich auf Druck beansprucht und dadurch gestaucht (Druckzone).

Zwischen der Zug- und der Druckzone liegt eine Werkstoffschicht, die weder gestreckt noch gestaucht wird. Sie wird als *neutrale Faser* bezeichnet.

auch über Web-Link

Durch das Biegen ändert sich die Querschnittsform des Werkstückes. In der Zugzone entsteht durch die Werkstoffstreckung eine Einschnürung, in der Druckzone durch die Stauchung eine Verbreiterung.

! Beim Biegen werden die äußeren Werkstofffasern gestreckt und die inneren gestaucht. Dazwischen liegt die neutrale Faser, deren Ausgangslänge durch das Biegen nicht verändert wird.

Die Querschnittsveränderungen sind um so größer,

- je kleiner der Biegeradius,
- je größer der Biegewinkel,
- je größer die Dicke des Werkstücks ist.

Durch die Einschnürung können Risse, durch die Verbreiterung können Quetschfalten entstehen. Die Rissbildung muss auf jeden Fall vermieden werden, weil dadurch das Werkstück zerstört werden kann. Größere Querschnittsveränderungen müssen insbesondere beim Biegen von Rohren vermieden werden, weil hierdurch z. B. der Durchfluss von Flüssigkeiten behindert wird.

Aufgrund ihres *elastischen Verhaltens* federn Werkstücke nach dem Biegen etwas zurück. Um den geforderten Biegewinkel zu erhalten, muss das Werkstück so weit überbogen werden (Winkel α_1), dass nach der *Rückfederung* der richtige Biegewinkel vorhanden ist (→📖) (Abb. 2).

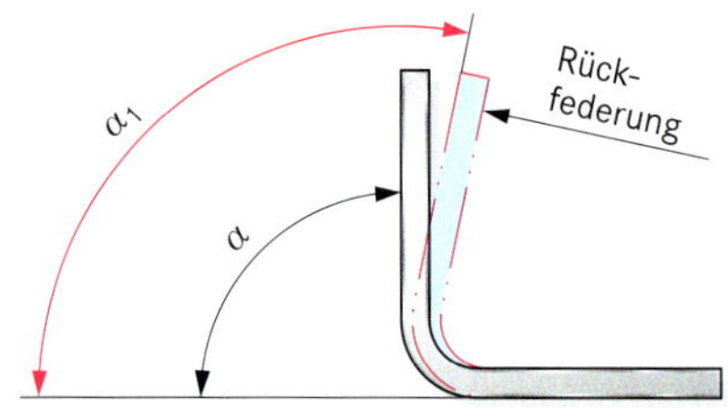

Abb. 2: Rückfederung

auch über Web-Link

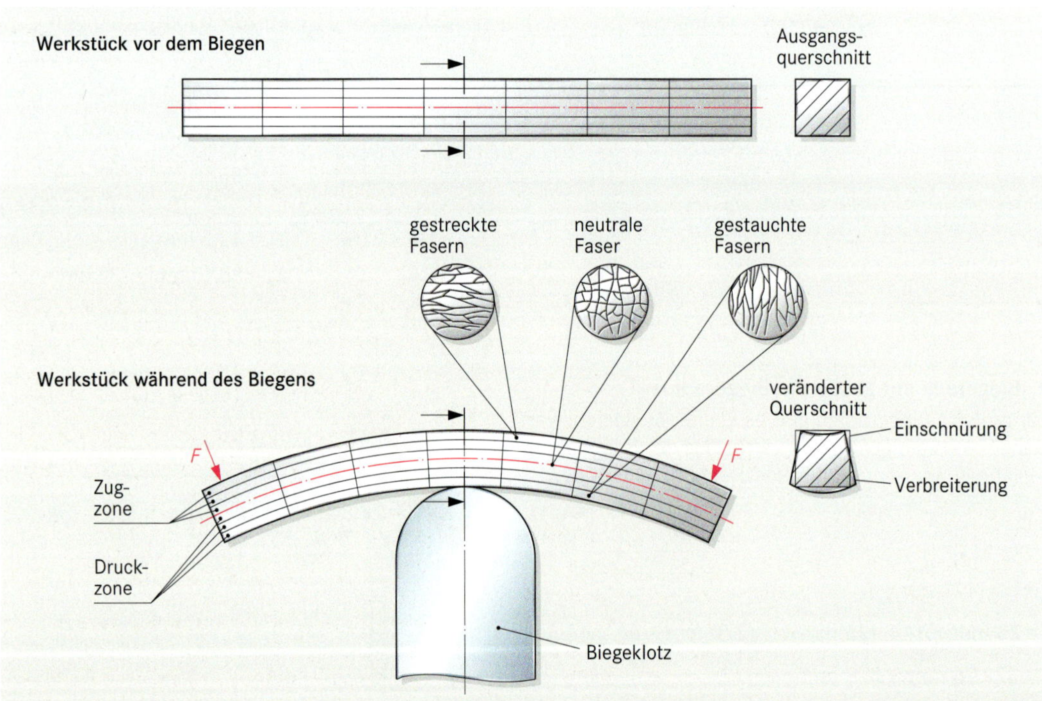

Abb. 1: Biegevorgang

Fertigen

1.5.4 Mindestbiegeradius

Der an der Innenseite eines Biegeteiles liegende Radius heißt Biegeradius (Abb. 3). Um Risse in der Biegezone zu verhindern, sind Mindestbiegeradien vorgeschrieben (➜📖). Die Größe des Biegeradius hängt ab von

- der Dehnbarkeit des Werkstoffes,
- der Dicke des Werkstückes,
- dem Biegewinkel.

Mit *steigender Festigkeit* nimmt die Dehnbarkeit von Werkstoffen ab. Deshalb muss der Biegeradius für Werkstoffe mit hoher Festigkeit größer sein als für solche mit niedriger Festigkeit.

Mit steigender Werkstückdicke werden die äußeren Werkstofffasern in der Zugzone immer mehr gestreckt. Bei zu kleinem Biegeradius kann der Werkstoff über die Zugfestigkeit hinaus belastet werden und dadurch einreißen. Deshalb muss der Biegeradius für Werkstücke mit großer Dicke größer sein als für solche mit kleiner Dicke.

Mit steigendem Biegewinkel werden die äußeren Werkstofffasern in der Zugzone immer mehr gestreckt. Bei zu großem Biegewinkel kann der Werkstoff über die Zugfestigkeit hinaus belastet werden und dadurch einreißen. Deshalb muss der Biegeradius für Werkstücke mit großem Biegewinkel größer sein als für solche mit kleinem Biegewinkel.

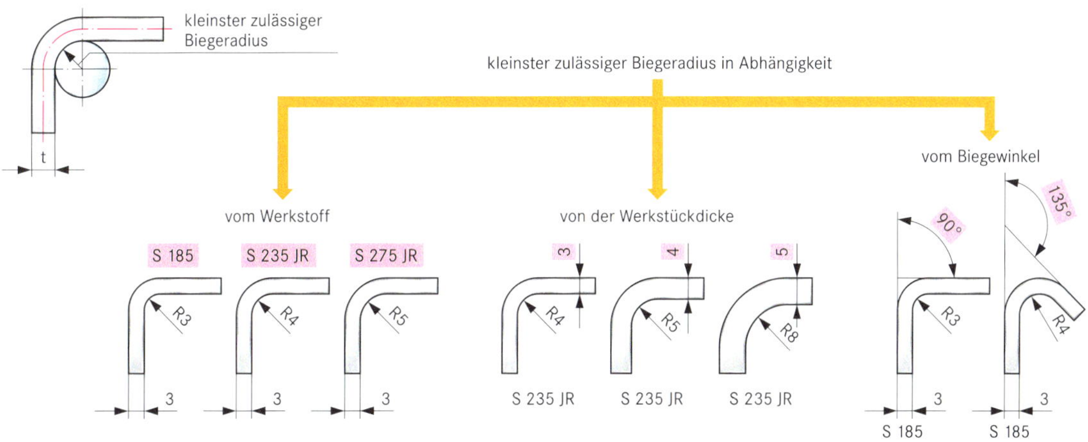

Abb. 3: Mindestbiegeradien

Fertigen

1.5.5 Biegen von Profilen

- **Biegen von Flachprofilen**

Der Flachstahl für die Halterung wird in einer Biegevorrichtung gebogen. Damit der vorgegebene Radius R 10 an der Biegestelle erreicht werden kann, ist ein entsprechender Biegeklotz zu verwenden (Abb. 4).

- **Biegen von Rohren**

Beim freien Biegen von Rohren ohne Hilfsmittel entstehen besonders große Querschnittsveränderungen. Am Außenbogen bilden sich durch die Zugbelastungen Einschnürungen und Risse in der Rohrwandung. Am Innenbogen bilden sich durch die Druckbelastungen Einknickungen und Falten. Das Rohr wird im Biegebereich abgeflacht und bekommt eine ovale Form (Abb. 1, nächste Seite). Die Veränderungen sind bei Rohren deshalb besonders groß, weil sich die äußeren Fasern nicht an innenliegenden Fasern abstützen können.

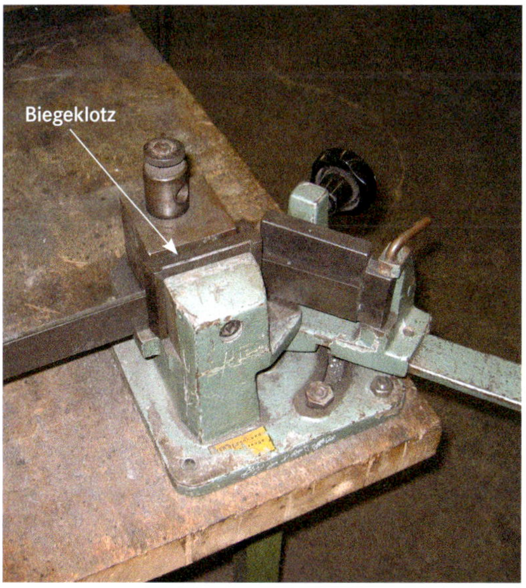

Abb. 4: Biegevorrichtung

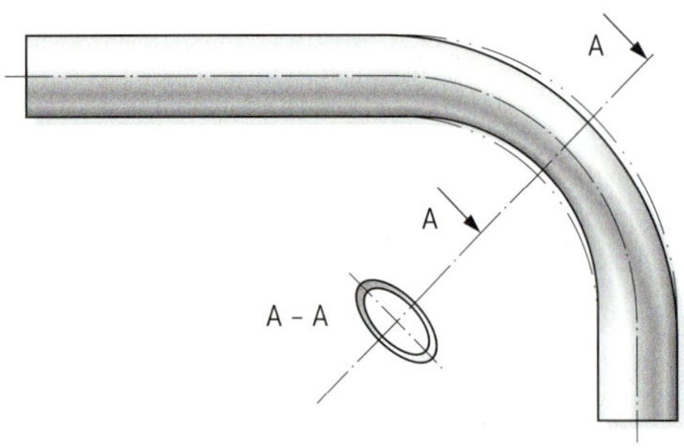

Abb. 1: Verformung des Rohrquerschnittes beim Biegen

Um unzulässige Querschnittsänderungen zu vermeiden, wird der Hohlraum eines Rohres vor dem Biegen ausgefüllt. Hierfür verwendet man

- trockenen Sand,
- Stoffe mit niedrigem Schmelzpunkt, z. B. Blei, Kunstharz oder Paraffin
- oder eine eng gewickelte Zugfeder (Abb. 2).

Nach dem Biegen müssen die Füllungen wieder entfernt werden.

Beim Warmbiegen mit Sandfüllung besteht die Gefahr, dass Sandkörner an der Rohrwandung festbrennen. Wenn sich später Sandkörner von der Wandung lösen, kann die Funktion angeschlossener Aggregate gestört werden.

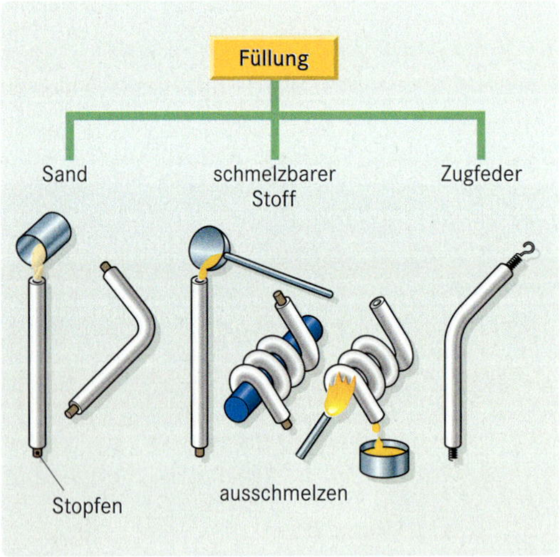

Abb. 2: Freies Biegen von Rohren

Die Füllstoffe müssen auf Schmelztemperatur erwärmt und ausgegossen werden. Die Zugfeder wird mit einer Dreh-Zug-Bewegung aus dem Rohr herausgezogen. Der Vorgang wird erleichtert, wenn die Feder gut eingefettet ist. Alle Verfahren sind sehr zeitaufwendig und werden daher nach Möglichkeit vermieden.

! *Freies Biegen von Rohren* erfolgt mit Füllungen, die unzulässige Querschnittsveränderungen verhindern.

Einwandfreie Arbeitsergebnisse erzielt man bei der Verwendung von *Biegegeräten*, z. B. einer hydraulischen Rohrbiegemaschine (Abb. 3). Diese hat auswechselbare Biegesegmente und Rollen, die dem Durchmesser des zu biegenden Rohres angepasst werden. Das Biegesegment drückt durch die hydraulisch aufgebrachte Biegekraft das Rohr gegen die Rollen. Unzulässige Querschnittsveränderungen werden mit diesen Maschinen vermieden.

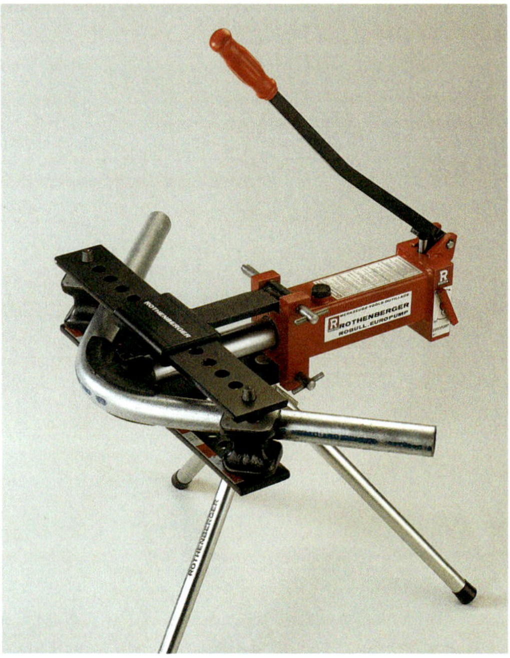

Abb. 3: Hydraulische Rohrbiegemaschine

Beim Biegen geschweißter Rohre muss die Schweißnaht in der Ebene der neutralen Faser liegen (Abb. 4).

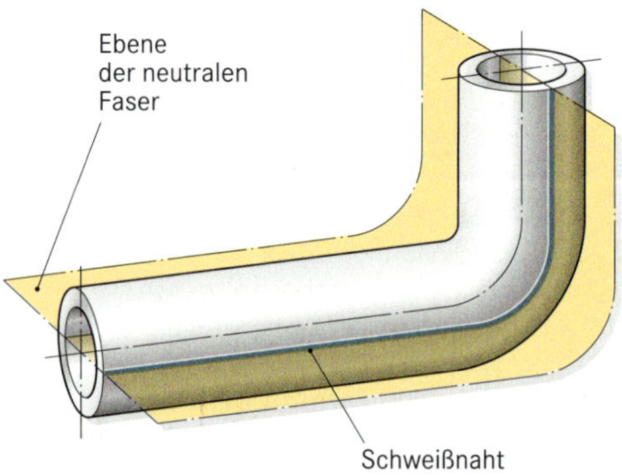

Abb. 4: Biegen eines geschweißten Rohres

Fertigen

1.5.6 Biegen von Blechen

Bleche werden durch das Umformverfahren Walzen hergestellt. Hierbei erhalten sie ein faserartiges Werkstoffgefüge, das nach der Walzrichtung ausgerichtet ist. Man spricht vom Faserverlauf des Blechs. Der Faserverlauf ist erkennbar an den parallel verlaufenden Riefen in der Blechoberfläche, die beim Walzen entstehen. Wenn ein Blechzuschnitt aus einer größeren Blechtafel herauszuschneiden ist, so soll seine Lage so gewählt werden, dass die spätere Biegekante senkrecht zur Walzrichtung verläuft (Abb. 5a). In Faserrichtung kann der Werkstoff größere Belastungen aufnehmen als quer zur Faserrichtung.

Wird der Blechzuschnitt so ausgeschnitten, dass die spätere Biegekante *längs* zur Walzrichtung verläuft, so besteht die Gefahr, dass sich an der Außenkante der Zugzone feine Risse bilden, die allmählich zur Zerstörung des gebogenen Werkstückes führen können (Abb. 5b). Muss aus bestimmten Gründen trotzdem längs zur Walzrichtung gebogen werden, so muss zur Sicherheit als kleinster zulässiger Biegeradius der Wert für die *nächsthöhere* Blechdicke gewählt werden (➔📖).

Kommen an einem Werkstück Biegekanten in mehreren Richtungen vor, so wählt man ihre Lage schräg zur Walzrichtung (Abb. 5c).

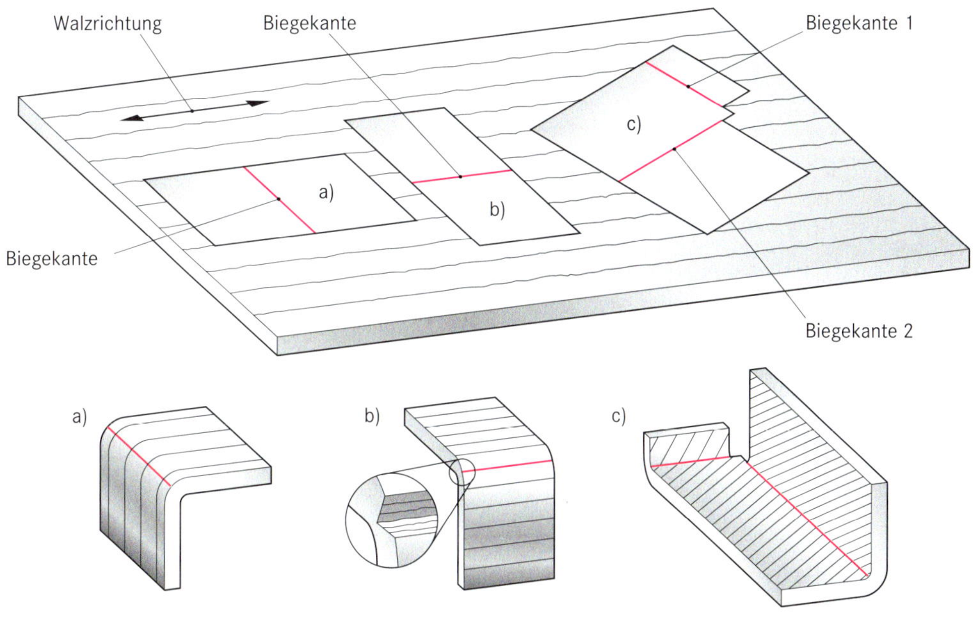

Abb. 5: Walzrichtung und Lage der Biegekante

Je nach Größe des Biegeradius werden beim Biegen von Werkstücken, z. B. einer Schelle, folgende Verfahren unterschieden:

- Runden: Umformen mit großem Biegeradius (Abb. 6a),
- Abkanten: Umformen mit kleinem Biegeradius (Abb. 6b).

Das Abkanten wird auch Umbödeln genannt.

Eine Blechbiegung mit einem Biegewinkel von 180° zur Herstellung eines Falzes wird als Umschlag bezeichnet.

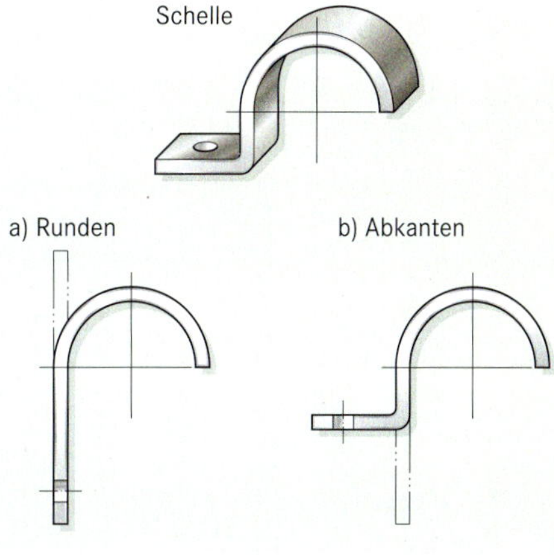

Abb. 6: Biegen einer Schelle

Durch *Runden* werden Bleche und Bänder zu offenen oder geschlossenen Werkstücken mit zylindrischen, kegeligen oder anderen Formen umgeformt. Dies erfolgt mit *Rundbiegemaschinen* (Abb. 1).

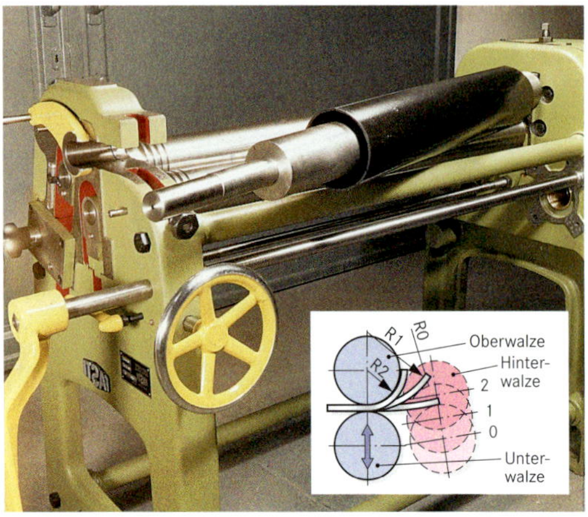

Abb. 1: Rundbiegemaschinen

Das zu biegende Rohteil wird zwischen der dreh- und verstellbaren Unterwalze und der drehbaren Oberwalze eingespannt. Durch Drehen der beiden Walzen wird das Werkstück in Richtung der Hinterwalze vorgeschoben. Die Hinterwalze ist dreh- und verstellbar. So können unterschiedlich große Biegeradien gefertigt werden. Die Werkstücke werden in der Regel in mehreren Stufen vor- und fertiggerundet. Durch Schrägstellen der Hinterwalze können kegelige Werkstücke hergestellt werden. Zur Entnahme geschlossener Profile kann die Oberwalze nach vorn herausgeschwenkt werden.

Durch *Abkanten* werden längere Bleche zu Werkstücken mit scharfen Abbiegungen (= kleinster möglicher Mindestbiegeradius) umgeformt.

Bei sehr langen Biegekanten ist Umformen von Hand nicht mit ausreichender Qualität möglich. Solche Arbeiten werden maschinell mit Hilfe von *Schwenkbiegemaschinen* ausgeführt (Abb. 2).

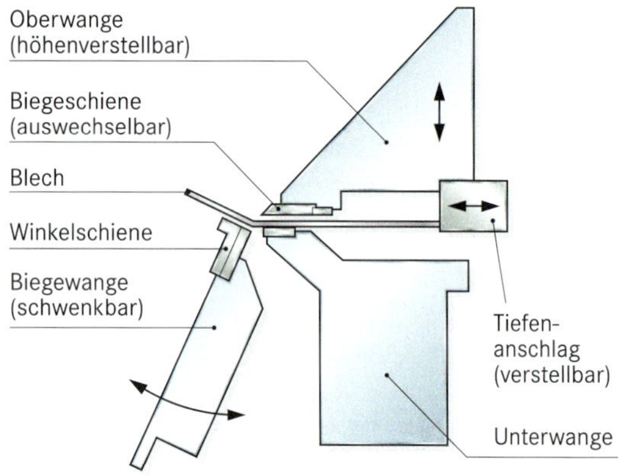

Abb. 2: Schwenkbiegemaschine

Bei der Schwenkbiegemaschine wird das Rohteil zwischen der feststehenden Unterwange und der höhenverstellbaren Oberwange eingespannt und durch die schwenkbare Biegewange umgeformt. An der Oberwange können unterschiedlich geformte Biegeschienen angebracht werden. Der am Werkstück erzeugte Biegeradius ist abhängig von der Form der verwendeten Biegeschiene.

Durch den verstellbaren Tiefenanschlag und eine Begrenzung des Schwenkwinkels der Biegewange ist gewährleistet, dass gleichartige Umformvorgänge mit gleicher Qualität beliebig oft ausgeführt werden können. Schwenkbiegemaschinen gibt es für Biegelängen bis ca. 6 m und für Blechdicken bis ca. 6 mm.

Zusammenfassung

Biegen:
Umformen plastisch verformbarer Werkstoffe durch von außen angreifende Biegekräfte.

Durch das Biegen wird der Werkstoff

- im *äußeren* Bereich auf *Zug* beansprucht und dadurch *gestreckt* (Zugzone),
- im *inneren* Bereich auf Druck beansprucht und dadurch *gestaucht* (Druckzone).

Zwischen Zug- und Druckzone liegt die *neutrale Faser*, die weder gestreckt noch gestaucht wird. Die gestreckte Länge (= Ausgangslänge) eines Biegeteiles entspricht der Länge der neutralen Faser. Sie wird rechnerisch ermittelt.

Risse und unzulässige Querschnittsveränderungen an der Biegestelle werden durch *kleinste zulässige Biegeradien* verhindert. Ihre Größe ist abhängig von

- dem Werkstoff,
- der Werkstückdicke,
- dem Biegewinkel und
- der Lage der Biegekante in Bezug zur Walzrichtung.

Beim Biegen von *Rohren* werden Falten und Risse sowie unzulässige Querschnittsveränderungen vermieden durch

- Füllen der Rohre vor dem Biegen,
- Verwenden von Rohrbiegemaschinen.

Aufgaben

1. Erklären Sie den Begriff und die Bedeutung der neutralen Faser beim Biegen.

2. Bestimmen Sie den kleinsten zulässigen Biegeradius für das Kaltbiegen eines Bleches EN 10051 - 2 x 150 Stahl EN 10025 - S 275 JR ; Biegewinkel > 120° .

3. Erklären Sie, in welcher Weise der kleinste zulässige Biegeradius beeinflusst wird durch

a) den Werkstoff,

b) die Werkstückdicke,

c) den Biegewinkel.

4. Wie muss die Rückfederung beim Biegen eines 90°-Bogens berücksichtigt werden?

5. Wie werden beim freien Biegen von Rohren unzulässige Querschnittsveränderungen und Einknickungen verhindert?

6. Wie kann man verhindern, dass beim Biegen geschweißter Rohre die Schweißnaht durch Zug- oder Druckspannungen unzulässig belastet wird?

7. Ermitteln Sie für das Biegeteil aus S 235 JR die Zuschnittlänge. Wurde die Vorgabe für den Mindestbiegeradius eingehalten?

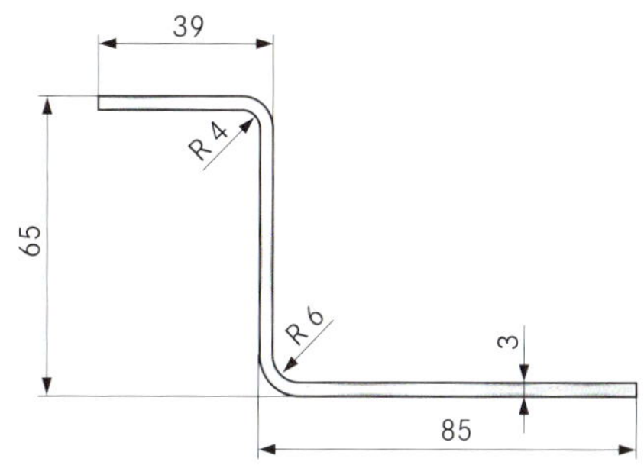

Zusammenfassung

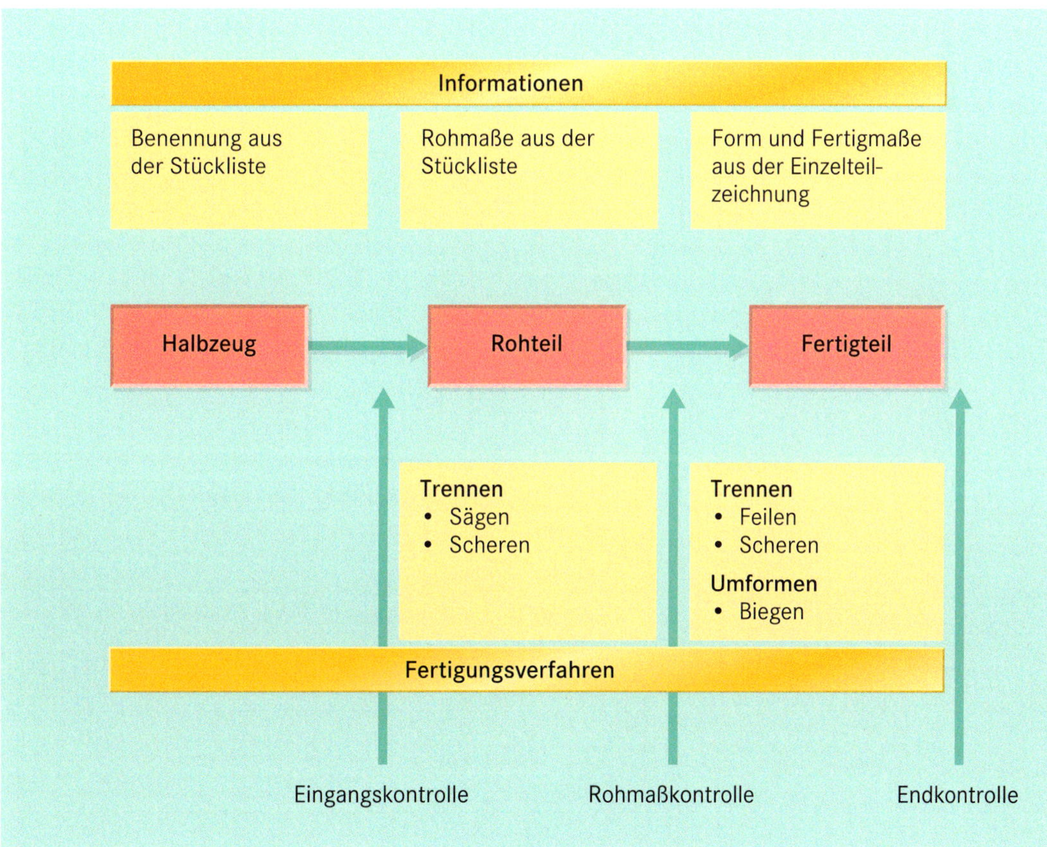

Gesamtaufgabe

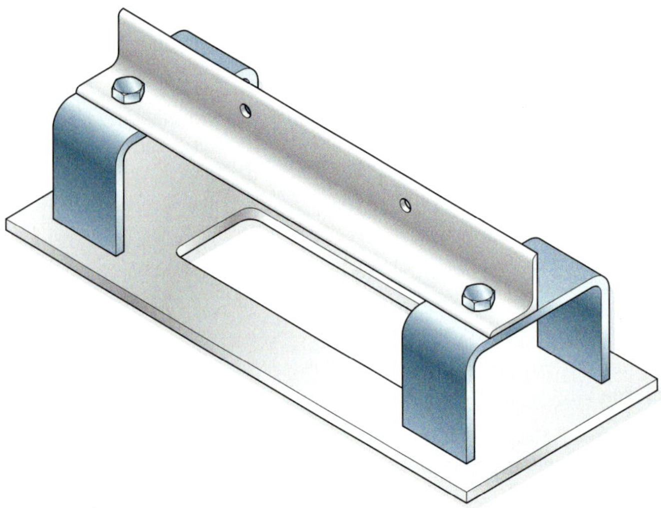

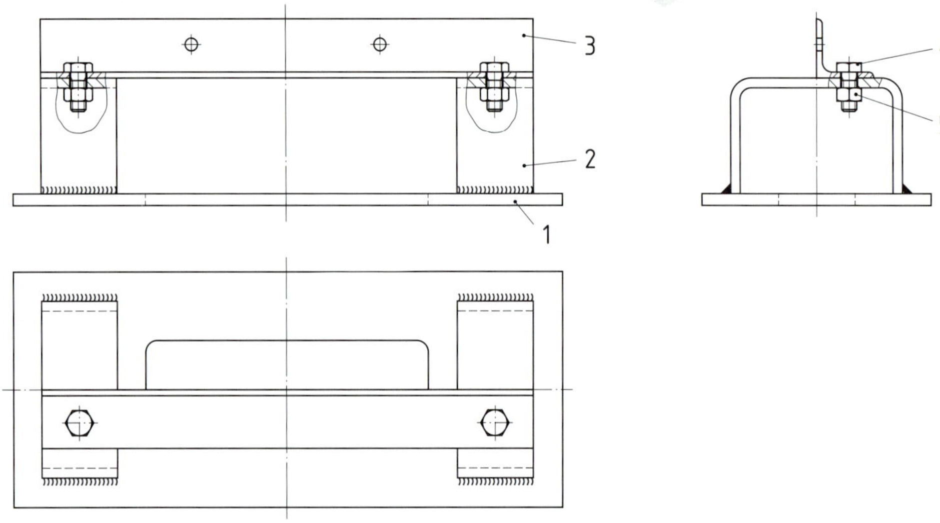

1	2	3	4	5	6
Pos.	Menge	Einheit	Benennung	Sachnummer / Norm-Kurzbezeichnung	Bemerkung
5	2	Stck.	Sechskantmutter	ISO 4032-M8	8
4	2	Stck.	Sechskantschraube	ISO 4017-M8x20	8.8
3	1	Stck.	Winkel	L EN 10056-1-30x30x3	Stahl EN 10025-S 235 JR
2	2	Stck.	Bügel	Fl DIN 1017 - 40x5	Stahl EN 10025-S 235 JR
1	1	Stck.	Grundplatte	Band EN 10051 - 6x125x302	Stahl EN 10025-S 235 JR

	Datum	Name
Bearb.		G. Tiedt
Gepr.		
Norm		
Abt.		

Konsole

westermann

Blatt

Bl.

Zust. | Änderung | Datum | Name | Ursprung | Ersatz für: | Ersetzt durch:

Die Konsole ist als Ständer für ein Funktionsmodell vorgesehen. Das Modell wird an dem Winkel mit Sechskantschrauben befestigt.

Die Grundplatte (Pos.1) wird aus Blech ausgeschnitten und im Rohzustand geliefert. Sie ist bereits mit einem Durchbruch versehen.

Auswertung der Zeichnung

1. Welche Informationen kann man der Stückliste über Teil 1 und Teil 4 entnehmen?

2. Erläutern Sie die Halbzeugangabe des Winkels (Pos. 3) und dessen Werkstoffbezeichnung.

3. Die Konsole ist in 3 Ansichten nach der Projektionsmethode 1 dargestellt. Wie sind die Ansichten angeordnet?

Fertigen der Einzelteile

4. Die Grundplatte mit Durchbruch (Pos. 1) ist im Rohzustand angeliefert und muss nachbearbeitet werden. Wählen Sie ein Verfahren und ein geeignetes Werkzeug aus.

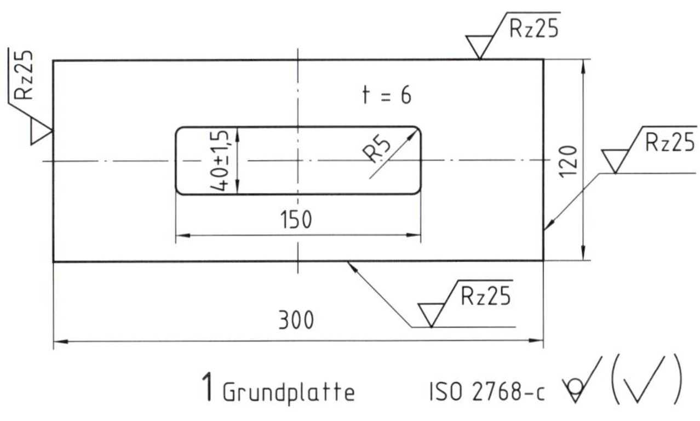

5. Die Bügel (Pos. 2) sind aus Flachstahl zu biegen. Ermitteln Sie mit Hilfe des Tabellenbuches den Mindestbiegeradius.

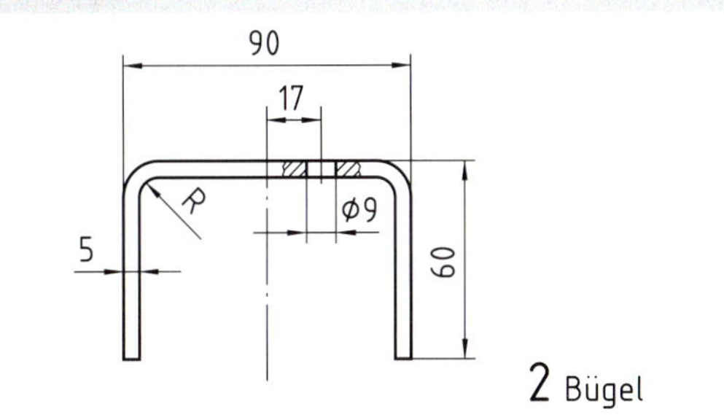

6. Berechnen Sie die notwendige Zuschnittlänge eines Bügels vor dem Biegen.

7. Skizzieren Sie den Zuschnitt eines Bügels und bemaßen Sie die Gesamtlänge und die Lage der Biegelinien.

8. Beschreiben Sie das Anreißen der Gesamtlänge und das Anreißen der Biegelinien.

9. Mit welchen Messgeräten werden die Maße des Bügels geprüft, wenn die Allgemeintoleranz mit ISO 2768 - c vorgegeben ist?

10. Beschreiben Sie den Biegevorgang für die Bügel.

11. Beim Biegen ergeben sich Querschnittsveränderungen. Worauf sind diese zurückzuführen?

12. Erstellen Sie einen Arbeitsplan für das vollständige Herstellen eines Bügel. Die Bohrung soll nur angerissen werden.

Konstruktive Veränderungen

13. Unter der Grundplatte sollen Füße nach DIN 6320 angebracht werden. Erläutern Sie die notwendigen Fertigungsmaßnahmen, um die Füße montieren zu können.

14. Die Bügel sollen nicht mehr auf die Grundplatte geschweißt, sondern auf der Platte mit Schrauben M8 befestigt werden. Skizzieren Sie die Grundplatte und einen Bügel in der veränderten Form und bemaßen Sie die Einzelteile.

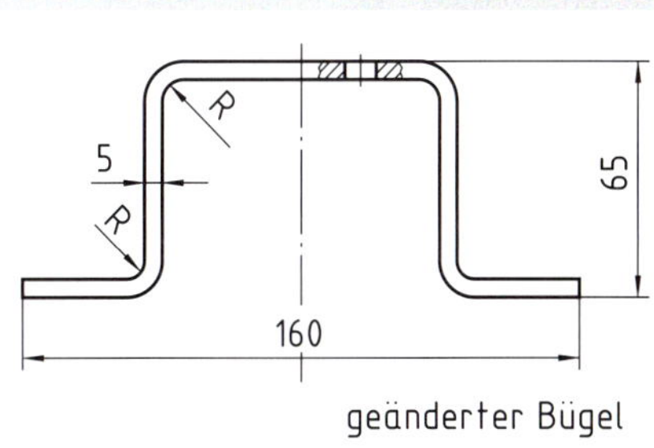

15. Berechnen Sie für den geänderten Bügel die Zuschnittlänge.

16. Die Ecken der Grundplatte sind abzurunden. Wählen Sie die jeweiligen Radien, beschreiben Sie die Fertigung und die anschließende Prüfung.

Methoden zum Entwickeln, Auswählen und Präsentieren

Der abgebildete Trichter zum Umfüllen von Granulat soll von einer Projektgruppe für einen Produktwettbewerb entworfen und hergestellt werden. Der Kundenauftrag mit den Kundenwünschen gibt den Handlungsspielraum für die Konstruktion vor. Für die Bewertung durch eine Fachjury muss eine Präsentation erstellt werden. Da neben der Funktion des Trichters auch der Entstehungsprozess bewertet wird, müssen ausgewählte Entwicklungsphasen mit ihren Teilergebnissen präsentiert werden. Hierfür werden folgende Entwicklungsphasen mit der entsprechenden Erarbeitungsmethode angegeben:

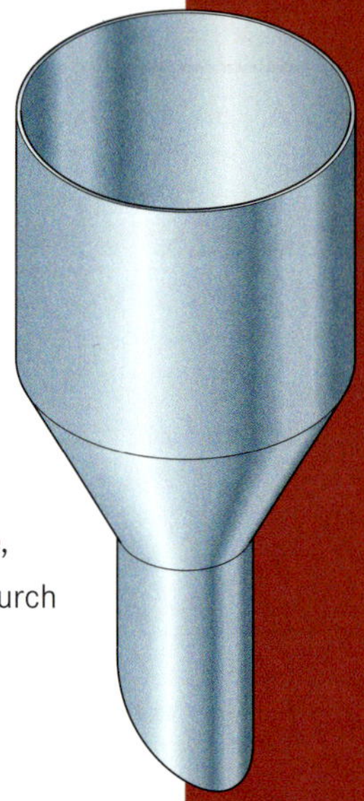

- Bestimmung der Einflussfaktoren durch ein **MindMap**,
- Entwicklung einer geeigneten Halterung durch die **6-3-5-Methode**,
- Auswahl einer geeigneten Verbindungstechnik für die Einzelteile durch die **Metaplan-Methode**,
- Visualisierung des Zusammenbaus des Trichters durch eine **Präsentationssoftware.**

MINDMAP

Bei der Entwicklung und Herstellung des Trichters ist es wichtig, verschiedene Aspekte zu berücksichtigen. Die Darstellung der Aspekte erfolgt durch ein MindMap (Gedächtniskarte). Das Hauptthema „Trichter" wird in die Mitte geschrieben und eingekreist. Davon gehen Oberbegriffe als Hauptäste ab, z. B. Fertigungsverfahren, die sich wiederum in Unterbegriffe als Nebenäste verzweigen, z. B. Scheren, Sägen, Biegen. Das MindMap sammelt so Ideen und Gedankengänge und strukturiert sie. Da jederzeit ein neuer Hauptast eingeführt werden kann, besteht die Möglichkeit, das MindMap auch noch nachträglich zu ergänzen.

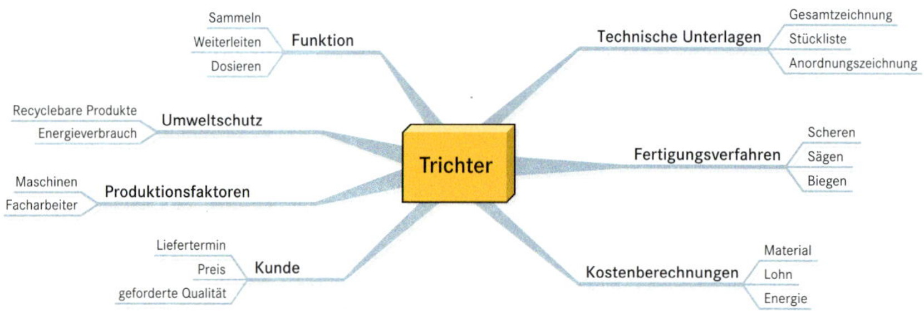

Anwendung:

- Sammeln und Ordnen von Gedanken zu einem Thema,
- Planungsgrundlage für Entwicklungen.

Gestaltung:

- Hauptthema in den Mittelpunkt stellen,
- Begriffe waagerecht schreiben,
- Gedanken als Schlagworte schreiben,
- Symbole, Zeichen oder Bilder können zur Hervorhebung verwendet werden.

6-3-5-METHODE

Für den Trichter ist eine geeignete Halterung zu entwerfen. Laut Kundenauftrag sollen verschiedene Vorschläge vorgelegt werden, aus denen sich der Kunde für einen entscheidet.

Die 6-3-5-Methode fördert die Kreativität und die Vielfalt von Lösungsvorschlägen, da mehrere Ideen gesammelt und durch weitere Ideen ergänzt werden. Bei dieser Methode schreiben **6** Gruppen **3** Vorschläge auf je einen Zettel und reichen ihn an die nächste Gruppe zur Bearbeitung weiter. Jede Gruppe erhält von einer anderen Gruppe 3 Vorschläge zur Weiterentwicklung. **5** mal werden die Vorschläge weitergeleitet, bis jede Gruppe ihren Ausgangsvorschlag zurückerhält.

Für Rückfragen an die Gruppen werden die Vorschläge nummeriert, z. B. 1. Vorschlag der Gruppe A mit A1. Jede Gruppe, die den Vorschlag A1 ergänzt, hängt ihren Gruppenbuchstaben dahinter.

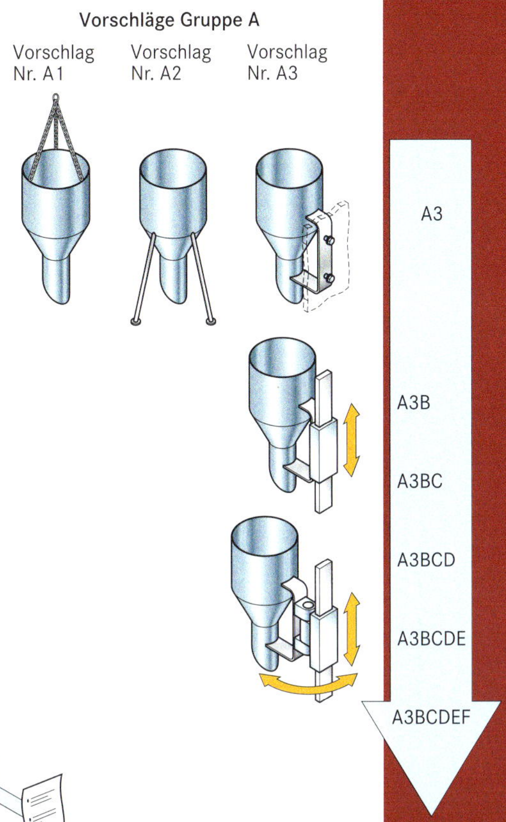

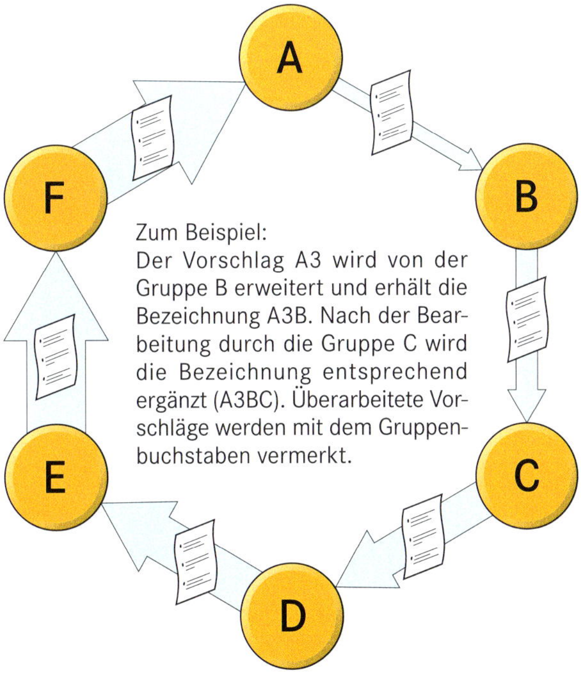

Anwendung:

- Erarbeiten mehrerer Lösungsvorschläge zu einer Problemstellung.

Gestaltung:

- als Idee ist alles erlaubt, was zum Nachdenken und zur Diskussion anregt,
- besser nach dem Machbaren fragen, als über das Nichtmögliche zu streiten.

METAPLAN-METHODE

Der Kundenauftrag schreibt vor, dass der Trichter aus Stahl herzustellen ist. Hieraus ergeben sich für das Zusammenfügen der Einzelteile des Trichters folgende Verbindungsmöglichkeiten:

- Kleben,
- Löten,
- Schweißen.

Die Metaplan-Methode eignet sich hier, um die Eigenschaften der drei Verbindungsmöglichkeiten auf Karten zu sammeln und sie an eine Pinnwand zu heften. Anschließend werden die Eigenschaften den Anforderungen des Trichters zugeordnet. Karten mit besonders hervorzuhebenden Eigenschaften erhalten einen andersfarbigen Rand. Durch unterschiedliche Farben und Formen der Karten erhalten die Eigenschaften zusätzliche Strukturierungsmerkmale.

Kann eine Eigenschaft nicht eindeutig zugeordnet werden, erhält die Karte einen Platz zwischen beiden Bewertungen. Falls die Zuordnung der Karten durch eine Mehrheitsentscheidung getroffen werden soll, sollte ein Moderator die Diskussion leiten. Durch einen Vergleich der günstigen Eigenschaften für den Trichter lässt sich das am besten geeignete Verfahren ableiten.

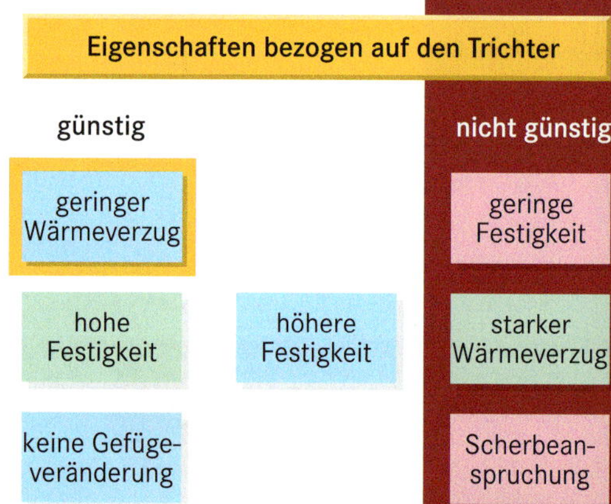

Anwendung:

- Sammeln von Aussagen, Themen und Ideen zu einer Fragestellung,
- Sortieren von Kriterien unter einem anderen Gesichtspunkt oder einer anderen Fragestellung,
- Entscheidungshilfe bei der Auswahl von Alternativen.

Gestaltung:

- groß und deutlich in Druckbuchstaben schreiben,
- nur eine Aussage pro Karte,
- gleiche Farbe, gleiche Bedeutung,
- Schlagworte benutzen, Sätze vermeiden.

PRÄSENTATIONS-SOFTWARE

Der Zusammenbau des Trichters aus seinen Einzelteilen sowie das Gesamtprodukt Trichter sollen vorgestellt werden.

Durch eine Präsentationssoftware wird die Reihenfolge des Zusammenbaus des Trichters bis zum fertigen Endprodukt bildlich dargestellt. Die Gestaltung der Einzelbilder erfolgt durch entsprechende Tools des Programms. Außerdem können Bilder und Tabellen aus anderen Programmen eingearbeitet werden. Zusätzliche Hinweise können in die Präsentation eingefügt werden.

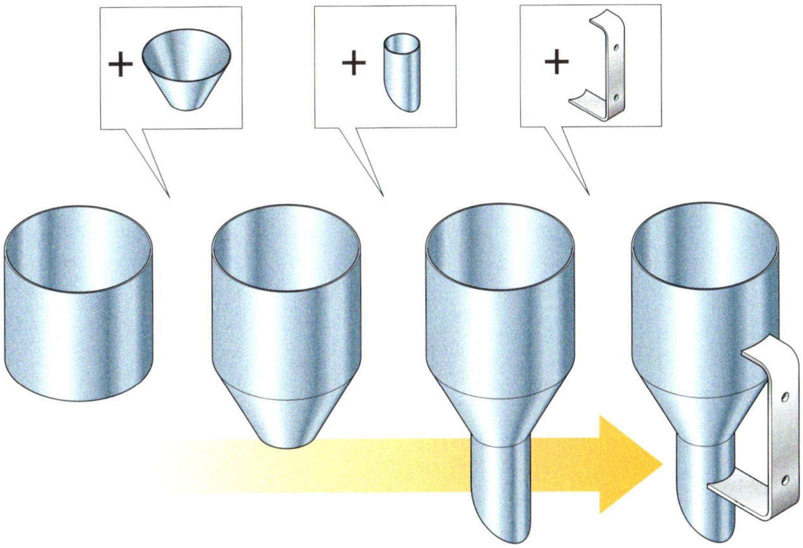

Anwendung:

- jede Präsentation, deren Information durch Folien dargestellt werden kann,
- Visualisierung von Sachverhalten,
- Darstellen von Entwicklungen.

Gestaltung:

- die Folie nicht mit Inhalten überfrachten,
- sparsam mit Effekten umgehen,
- kurze präzise Aussagen,
- einfache Formulierungen,
- auf Lesbarkeit achten, Schriftgröße, Druckbuchstaben,
- Inhalt der Folie strukturieren, z. B. das Wichtigste in die Mitte,
- Farbe gezielt für Hervorhebungen einsetzen,
- Symbole verwenden,
- auf ausreichende Betrachtungszeit für die Folien achten.

KUNDEN-ORIENTIERUNG

Das Qualitätsmanagementsystem nach DIN EN ISO 9000 beschreibt kundenorientierte und unternehmensorientierte Produktionsziele. Diese sind auf Produktqualität und Qualitätssicherung bezogen. Kundenorientierung muss jedoch umfassender gesehen werden.

Um ein Höchstmaß an Kundennutzen zu erreichen, ist erforderlich:

- eine perfekte Qualität des Produktes oder der Dienstleistung,
- eine exzellente Servicequalität über alle Phasen des Kundenkontaktes und
- eine erstklassige Beziehungsqualität.

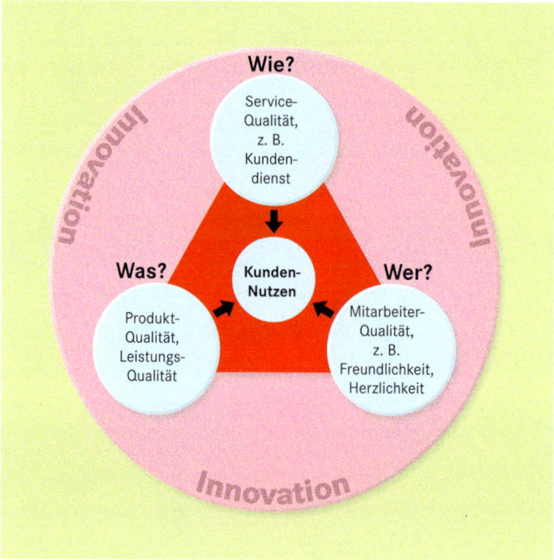

Kundenorientierung

ist

- ein Grundprinzip für das gesamte Denken und Handeln aller Mitarbeiter in einem Betrieb;
- eine besondere Betrachtungsweise. Alle betrieblichen Aktivitäten werden nicht an den Bedürfnissen und Belangen des anbietenden Betriebes und seiner Mitarbeiter ausgerichtet, sondern alles wird mit den Augen des Kunden gesehen. Dies gilt auch für den verbalen Dialog mit dem Kunden in Servicesituationen;
- ein unternehmenspolitisches Programm, das die Forderung enthält, bei allen betrieblichen Entscheidungen und Aktivitäten die Auswirkungen auf den Kunden und dessen Nutzen zu bedenken. Es soll sicherstellen, dass sämtliche Handlungen der Mitarbeiter eines Betriebes, beginnend bei der Produktauswahl über die Lieferung und die Montage bis hin zum Service und der Nachbetreuung des Kunden, an den Bedürfnissen des Kunden ausgerichtet sind.

KUNDE –
EXTERN UND INTERN

Das Ziel der Kundenorientierung (clienting) ist die langfristige Zufriedenheit des externen Kunden. Dieses Ziel kann aber nur erreicht werden, wenn mit einer internen Kundenorientierung die Voraussetzungen dafür geschaffen werden.

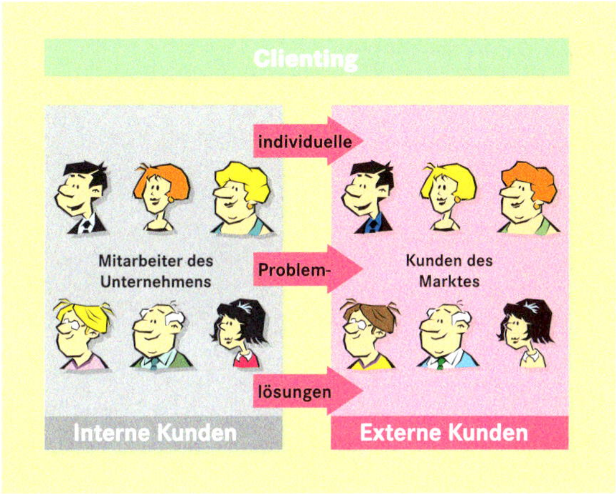

Der Begriff interner Kunde bezieht sich auf den Mitarbeiter im Betrieb.

Jeder Mitarbeiter im Betrieb hat für die durch ihn erbrachte Leistung einen Kunden. Dieser Kunde ist der jeweils nachgelagerte Bereich, z. B. die Montage nach der Fertigung.

Diese Betrachtung des Arbeitsverhältnisses als eine Kunden-Lieferanten-Beziehung hat die Absicht, die Qualität der Arbeit zu steigern. Dazu gehört auch die Information der Mitarbeiter, ihre Förderung und Weiterbildung, damit sie ihre Aufgaben qualitätsgerecht erfüllen können.

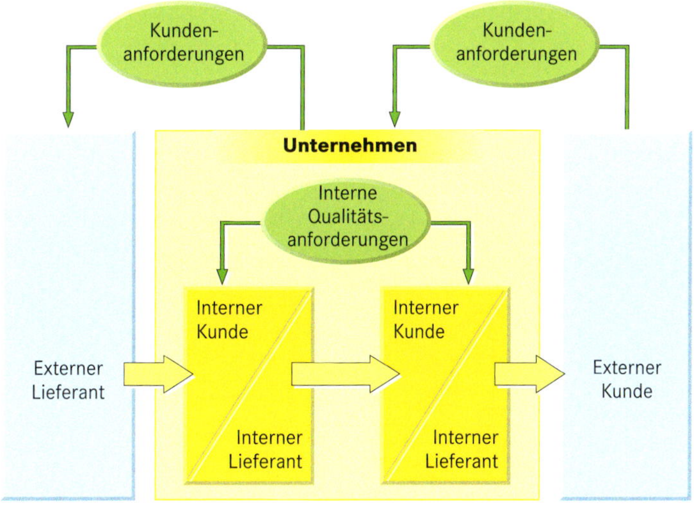

KUNDEN-BEZIEHUNG
- Externer und interner Kunde -

BIEGEVORRICHTUNG

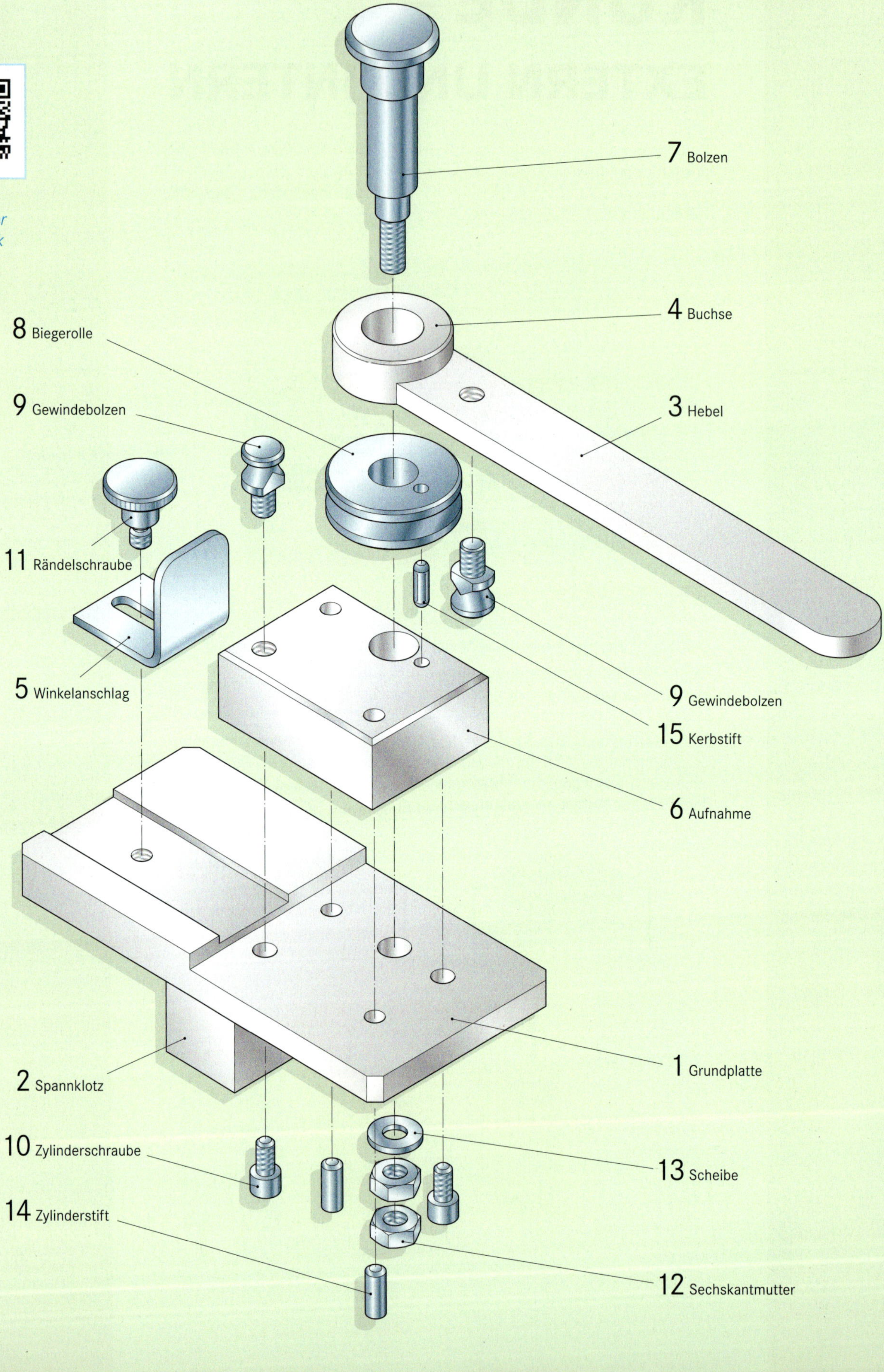

auch über Web-Link

GESAMTAUFTRAG

Die Biegevorrichtung dient zum Biegen von Rundstäben und Rohren mit einem größten Durchmesser von d = 6 mm. Es können Teile mit einem Biegeradius von 40 mm gebogen werden, wobei der Biegeradius durch den Durchmesser der Biegerolle (Pos. 8) bestimmt wird. Durch Verschieben des Winkelanschlags (Pos. 5) kann die Länge des zu fertigenden Bogens eingestellt werden. Der mögliche Biegewinkel beträgt $\alpha \leq 225°$. Die Vorrichtung kann über den Spannklotz (Pos. 2) in einen Schraubstock eingespannt werden.

Die Biegevorrichtung ist in Einzelfertigung herzustellen.

ANALYSE

Technische Unterlagen

Die Vorbereitung einer Arbeitshandlung beginnt mit dem Auswerten der technischen Unterlagen. Für die Fertigung stehen dabei folgende technische Unterlagen zur Verfügung:

- Die *Gesamtzeichnung* zeigt alle zu einem Erzeugnis gehörenden Einzelteile in ihrer räumlichen Lage zueinander.
- Die *Stückliste* listet alle Einzelteile geordnet nach Fertigungsteilen und Normteilen in der erforderlichen Stückzahl auf. Sie ist auf der Gesamtzeichnung angeordnet.
- Die *Einzelteilzeichnungen* stellen die einzelnen Werkstücke mit allen für die Fertigung notwendigen Angaben dar.

Aus der Gesamtzeichnung kann im Zusammenhang mit der Stückliste der Aufbau und die Funktion eines Erzeugnisses wie der Biegevorrichtung bestimmt werden.

Der Aufbau eines Erzeugnisses ergibt sich aus

- der Art und Anzahl der Einzelteile,
- der räumlichen Anordnung der Teile zueinander und
- der Art der gewählten Verbindungen.

auch über Web-Link

ANALYSE

Aufbau der Biegevorrichtung

Die Biegevorrichtung besteht aus neun verschiedenen Fertigungsteilen (Pos. 1 bis 9). Der Gewindebolzen (Pos. 9) ist zweimal anzufertigen. Für die Verbindung der Fertigungsteile werden unterschiedliche Normteile (Pos. 10 bis 15) benötigt.

Die Grundplatte (Pos. 1) und die Aufnahme (Pos. 6) sind durch jeweils zwei Zylinderstifte (Pos. 14) und Zylinderschrauben (Pos. 10) verbunden. Der Bolzen (Pos. 7) nimmt die Biegerolle (Pos. 8) und die Buchse (Pos. 4) mit dem angeschweißten Hebel (Pos. 3) auf. Der Bolzen ist in der Aufnahme (Pos. 6) gelagert und mit einer Scheibe (Pos. 13) und zwei Sechskantmuttern (Pos. 12) gegen die Grundplatte verschraubt.

Der Winkelanschlag (Pos. 5) wird in die Nut der Grundplatte geführt und durch eine Rändelschraube (Pos. 11) geklemmt.

Für die Stiftverbindungen und die Lagerung des Bolzens müssen die Teile miteinander fluchten. Das ist beim Fertigen der Einzelteile zu berücksichtigen.

Funktion der Biegevorrichtung

Die Biegevorrichtung dient zum Biegen von Rundstäben und Rohren mit kleinem Durchmesser. Zum Biegen wird die Handkraft vom Hebel (Pos. 3) über den eingeschraubten Gewindebolzen (Pos. 9) auf das Biegeteil übertragen und dabei übersetzt. Der Hebel ist entsprechend dem vorgesehenen Biegewinkel zu schwenken. Durch die angeschweißte Buchse (Pos. 4) wird der Hebel über den Bolzen (Pos. 7) geführt und gelagert.

Das Biegeteil wird beim Umformen in der Biegerolle (Pos. 8) geführt und abgestützt. Ein weiterer Gewindebolzen (Pos. 9), der in der Aufnahme (Pos. 6) eingeschraubt ist, dient als Gegenlager und hält das Biegeteil in seiner Lage.

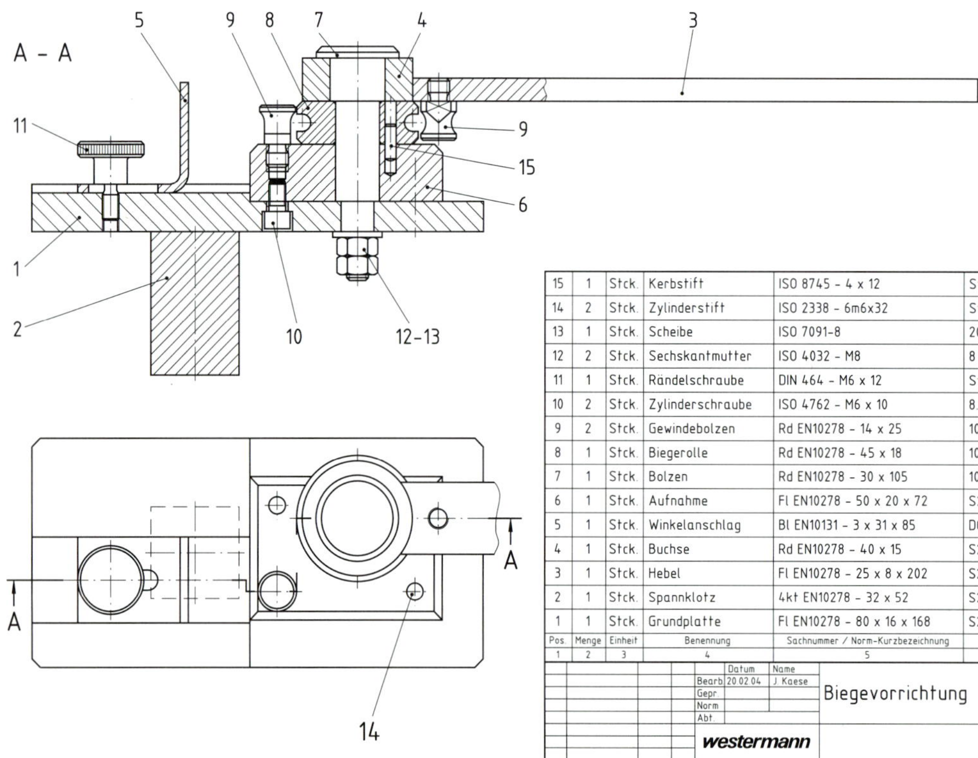

15	1	Stck.	Kerbstift	ISO 8745 - 4 x 12	St
14	2	Stck.	Zylinderstift	ISO 2338 - 6m6x32	St
13	1	Stck.	Scheibe	ISO 7091-8	200 HV
12	2	Stck.	Sechskantmutter	ISO 4032 - M8	8
11	1	Stck.	Rändelschraube	DIN 464 - M6 x 12	St
10	2	Stck.	Zylinderschraube	ISO 4762 - M6 x 10	8.8
9	2	Stck.	Gewindebolzen	Rd EN10278 - 14 x 25	10S20+C
8	1	Stck.	Biegerolle	Rd EN10278 - 45 x 18	10S20+C
7	1	Stck.	Bolzen	Rd EN10278 - 30 x 105	10S20+C
6	1	Stck.	Aufnahme	Fl EN10278 - 50 x 20 x 72	S235JRG1+C
5	1	Stck.	Winkelanschlag	Bl EN10131 - 3 x 31 x 85	DC03 - A - m
4	1	Stck.	Buchse	Rd EN10278 - 40 x 15	S235JRG1+C
3	1	Stck.	Hebel	Fl EN10278 - 25 x 8 x 202	S235JRG1+C
2	1	Stck.	Spannklotz	4kt EN10278 - 32 x 52	S235JRG1+C
1	1	Stck.	Grundplatte	Fl EN10278 - 80 x 16 x 168	S235JRG1+C
Pos.	Menge	Einheit	Benennung	Sachnummer / Norm-Kurzbezeichnung	Bemerkung
1	2	3	4	5	6

	Datum	Name	
Bearb.	20.02.04	J. Kaese	Biegevorrichtung
Gepr.			
Norm			
Abt.			
westermann			Blatt 1 / 10 Bl.
Zust. Änderung Datum Name Ursprung		Ersatz für:	Ersetzt durch:

ANALYSE

Fertigung

Die Einzelteile der Biegevorrichtung werden überwiegend durch maschinelles Spanen hergestellt. Je nach Fertigungsaufgabe werden dabei unterschiedliche Fertigungsverfahren eingesetzt.

- Bohren, Senken, Reiben oder Gewindebohren für Bohrungen unterschiedlicher Form, Maßgenauigkeit und Oberflächengüte,
- Drehen für zylindrische und kegelige Werkstückformen,
- Fräsen für ebene Flächen, Absätze und Nuten.

Beim maschinellen Spanen werden von der Werkzeugmaschine sowohl die Trennkräfte aufgebracht als auch die Bewegungen ausgeführt.

Durch den Einsatz von Werkzeugmaschinen ergeben sich kürzere Fertigungszeiten und höhere Maß- und Formgenauigkeiten.

Die körperliche Belastung der arbeitenden Menschen wird wesentlich verringert.

Bearbeitungsformen an der Biegevorrichtung

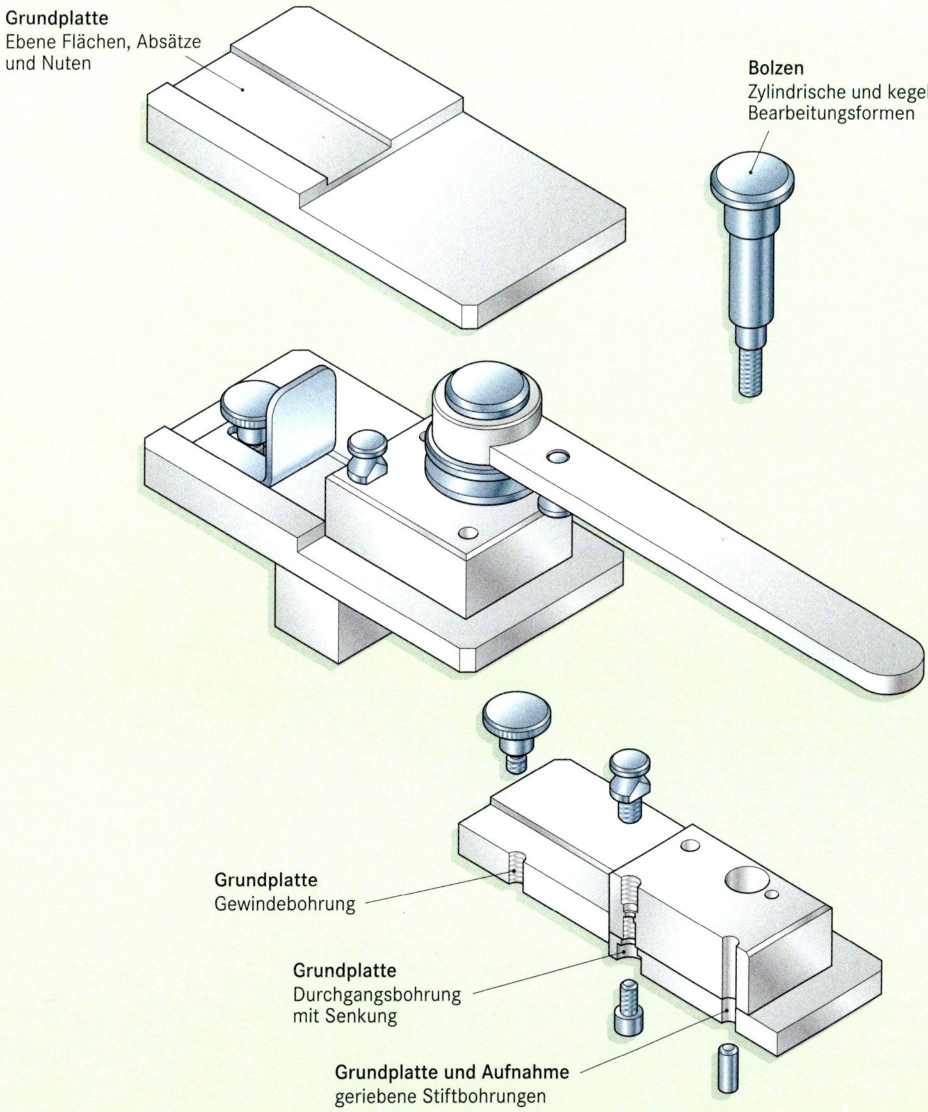

Informie

2.1 Bohren, Senken, Reiben

ARBEITSAUFTRAG

Damit die Grundplatte mit den anderen Einzelteilen zu einer funktionsfähigen Biegevorrichtung zusammengebaut werden kann, sind Bohrungen unterschiedlicher Form und Genauigkeit anzufertigen.

Die Form, Größe und Beschaffenheit der Bohrungen wird durch die Teilzeichnung der Grundplatte festgelegt und beschrieben.

Durch Lesen der Zeichnung erhält man ein Bild von dem Arbeitsauftrag.

Die Grundplatte ist ein prismatisches Werkstück. Sie ist in drei Ansichten dargestellt. Eine Ansicht ist im Schnitt gezeichnet, um die Bohrungen und Senkungen eindeutig darstellen und bemaßen zu können.

Die Teilzeichnung enthält außerdem alle zur Herstellung notwendigen Maße und Angaben zur Oberflächenbeschaffenheit.

Um die in einer Zeichnung enthaltenen Informationen richtig deuten zu können, ist ein genaues Verständnis der zugrunde liegenden Zeichenregeln und Normen notwendig.

2.1.1 Zeichnungsanalyse

2.1.1.1 Prismatische Werkstücke

Prismatische Werkstücke werden aus Rechteckprofilen hergestellt, die in genormten Abmessungen vorliegen. Durch spanende Bearbeitung entstehen die notwendigen Bearbeitungsformen.
Für die Fertigung müssen Werkstücke mit allen Formen eindeutig dargestellt werden. Darum werden komplizierte Werkstücke in mehreren Ansichten gezeichnet (Abb. 1).

- Ansichten

Die unterschiedlichen Ansichten entstehen, indem man aus unterschiedlichen Richtungen jeweils rechtwinklig auf die Fläche eines Werkstückes blickt. Jede Ansicht zeigt dabei einen anderen Umriss (Abb. 2). Es sind maximal sechs Ansichten möglich.

Grundsätzlich werden nur so viele Ansichten eines Werkstückes gezeichnet, wie für eine eindeutige Darstellung und Bemaßung erforderlich sind.

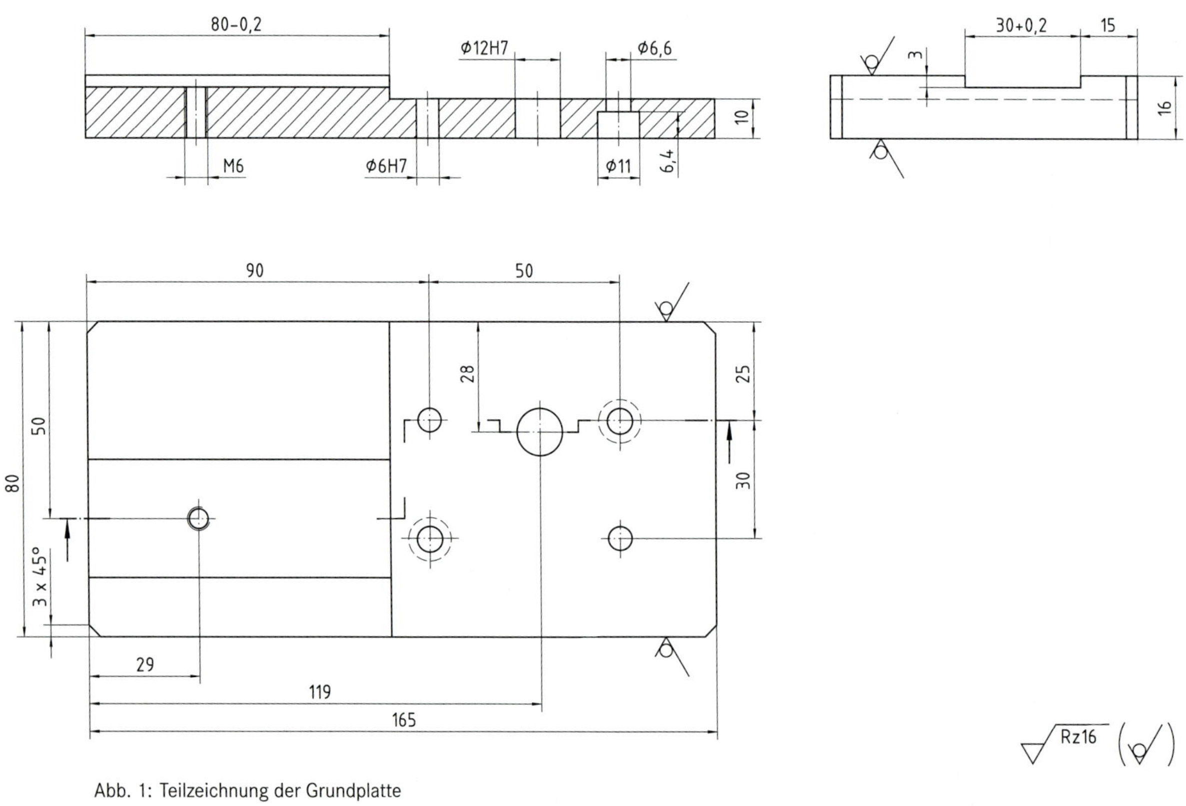

Abb. 1: Teilzeichnung der Grundplatte

Die am häufigsten verwendeten Ansichten sind Vorderansicht, Seitenansicht von links und Draufsicht. Damit lassen sich Werkstücke in der Regel eindeutig darstellen. Als Vorderansicht wird dabei die Ansicht gewählt, die wesentliche Formen des Werkstückes zeigt.

Auf einer Zeichnung sind die Ansichten eines Werkstückes nach einer bestimmten Systematik zueinander angeordnet.

- Von der Vorderansicht werden alle anderen Ansichten abgeleitet.
- Die Seitenansicht von links liegt rechts neben der Vorderansicht. Die Ansichten liegen auf gleicher Höhe.
- Die Seitenansicht von rechts liegt links neben der Vorderansicht.
- Die Draufsicht liegt senkrecht unter der Vorderansicht.
- Die Untersicht liegt oberhalb der Vorderansicht.
- Die Rückansicht liegt links oder rechts neben der Seitenansicht.

Die beschriebene Anordnung der Ansichten wird auch als die ISO-Projektionsmethode 1 bezeichnet. Die Projektionsmethode wird durch das Symbol eines Kegelstumpfes gekennzeichnet. Es steht entweder im Schriftfeld oder in dessen Nähe (→).

Die Vorderansicht der Grundplatte ist dabei in Gebrauchslage gezeichnet. Die Gebrauchslage zeigt ein Werkstück wie es in der Vorrichtung oder Maschine eingebaut ist.

auch über Web-Link

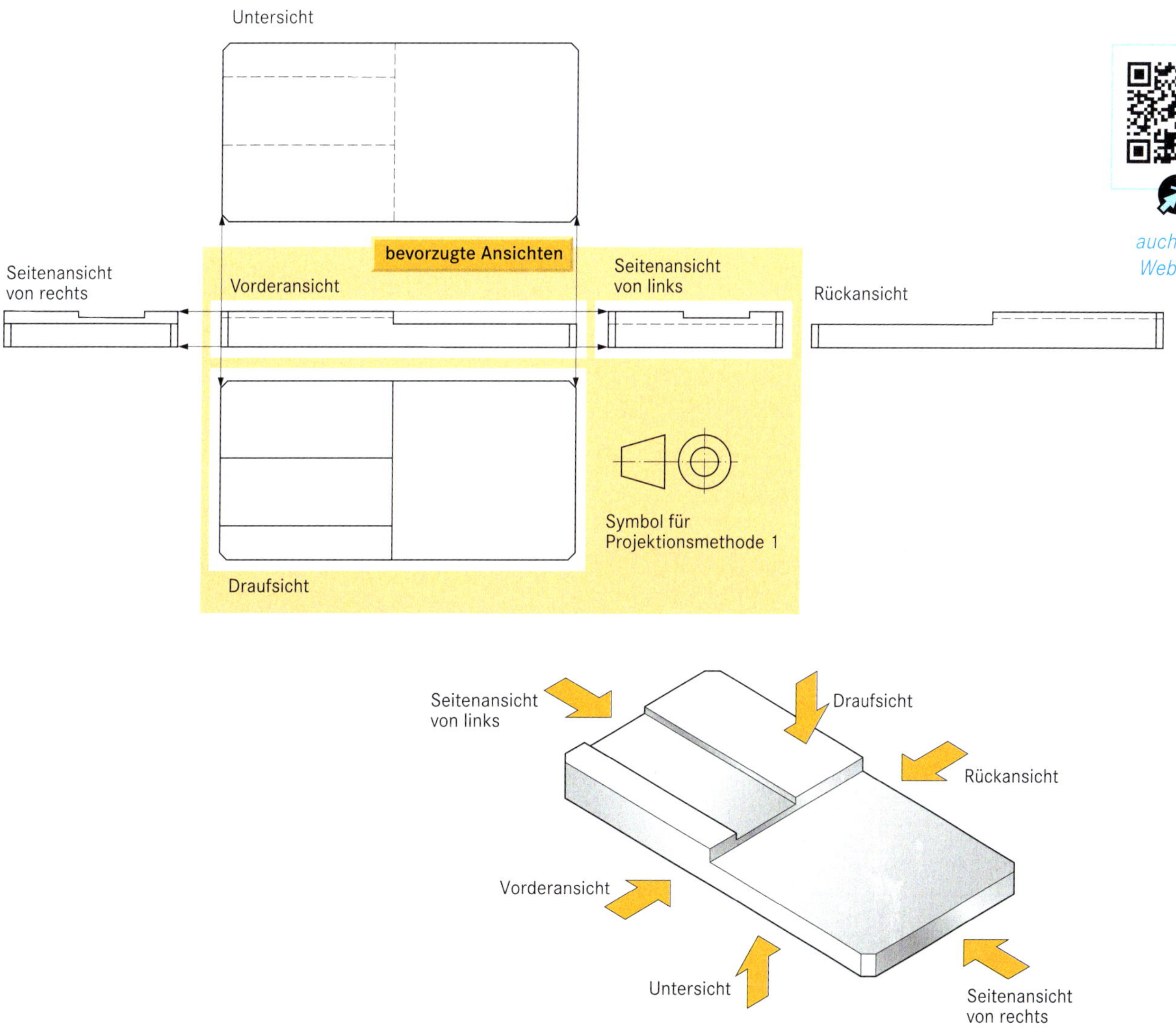

Abb. 2: Anordnung von Ansichten

- **Bearbeitungsformen - Darstellung**

Beim Fertigen der Grundplatte entstehen folgende Bearbeitungsformen (Abb. 1):

- Absätze,
- Abschrägungen (Fasen),
- Nuten und
- Bohrungen.

Werden mehrere Ansichten des Werkstückes gezeichnet, sind die zusätzlichen Kanten - je nach Blickrichtung - entweder sichtbar oder verdeckt.

Die Kanten liegen in den entsprechenden Ansichten auf gleicher Höhe oder Breite wie die der Bearbeitungsformen (Abb. 2).

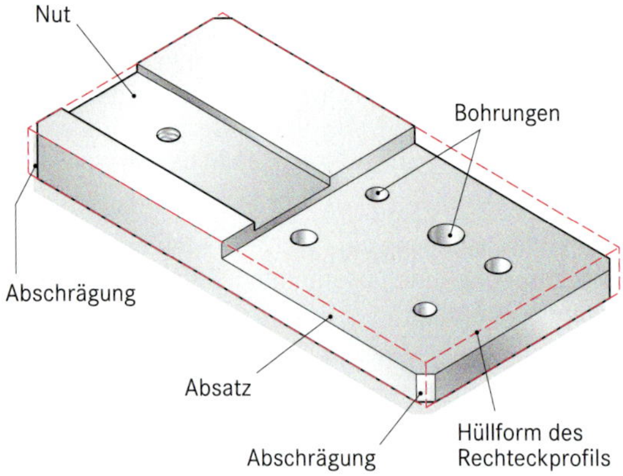

Abb. 1: Bearbeitungsformen an der Grundplatte

Absätze

① Ein Absatz in der Vorderansicht der Grundplatte erzeugt in der Draufsicht eine sichtbare Kante und in der Seitenansicht eine verdeckte Kante.

Abschrägungen (Fasen)

② Die Abschrägungen erzeugen in den anderen Ansichten neue sichtbare Kanten.

Nuten

③ Die Nut in der Seitenansicht erzeugt in der Vorderansicht eine neue verdeckte Kante (Nuttiefe). In der Draufsicht entstehen zwei neue sichtbare Kanten.

Bohrungen

④ Bohrungen erhalten in allen Ansichten Mittellinien. Eine Bohrung erhält dort, wo die Kreisform erkennbar ist, ein Mittellinienkreuz.

⑤ In der Ansicht, in der nicht die Kreisform erkennbar ist, wird nur eine Mittellinie gezeichnet. Sie kennzeichnet die Lage und den Verlauf der Bohrung im Werkstück. Die Bohrungswandungen werden mit verdeckten Kanten gezeichnet.

⑥ Die Mittellinien gehen ca. 2 mm über die Kontur hinaus.

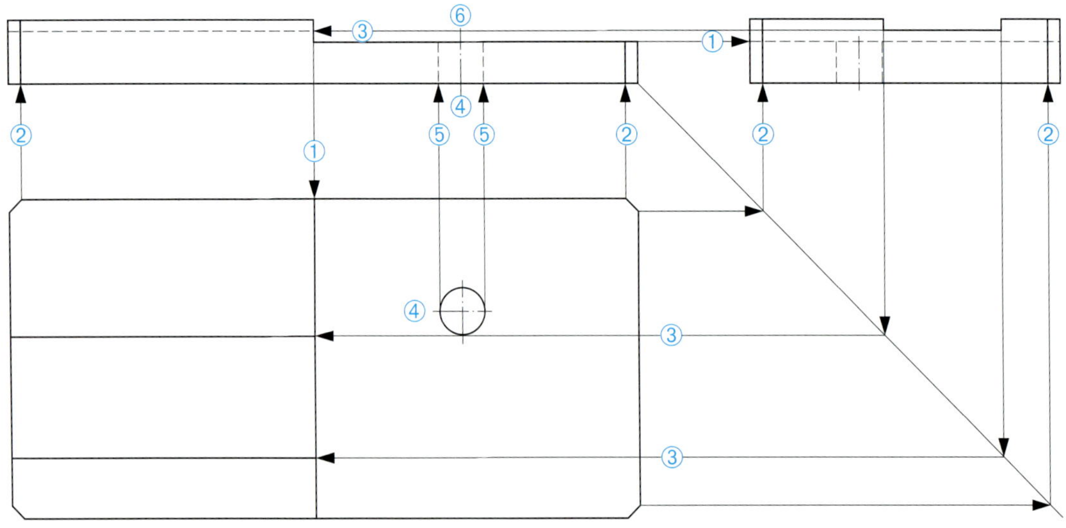

Abb. 2: Darstellung verschiedener Bearbeitungsformen

- **Bearbeitungsformen – Bemaßung**

Bei prismatischen Werkstücken müssen neben den Grundmaßen des Rechteckprofils die Bearbeitungsformen eindeutig bemaßt werden. Jede Bearbeitungsform benötigt bestimmte Maße für die Fertigung (Abb. 3). Dabei werden Form- und Lagemaße unterschieden.

Formmaße geben direkt die Größe der Bearbeitungsform an. Die Maße werden dort eingetragen, wo die Bearbeitungsform zu sehen ist. Mehrere Maße einer Bearbeitungsform sollten in einer Ansicht zusammen angegeben werden. Die Bemaßung verdeckter Kanten ist zu vermeiden.
Lagemaße geben die Position der Bearbeitungsform am Werkstück an.

Absätze

⑦ Absätze werden durch zwei Formmaße für die Breite und die Tiefe bestimmt. Dabei kann die Breite und die Tiefe des Absatzes selbst oder die am Werkstück verbleibende Breite und Dicke bemaßt sein.

Abschrägungen (Fasen)

⑧ Abschrägungen werden durch zwei Formmaße bestimmt. Das können entweder zwei Längenmaße oder ein Längenmaß zusammen mit einem Winkelmaß sein. Beträgt der Winkel 45° kann die Winkelangabe mit auf der Maßlinie des Längenmaßes stehen.

Nuten

⑨ Nuten werden durch zwei Formmaße für die Breite und die Tiefe bestimmt.

⑩ Zusätzlich muss ein Lagemaß für die Position der Nut im Werkstück angegeben werden.

Bohrungen

⑪ Die Größe einer Bohrung wird durch ein Formmaß für den Durchmesser bestimmt. Der Maßzahl ist immer das Symbol für den Durchmesser voranzustellen.

⑫ Zwei Lagemaße bestimmen die Position der Bohrung im Werkstück. Sie beziehen sich auf den Bohrungsmittelpunkt und schließen an die Mittellinien an. Dieses ist eine fertigungsbezogene Bemaßung.

⑬ Bei mehreren Bohrungen können die Abstände der Bohrungen als Lagemaße angegeben werden.

Zusätzlich zu den Form- und Lagemaßen sind die Grundmaße des Rechteckprofils anzugeben. Die Grundmaße sind immer Breite, Höhe und Dicke des Werkstückes.

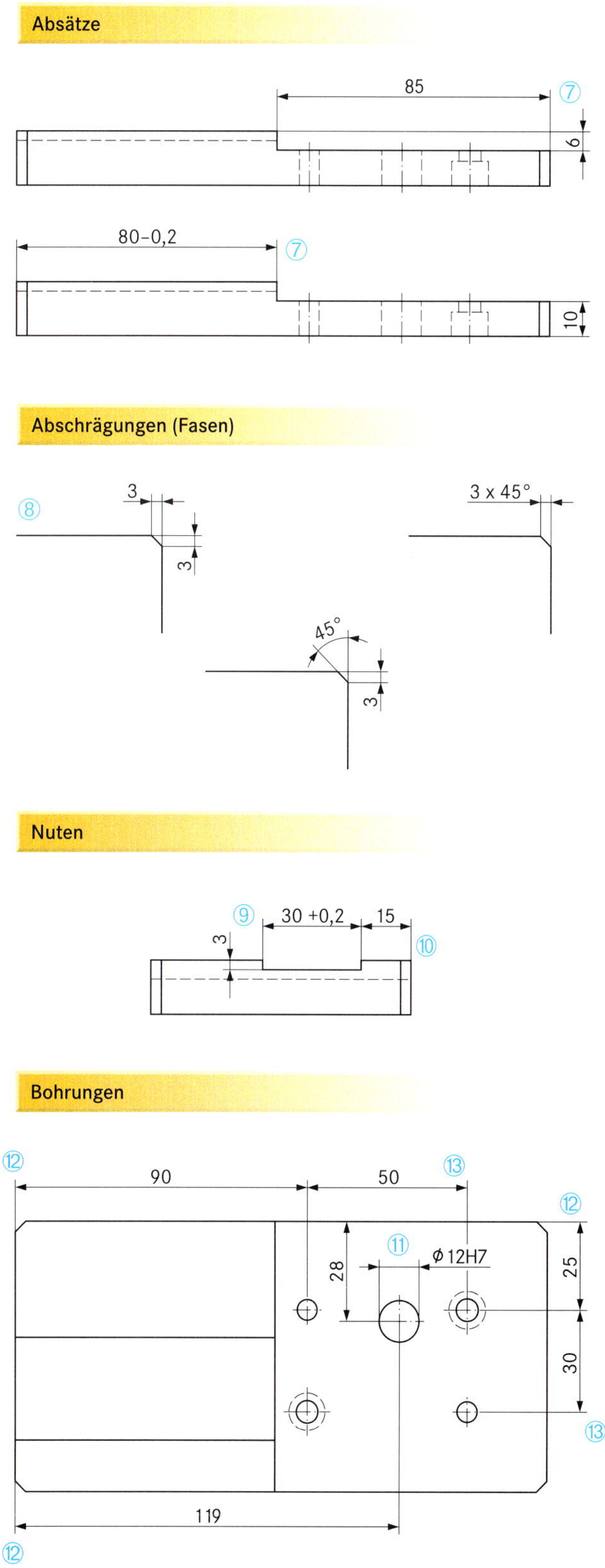

Abb. 3: Maße an Bearbeitungsformen

2.1.1.2 Schnittdarstellung

Die Vorderansicht der Grundplatte ist im Schnitt dargestellt (Abb. 1, S. 82). Schnittdarstellungen werden bei Werkstücken mit Hohlräumen z. B. Bohrungen angewendet, um die inneren Formen eindeutig darstellen und bemaßen zu können.

- **Schnittebene, Schnittfläche**

Bei einer Schnittdarstellung wird ein Werkstück in der Schnittebene gedanklich zerlegt (Abb. 1). Es wird die vor der Schnittebene liegende Hälfte des Werkstückes abgetrennt und nur die hintere Hälfte gezeichnet. Die Schnittebene wird vorzugsweise in die Längsachse des Werkstückes oder senkrecht zu ihr gelegt (→📖).

! Durch einen Schnitt werden innere Formen sichtbar und in breiter Volllinie dargestellt.

Durch den Schnitt entsteht die Schnittfläche. Sie wird mit einer Schraffur in schmalen Volllinien gekennzeichnet.

- Die Schraffurlinien werden unter einem Winkel von 45° zur Außenkontur des Werkstückes gezeichnet. Der Abstand der Schraffurlinien wird der Größe der zu schraffierenden Fläche angepasst und muss gleich groß sein.
- Wird ein Werkstück in mehreren Ansichten geschnitten dargestellt, sind die Schnittflächen in allen Ansichten mit gleichem Winkel und Schraffurlinienabstand zu zeichnen.
- Für Maßzahlen und Beschriftungen werden Schraffurlinien unterbrochen. Für Maßlinien erfolgt keine Unterbrechung.

Verdeckte Kanten werden im Allgemeinen nicht gezeichnet.

auch über Web-Link

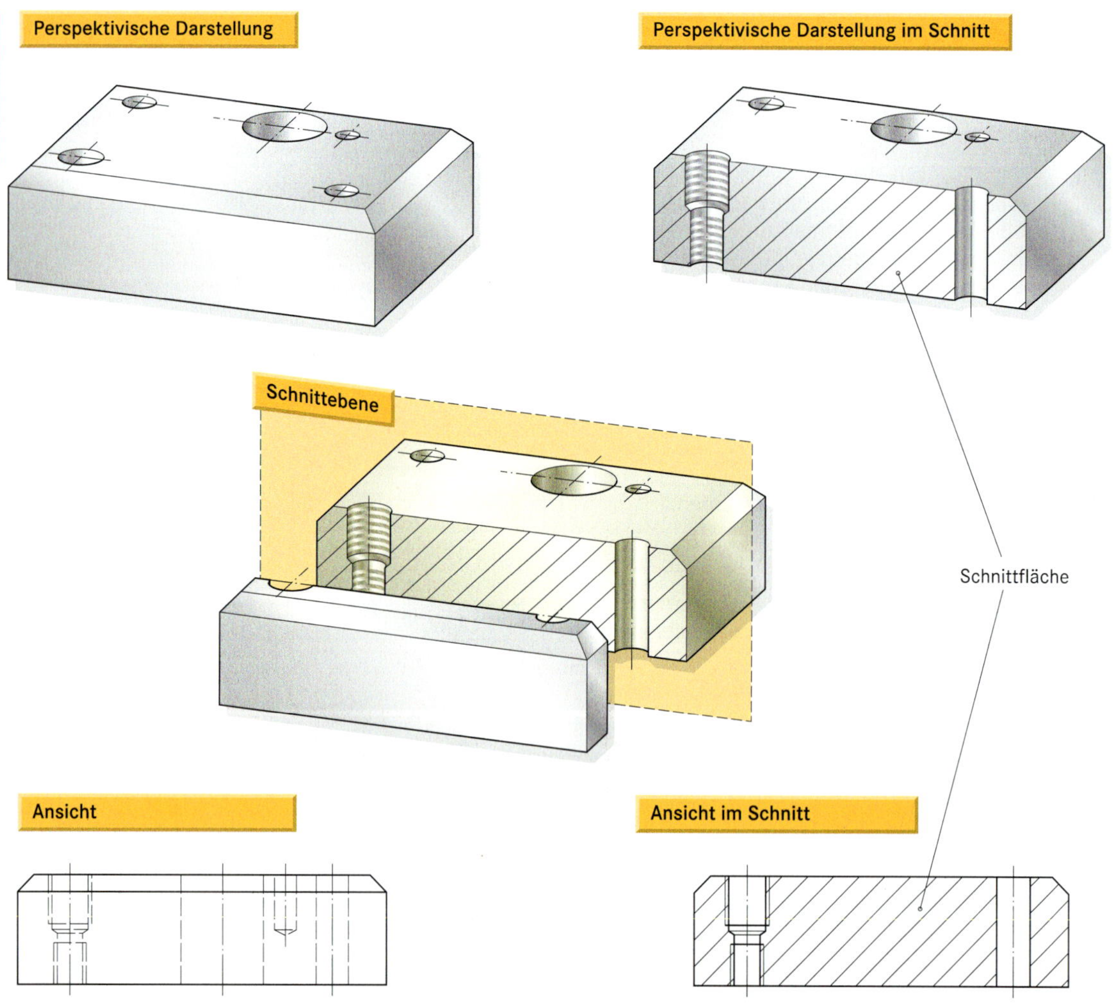

Abb. 1: Prinzip der Schnittdarstellung

- **Schnittarten**

Nach Umfang und Lage des Schnittes unterscheidet man

- Vollschnitt,
- Halbschnitt und
- Teilschnitt.

Vollschnitt

Beim Vollschnitt ist die vordere Hälfte des Werkstückes gedanklich abgetrennt und nur die hintere Hälfte gezeichnet (Abb. 3a).

Halbschnitt

Der Halbschnitt wird vorzugsweise bei symmetrischen Hohlkörpern angewendet. Beim Halbschnitt ist ein Viertel des Werkstückes gedanklich abgetrennt (Abb. 3b). In der Ansichtshälfte bleibt die äußere Form sichtbar. In der Schnitthälfte wird die innere Form dargestellt.

Die Schnitthälfte wird bei waagerechter Mittellinie unterhalb, bei senkrechter Mittellinie rechts von dieser angeordnet.

Bei der Bemaßung werden die Maße für die Innen- und Außenformen gruppiert (Abb. 2):

① Maße für die Außenformen sind in der Ansichtshälfte und

② die Maße für die Innenformen in der Schnitthälfte eingetragen.

③ Durchmessermaße für Innenformen erhalten nur eine Maßlinienbegrenzung.

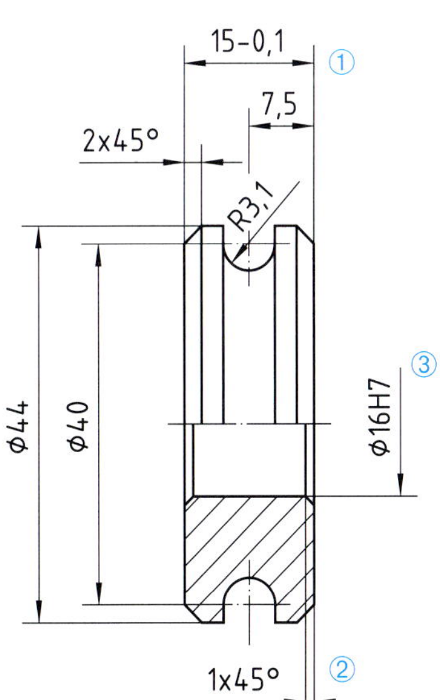

Abb. 2: Maßeintragung beim Halbschnitt

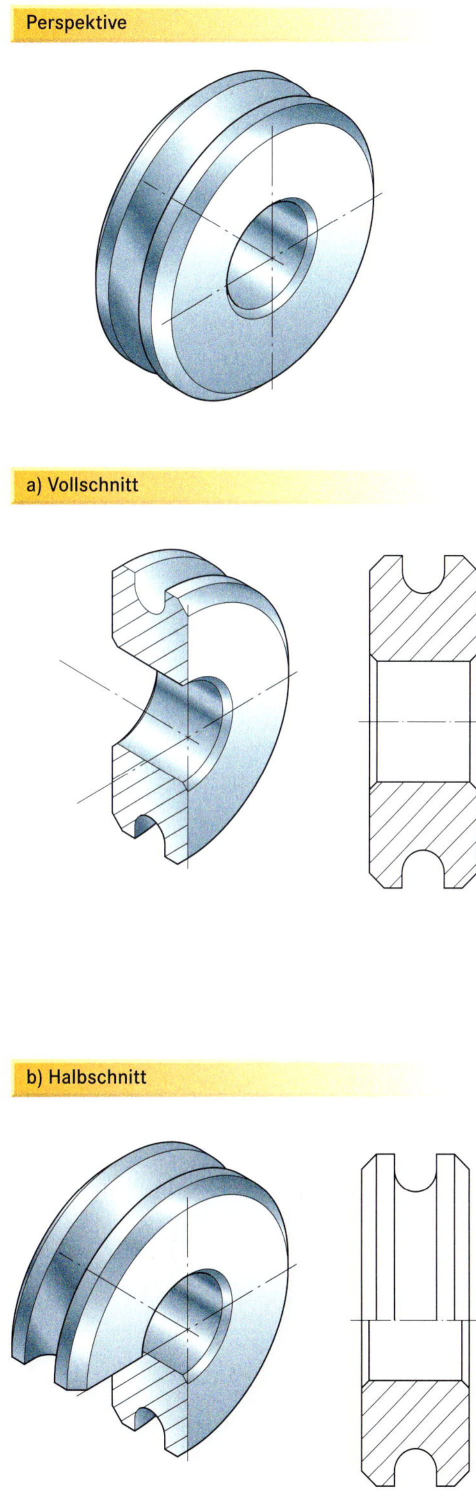

Abb. 3: Vollschnitt und Halbschnitt

auch über Web-Link

Teilschnitt

Beim Teilschnitt ist nur ein Teilbereich eines Werkstückes im Schnitt dargestellt. Ein häufig angewendeter Teilschnitt ist der Ausbruch (Abb. 1).

Ein Ausbruch wird durch eine Freihandlinie in schmaler Volllinie begrenzt. Die Freihandlinie darf nicht mit Kanten oder Hilfslinien deckungsgleich sein.

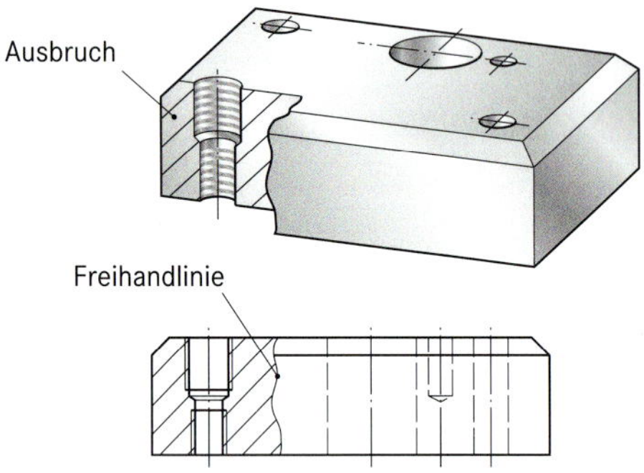

Abb. 1: Ausbruch

- **Schnittverlauf**

Bei der Grundplatte verläuft der Schnitt durch mehrere parallele Schnittebenen. Dadurch lassen sich die meisten Bohrungen der Grundplatte sichtbar darstellen und bemaßen.

Bei einem Schnitt in mehreren Ebenen wird der Schnittverlauf durch eine Schnittlinie angegeben (Abb. 2). Schnittlinien sind breite Strich-Punktlinien.

① Schnittlinien werden nur im Bereich der Umrisslinien des Werkstückes und an den Knickstellen dargestellt.

② Die Blickrichtung auf den Schnitt wird durch Pfeile angegeben. Die Pfeile haben die 1,5fache Länge von Maßpfeilen.

③ An den Knickstellen von versetzten Schnittebenen entstehen keine neuen Kanten, da es sich um eine gedachte Zerlegung handelt.

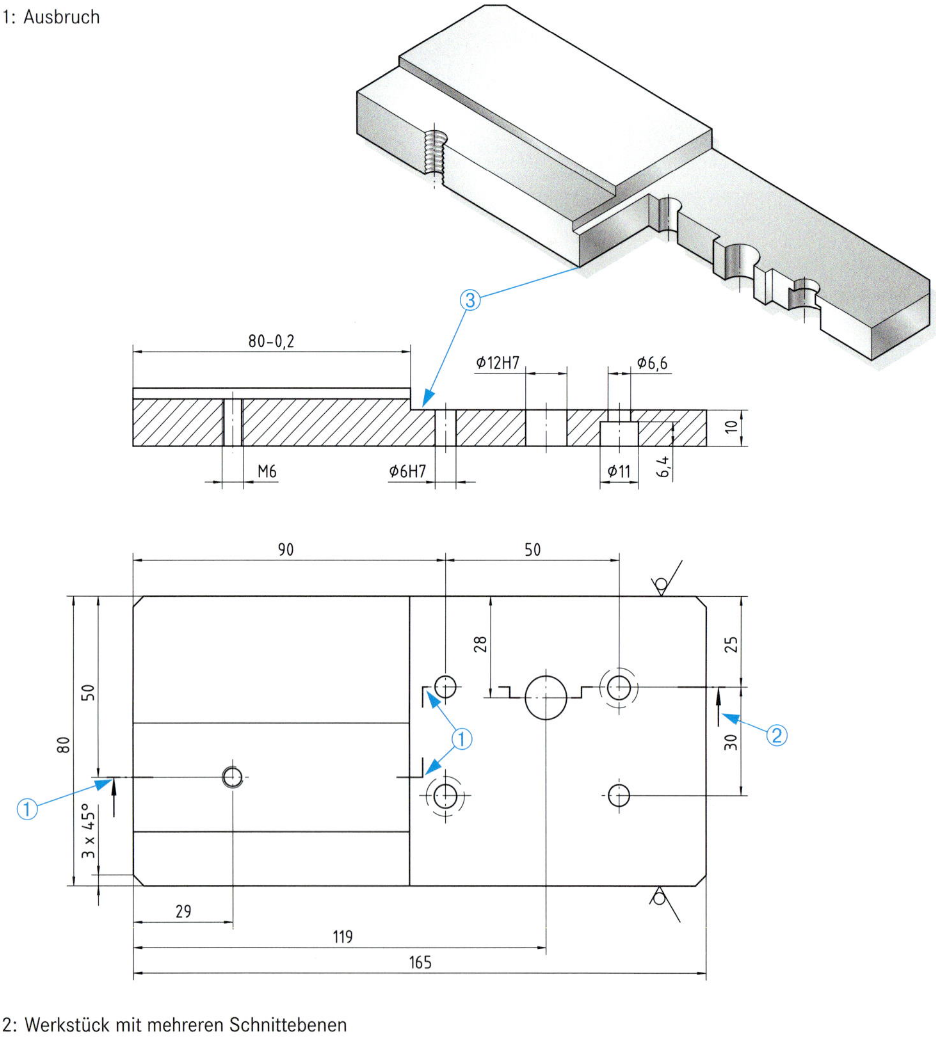

Abb. 2: Werkstück mit mehreren Schnittebenen

2.1.1.3 Oberflächenbeschaffenheit

Die Oberflächenbeschaffenheit wird nach der Funktion des Werkstückes und nach wirtschaftlichen Gesichtspunkten gewählt. Je glatter eine Oberfläche, desto größer wird der Aufwand bei der Fertigung.

In technischen Zeichnungen wird die Oberflächenbeschaffenheit durch Symbole nach **DIN EN ISO 1302** angegeben (➜).

- **Oberflächensymbole**

Das Grundsymbol für die Angabe der Oberflächenbeschaffenheit besteht aus einem 60°-Winkel mit ungleicher Schenkellänge. Erst durch Zusatzangaben wird die Oberflächenbeschaffenheit des Werkstückes eindeutig vorgeschrieben (Tab. 1).

Tab. 1: Symbole mit Zusatzangaben

Symbol	Bedeutung
	materialabtrennende Bearbeitung nicht zugelassen oder Oberfläche bleibt im Anlieferzustand
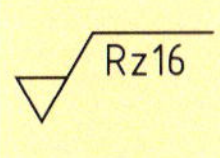	materialabtrennende Bearbeitung mit vorgeschriebener Rauheitskenngröße $R_z \leq 16$ µm
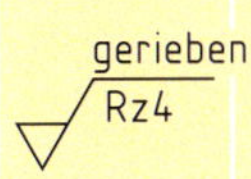	materialabtrennende Bearbeitung mit vorgeschriebener Rauheitskenngröße $R_z \leq 4$ µm und vorgeschriebenem Bearbeitungsverfahren

- **Eintragen der Symbole**

Die Symbole zur Angabe der Oberflächenbeschaffenheit werden grundsätzlich so angeordnet, dass sie von unten oder von rechts lesbar sind (Abb. 3).

④ Die Symbole zeigen von außen auf die Körperkanten, die die Werkstückoberfläche darstellen.

⑤ Die Symbole können durch Bezugslinien den Oberflächen zugeordnet werden. Die Bezugslinien enden mit einem Pfeil, der von außen auf die Fläche oder deren Verlängerung durch Hilfslinien oder Maßhilfslinien zeigt.

⑥ Das Symbol für eine Oberfläche, die im Anlieferzustand verbleiben soll, kann in jeder Lage eingetragen werden.

⑦ Das Symbol für die Oberflächenbeschaffenheit trägt man für jede Oberfläche nur einmal in die Teilzeichnung ein. Eingetragen wird es in der Ansicht, in der die Bemaßung der Grund- bzw. Bearbeitungsformen vorgenommen wurde.

⑧ Das Symbol, welches für die Mehrzahl der Oberflächen gilt, wird nicht in die Ansichten der Teilzeichnung eingetragen. Es wird unter den Ansichten in der Nähe des Schriftfeldes gesetzt. Hinter dem Symbol werden in einer runden Klammer alle davon abweichenden Oberflächenbeschaffenheiten angegeben.

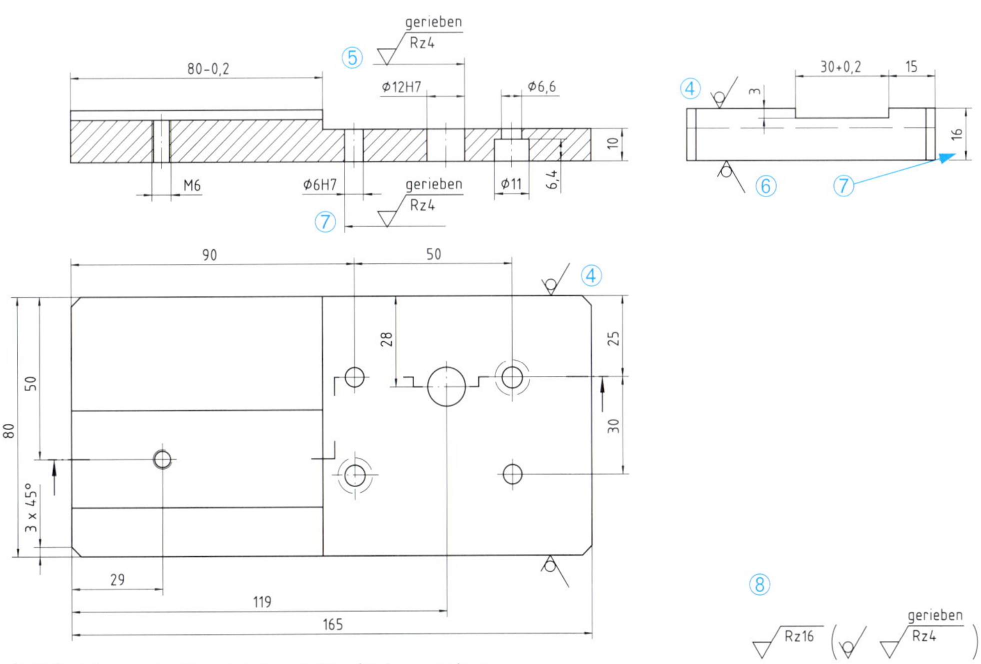

Abb. 3: Teilzeichnung der Grundplatte mit Oberflächenangaben

Fertigen

2.1.2 Bohrmaschinen

Zum Bohren von Werkstücken in der Werkstatt werden häufig Säulenbohrmaschinen verwendet (Abb. 1). Um Bohrmaschinen richtig handhaben und bedienen zu können, muss man deren Aufbau und Funktionsweise kennen.

Baueinheiten von Bohrmaschinen

Der *Bohrtisch* dient zur Aufnahme der Werkstücke. Kleinere Werkstücke werden in einem Maschinenschraubstock, größere Werkstücke direkt auf dem Tisch gespannt. Mit dem Bohrtisch wird das Werkstück über das Zahnstangengetriebe in der Höhe eingestellt. Vor dem Bohren muss der Tisch mit dem Werkstück festgeklemmt werden. Dazu dient der Feststellhebel.

Die *Säule* trägt die einzelnen Baueinheiten. Sie führt und hält auch den Bohrtisch. Die Fußplatte nimmt die Säule auf. Die Fußplatte kann außerdem als Aufspannung für große, hohe Werkstücke dienen.

Der *Elektromotor* liefert die Antriebsenergie für die Bohrmaschine.

Die Antriebsenergie wird über *Riemen- und Zahnradgetriebe* auf die Bohrspindel geleitet. Über das verstellbare Riemengetriebe lässt sich die Umdrehungsfrequenz (Drehzahl) der Bohrspindel stufenlos einstellen. Die eingestellte Umdrehungsfrequenz kann an einem Drehzahlmesser abgelesen werden.

Die *Bohrspindel* nimmt die Bohrwerkzeuge auf und überträgt die Arbeitsbewegungen auf das Werkzeug. Das Bohrwerkzeug führt beim Bohren eine Drehbewegung und gleichzeitig eine geradlinige Vorschubbewegung in Werkstückrichtung aus.

Die Vorschubbewegung kann von Hand über einen Hebel aufgebracht werden oder automatisch über das Zahnradgetriebe erfolgen. Über einen Tiefenanschlag kann die Bohrtiefe, z. B. für Grundlochbohrungen, eingestellt werden.

Zur *elektrischen Einrichtung* gehört neben dem Ein- und Ausschalter ein gut erreichbarer Not-Aus-Schalter, der die gesamte Maschine stillsetzt.

Zum Kühlen der Bohrwerkzeuge haben Bohrmaschinen im Allgemeinen eine *Einrichtung für Kühlschmierstoff*. Die Kühlmittelpumpe fördert den Kühlschmierstoff über den Kühlmittelschlauch zur Bohrstelle.

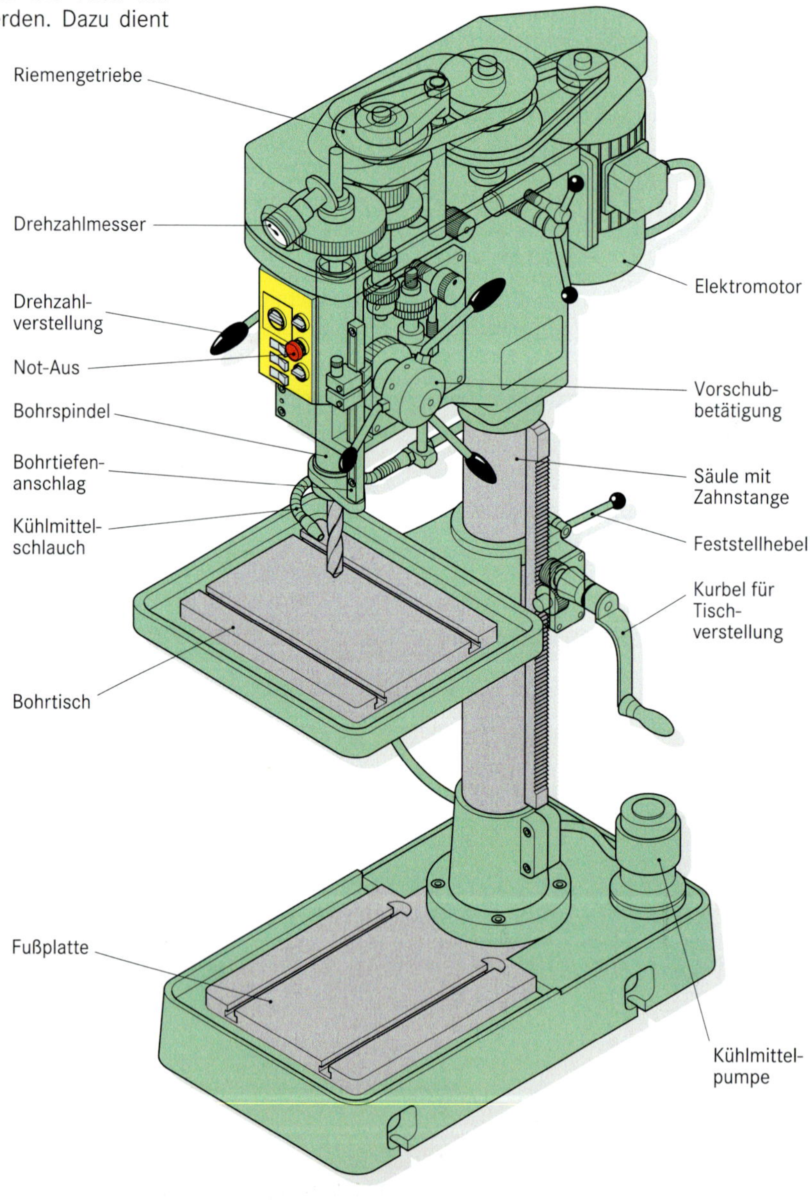

Abb. 1: Säulenbohrmaschine

Spannen der Bohrwerkzeuge

Bohrwerkzeuge bis zu einem Durchmesser von 13 mm haben meist einen Zylinderschaft, mit dem sie in einem Dreibacken-Bohrfutter gespannt werden (Abb. 2a). Das Bohrfutter ist mit einem kegeligen Schaft versehen, der in die Bohrspindel eingesetzt wird. Zum Befestigen wird der Schaft in den Kegel der Bohrspindel gestoßen.

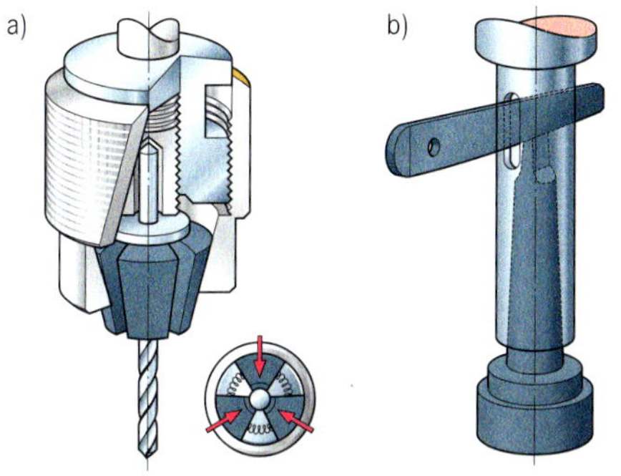

Abb. 2: Spannen von Bohrwerkzeugen

Die Kraftübertragung zwischen dem Innenkegel der Bohrspindel und dem Kegelschaft erfolgt durch Haftreibung. Der Kegelschaft darf nicht verschmutzt oder beschädigt sein, da sonst nicht die notwendige Haftreibung im Kegel der Bohrspindel erreicht wird.

Werkzeuge mit größerem Durchmesser haben einen Schaft mit einem genormten Werkzeugkegel, mit dem sie direkt in den Innenkegel der Bohrspindel gespannt werden. Hat das Bohrwerkzeug einen kleinen Werkzeugkegel steckt man entsprechende Kegelhülsen (Reduzierhülsen) auf, um sie dem Innenkegel der Bohrspindel anzupassen.

Am Ende des Kegelschaftes sitzt der Austreiblappen zum Lösen des Bohrwerkzeuges aus der Bohrspindel mit einem keilförmigen Austreiber (Abb. 2b).

Spannen der Werkstücke

Die rotierenden Bohrwerkzeuge versuchen das Werkstück in Drehung zu versetzen. Werkstücke müssen daher sicher gespannt werden. Ein aus der Aufspannung herausgerissenes Werkstück kann das Werkzeug und die Maschine beschädigen und verursacht häufig schwere Unfälle. Das Spannen hängt von der Größe und der Form des Werkstückes sowie vom Durchmesser der Bohrung ab.

Kleinere prismatische oder zylindrische Werkstücke werden im Maschinenschraubstock gespannt. Prismatische Werkstücke werden dabei mit Parallelstücken unterlegt, um den Schraubstock vor Beschädigung beim Durchbohren zu schützen. Größere Werkstücke mit ebener Auflage werden direkt auf den Tisch gespannt.

Beim Fertigen größerer Bohrungen (ab 8 mm) sind Schraubstock oder Werkstück durch Spanneisen auf den Bohrtisch fest zu spannen (Abb. 3).

Damit die Bohrungen senkrecht in das Werkstück eingebracht werden, ist darauf zu achten, dass beim Spannen

- gleich dicke Parallelstücke verwendet werden und
- die Auflageflächen von Spannmittel und Werkstück frei von Spänen sind.

Das Ausrichten eines Werkstückes zum Bohrwerkzeug auf einer Säulenbohrmaschine erfolgt in drei Arbeitsschritten:

1. Ausrichten des Werkstückes im Maschinenschraubstock und Festspannen des Werkstückes,
2. Einrichten des Bohrtisches in der Höhe und
3. seitliches Ausrichten des Maschinenschraubstockes auf dem Bohrtisch und falls notwendig, Festspannen des Schraubstockes.

Abb. 3: Spannen im Maschinenschraubstock

Um Unfälle beim Bohren zu vermeiden sind folgende Sicherheitsregeln zu beachten:

Unfallverhütung

- Eng anliegende Arbeitskleidung und Kopfbedeckung tragen.
- Beim Bohren kurzspanender, spröder Werkstoffe und beim Einsatz von Kühlschmierstoffen Schutzbrille tragen.
- Bohrspäne mit Besen oder Pinsel entfernen.
- Werkstücke fest spannen und gegen Herumreißen sichern.
- Werkzeugwechsel nur bei abgeschalteter und stillstehender Bohrspindel ausführen.
- Beim Bohren auf Tischbohrmaschinen keine Handschuhe tragen.
- Vor der Inbetriebnahme von Bohrmaschinen Leitungen und Stecker auf einwandfreien Zustand prüfen, insbesondere bei Handbohrmaschinen.

Fertigen

2.1.3 Arbeitsbewegungen

Damit ein Bohrwerkzeug vom Werkstück einen Span abnimmt, müssen bestimmte Arbeitsbewegungen ausführt werden. Beim Bohren, Senken und Reiben erfolgt die Spanabnahme durch das Zusammenwirken

- der kreisförmigen Schnittbewegung und
- der geradlinigen Vorschubbewegung (Abb. 1).

Ein Maß für die Größe der Schnittbewegung ist die *Schnittgeschwindigkeit* v_c in m/min.

Die Schnittgeschwindigkeit kann an der Bohrmaschine nicht direkt eingestellt werden. Eingestellt wird die *Umdrehungsfrequenz n*.

Ein Maß für die Größe der Vorschubbewegung ist der *Vorschub f* in mm.

Soll die Zeit, die für eine Bohrarbeit benötigt wird, errechnet werden, ist die *Vorschubgeschwindigkeit* v_f in mm/min zu ermitteln.

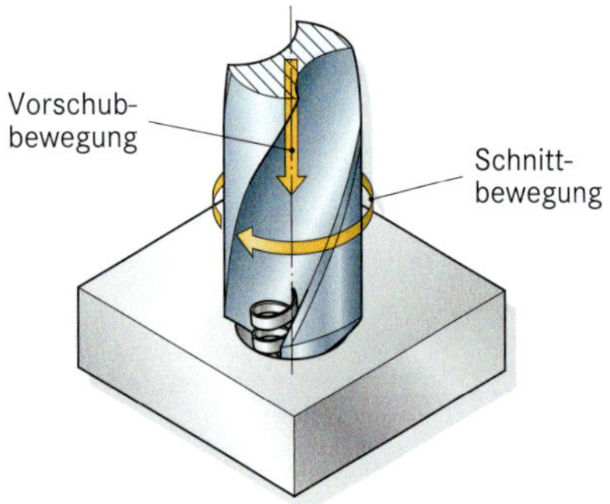

Abb. 1: Arbeitsbewegungen beim Bohren

Beispiel: Kreisförmige Bewegung

Beim Bohren der Bohrungen Ø 6,6 mm in die Grundplatte mit einem Spiralbohrer aus HS wurde eine Umdrehungsfrequenz von 1400 1/min eingestellt.

Ist die Maschine richtig eingestellt, wenn der Richtwert für die Schnittgeschwindigkeit 25...30 m/min beträgt?

Geg.: d = 6,6 mm
n = 1400 1/min
v_c = 25...30 m/min (Richtwert)

Ges.: v_c in m/min

Lösung: $v_c = d \cdot \pi \cdot n$

$$v_c = \frac{6{,}6\ \text{mm} \cdot \pi \cdot 1400 \cdot 1\ \text{m}}{\text{min}\ \ 1000\ \text{mm}}$$

$$\underline{\underline{v_c = 29\ \text{m/min}}}$$

Die Umdrehungsfrequenz ist richtig eingestellt.

Beispiel: Geradlinige Bewegung

In einer Platte sind 12 Durchgangsbohrungen von 6,6 mm Durchmesser herzustellen. Der gesamte Bohrweg für eine Bohrung beträgt 32 mm.

Wie lange dauert das Bohren, wenn an der Maschine ein Vorschub von 0,12 mm und eine Umdrehungsfrequenz von 1400 1/min eingestellt wurden?

Geg.: d = 6,6 mm
n = 1400 1/min
f = 0,12 mm
12 Bohrungen mit s = 32 mm

Ges.: t in min

Lösung: $v_f = f \cdot n$

v_f = 0,12 mm · 1400 1/min
= 168 mm/min

$$v = \frac{s}{t} \qquad t = \frac{s}{v_f}$$

$$\underline{\underline{t}} = \frac{12 \cdot 32\ \text{mm} \cdot \text{min}}{168\ \text{mm}} = \underline{\underline{2{,}29\ \text{min}}}$$

Aufgaben

1. Zählen Sie die wesentlichen Baueinheiten einer Säulenbohrmaschine auf und geben Sie deren Aufgabe an.

2. In die Grundplatte der Biegevorrichtung soll eine Bohrung Ø 12H7 gefertigt werden. Beschreiben Sie, wie die Grundplatte für die Bohrarbeit auszurichten und zu spannen ist.

3. Vor dem Bohren wurde die Auflagefläche des Bohrtisches nicht von Spänen gesäubert. Wie wird das Bohrergebnis beeinflusst?

4. Ein Bohrer erwärmt sich zu stark beim Bohren und glüht aus. Beschreiben Sie mögliche Ursachen.

5. Erläutern Sie eine der Unfallverhütungsvorschriften beim Bohren.

6. Durch welche Arbeitsbewegungen erfolgt die Spanabnahme beim Bohren?

7. Ein Spiralbohrer Ø 12 mm aus HS soll beim Bohren von Baustahl S 235 JR mit einer Schnittgeschwindigkeit von 30...40 m/min arbeiten. Bestimmen Sie die einzustellende Umdrehungsfrequenz.

8. Berechnen Sie die Bohrzeit für sechs Bohrungen wenn der gesamte Bohrweg für eine Bohrung 25 mm beträgt und ein automatischer Vorschub von 0,10 mm und eine Umdrehungsfrequenz von 1200 1/min eingestellt wurden.

9. Mit welcher Geschwindigkeit schneidet ein Spiralbohrer in der Bohrermitte?

Geradlinige Bewegungen

Die Vorschubbewegung ist beim Bohren eine geradlinige Bewegung. Der Bohrer legt dabei in gleichen Zeiten *t* gleiche Wege *s* zurück.

Das Verhältnis von Weg *s* durch Zeit *t* ist die *Geschwindigkeit v*.

$$\text{Geschwindigkeit} = \frac{\text{Weg}}{\text{Zeit}} \qquad v = \frac{s}{t}$$

Maßeinheiten für Geschwindigkeiten an Werkzeugmaschinen sind m/min, m/s oder mm/min.

Bewegungen beim Bohren

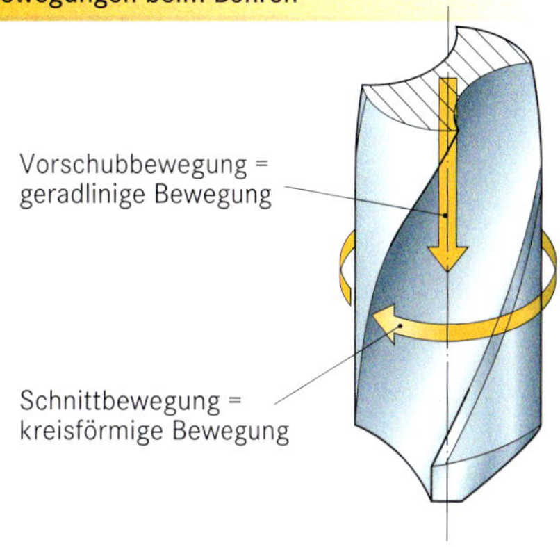

Die *Vorschubgeschwindigkeit* v_f wird berechnet aus dem Vorschub und der Anzahl der Umdrehungen in einer Zeiteinheit.

Der *Vorschub f* gibt an, wie groß der Weg bei einer Umdrehung des Werkzeuges ist.

Die *Umdrehungsfrequenz* (Drehzahl) *n* gibt an, wie groß die Anzahl der Umdrehungen eines Körpers in einer Zeiteinheit (z. B. einer Minute) ist.

Vorschubgeschwindigkeit =
Vorschub · Umdrehungsfrequenz

$$v_f = f \cdot n$$

Die Maßeinheit für die Vorschubgeschwindigkeit v_f ist mm/min.

Beim Bohren wird nicht die Vorschubgeschwindigkeit v_f eingestellt. Stattdessen stellt man den Vorschub *f* ein.

Vorschub pro Umdrehung

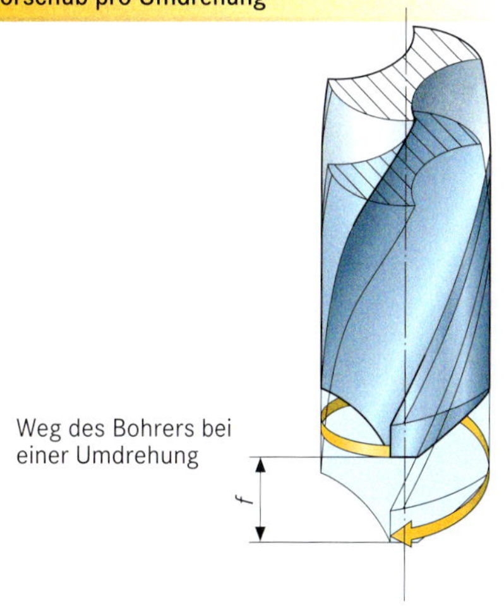

Kreisförmige Bewegungen

Die Schnittbewegung ist beim Bohren eine kreisförmige Bewegung (Drehbewegung).

Der zurückgelegte Weg *s* eines Punktes P auf einem Kreis entspricht bei einer Umdrehung dem Umfang *U*.

Multipliziert man den Umfang mit der Anzahl der Umdrehungen in einer Zeiteinheit (= Umdrehungsfrequenz *n*) so erhält man die *Umfangsgeschwindigkeit* des Punktes.

Die Umfangsgeschwindigkeit entspricht der *Schnittgeschwindigkeit* v_c des Bohrers, mit der ein Span abgenommen wird.

$$v_c = d \cdot \pi \cdot n$$

Die Maßeinheit für die Schnittgeschwindigkeit beim Bohren ist m/min.

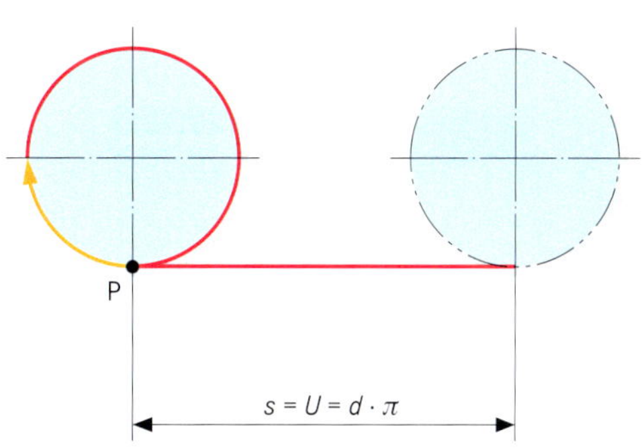

Weg bei 1 Umdrehung: ⇒ $s = U = d \cdot \pi$

2.1.4 Bohren

Fertigen

Bohren ist Spanen zum Herstellen kreisrunder Löcher (Bohrungen). Beim Bohren unterscheidet man Bohren ins Volle, Aufbohren und Profilbohren.

Beim *Bohren ins Volle* erzeugt der Bohrer auf einmal die Bohrung. Hierzu werden meist Spiralbohrer aus Schnellarbeitsstahl verwendet (Abb. 1a). Die zu bohrende Stelle ist vorher anzureißen und zu körnen.

Beim *Aufbohren* werden vorgefertigte Löcher zu einer Bohrung erweitert. Zum Aufbohren verwendet man Spiralbohrer oder Aufbohrer. Aufbohrer haben drei oder vier Schneiden. Sie sind stabiler als Spiralbohrer und werden besser in der Bohrung geführt (Abb. 1b, Tab. 1).

Beim *Profilbohren* werden mit besonders geformten Werkzeugen drehsymmetrische Innenformen erzeugt (Tab. 1).

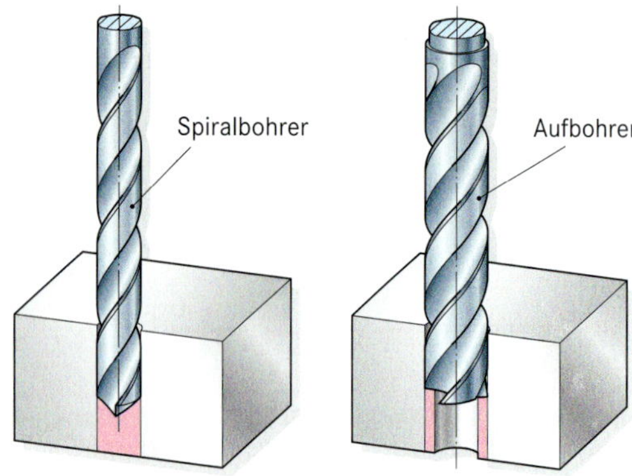

Abb. 1: Bohren ins Volle und Aufbohren

Bohrvorgang

Die *kreisförmige Schnittbewegung* und die *geradlinige Vorschubbewegung des Bohrers* ergeben eine *wendelförmige Wirkbewegung* (Abb. 2). Dies bewirkt eine fortlaufende Spanabnahme durch die Bohrerschneiden. Der Bohrerdurchmesser bestimmt den Durchmesser der Bohrung.

Beim Bohren entsteht Wärme, die abgeführt werden muss durch

- den Bohrer,
- das Werkstück,
- die Späne und
- den Kühlschmierstoff.

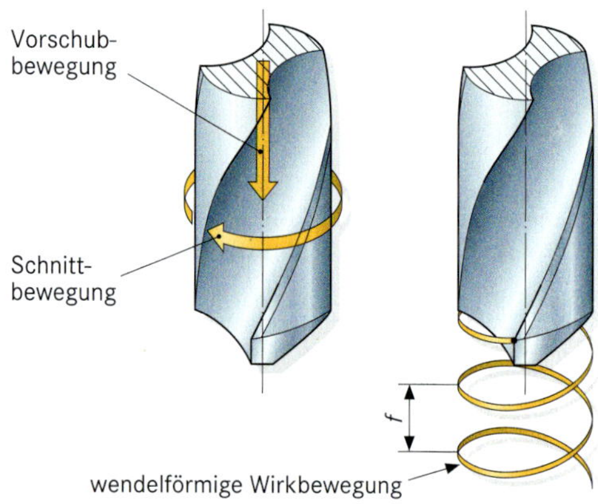

Abb. 2: Arbeitsbewegungen beim Bohren

Tab. 1: Bohrwerkzeuge zum Profilbohren und Aufbohren

Bohrerarten	Beispiele	
Schälaufbohrer 	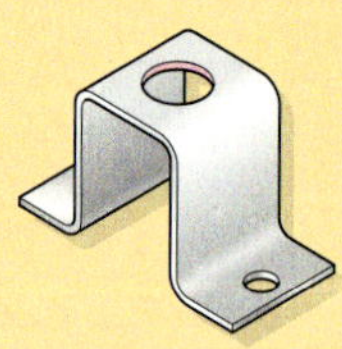	Zum grat- und rattermarkenfreien *Aufbohren* größerer Löcher in dünnem Material, z. B. in Stahlblech 0,1 - 2 mm
Mehrfasen-Stufenbohrer 	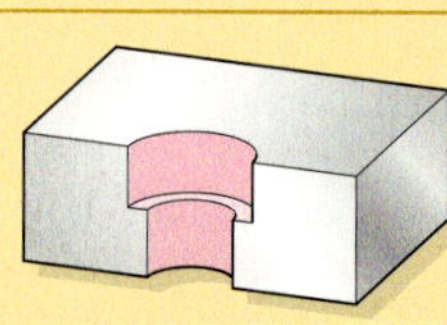	*Profilbohren* abgesetzter Bohrungen mit Senkungen in einem Arbeitsgang
Zentrierbohrer 	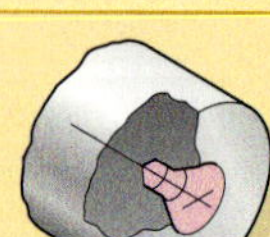	*Profilbohren* mit einem Zentrierbohrer, z. B. zum Zentrierbohren von Drehteilen

Spiralbohrer - Aufbau

In den Schneidteil des Bohrers sind zwei gegenüberliegende wendelförmige *Spannuten* eingearbeitet (Abb. 3). Dadurch entstehen die *Spanflächen*. In den Spannuten werden die Späne aus der Bohrung transportiert.

Durch den Anschliff entstehen die Hauptschneiden, die Querschneide und die Freiflächen an der Spitze des Bohrers. Die *Hauptschneiden* bewirken die Spanabnahme beim Bohren und zentrieren den Bohrer. Die beiden schmalen *Fasen der Nebenschneide* geben dem Bohrer eine zusätzliche seitliche Führung im Bohrloch. Die *Querschneide* befindet sich im Bereich des Bohrerkerns.

Bohrer bis zu einem Durchmesser von 13 mm haben meist einen Zylinderschaft, Bohrer mit größerem Durchmesser haben einen Kegelschaft.

Bohrer werden vorzugsweise aus Schnellarbeitsstahl (HS), aus Hartmetall oder mit Hartmetallschneiden hergestellt. Die Beanspruchung der Bohrer kann durch geeignete Werkzeugwinkel beeinflusst werden.

Spiralbohrer - Werkzeugwinkel

Am Spiralbohrer sind die Winkel am Schneidkeil nicht an jedem Punkt der Hauptschneide gleich groß. Die Winkel werden auf die Schneidenecke an der Seite des Bohrers bezogen. Man nennt sie deshalb Seitenfrei-, Seitenkeil- und Seitenspanwinkel. Beim Spiralbohrer werden zusätzlich der Spitzenwinkel und der Querschneidenwinkel angegeben (Abb. 4).

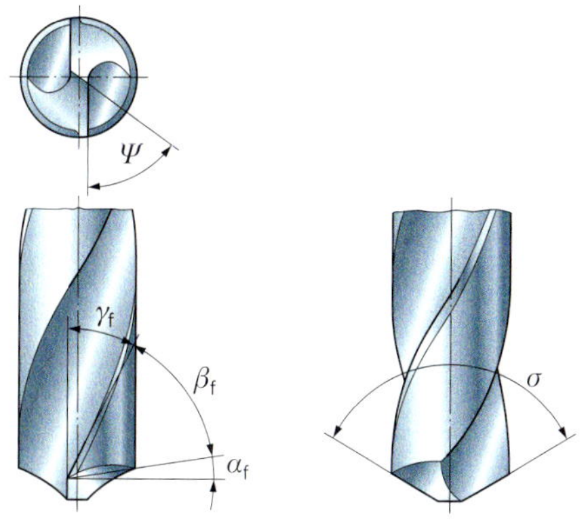

Abb. 4: Werkzeugwinkel am Spiralbohrer

Der *Seitenspanwinkel* γ_f ergibt sich aus der Steigung der Spannut.

Der *Seitenkeilwinkel* β_f ergibt sich aus der Steigung der Spannut und der Lage der Freifläche. Er entspricht der Größe des Schneidkeils.

Der *Seitenfreiwinkel* α_f entsteht durch Anschleifen der Freifläche. Er beträgt im Allgemeinen α_f = 6° - 8°. Dadurch kann der Bohrer in das Werkstück eindringen.

Der *Spitzenwinkel* σ (sigma) ergibt sich aus der Lage der beiden Hauptschneiden zueinander. Die Größe des Spitzenwinkels hängt von dem zu bearbeitenden Werkstoff ab. Er beträgt für Stahl σ = 118°.

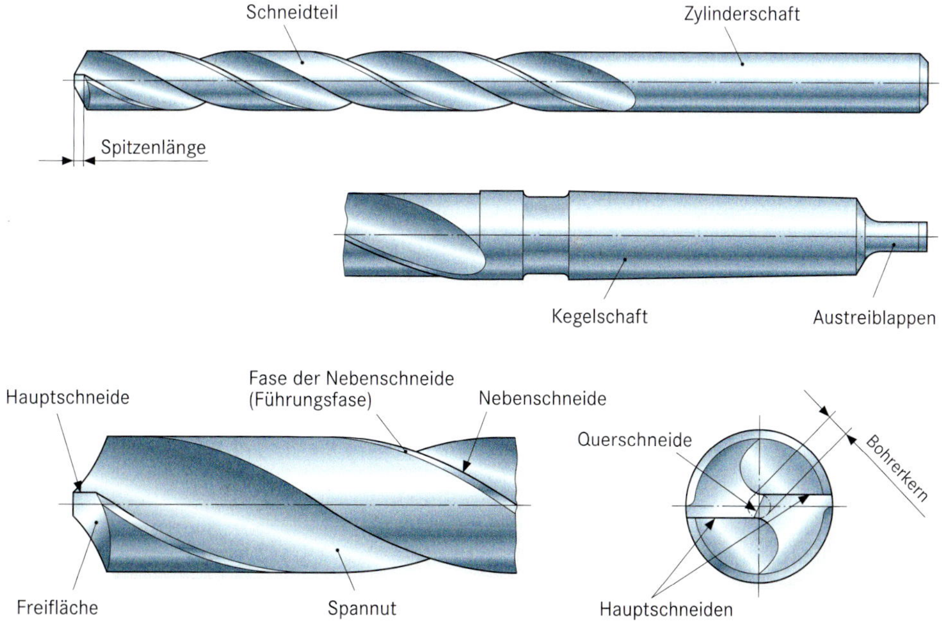

Abb. 3: Aufbau der Spiralbohrer

Der *Querschneidenwinkel* Ψ (psi) ist der Winkel zwischen Querschneide und Hauptschneide. Er entsteht durch den Anschliff der Freiflächen. Bei einem Anschliff für den Freiwinkel von $\alpha_f = 6° - 8°$ beträgt der Querschneidenwinkel $\Psi = 55°$.

Die Querschneide drückt und quetscht den Werkstoff. Dadurch dringt der Bohrer schlecht in den Werkstoff ein. Der Bohrer verläuft leicht. Es wird eine große Vorschubkraft benötigt.

Zur Verringerung der Vorschubkraft wird darum:

- bei größeren Bohrungen ab etwa 8 mm vorgebohrt (Abb. 1a) oder
- die Querschneide ausgespitzt (Abb. 1b).

Spiralbohrertypen

Zum Bohren unterschiedlich harter und fester Werkstoffe werden verschiedene Bohrertypen verwendet (Tab. 1). Die verschiedenen Bohrertypen unterscheiden sich in der Steigung der Spannut. Dadurch ergeben sich unterschiedlich große Keilwinkel.

Spiralbohrer *Typ N* haben mittlere Keilwinkel. Sie werden zum Bohren von Werkstoffen mittlerer Festigkeit verwendet.

Spiralbohrer *Typ H* haben große Keilwinkel. Sie haben einen stabilen Schneidkeil und werden zum Bohren harter und kurzspanender Werkstoffe eingesetzt.

Spiralbohrer *Typ W* haben kleine Keilwinkel. Sie haben einen schlanken Schneidkeil und werden zum Bohren weicher, zäher Werkstoffe eingesetzt.

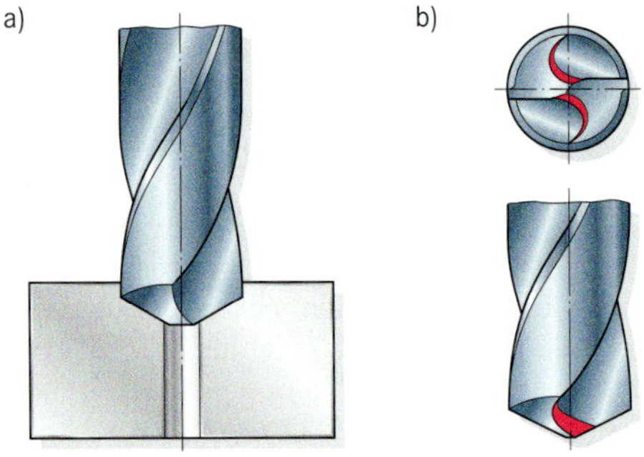

Abb. 1: Vorbohren und Ausspitzen der Querschneide

Die Größe des Spitzenwinkels beeinflusst die Länge der Hauptschneiden und die Stabilität der Bohrerspitze.

Kleine Spitzenwinkel (σ = 80°) ergeben lange Hauptschneiden, die die Zerspanungswärme besser ableiten. Lange Hauptschneiden eignen sich für Werkstoffe mit schlechter Wärmeleitfähigkeit (z. B. Kunststoffe).

Große Spitzenwinkel (σ = 130°) ergeben kurze Hauptschneiden und eine stabile Bohrerspitze. Große Spitzenwinkel eignen sich für harte, feste Werkstoffe (z. B. Hartguss).

Tab. 1: Bohrertypen

Bohrertyp	Typ N		Typ H			Typ W
	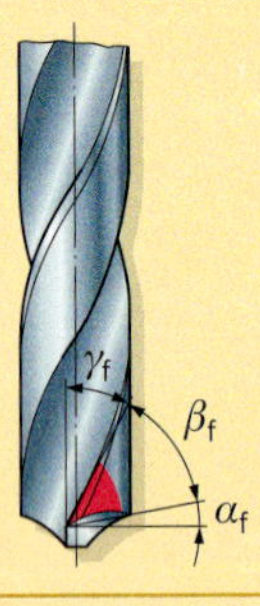		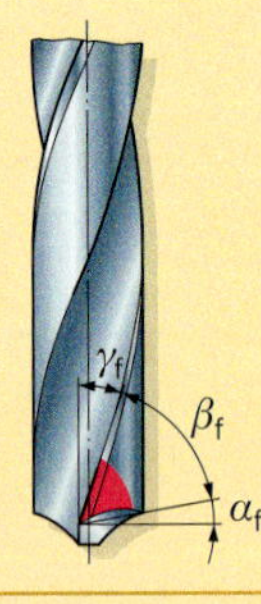			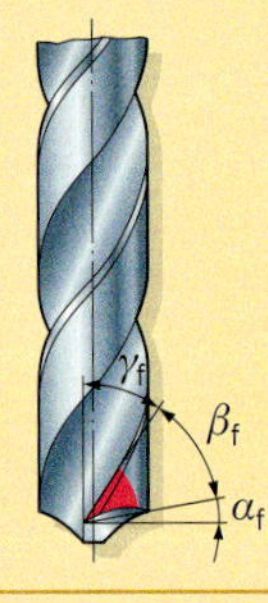
Spanwinkel	$\gamma_f = 19° - 40°$		$\gamma_f = 10° - 19°$			$\gamma_f = 27° - 45°$
Schneidkeil	mittlerer Schneidkeil		stabiler Schneidkeil			schlanker Schneidkeil
Verwendung	Werkstoffe mit mittlerer Härte und Festigkeit		harte und zähharte oder kurzspanende Werkstoffe			weiche und zähe oder langspanende Werkstoffe
Spitzenwinkel	118°	130°	80°	118°	130°	130°
Werkstoffbeispiele	unlegierter und niedriglegierter Stahl, Gusseisen	Kupferlegierungen hoher Festigkeit	Thermoplaste	hochlegierter Werkzeugstahl	Hartguss	Kupfer, Kupferlegierungen geringer Festigkeit, Blei, Zinn, Aluminium, Aluminiumlegierungen

Tab. 2: Zusammenhang zwischen Freiwinkel und Querschneidenwinkel

Querschneiden-winkel	Ψ = 55° (richtig) 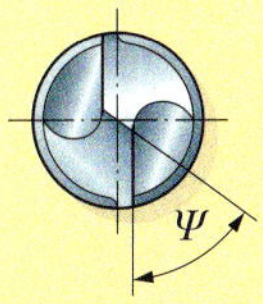	Ψ < 55° (falsch) 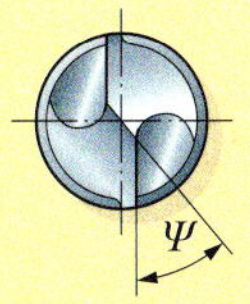	Ψ > 55° (falsch) 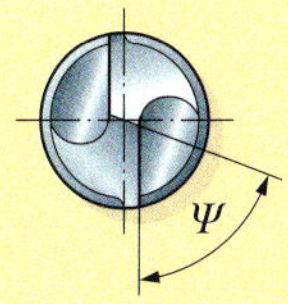
Freiwinkel	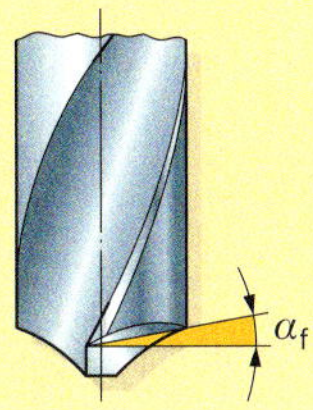	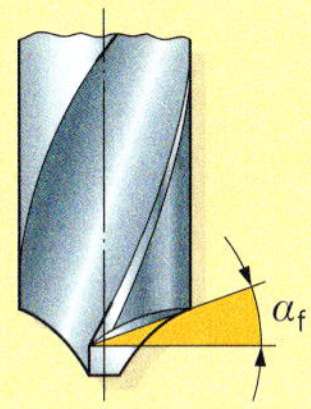	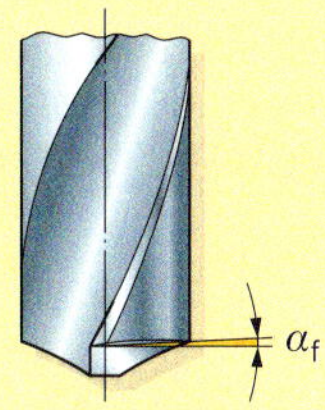
Folgen	Bohrer schneidet einwandfrei	Schneidkeil geschwächt, Hauptschneiden können ausbrechen	Freifläche drückt auf die Schnittfläche, Bohrer schneidet nicht

Scharfschleifen und Anschleiffehler

Beim Scharfschleifen werden die beiden Freiflächen hinterschliffen. Damit der Bohrer in den Werkstoff eindringt, muss der Freiwinkel α_f = 6°– 8° betragen. Die Größe des Freiwinkels kann man indirekt über das Maß des Querschneidenwinkels Ψ prüfen (Tab. 2). Er sollte Ψ = 55° betragen.

Die beiden Hauptschneiden müssen gleich lang sein und symmetrisch zur Bohrerachse liegen.

Anschleiffehler, bei denen

- der Spitzenwinkel nicht symmetrisch zur Bohrerachse oder
- die Querschneide nicht in der Mitte liegt,

ergeben in jedem Fall zu große Bohrungen (Tab. 3).

Die Lage der Winkel und die Länge der Hauptschneiden prüft man mit Schleiflehren.

Durch Probebohrungen in ein Abfallteil kann man die Maßhaltigkeit einer Bohrung überprüfen.

Tab. 3: Anschleiffehler und deren Folgen

Anschleiffehler	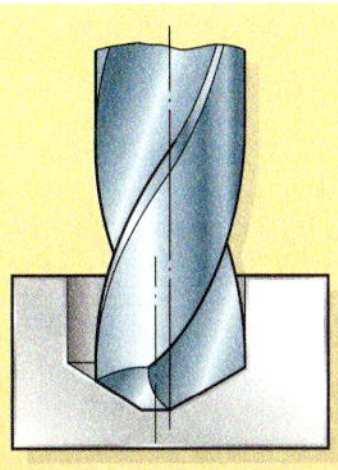 • Querschneide liegt nicht in der Mitte des Bohrers	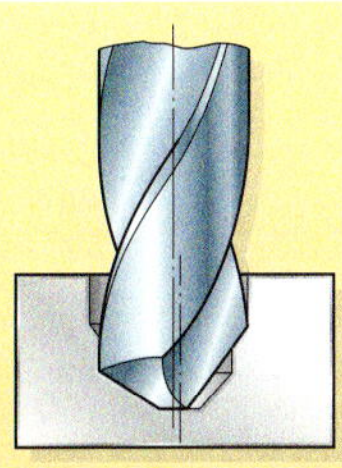 • Spitzenwinkel liegt nicht symmetrisch zur Bohrerachse	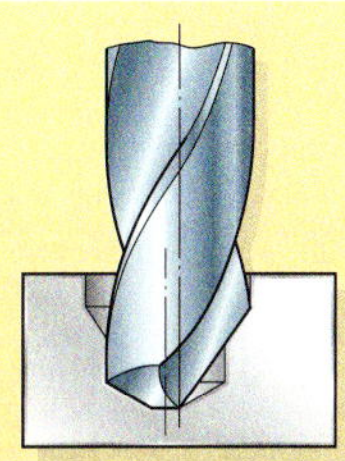 • Querschneide liegt nicht in der Mitte des Bohrers • Spitzenwinkel liegt nicht symmetrisch zur Bohrerachse
Folgen	• Hauptschneiden sind ungleich lang • Späne unterschiedlicher Breite entstehen • Bohrung wird zu groß		
Ursachen	außermittige Querschneide zentriert den Bohrer ⇒ die längere Hauptschneide vergrößert die Bohrung	Schnittkräfte wirken nur auf die kurze Hauptschneide, dadurch verläuft der Bohrer ⇒ die längere Hauptschneide vergrößert die Bohrung	außermittige Querschneide zentriert den Bohrer, zusätzlich verläuft der Bohrer ⇒ die längere Hauptschneide vergrößert die Bohrung

2.1.5 Senken

Durch Senken werden gebohrte Löcher weiterbearbeitet. Beim Senken unterscheidet man Plansenken und Profilsenken.

Durch *Plansenken* entstehen ebene Auflageflächen für Schraubenköpfe und Muttern oder zylindrische Einsenkungen (Abb. 1). Die Einsenkungen nehmen Schraubenköpfe von Zylinderschrauben auf.

Zum Plansenken verwendet man Flachsenker. Die Flachsenker haben feste oder auswechselbare Zapfen, die das Werkzeug in der Bohrung führen.

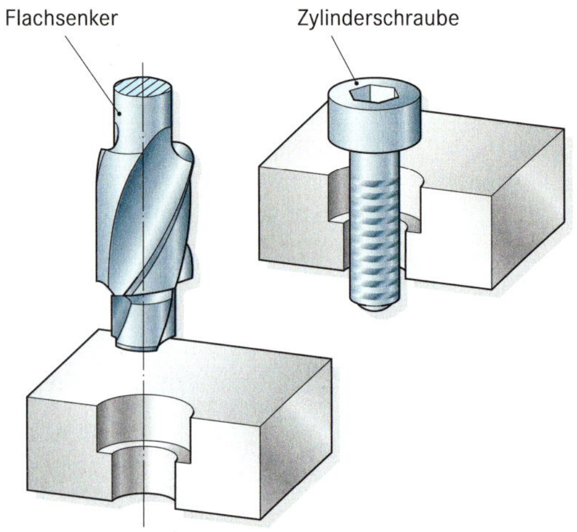

Abb. 1: Plansenken mit einem Flachsenker

Durch *Profilsenken* entstehen an Bohrungen kegelige Einsenkungen. Die Einsenkungen nehmen Schraubenköpfe von Senkschrauben oder Senkniete auf (Abb. 2).

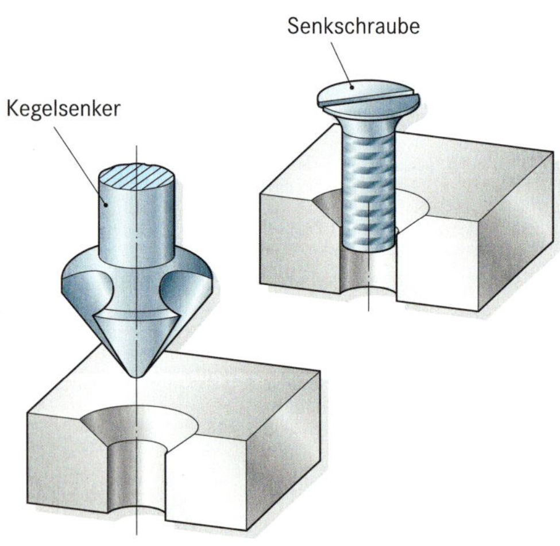

Abb. 2: Profilsenken mit einem Kegelsenker

Auch das Entgraten von Bohrungen oder Ansenken von Kernlochbohrungen für Innengewinde ist Profilsenken (Abb. 3).

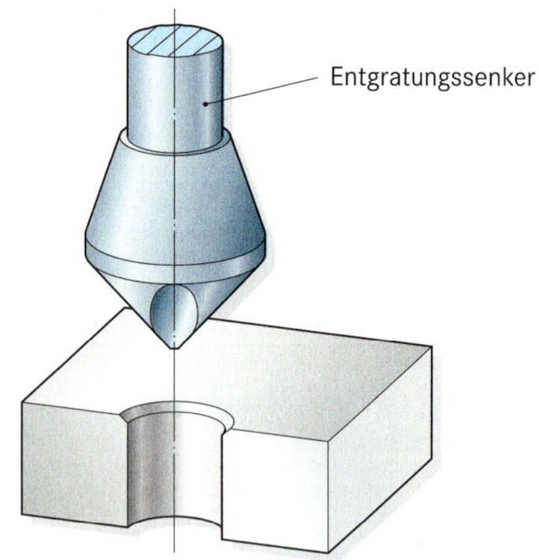

Abb. 3: Profilsenken mit Entgratungssenker

Zum Profilsenken werden Kegelsenker oder Entgratungssenker eingesetzt. Die *Kegelsenker* haben drei Schneiden. Für die verschiedenen Senkaufgaben haben sie unterschiedliche Senkwinkel (Tab. 1).

Die *Entgratungssenker* haben nur eine Schneide und einen Senkwinkel von 90°. Sie werden zum Entgraten von Bohrungen und zum Ansenken von Kernlochbohrungen verwendet.

Senkvorgang

Die Werkzeugbewegungen beim Senken sind die gleichen Bewegungen wie beim Bohren. Damit beim Senken glatte Oberflächen entstehen, soll die Schnittgeschwindigkeit halb so groß wie beim Bohren sein.

Senker haben im Vergleich zum Spiralbohrer mehr Schneiden. Der Entgratungssenker hat eine größere Freifläche. Dadurch wird das Werkzeug besser geführt und es entstehen glattere Flächen. Senker sind meist aus Schnellarbeitsstahl (HS) hergestellt.

Tab. 1: Senkwinkel von Kegelsenkern

Senkwinkel	Verwendungszweck
Kegelsenker 60°	Entgraten von Bohrungen, Senkungen für Senkschrauben bei Stahlkonstruktionen
Kegelsenker 75°	Senkungen für Senkniete, Senkungen für Senkschrauben bei Stahlkonstruktionen
Kegelsenker 90°	Entgraten von Bohrungen, Ansenken von Kernlochbohrungen, Senkungen für Senkschrauben

2.1.6 Reiben

Mit Spiralbohrern gefertigte Bohrungen haben große Toleranzen und rauhe Oberflächen (R_z = 40 ... 160 µm). Bohrungen zum Lagern und Führen von beweglichen Maschinenteilen oder zum passgenauen Fügen mit Verbindungselementen wie Zylinderstiften müssen daher durch Reiben nachgearbeitet werden.

In der Grundplatte (Pos. 1) für die Biegevorrichtung müssen die Bohrung zur Aufnahme des Bolzens (Pos. 7) und die beiden Stiftbohrungen für die Zylinderstifte (Pos. 14) gerieben werden (Abb. 5).

Durch Reiben werden vorgebohrte Löcher mit einem zusätzlichen Arbeitsgang spanend nachbearbeitet. Das Maß der Bohrung ergibt sich aus dem Durchmesser der Reibahle (Abb. 4). Beim Reiben erzielt man Bohrungen mit dem Toleranzgrad 7 (z. B. Ø 12H7) und einer Oberflächengüte von R_z = 4 ... 10 µm.

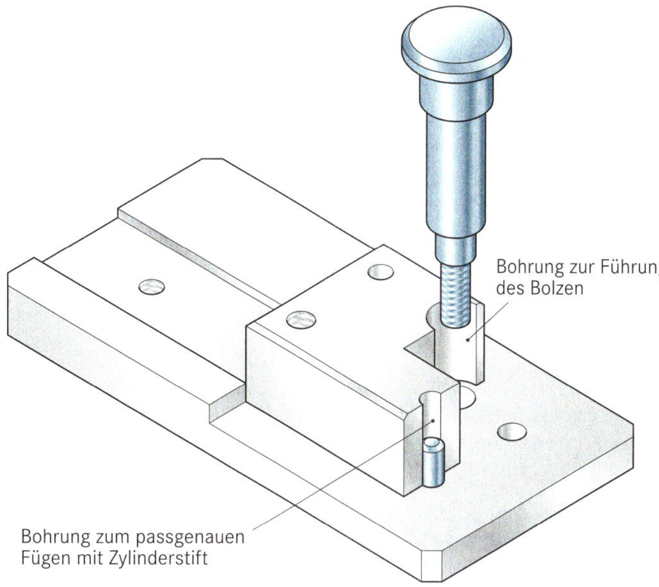

Abb. 5: Herstellen einer geriebenen Bohrung

! *Reiben* ist Spanen zum Fertigen maß- und formgenauer Bohrungen mit hoher Oberflächengüte.

Reibvorgang

Wie beim Bohren ist die Schnittbewegung beim Reiben kreisförmig und die Vorschubbewegung geradlinig in Richtung der Werkzeugachse. Die Schnittgeschwindigkeit soll kleiner sein als beim Bohren (→).

Beim Reiben werden die Späne durch Schneiden am Umfang des Werkzeuges abgenommen (Abb. 6). Der Spanwinkel beträgt $\gamma \leq 0°$. Die Spanabnahme erfolgt dadurch schabend. Um eine hohe Oberflächengüte zu erreichen, muss der Werkstoff mit geringer Spandicke abgetragen werden.

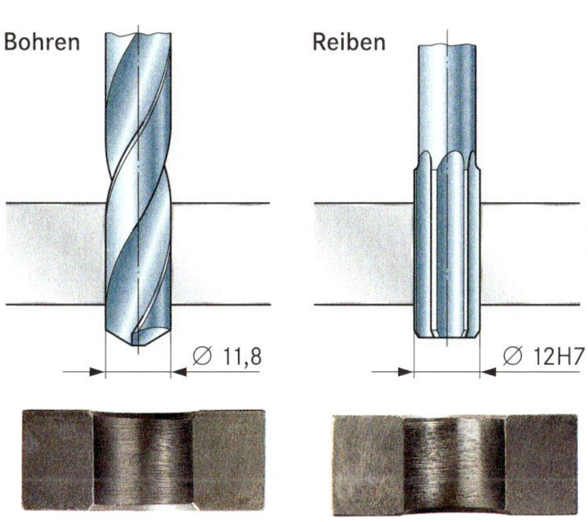

Abb. 4: Geriebene Bohrungen

Die Spandicke beträgt je nach Durchmesser, Werkstoff und Werkzeugart mehrere Hundertstel- bis einige Zehntelmillimeter. Die Bohrungen müssen um das Reibuntermaß kleiner gebohrt werden (→). Den Hauptanteil der Spanens leistet der kegelförmige Anschnitt der Reibahle. Der zylindrische Teil glättet die Lochwandung. Die Oberflächengüte wird durch den Einsatz von Kühlschmierstoffen oder Schneidölen wesentlich verbessert.

Beim Reiben darf die Reibahle nicht zurückgedreht werden. Dadurch können sich Späne hinter der Freifläche verklemmen und Werkzeug und Bohrungsoberfläche beschädigen.

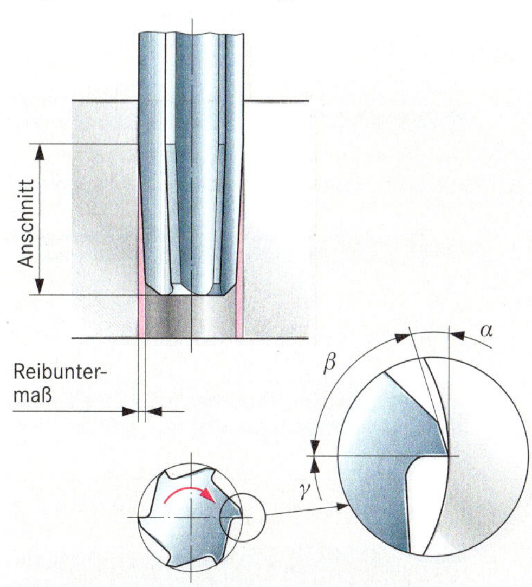

Abb. 6: Winkel am Schneidkeil

Reibwerkzeuge

Reibahlen sind mehrschneidige Werkzeuge mit 6 bis 14 am Umfang angeordneten Schneiden. Reibahlen haben eine gerade Schneidenzahl, aber eine ungleiche Teilung (Abb. 1). Die ungleiche Teilung ergibt sich aus den unterschiedlichen Winkeln zwischen den Schneiden. Gegenüberliegende Winkel sind gleich groß. Durch die ungleiche Teilung werden Rattermarken weitgehend vermieden. Die gerade Schneidenzahl bewirkt, dass sich zwei Schneiden gegenüberstehen. Dadurch kann der Durchmesser der Reibahlen mit einer Messschraube gemessen werden.

Reibahlen werden in der Regel aus Schnellarbeitsstahl (HS) hergestellt. Daneben gibt es Reibahlen mit Schneiden aus Hartmetall.

Reibahlen unterscheidet man nach

1. dem Einsatz,
2. dem Schneidenverlauf und
3. der Verstellbarkeit.

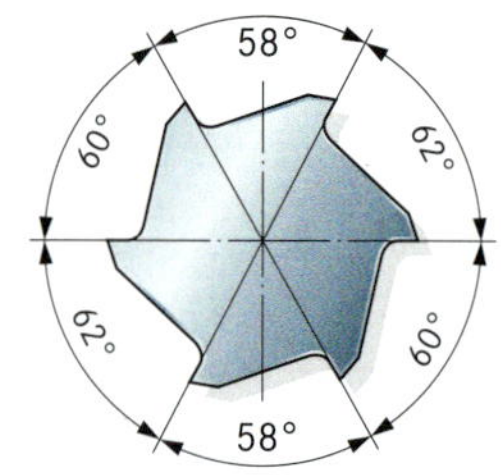

Abb. 1: Schneidenteilung einer Reibahle

1. Nach dem *Einsatz* unterteilt man in Hand- und Maschinenreibahlen:

Handreibahlen haben einen zylindrischen Schaft mit Vierkantzapfen zum Ansetzen des Windeisens. Sie haben lange Schneiden mit langem Anschnitt zur besseren Führung der Reibahle in der Bohrung (Tab. 1).

Maschinenreibahlen haben je nach Größe einen zylindrischen oder kegeligen Schaft zum Spannen. Das Werkzeug wird in der Maschinenspindel geführt. Sie haben kurze Schneiden mit kurzem Anschnitt unter 45°. Durch den kurzen Anschnitt eignen sie sich auch zum Reiben von Grundlochbohrungen.

Tab. 1: Reibahlen

Werkzeug	Verwendungszweck
Handreibahle mit geraden Schneiden 	Reiben ununterbrochener Durchgangsbohrungen; wegen des langen Anschnittes nicht für Grundlochbohrungen geeignet
Handreibahle mit wendelförmigen Schneiden 	Reiben durchgehender Bohrungen mit Nuten; wegen des langen Anschnittes nicht für Grundlochbohrungen geeignet
Maschinenreibahle mit Kegelschaft und geraden Schneiden 	Reiben von Durchgangsbohrungen und Grundlochbohrungen
Nachstellbare Handreibahle mit geraden Schneiden 	Reiben von Durchgangsbohrungen mit unterschiedlichen Abmaßen
Verstellbare Handreibahle mit geraden Schneiden 	Reparaturarbeiten und zum Reiben von Zwischenabmessungen
Maschinen-Schälreibahle mit Kegelschaft 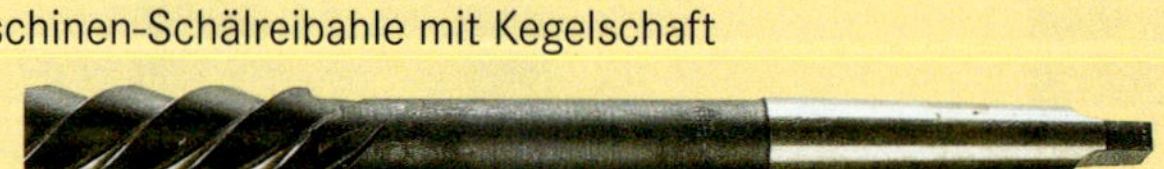	Reiben durchgehender Bohrungen in weichen, langspanenden Werkstoffen

2. Nach dem *Schneidenverlauf* unterteilt man in Reibahlen mit geraden und gewendelten Schneiden:

Reibahlen mit geraden Schneiden eignen sich für Bohrungen ohne Unterbrechung und für Grundlochbohrungen.

Gewendelte Reibahlen eignen sich für Bohrungen mit Längsnut (Abb. 2). Die Schneiden verhaken nicht an der Nutkante. Die Wendelrichtung ist entgegengesetzt der Drehrichtung (Linksdrall). Dadurch werden die Reibahlen nicht in die Bohrung hineingezogen. Die Späne werden in Vorschubrichtung abgeführt.

3. Nach der *Verstellbarkeit* unterteilt man in feste und verstellbare Reibahlen:

Im Allgemeinen werden *feste Reibahlen* eingesetzt. Sie sind stabiler und preisgünstiger als verstellbare Reibahlen.

Verstellbare Reibahlen können je nach Größe um mehrere Zehntel- bis einige Millimeter im Durchmesser verstellt werden. Dadurch können mit der gleichen Reibahle unterschiedliche Durchmesser gerieben werden. Sie sind besonders für Reparaturarbeiten und zum Reiben von Zwischenabmessungen geeignet.

Verstellbare Reibahlen, die um etwa 1/100 mm des Reibahlendurchmessers aufgespreizt werden können, heißen *nachstellbare Reibahlen*. Eine nachstellbare Reibahle mit z. B. 15 mm Durchmesser kann um 0,15 mm verstellt werden.

Bei der Verwendung müssen Reibahlen hinsichtlich der Einsatzmöglichkeit, des Schneidenverlaufs und der Verstellbarkeit ausgewählt werden.

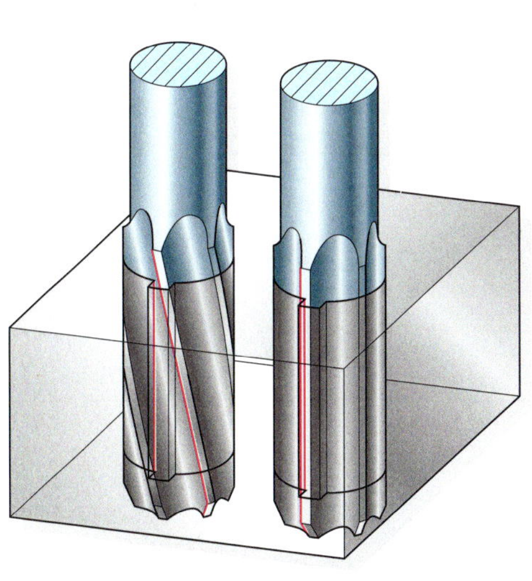

Abb. 2: Reiben von Bohrungen mit einer Nut

Aufgaben

1. Geben Sie an, welche Winkel durch das Anschleifen eines Spiralbohrers entstehen.

2. Beschreiben Sie den Zusammenhang zwischen Freiwinkel und Querschneidenwinkel.

3. Warum werden größere Bohrungen vorgebohrt?

4. Beschreiben Sie die Unterschiede zwischen den Spiralbohrertypen Typ H, Typ N und Typ W.

5. Erklären Sie, warum ein Spiralbohrer Typ H zum Bohren harter Werkstoffe eingesetzt wird.

6. a) Geben Sie mögliche Anschleiffehler am Spiralbohrer an.

b) Beschreiben Sie jeweils die Folgen der Anschleiffehler.

7. Wie kann man feststellen, ob ein Spiralbohrer richtig angeschliffen ist?

8. Nennen Sie die Fertigungsaufgaben, die durch das Verfahren Senken ausgeführt werden. Geben Sie auch die dabei jeweils eingesetzten Senkwerkzeuge an.

9. In einer Teilzeichnung sind die Senkungen für Senkschrauben vereinfacht durch genormte Kurzzeichen bemaßt:

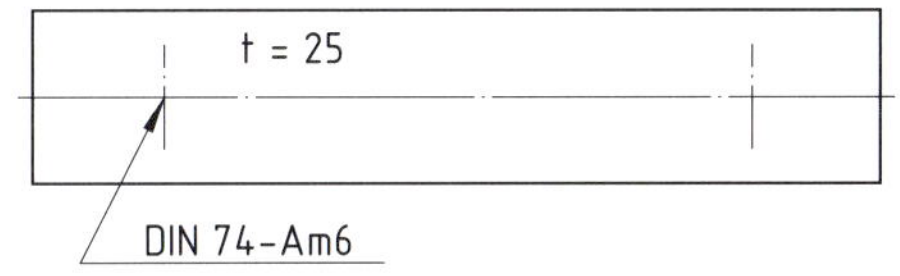

a) Erklären Sie das genormte Kurzzeichen.

b) Skizzieren Sie die Senkung im Schnitt (Seitenansicht) mit allen Maßangaben.

c) Geben Sie die Werkzeuge zur Herstellung der Senkungen mit kennzeichnenden Maßen an.

10. Vergleichen Sie die Spanungsbedingungen zwischen Aufbohren und Reiben.

11. Warum haben Reibahlen gerade Zähnezahlen und ungleiche Teilung?

12. Geben Sie die Werkzeuge zur Herstellung einer Bohrung Ø 10H7 in der Reihenfolge ihrer Verwendung mit den kennzeichnenden Maßen an.

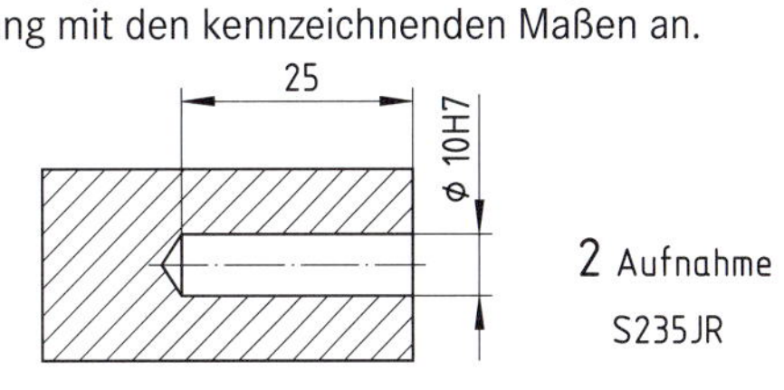

13. Warum ist beim Herstellen geriebener Bohrungen auf einwandfrei angeschliffene Spiralbohrer zu achten?

Planen

2.1.7 Arbeitswerte

An der Bohrmaschine müssen als Arbeitsbewegungen die Schnittbewegung und bei maschinellem Vorschub die Vorschubbewegung eingestellt werden. Die kreisförmige Schnittbewegung wird mit der *Umdrehungsfrequenz n* eingestellt. Die geradlinige Vorschubbewegung wird mit dem *Vorschub f* eingestellt (Abb. 1).

Die Arbeitsbewegungen beim Bohren dürfen nicht beliebig schnell erfolgen: Sind die Bewegungen zu schnell, erwärmt sich der Bohrer zu stark, glüht aus und wird stumpf. Sind die Bewegungen zu langsam, dauert die Fertigung sehr lange und ist unwirtschaftlich.

Die Schnittgeschwindigkeit ist vom zu bohrenden Werkstoff und dem Schneidstoff des Bohrers abhängig. In Versuchen sind Richtwerte für günstige Schnittgeschwindigkeiten ermittelt worden. Diese Richtwerte können Tabellen entnommen werden (➜📖).

Aus dem Bohrerdurchmesser *d* und dem Richtwert für die Schnittgeschwindigkeit v_c wird die an der Bohrmaschine einzustellende Umdrehungsfrequenz *n* ermittelt.

Die Umdrehungsfrequenz kann dabei berechnet werden oder aus dem Umdrehungsfrequenzdiagramm abgelesen werden. Lässt sich die ermittelte Umdrehungsfrequenz nicht an der Maschine einstellen, ist die nächstkleinere Umdrehungsfrequenz zu wählen, damit die maximal zulässige Schnittgeschwindigkeit nicht überschritten wird.

Soll an der Bohrmaschine auch der Vorschub maschinell ausgeführt werden, ist der Richtwert anhand von Tabellen zu ermitteln (➜📖). Der Vorschub ist von dem zu bohrenden Werkstoff, dem Schneidstoff des Bohrers und dem Bohrerdurchmesser *d* abhängig.

Beispiel:

Auf einer Tischbohrmaschine sollen in eine Platte aus C10 mit einem Spiralbohrer aus Schnellarbeitsstahl Bohrungen mit einem Durchmesser von 10 mm gebohrt werden. An der Maschine können folgende Umdrehungsfrequenzen eingestellt werden: *n* = 63 - 90 - 125 - 180 - 250 - 355 - 500 - 710 - 1000 - 1400 1/min.

Wie groß sind die an der Maschine einzustellenden Arbeitswerte zu wählen?

Geg.: Werkstück C 10; Spiralbohrer HS; d = 10 mm
Ges.: n in 1/min; f in mm

Lösung:

Tabellenbuch: $v_c = 30...40$ m/min
$f = 0{,}16$ mm

Rechnung: $$n = \frac{v_c}{d \cdot \pi} \cdot \frac{40\ \text{m} \quad 1000\ \text{mm}}{\text{min}\ 10\ \text{mm} \cdot \pi\ 1\ \text{m}}$$

n = 1273,9 1/min

eingestellt: n = 1000 1/min

Umdrehungsfrequenzdiagramm:

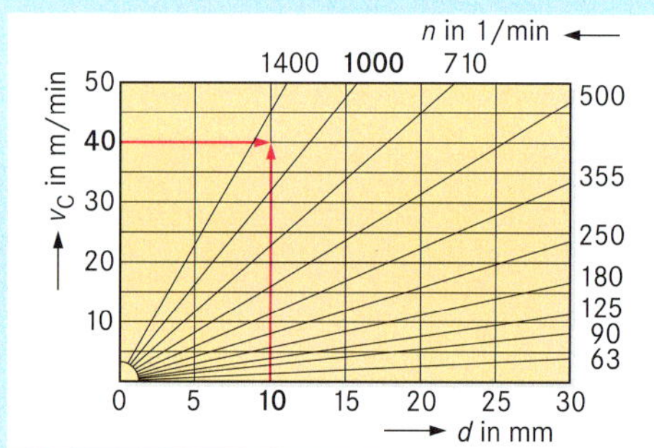

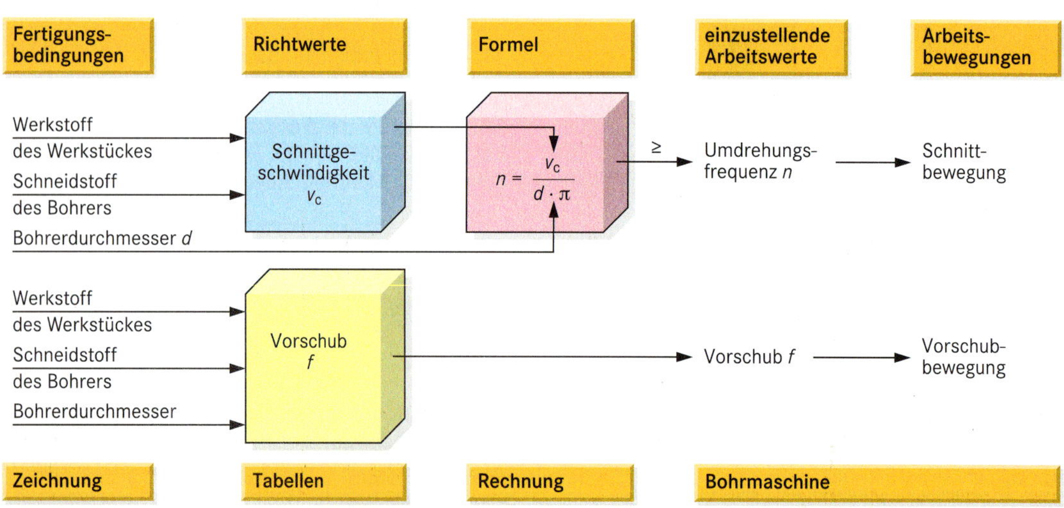

Abb. 1: Bestimmen von Arbeitswerten beim Bohren

anen/
okumen-
ren

2.1.8 Arbeitsplanung Bohren

Die wichtigste Grundlage für das Erstellen eines Arbeitsplanes bildet die Teilzeichnung. Aus ihr können die Bearbeitungsformen mit ihren Abmessungen, mit der geforderten Genauigkeit und der einzuhaltenden Oberflächenbeschaffenheit entnommen werden.

An der Grundplatte sind herzustellen:

- Durchgangsbohrungen mit Senkungen zur Aufnahme von Zylinderschrauben,
- geriebene Bohrungen für Zylinderstifte und
- Gewindebohrung für die Rändelschraube.

Das Fertigen solcher Bearbeitungsformen erfolgt dabei in gleicher Art und Weise und lässt sich durch eine festgelegte Folge von Arbeitsschritten angeben (Abb. 2). Diese ist bei Werkstücken mit gleichen Bearbeitungsformen anwendbar.

Für die einzelnen Arbeitsschritte werden bestimmte Arbeitsmittel benötigt. Bei der Wahl der Arbeitsmittel sind zu beachten:

- die Abmessungen der Bearbeitungsform
- der zu bearbeitende Werkstoff
- die einzuhaltende Maßtoleranzen und
- die zu erzielende Oberflächenbeschaffenheit

Die planerischen Überlegungen werden in einem Arbeitsplan festgehalten. Im Arbeitsplan sind alle Arbeitsschritte fortlaufend nummeriert aufgeführt (Abb. 3). Zu jedem Arbeitsvorgang sind die benötigten Arbeitsmittel und die an der Maschine einzustellenden Arbeitswerte angegeben.

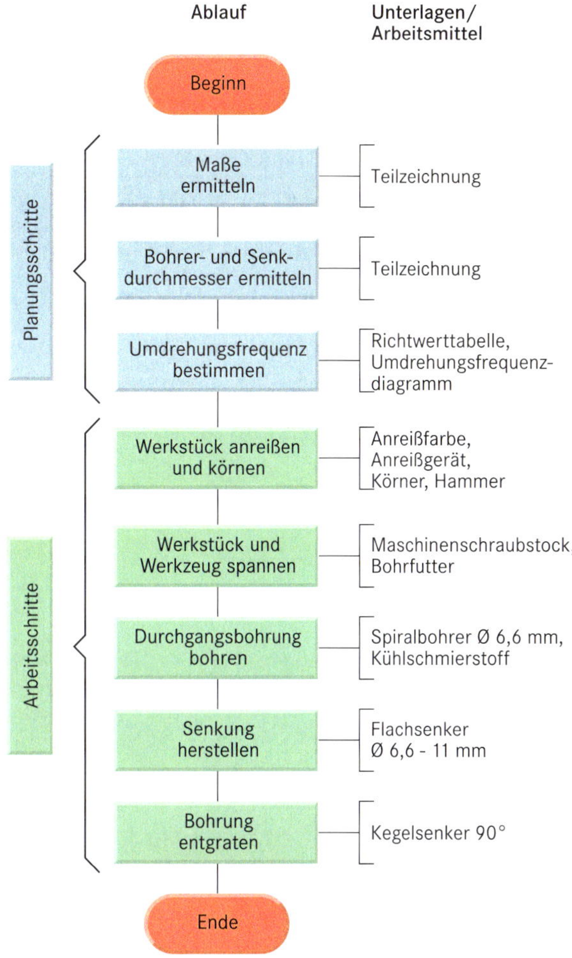

Abb. 2: Arbeitsstufen zum Herstellen einer Bohrung mit Senkung

westermann	Arbeitsplan	Blatt-Nr. 1	Anzahl 1
Benennung: Grundplatte — Zeichn.Nr. / Sach.-Nr.	Auftragsnr.:	Name:	
Halbzeug: FL EN 10278-S235JRG1+C - 80x16x168	Stückzahl: 1	Klasse/Gr.:	
[x] Einzelteil — [ ] Montage/Demontage	Termin:	Kontr.-Nr.:	

Lfd. Nr.	Arbeitsvorgang	Arbeitsmittel	Arbeitswerte/ Bemerkungen
4	Bohrungen anreißen und körnen	Anreißfarbe, Anreißgerät	
		Hammer, Körner	
5	Durchgangsbohrung bohren	Spiralbohrer Ø 6,6 mm	n = 1400 1/min
6	Flachsenkung herstellen	Flachsenker Ø 6,6 - 11 mm	n = 400 1/min
7	Bohrung entgraten	Kegelsenker 90°	n = 400 1/min

Abb. 3: Ausschnitt aus einem Arbeitsplan

2.2 Gewindeherstellung

ARBEITSAUFTRAG

Die Aufnahme (Pos. 6) wird an die Grundplatte (Pos. 1) mit zwei Zylinderschrauben (Pos. 10) festgeschraubt. Außerdem ist in der Aufnahme ein Gewindebolzen (Pos. 9) eingeschraubt. Dafür sind in der Aufnahme die entsprechenden Gewindebohrungen herzustellen.

Die Lage, Form und Größe der Gewindebohrungen kann der Teilzeichnung der Aufnahme entnommen werden (Abb. 1).

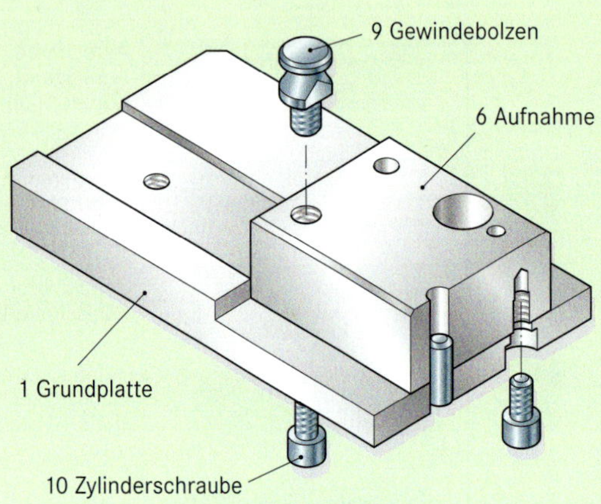

Informieren

2.2.1 Gewindeabmessungen

Zum Verbinden von Bauteilen durch Gewinde werden Teile mit Außengewinde in Teile mit Innengewinde gedreht (Abb. 2). Außen- und Innengewinde bilden eine Funktionseinheit. Die Gewindeprofile und die Gewindemaße müssen zueinander passen.

Zum Befestigen von Bauteilen werden Spitzgewinde mit dreieckigem Gewindeprofil verwendet. Dabei werden überwiegend metrische ISO-Gewinde eingesetzt.

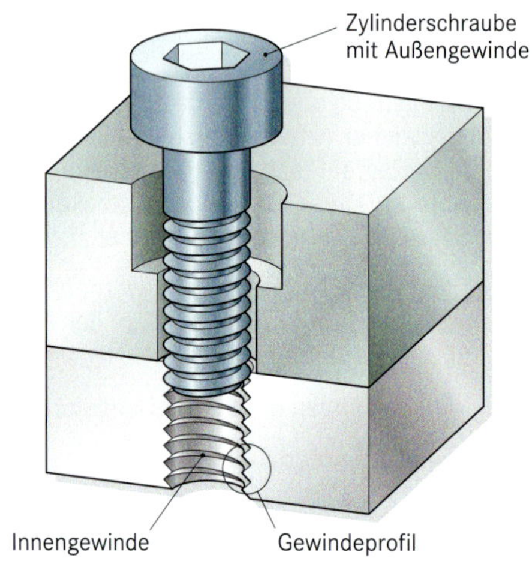

Abb. 2: Schraubenverbindung

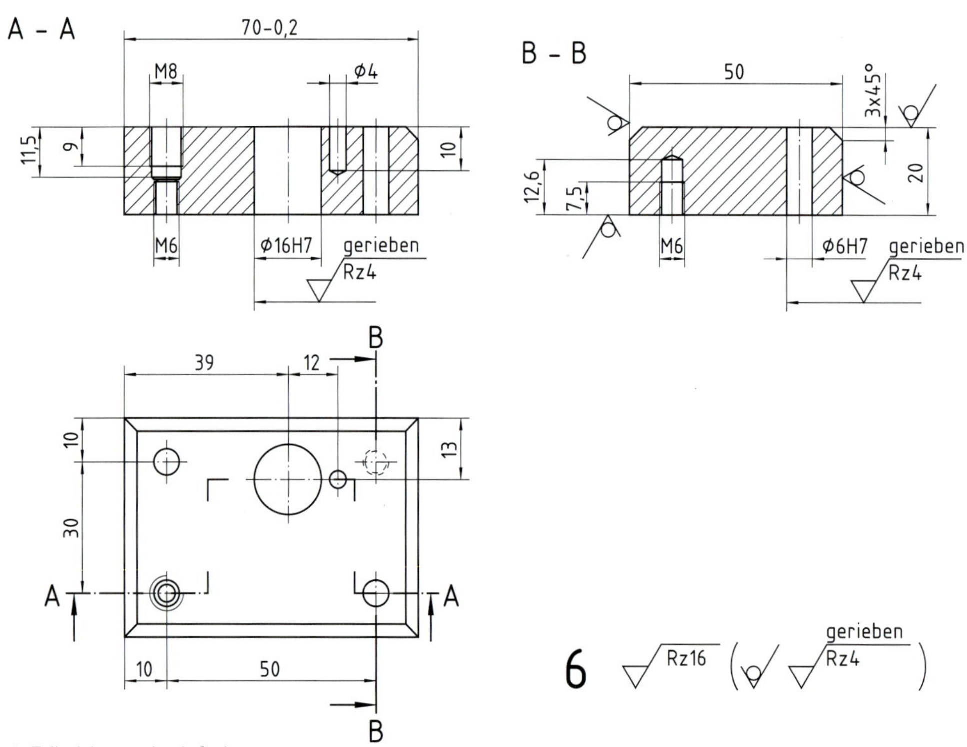

Abb. 1: Teilzeichnung der Aufnahme

An Gewinden (Abb. 3) sind unter anderem folgende Maße genormt ( ):

- der *Nenndurchmesser*, mit dem die Größe des Gewindes bezeichnet wird. Er entspricht bei einem Außengewinde dem Außendurchmesser.
- der *Kerndurchmesser*, nach dem sich bei der Herstellung von Innengewinden der Bohrerdurchmesser richtet.
- der *Flankenwinkel*, der die Neigung der Gewindeflanken angibt. Er bestimmt die Form des Gewindeprofils.
- die *Steigung*, als Abstand von einem Gewindegang zum nächsten.

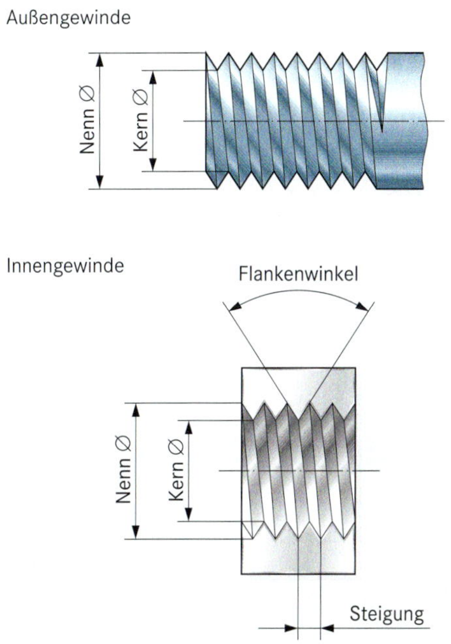

Abb. 3: Gewindeabmessungen

Gewinde werden durch Kurzzeichen nach **DIN 202** gekennzeichnet ( ).

Metrisches ISO-Gewinde

M 10 LH

Metrisches Gewinde — M
Nenndurchmesser 10 mm — 10
Linksgewinde — LH

Metrisches ISO-Feingewinde

M 12 x 0,5

Metrisches Gewinde — M
Nenndurchmesser 12 mm — 12
Steigung 0,5 mm — 0,5

Informieren

2.2.2 Zeichnungsanalyse – Gewindedarstellung

Die bildliche Darstellung von Gewinden wäre sehr aufwändig. Deshalb werden Außen- und Innengewinde in technischen Zeichnungen vereinfacht, sinnbildlich dargestellt.

2.2.2.1 Außengewinde

Gewindedarstellung

Außengewinde werden mit unterschiedlichen Volllinien gezeichnet (Abb. 4):

- der Nenn- oder Außendurchmesser mit breiter Volllinie,
- der Kerndurchmesser mit schmaler Volllinie,
- die nutzbare Gewindelänge durch eine Gewindebegrenzungslinie als breite Volllinie,
- der Gewindeanfang in der Regel mit einer 45°-Fase bis zum Kerndurchmesser als breite Volllinie.

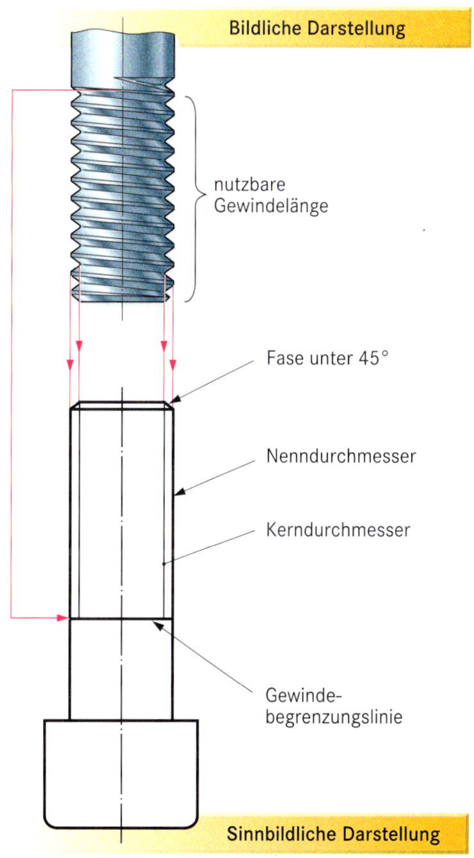

Abb. 4: Bildliche und sinnbildliche Darstellung von Außengewinden

Bei kleinen Gewinden wird der Kerndurchmesser mit einem Mindestabstand von 1 mm zum Nenndurchmesser gezeichnet.

Wird ein Außengewinde mit Blickrichtung auf die Kreisform dargestellt, so zeichnet man (Abb. 1):

① den Nenn- oder Außendurchmesser als Kreis in breiter Volllinie,

② den Kerndurchmesser als 3/4-Kreis in schmaler Volllinie. Der 3/4-Kreis kann dabei jede beliebige Lage im Achsenkreuz haben.

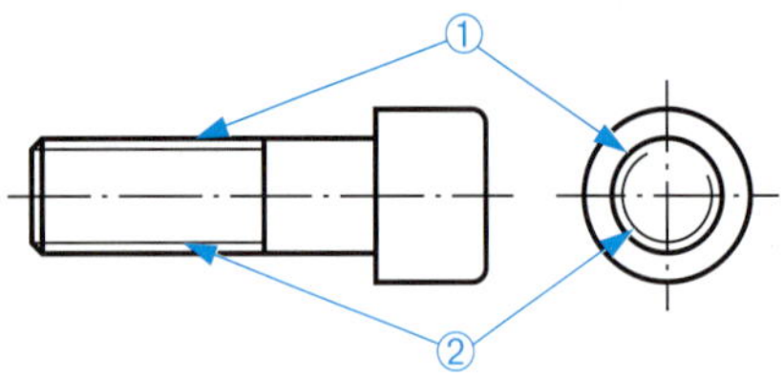

Abb. 1: Außengewindedarstellung

Gewindebemaßung

Bei einem Außengewinde (Abb. 2) bemaßt man:

③ den Nenndurchmesser mit dem Gewindekurzzeichen nach **DIN 202**,

④ die nutzbare Gewindelänge.

Die Fasen werden nur dann bemaßt, wenn ihr Durchmesser nicht dem Kerndurchmesser entspricht.

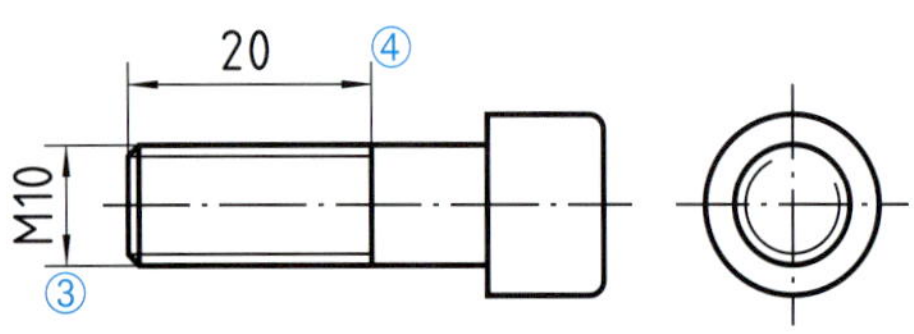

Abb. 2: Bemaßung von Außengewinden

Bei der maschinellen Herstellung werden Gewinde häufig mit einem genormten Gewindefreistich nach **DIN 76** versehen (➜). Die Gewindelänge schließt dann die Breite des Gewindefreistiches mit ein. Der Gewindefreistich wird meist vereinfacht mit dem Normkurzzeichen gekennzeichnet.

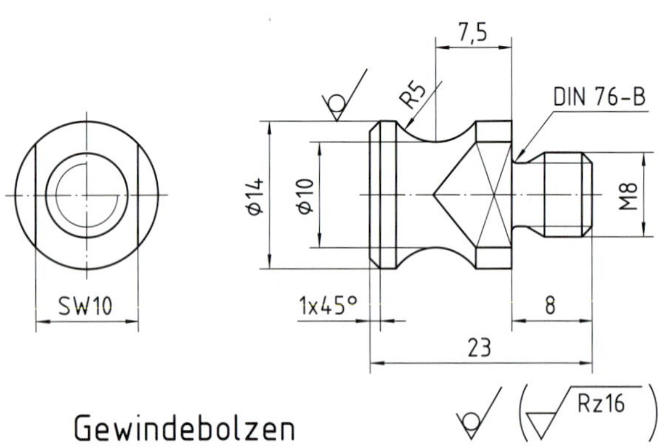

Abb. 3: Gewinde mit Gewindefreistich

2.2.2.2 Innengewinde

Innengewinde können in Durchgangsbohrungen oder in Grundlochbohrungen eingeschnitten sein. Bei Grundlochbohrungen ist die Bohrung tiefer zu zeichnen als die nutzbare Gewindetiefe (Abb. 4).

Gewindedarstellung

Innengewinde im Schnitt werden mit unterschiedlichen Volllinien gezeichnet:

⑤ der Nenndurchmesser mit schmaler Volllinie,

⑥ der Kerndurchmesser bzw. die Grundlochbohrung mit breiter Volllinie,

⑦ die nutzbare Gewindetiefe bei einer Grundlochgewindebohrung durch eine Gewindebegrenzungslinie als breite Volllinie,

⑧ die Schraffurlinien mit schmalen Volllinien bis zum Kerndurchmesser.

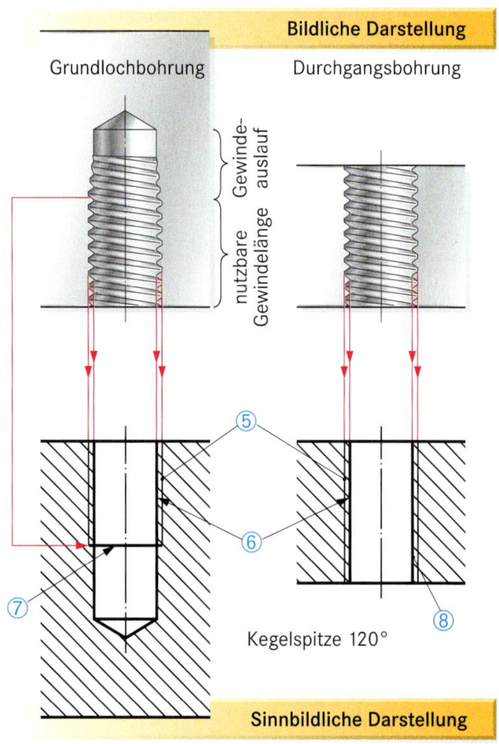

Abb. 4: Bildliche und sinnbildliche Darstellung von Innengewinden

Wird ein Innengewinde mit Blick auf die Kreisform dargestellt, so zeichnet man (Abb. 5):

⑨ den Nenndurchmesser als 3/4-Kreis in schmaler Volllinie,

⑩ den Kerndurchmesser als Kreis in breiter Volllinie.

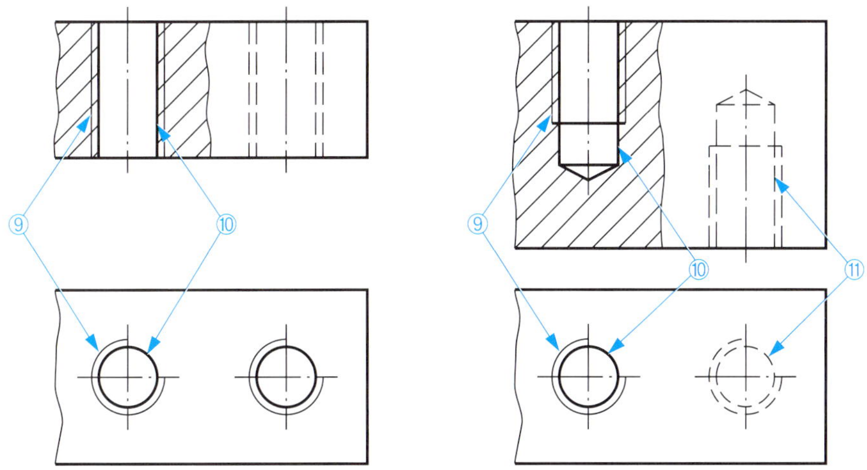

Abb. 5: Innengewindedarstellung

Wird das Innengewinde verdeckt dargestellt, so zeichnet man:

(11) alle Gewindegrößen mit schmaler Strichlinie.

Gewindebemaßung

Bei einem Innengewinde mit Grundlochbohrung (Abb. 6a) bemaßt man:

(12) den Nenndurchmesser mit dem Gewindekurzzeichen nach **DIN 202**,

(13) die nutzbare Gewindetiefe,

(14) die Tiefe der Kernlochbohrung (ohne Kegelspitze).

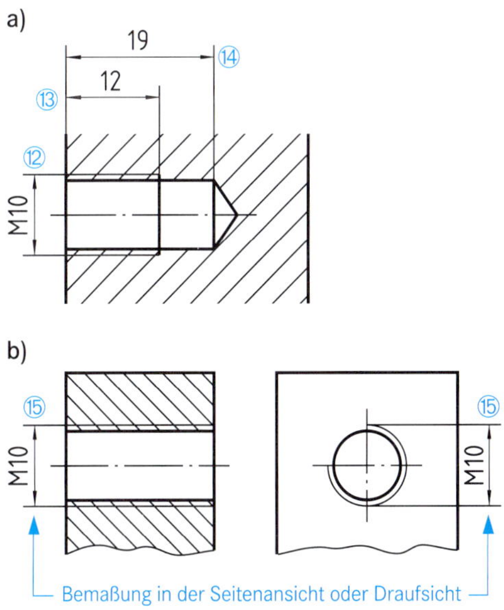

Abb. 6: Bemaßung von Innengewinden

Bei einer Durchgangsgewindebohrung (Abb. 6b) bemaßt man:

(15) den Nenndurchmesser mit dem Gewindekurzzeichen nach **DIN 202** .

Bei Innengewinden werden übliche Fasen von 45° bis zum Kerndurchmesser weder dargestellt noch bemaßt.

Die Tiefe der Kernlochbohrung bei einem Gewindegrundloch ergibt sich aus der Gewindetiefe zuzüglich des Gewindeauslaufes. Das Maß für den Gewindeauslauf ist nach **DIN 76** genormt (➜📖).

Aufgaben

1. Erklären Sie folgende Gewindeabmessungen:

a) den Nenndurchmesser,

b) den Kerndurchmesser und

c) die Steigung.

2. Geben Sie für ein Innengewinde M8 die Größen folgender Gewindeabmessungen an:

a) den Nenndurchmesser,

b) den Kerndurchmesser und

c) die Steigung.

3. Zeichnen und bemaßen Sie das vereinfacht dargestellte Innengewinde im Maßstab 2 : 1 in drei Ansichten. Die Vorderansicht ist im Schnitt zu zeichnen.

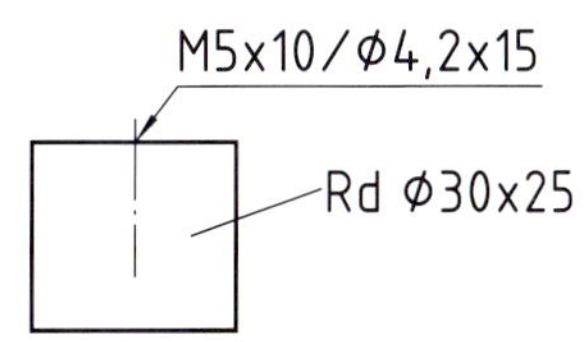

2.2.3 Gewindebohren

Durch Gewindebohren werden Innengewinde in vorgebohrte Löcher geschnitten. Dabei wird eine fortlaufende Rille in die Bohrung eingearbeitet. Es entsteht ein Gewindegang mit einem größeren Durchmesser. Der Gewindegang verläuft entlang einer wendelförmigen Linie, der Schraubenlinie.

Gewindebohrvorgang

Innengewinde mit kleineren Durchmessern werden kostengünstig mit Gewindebohrer gefertigt. Der Gewindebohrer führt eine kreisförmige Schnittbewegung aus und schraubt sich dabei in die Bohrung hinein (Abb. 1). Er sorgt selbst für die axiale Vorschubbewegung. Der Vorschub bei einer Umdrehung entspricht der Gewindesteigung.

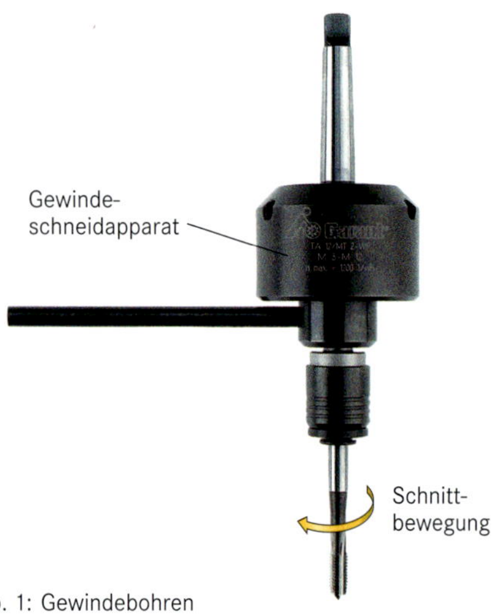

Abb. 1: Gewindebohren

Der kegelige Anschnitt des Gewindebohrers zerspant den größten Teil des Werkstoffes, wobei die Spanabnahme auf mehrere Schneiden verteilt wird. Die Schneiden im zylindrischen Teil führen das Werkzeug in der Gewindebohrung.

Beim Spanen wird der Werkstoff auch geringfügig umgeformt. Der Werkstoff staucht auf und wird zur Bohrungsmitte gedrückt.

Der *Durchmesser der Kernlochbohrung* ist etwas größer als der Kerndurchmesser des Gewindes zu bohren.

Arbeitsschritte beim Gewindebohren

Das Herstellen eines Gewindes erfolgt in den Schritten Kernlochbohren, Senken und Gewindebohren (Abb. 2):

1. Kernlochbohren

Zuerst ist mit einem Spiralbohrer die Kernlochbohrung zu bohren. Der Kernlochbohrerdurchmesser ist Gewindetabellen zu entnehmen (→). Ist die Steigung des Gewindes bekannt, kann der Kernlochbohrerdurchmesser auch berechnet werden:

Kernlochbohrer Ø = Nenn Ø - Steigung

2. Ansenken

Anschließend ist die Kernlochbohrung mit einem 90°-Kegelsenker bis auf den Nenndurchmesser des Gewindes anzusenken. Durch das Ansenken schneidet der Gewindebohrer besser an und die äußeren Gewindegänge werden nicht herausgedrückt.

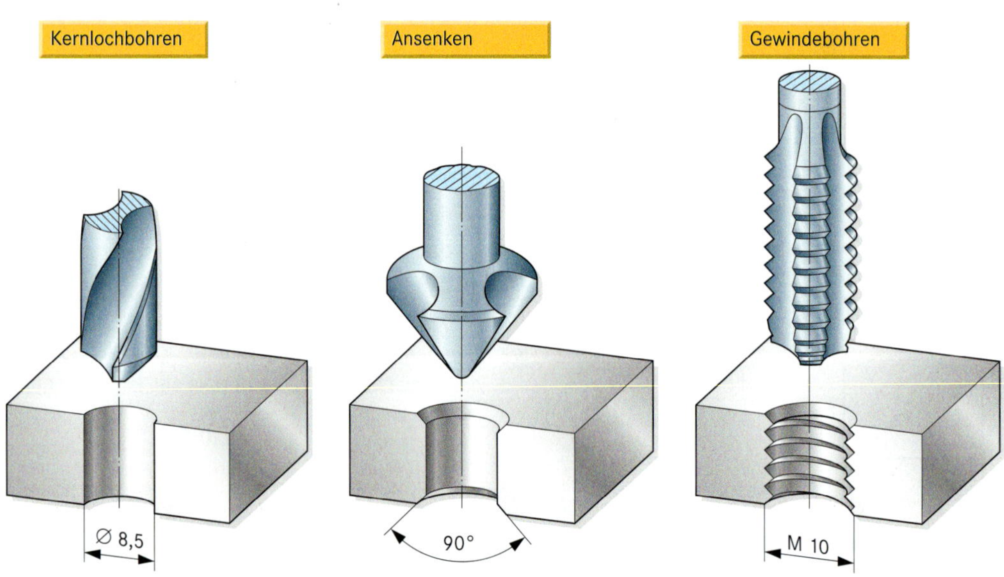

Abb. 2: Arbeitsschritte beim Gewindebohren

3. Gewindebohren

In die angesenkte Kernlochbohrung wird mit einem Gewindebohrer das Innengewinde geschnitten. Ein geeigneter Kühlschmierstoff erleichtert das Gewindebohren und verbessert die Oberflächengüte des Gewindes.

Beim Gewindebohren von Hand ist das Anschneiden der Gewindebohrer mit einem Flachwinkel zu überprüfen, damit die Gewindegänge rechtwinklig eingeschnitten werden. Durch kurzes Zurückdrehen des Handgewindebohrers um eine halbe Umdrehung wird der Span beim Gewindebohren gebrochen.

Beim Gewindebohren auf der Bohrmaschine ist ein Gewindeschneidapparat zu verwenden. Gewindeschneidapparate haben eine Sicherheitskupplung, die eine Überlastung der Gewindebohrer verhindert, und ein Wendegetriebe, das für einen automatischen Rücklauf des Gewindebohrers sorgt.

Gewindebohrerarten

Zum Gewindebohren verwendet man Handgewindebohrersätze oder Maschinengewindebohrer. In das Außengewinde der Gewindebohrer sind drei oder vier Spannuten eingearbeitet. Dadurch entstehen die Schneidkeile. Gewindebohrer bestehen meist aus Schnellarbeitsstahl (HS).

Gewindebohrer für harte, spröde Werkstoffe haben vier Spannuten und kleinere Spanwinkel (Abb. 3a). Gewindebohrer für weiche, langspanende Werkstoffe haben drei Spannuten und größere Spanwinkel (Abb. 3b).

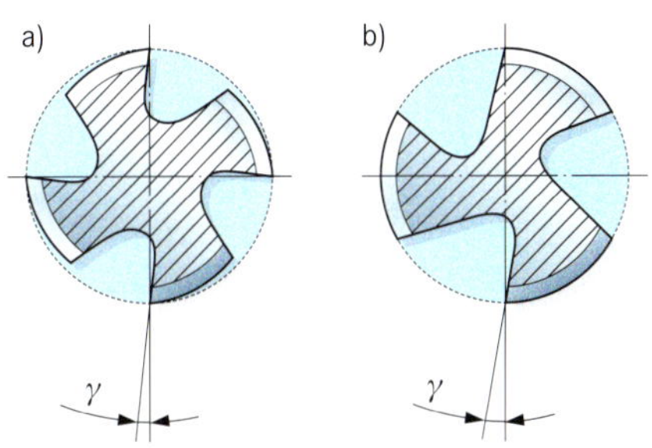

Abb. 3: Spannuten am Gewindebohrer

Gewindebohrer haben einen kegeligen Anschnitt. Der kegelige Anschnitt ermöglicht das leichtere Anschneiden des Gewindebohrers und verteilt die Spanabnahme auf mehrere Schneiden.

Handgewindebohrersätze bestehen aus Vorschneider, Mittelschneider und Fertigschneider. Sie unterscheiden sich in der Anschnittlänge und in der Gestaltung der Gewindegänge (Abb. 4).

Vorschneider und Mittelschneider zerspanen den größten Teil der Gewindegänge. Erst der Fertigschneider erzeugt das vollausgeschnittene Gewinde. Die Gewindebohrer müssen in der richtigen Reihenfolge eingesetzt werden.

Handgewindebohrer haben gerade Nuten. Sie werden für Durchgangsbohrungen und Grundlochbohrungen verwendet.

Gewindebohrer	Zerspanungsanteil
Vorschneider – 1 Ring 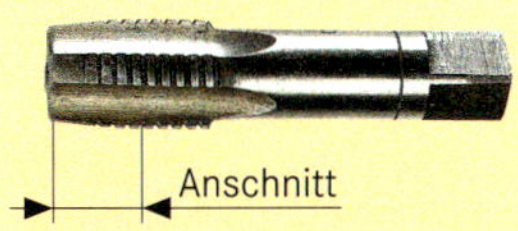	ca. 50 % 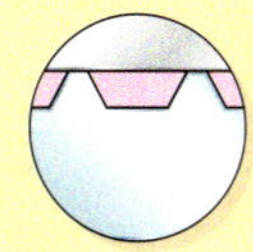
Mittelschneider – 2 Ringe 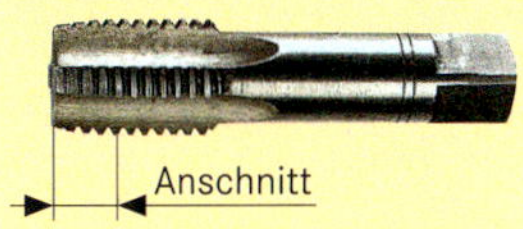	ca. 30 % 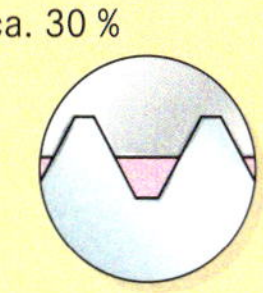
Fertigschneider – 3 Ringe o. keine 	ca. 20 % 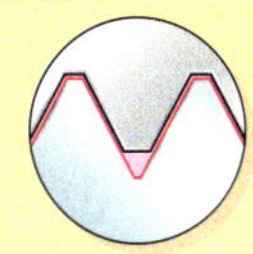

Abb. 4: Handgewindebohrersatz

Maschinengewindebohrer schneiden ein maßhaltiges Gewinde in einem Schnitt. Maschinengewindebohrer haben gerade oder wendelförmige Nuten.

Maschinengewindebohrer mit Linksdrall führen die Späne in Vorschubrichtung ab. Sie werden für Durchgangsbohrungen verwendet (Abb. 5a).

Maschinengewindebohrer mit Rechtsdrall führen die Späne in Schaftrichtung ab. Sie werden für Grundlochbohrungen verwendet (Abb. 5b).

Für Grundlochgewinde bohrt man die Kernlöcher tiefer als die nutzbare Gewindetiefe. Das Innengewinde kann nicht bis auf den Grund der Bohrung gebohrt werden.

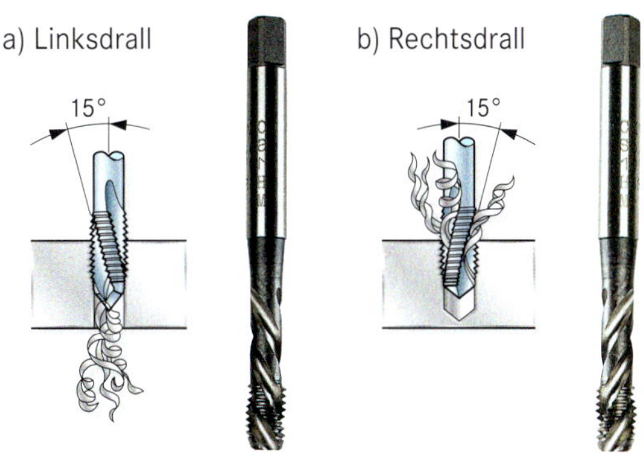

Abb. 5: Maschinengewindebohrer

Fertigen

2.2.4 Gewindeschneiden

Durch Gewindeschneiden werden Außengewinde hergestellt. Dabei wird eine fortlaufende Rille in einen zylindrischen Bolzen eingeschnitten. Es entsteht ein Gewindegang mit einem kleineren Durchmesser, dem Kerndurchmesser. Gewinde können von Hand und auf der Maschine geschnitten werden.

Gewindeschneidvorgang

Außengewinde werden häufig mit Schneideisen gefertigt. Das Schneideisen wird mit Schrauben im Schneideisenhalter befestigt. Mit dem Schneideisenhalter wird die erforderliche Schnittkraft auf das Werkstück übertragen (Abb. 1). Schneideisen schneiden das vollständige Gewinde in einem Arbeitsgang fertig, wobei die Spanabnahme auf mehrere Schneiden verteilt wird.

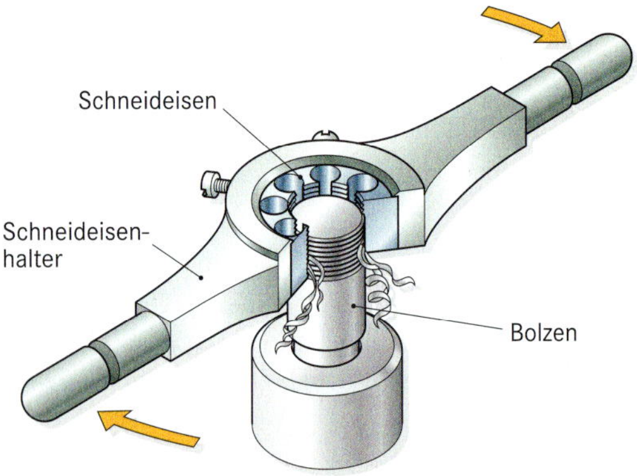

Abb. 1: Gewindeschneiden von Hand

Der kegelige Anschnitt des Schneideisens zerspant dabei den größten Teil des Werkstoffes. Die Schneiden im zylindrischen Teil führen das Werkzeug.

Beim Gewindeschneiden wird der Werkstoff auch geringfügig umgeformt. Der Werkstoff staucht auf und wird nach außen gedrückt.

! Der Bolzen muss einen etwas kleineren Durchmesser (0,1 ... 0,3 mm) haben als der zu schneidende Nenndurchmesser des Gewindes.

Das Schneideisen muss rechtwinklig angesetzt werden, damit das Gewinde nicht schief auf den Bolzen geschnitten wird. Eine 45°-Fase erleichtert dabei das Anschneiden. Die Oberflächengüte des Gewindes wird durch den Einsatz von Schneidölen oder Kühlschmierstoffen verbessert.

Beim Gewindeschneiden von Hand wird durch kurzes Zurückdrehen des Schneideisens um eine halbe Umdrehung der Span gebrochen. Aufgrund der großen Zerspanarbeit können mit Schneideisen nur Gewindedurchmesser bis etwa 16 mm von Hand geschnitten werden.

Schneideisen können auch zum Gewindeschneiden auf Drehmaschinen verwendet werden. Dabei stützt man das Schneideisen zum rechtwinkligen Anschneiden mit der Reitstockpinole ab. Da mit Schneideisen die gesamte Spanmenge in einem Arbeitsgang abgetragen wird, können größere Außengewinde mit Schneideisen selbst auf Drehmaschinen nicht mehr hergestellt werden.

Schneideisen

In das Innengewinde des Schneideisens sind vier oder fünf Spannuten eingearbeitet. Dadurch entstehen die Schneidkeile (Abb. 2). Zum Gewindeschneiden unterschiedlicher Werkstoffe haben die Schneidkeile unterschiedliche Spanwinkel γ. Schneideisen bestehen aus Schnellarbeitsstahl (HS).

Zum rechtwinkligen Ansetzen des Schneideisens sind jeweils auf beiden Seiten 1 ½ Gewindegänge kegelig angeschnitten.

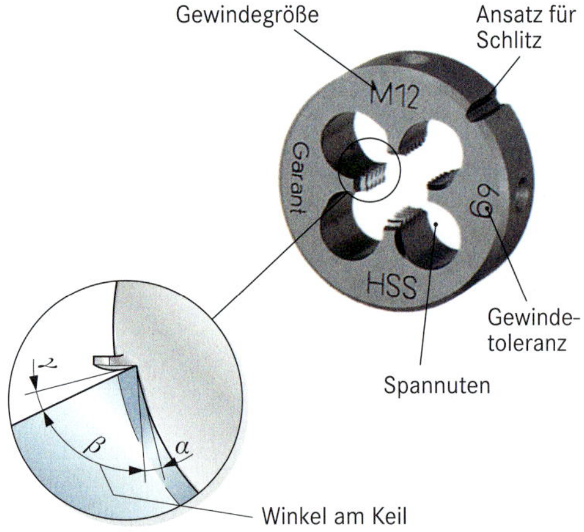

Abb. 2: Schneideisen

Schneideisen werden mit genormten Toleranzen geliefert (➜📖). Sollen abweichende Gewindetoleranzen geschnitten werden, können die Schneideisen an der vorgeschlitzten Stelle mit einer schmalen Schleifscheibe aufgetrennt werden. Geschlitzte Schneideisen können dann über Stellschrauben im Schneideisenhalter in engen Grenzen verstellt werden.

Auf dem Schneideisen sind immer Gewindegröße und Toleranz angegeben. Der Werkstoff wird dann angegeben, wenn das Schneideisen zum Schneiden besonderer Werkstoffe wie hochlegierte und hochfeste Stähle (VA) oder CuZn-Legierungen (Ms) vorgesehen ist.

Zusammenfassung

Bohren, Senken, Reiben

Spanabnahme erfolgt durch das Zusammenwirken
- der kreisförmigen Schnittbewegung und
- der geradlinigen Vorschubbewegung in Achsrichtung des Werkzeuges

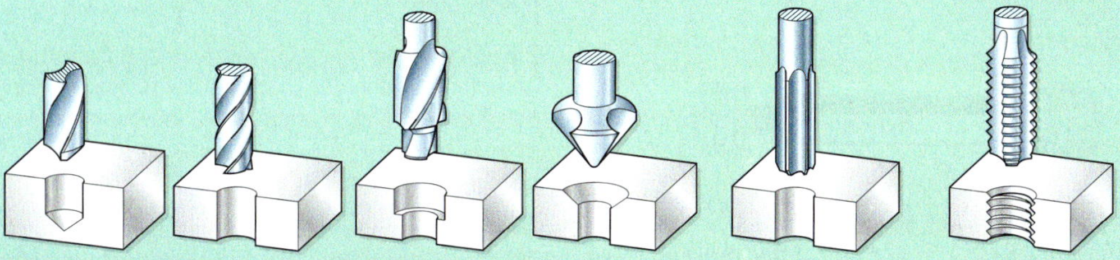

Bohren

Fertigen kreisrunder Löcher mit geringer Oberflächengüte durch
- Bohren ins Volle
- Aufbohren

mit:
- Spiralbohrer
  - Typ H
  - Typ N
  - Typ W
- Aufbohrer
- Spiralbohrer

Senken

Fertigen von Planflächen und kegeligen Flächen in Bohrungen durch
- Plansenken
- Profilsenken

mit:
- Flachsenker
- Kegelksenker
- Entgratungswerkzeug

Reiben

Herstellen maß- und formgenauer Bohrungen hoher Oberflächengüte bei geringer Spanabnahme

mit:
- Handreibahle oder
- Maschinenreibahle

Gewindebohren

Fertigen von Innengewinden

mit:
- Handgewindebohrersatz
- Maschinengewindebohrer

Aufgaben

1. Geben Sie die Arbeitsschritte zur Herstellung einer Gewindebohrung M6 an, sowie die jeweils benötigten Werkzeuge mit den Abmessungen.

2. Warum müssen Gewindekernlochbohrungen angesenkt werden?

3. Es soll ein Innengewinde M10 x 1 hergestellt werden. Bestimmen Sie den Durchmesser für die Kernlochbohrung.

4. Beschreiben Sie die Folgen für die Herstellung und Haltbarkeit einer Gewindebohrung M10, wenn die Kernlochbohrung mit einem Spiralbohrer gebohrt wird von

a) 8 mm Durchmesser und

b) 9 mm Durchmesser.

5. Warum ist der Durchmesser der Kernlochbohrung etwas größer als der Kerndurchmesser des Gewindes zu bohren?

6. Beschreiben Sie den Einsatz der verschiedenen Maschinengewindebohrer mit wendelförmigen Nuten.

7. Warum muss bei einer Grundlochbohrung das Kernloch immer tiefer als die nutzbare Gewindetiefe gebohrt werden?

8. In einer Teilzeichnung sind die Gewindebohrungen vereinfacht dargestellt und bemaßt. Die Grundmaße des Werkstückes betragen Fl 25 x 30 x 120.

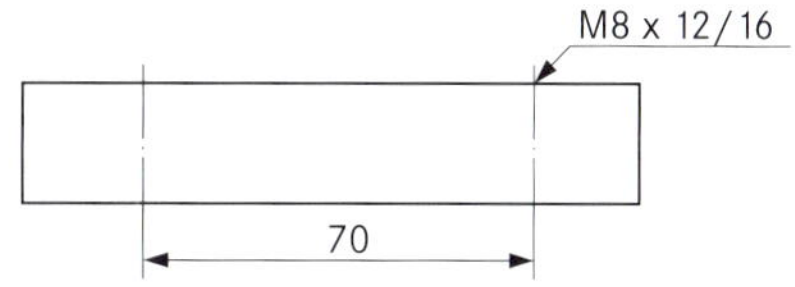

Skizzieren Sie das Werkstück mit Vorderansicht im Vollschnitt und in der Draufsicht. Bemaßen Sie das Werkstück vollständig.

9. Ermitteln Sie für ein Grundlochgewinde M8 die Bohrtiefe, wenn die nutzbare Gewindetiefe 12 mm betragen soll.

10. Warum ist der Außendurchmesser eines Bolzens vor dem Gewindeschneiden anzufasen?

11. Weshalb können größere Gewinde nicht mehr von Hand mit einem Schneideisen hergestellt werden?

12. Wie wird der Gewindeauslauf gestaltet, wenn ein Außengewinde auf der Maschine geschnitten wird?

13. Stellen Sie einen Arbeitsplan für das Schneiden eines Außengewindes M10 auf einen Bolzen mit einem Schneideisen auf.

Prüfen

2.2.5 Prüfen von Gewinden

Die Maßhaltigkeit von Innen- und Außengewinden kann durch Gewindelehren überprüft werden.

Innengewinde werden mit Gewindelehrdornen überprüft. Die Ausschussseite hat dabei ein kürzeres Gewinde und ist mit einem roten Ring gekennzeichnet (Abb. 1).

Abb. 1: Gewindelehrdorn

Das Istmaß eines Innengewindes liegt innerhalb der Toleranz,

- wenn sich die Gutseite in die Gewindebohrung einschrauben lässt und
- wenn sich die Ausschussseite nicht in die Gewindebohrung einschrauben lässt.

Außengewinde werden mit Gewindelehrringen überprüft. Es gibt einen Gut-Lehrring und einen Ausschuss-Lehrring. Der Ausschuss-Lehrring ist mit einem roten Punkt gekennzeichnet (Abb. 2).

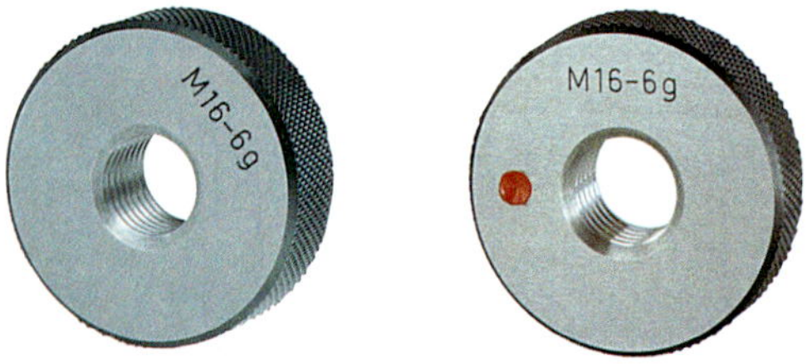

Abb. 2: Gewindelehrringe

Das Istmaß eines Außengewindes liegt innerhalb der Toleranz,

- wenn die Gutseite sich auf den Gewindebolzen schrauben lässt und
- wenn die Ausschussseite sich nicht auf das Bolzengewinde schrauben lässt.

Passt die Gutseite von Gewindelehren nicht, muss das Gewinde nachgeschnitten werden.

Passt die Ausschussseite von Gewindelehren, ist das Außengewinde zu klein oder das Innengewinde zu groß geschnitten. Die Gewinde sind Ausschuss.

Planen/Dokumentieren

2.2.6 Arbeitsplanung Aufnahme

Beim Herstellen von Werkstücken sind die Anforderungen zu berücksichtigen, die sich aus der Funktion ergeben. Die Funktion ist aus der Gesamtzeichnung ersichtlich. Die Gesamtzeichnung der Biegevorrichtung zeigt, dass die Aufnahme (Pos. 6) und die Grundplatte (Pos. 1) den Bolzen (Pos. 7) führen (Abb. 3).

Die Bohrungen zur Aufnahme des Bolzens in der Aufnahme und in der Grundplatte müssen miteinander fluchten. Das erreicht man, indem man die beiden Bohrungen vor dem Fertigen der Passstiftbohrungen zueinander ausrichtet.

Die Aufnahme und die Grundplatte werden mit zwei Zylinderstiften (Pos. 14) und zwei Zylinderschrauben (Pos. 10) gefügt. Die Stifte legen die Lage der beiden Bauteile zueinander fest. Zum Herstellen einer solchen Passstiftverbindung sind beide Teile gemeinsam zu bohren und zu reiben.

Nachdem der Zeichnungssatz auf solche Anforderungen hin ausgewertet wurde, können Rückschlüsse für die Fertigung gezogen und die Fertigung der Einzelteile geplant werden.

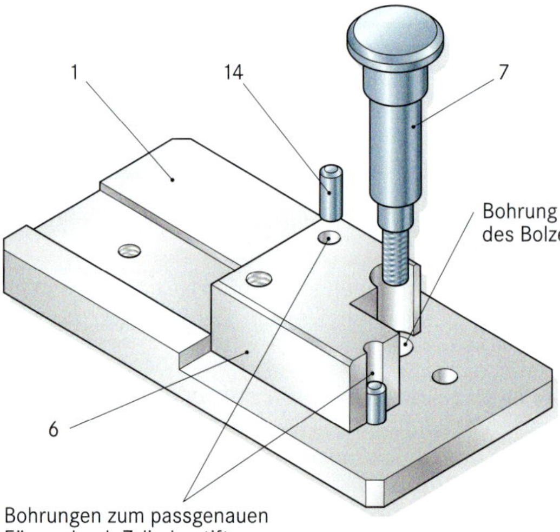

Abb. 3: Funktionsanforderungen an die Aufnahme

Die Arbeitsvorgänge zum Herstellen der Bohrungen sind zeichnerisch in Abb. 4 dargestellt.

Die notwendigen Arbeitsschritte, um die unterschiedlichen Bohrungen in der Aufnahme herzustellen, sind im Arbeitsplan festgehalten (Abb. 5). Zu jedem Arbeitsvorgang sind die benötigten Arbeitsmittel und die an der Maschine einzustellenden Arbeitswerte angegeben Der Arbeitsplan bildet so die Grundlage für die Fertigung.

1. Bohrungen anreißen und körnen

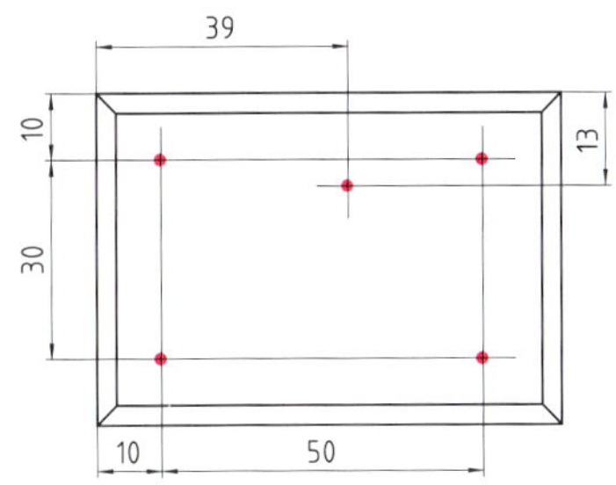

7. Grundplatte und Aufnahme ausrichten und verschrauben

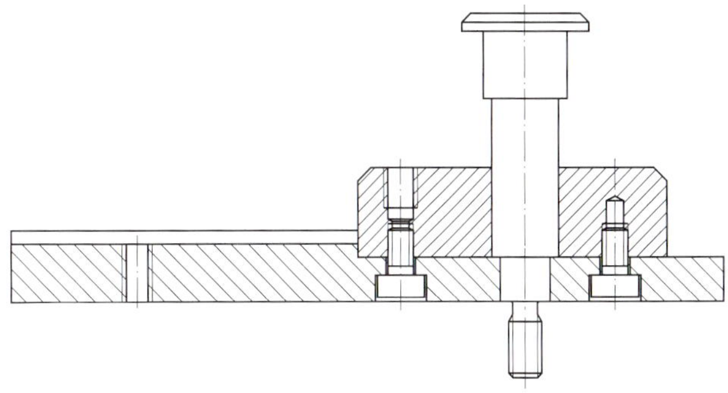

2. - 6. Bohrungen bohren, aufbohren, ansenken und reiben; Gewinde bohren

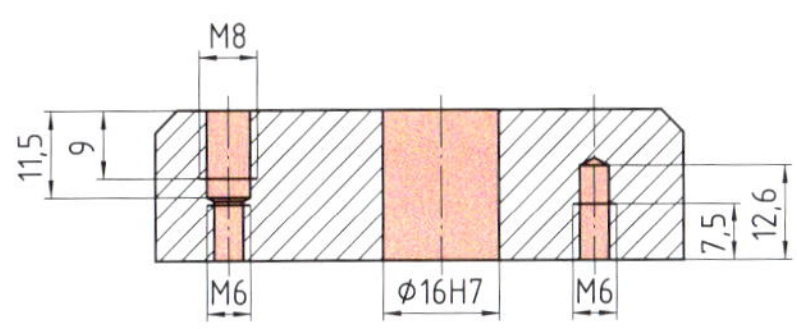

8. - 11. Passstiftbohrungen bohren, reiben und entgraten

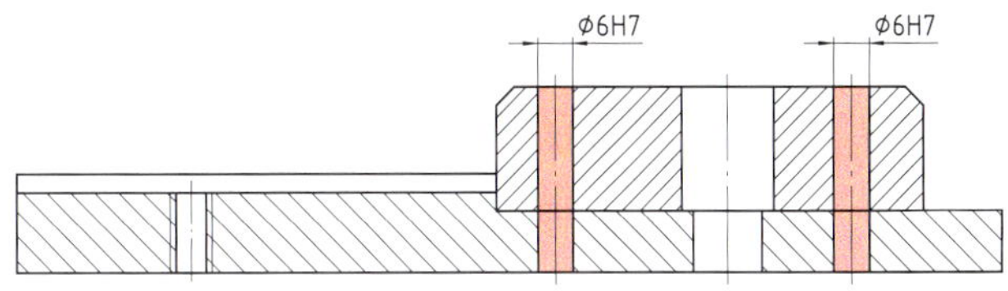

Abb. 4: Arbeitsvorgänge zum Bohren der Aufnahme

westermann	Arbeitsplan	Blatt-Nr. 1	Anzahl 1
Benennung: Aufnahme	Zeichn.Nr. Sach.-Nr.	Auftragsnr.:	Name:
Halbzeug: FL EN 10278 - S235JRG1 + C - 50 x 20 x 70		Stückzahl: 1	Klasse/Gr.:
[x] Einzelteil	[ ] Montage/Demontage	Termin:	Kontr.-Nr.:

Lfd. Nr.	Arbeitsvorgang	Arbeitsmittel	Arbeitswerte/ Bemerkungen
1	Bohrungen anreißen und körnen	Anreißfarbe, Anreißgerät	
		Hammer, Körner	
2	Kernbohrungen M6 bohren	Spiralbohrer Ø 5 mm, HS	n = 2240 1/min
3	Kernbohrung M8 aufbohren	Spiralbohrer Ø 6,8 mm, HS	n = 2240 1/min
4	Gewindebohrungen ansenken	Kegelsenker 90°, HS	n = 560 1/min
5	Gewinde M6 und M8 bohren	Maschinengewindebohrer M6, HS	n = 560 1/min
		Maschinengewindebohrer M8, HS	n = 560 1/min
6	Durchgangsbohrung Ø 16H7 vorbohren, aufbohren,	Spiralbohrer Ø 6 mm, HS	n = 2240 1/min
	reiben und entgraten	Spiralbohrer Ø 15,7 mm, HS	n = 560 1/min
		Maschinenreibahle Ø 16H7, HS	n = 200 1/min
7	Aufnahme und Grundplatte mit 2 Zylinderschrauben	Schraubendreher SW5	Ausrichten der Teile
	ISO 4762-M6 x 10 verschrauben		mit Bolzen
8	Stiftbohrungen bohren	Spiralbohrer Ø 5,8 mm, HS	n = 2240 1/min
9	Stiftbohrungen Ø H7 reiben	Maschinenreibahle Ø 6H7, HS	n = 560 1/min
10	Teile demontieren	Schraubendreher SW5	
11	Stiftbohrungen von Aufnahme und Grundplatte entgraten	Kegelsenker 90°, HS	n = 560 1/min
	Kerbstiftbohrung bei Montage mit Biegerolle fertigen		Montageplan

Abb. 5: Arbeitsplan

Gesamtaufgabe

Mit dem Locher können Löcher von 8 mm Durchmesser in Papier und Pappe bis zu 2 mm Dicke gestanzt werden. Beim Lochen stößt der Stempel des Lochers in die Bohrung der Grundplatte und stanzt so das Loch aus. Über den Hebel wird die notwendige Kraft aufgebracht. Die Druckfeder drückt den Stempel nach dem Lochvorgang wieder nach oben.

Damit die Grundplatte und die Führungsplatte des Lochers miteinander gefügt werden können, sind mehrere Bohrungen zu fertigen. Dafür werden Werkzeuge aus Schnellarbeitsstahl (HS) eingesetzt.

An der Bohrmaschine sind folgende Umdrehungsfrequenzen einstellbar: n = 63 - 90 - 125 - 180 - 250 - 355 - 500 - 710 - 1000 - 1400 - 2000 - 2800 1/min.

auch über Web-Link

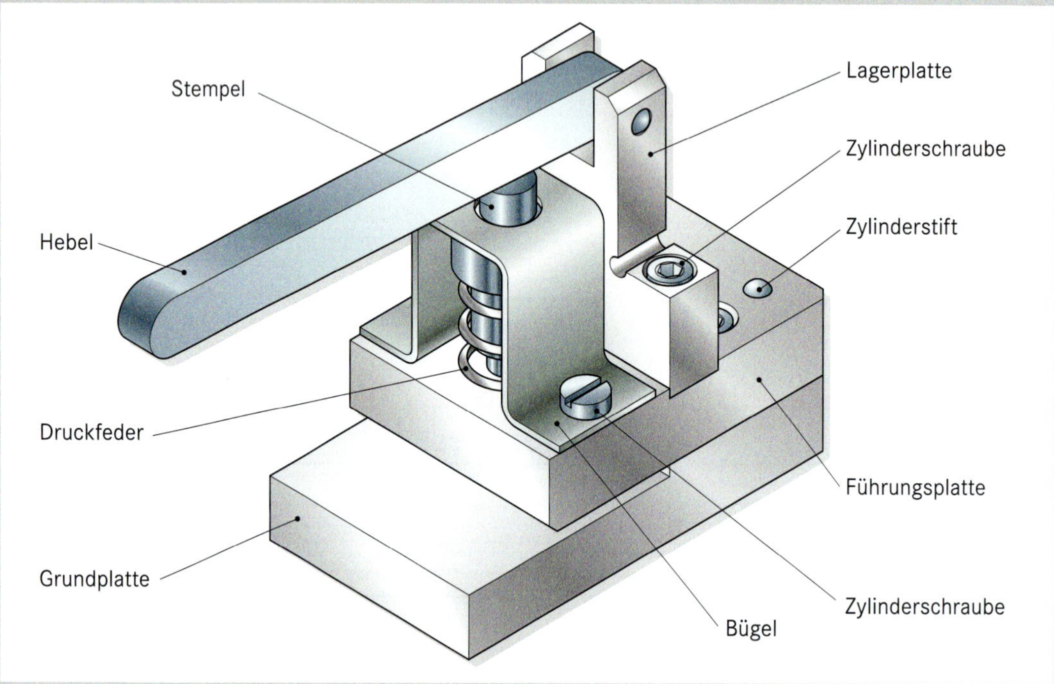

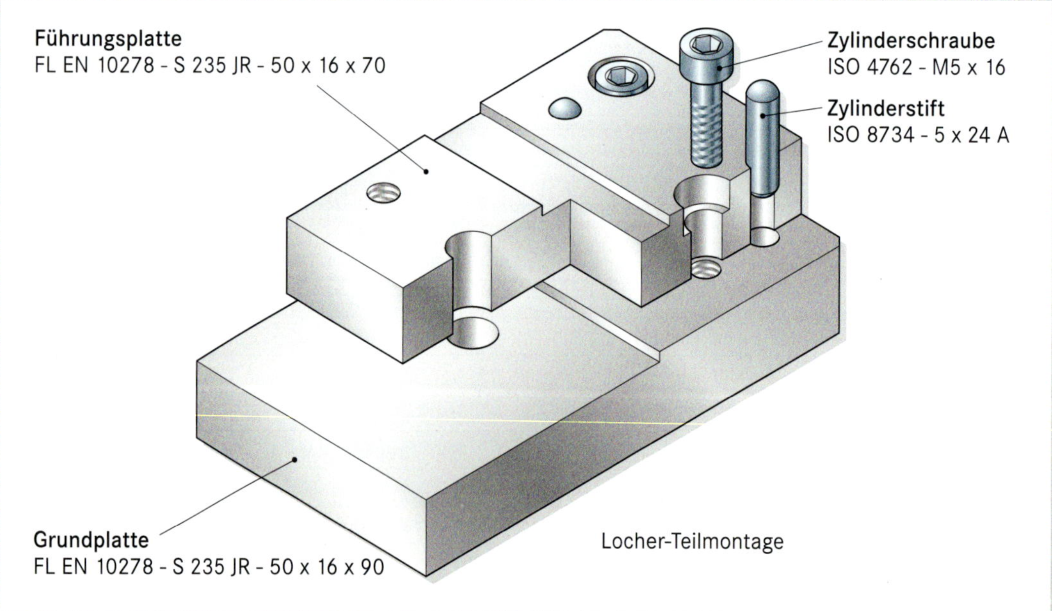

Locher-Teilmontage

Bohren und Senken

1. Bestimmen Sie mit Hilfe des Tabellenbuches den Durchmesser d_1, den Senkdurchmesser d_2 und die Senktiefe t der Durchgangsbohrungen für die Zylinderschrauben in der Führungsplatte.

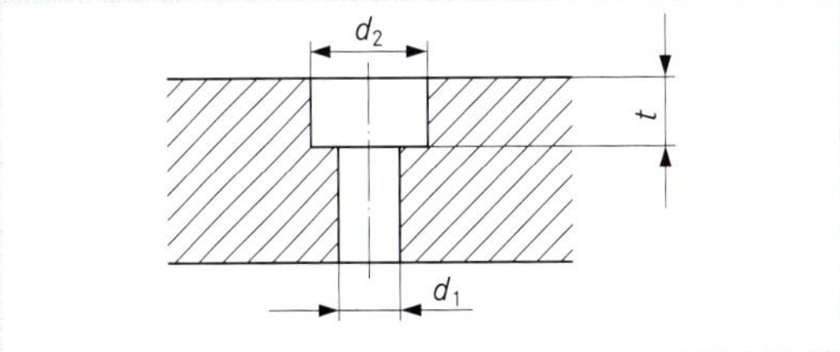

2. Geben Sie die Werkzeuge zum Herstellen der Durchgangsbohrungen für die Zylinderschrauben an.

3. Geben Sie den Bohrertyp und den Spitzenwinkel des Bohrers an.

4. a) Ermitteln Sie die Richtwerte für das Bohren.

b) Von welchen Bedingungen ist die Größe der Richtwerte jeweils abhängig?

5. Bestimmen Sie die Arbeitswerte, die an der Bohrmaschine einzustellen sind.

6. a) Ermitteln Sie die Richtwerte für das Senken.

b) Wie groß sind die Werte im Vergleich zum Bohren zu wählen?

7. Bestimmen Sie die an der Bohrmaschine einzustellenden Arbeitswerte für das Senken.

8. Ein Bohrer dringt nicht in das Werkstück ein, obwohl die Hauptschneiden scharfkantig sind. Welcher Anschleiffehler liegt vor?

9. Nach dem Bohren stellen Sie fest, dass die Stiftlöcher zu groß gebohrt wurden, obwohl der Bohrerdurchmesser stimmt. Beschreiben Sie mögliche Ursachen.

10. Warum sollte beim Bohren mit Kühlschmierstoffen gearbeitet werden?

11. Welche Vorschriften sind beim Arbeiten mit Kühlschmierstoffen zu beachten, damit Gesundheitsgefahren ausgeschlossen werden?

12. Warum sollen Bohrungen entgratet werden?

13. Beim Bohren kommt es immer wieder zu Unfällen mit Schnittverletzungen. Gegen welche Unfallverhütungsvorschriften wird verstoßen?

Gewindebohren

14. Bestimmen Sie den Nenndurchmesser des herzustellenden Innengewindes in der Grundplatte.

15. Geben Sie die Arbeitsschritte zum Gewindebohren der Gewindedurchgangsbohrung an.

16. Bestimmen Sie den Kernlochdurchmesser für die Gewindedurchgangsbohrung.

17. Wie soll das Kernloch angesenkt werden? Geben Sie den Senkwinkel und den Senkdurchmesser an.

18. Wählen Sie einen geeigneten Maschinengewindebohrer.

19. Ermitteln Sie die Richtwerte für das Gewindebohren mit einem Maschinengewindebohrer.

20. Bestimmen Sie die an der Bohrmaschine einzustellenden Arbeitswerte für das Gewindebohren.

21. Welche besondere Vorrichtung benötigt man für das Gewindebohren auf einer Tischbohrmaschine?

22. Beschreiben Sie das Innengewindebohren mit einem Handgewindebohrersatz.

Reiben

23. Beschreiben Sie die Aufgabe der beiden Zylinderstifte in der Grundplatte und Führungsplatte.

24. Beim Zusammenbau der Grundplatte und Führungsplatte lassen sich die beiden Zylinderstifte nicht einschlagen. Welcher Fehler wurde bei der Herstellung gemacht?

25. a) Geben Sie den Durchmesser der Stiftbohrungen an.

b) Beschreiben Sie die Anforderungen an Maßgenauigkeit und Oberflächengüte.

26. Geben Sie die Werkzeuge zum Herstellen der Stiftbohrungen an.

27. Bestimmen Sie den Bohrerdurchmesser für das Bohren der Stiftbohrungen.

28. Wählen Sie eine geeignete Maschinenreibahle.

29. Ermitteln Sie die Richtwerte für das Reiben mit einer Maschinenreibahle aus Schnellarbeitsstahl.

30. Bestimmen Sie die Arbeitswerte, die an der Bohrmaschine für das Reiben einzustellen sind.

31. Beschreiben Sie das Reiben mit einer Handreibahle.

32. Beschreiben Sie die Maßkontrolle der Stiftbohrungen.

33. Erstellen Sie einen Arbeitsplan zur Herstellung der Bohrungen für die Zylinderschrauben und Zylinderstifte.
Verwenden Sie dabei folgenden Aufbau:

Lfd.-Nr.	Arbeitsvorgang	Arbeitsmittel	Arbeitswerte

2.3 Drehen

ARBEITSAUFTRAG

Der Bolzen ist aus einem Rundprofil als Rohteil herzustellen. Er soll durch Drehen seine endgültige Form erhalten. Das Drehen soll auf einer Universaldrehmaschine erfolgen.

Die Größe und Form des Bolzens werden durch die Teilzeichnung festgelegt und beschrieben (Abb. 1). Außerdem enthält die Zeichnung alle Angaben zur Oberflächenbeschaffenheit und den einzuhaltenden Maßtoleranzen.

Der Bolzen ist ein zylindrisches Werkstück. Er ist in einer Ansicht dargestellt. Um die Informationen richtig aus der Teilzeichnung entnehmen zu können, muss man die zugrunde liegenden Normen kennen.

2.3.1 Zeichnungsanalyse

Informie

2.3.1.1 Zylindrische Werkstücke

Zylindrische Werkstücke werden aus Rundprofilen hergestellt, die in genormten Abmessungen vorliegen. Durch Drehen entstehen Bearbeitungsformen wie Absätze und Fasen.

Für die normgerechte Darstellung von Drehteilen reicht meist die Darstellung in einer Ansicht. Dabei werden die Drehteile in Fertigungslage gezeichnet. Die Fertigungslage zeigt ein Werkstück, wie es auf der Maschine gespannt wird.

Die Darstellung von Drehteilen erfolgt meist in einer Ansicht und in Fertigungslage.

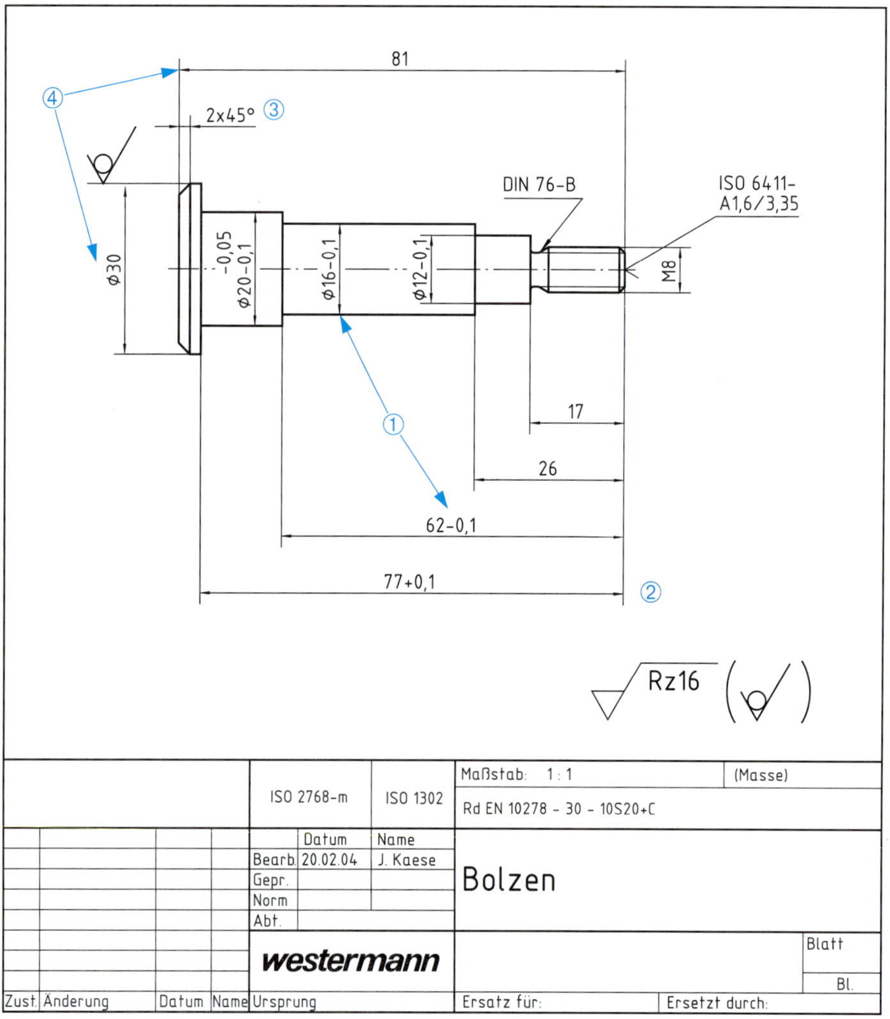

	ISO 2768-m	ISO 1302	Maßstab: 1:1	(Masse)			
			Rd EN 10278 - 30 - 10S20+C				
		Datum	Name				
	Bearb.	20.02.04	J. Kaese	Bolzen			
	Gepr.						
	Norm						
	Abt.						
	westermann				Blatt		
					Bl.		
Zust. Änderung Datum Name	Ursprung		Ersatz für:	Ersetzt durch:			

Abb. 1: Teilzeichnung des Bolzens

Die Bemaßung von Drehteilen erfolgt fertigungsbezogen. Bei der fertigungsbezogenen Bemaßung können die Maße direkt ohne Umrechnungen auf die Maschine übertragen werden.

① *Absätze* werden durch ein Durchmessermaß und ein Längenmaß bestimmt. Der Maßzahl für den Durchmesser ist immer das Durchmesserzeichen voranzustellen.

② Das Längenmaß eines Absatzes wird von der Stirnfläche aus bemaßt und entspricht der Vorschubbewegung des Drehwerkzeuges.

③ *Fasen* mit einem Winkel von 45° werden durch die gemeinsame Angabe von Länge und Winkel bemaßt.

Zusätzlich sind die Grundmaße des Rundprofils anzugeben.

④ Die *Grundmaße* sind der größte Durchmesser und die Gesamtlänge des Drehteiles.

2.3.1.2 Zentrierbohrungen

Der Bolzen weist an einer Stirnseite eine Zentrierbohrung auf. Zentrierbohrungen dienen zum Spannen von Drehteilen mit Zentrierspitzen.

Zeichnungsangaben von Zentrierbohrungen können als ausführliche Darstellung nach **DIN 332** erfolgen oder als vereinfachte Darstellung nach **DIN ISO 6411** (➜📖).

Bei der *ausführlichen Darstellung* wird die Zentrierbohrung im Teilschnitt oder als Einzelheit vergrößert herausgezeichnet und ausführlich bemaßt (Abb. 2).

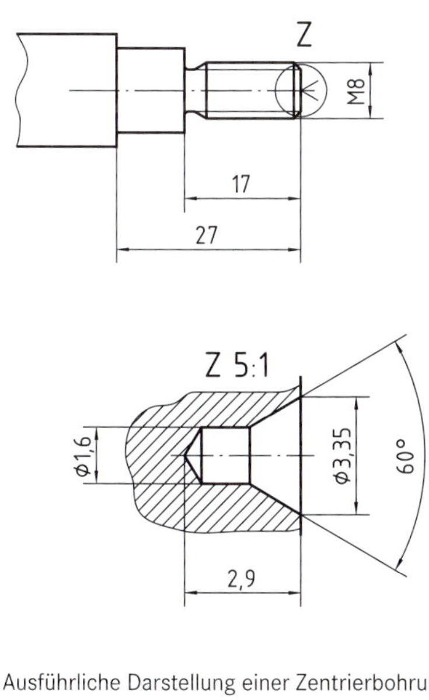

Abb. 2: Ausführliche Darstellung einer Zentrierbohrung

Die Angabe der Bohrungstiefe erfolgt bis zur Bohrungsspitze. Dieser Wert kann bei der Fertigung ohne Berechnung einfach hergestellt werden. Die Bohrungstiefe bestimmt den äußeren Senklochdurchmesser der Zentrierbohrung.

In der Regel reicht die vereinfachte Darstellung von Zentrierbohrungen aus, da sie mit genormten Zentrierbohrern hergestellt werden. Das Symbol legt fest, ob eine Zentrierbohrung am fertigen Drehteil verbleiben darf oder nicht (Abb. 3).

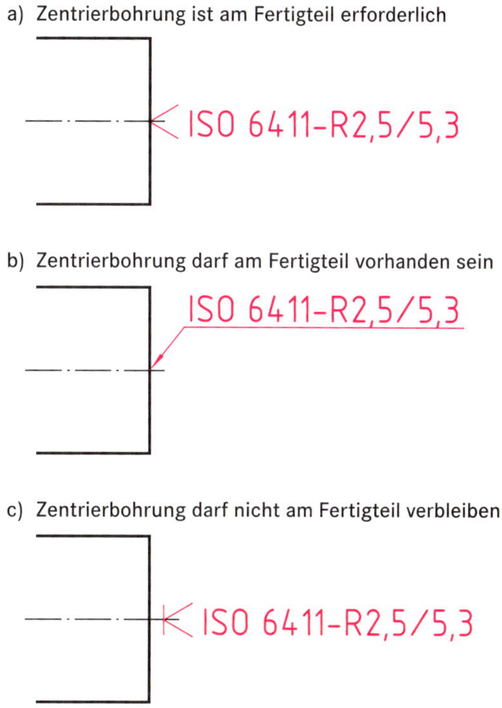

Abb. 3: Zeichnungsangaben bei vereinfachter Darstellung

An das Symbol wird die Normbezeichnung angetragen. Aus der Normbezeichnung können die Form und Größe der Zentrierbohrung entnommen werden.

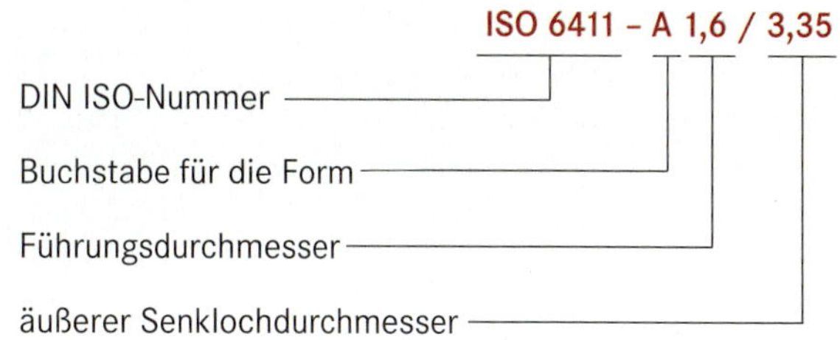

Um die Zentrierbohrung auf der Drehmaschine fertigen zu können, muss die Bohrungstiefe aus Ta-bellen bestimmt werden.

Fertigen

2.3.2 Drehmaschinen

Um Drehmaschinen richtig handhaben und bedienen zu können, muss man deren Aufbau und Funktionsweise kennen (Abb. 1).

2.3.2.1 Baueinheiten

Ein *Elektromotor* liefert die Antriebsenergie für die Drehmaschine (Abb. 2). Er kann in Rechts- oder Linkslauf geschaltet werden.

Das *Hauptgetriebe* überträgt die Antriebsenergie des Motors auf die Arbeitsspindel. Die Spindel nimmt das Spannfutter zum Spannen der Drehteile auf und leitet die Schnittbewegung auf das Werkstück. Mit dem *Vorschubgetriebe* wird die Vorschubbewegung eingestellt. Die Bewegung wird über Zugspindel oder Leitspindel auf den Werkzeugschlitten übertragen. Der Werkzeugschlitten kann auch von Hand verfahren werden. Die Leitspindel wird nur für das Drehen von Gewinden verwendet.

Das Haupt- und Vorschubgetriebe sind im *Maschinenbett* integriert. Das Bett trägt außerdem den Werkzeugschlitten und den Reitstock.

Der *Werkzeugschlitten* wird auf den Führungsbahnen des Drehmaschinenbettes geführt. Die Genauigkeit der Führungsbahnen beeinflusst die Arbeitsgenauigkeit der Drehmaschine beim Längsdrehen. Der Planschlitten dient zum Plandrehen. Er kann über die Zugspindel angetrieben oder von Hand bewegt werden. Der Oberschlitten nimmt den Werkzeughalter mit den Drehwerkzeugen auf. Er wird über eine Gewindespindel von Hand bewegt und kann um 360° geschwenkt werden. Mit ihm können kurze Kegel gedreht werden.

Der *Reitstock* dient zum Abstützen langer schlan-ker Drehteile. Außerdem kann die Reitstockpinole Werkzeuge zum Bohren, Reiben oder Gewindeschneiden aufnehmen. Die Vorschubbewegung für die Werkzeuge wird von Hand über die Pinole ausgeführt. Der Reitstock lässt sich auf dem Drehmaschinenbett verschieben und festklemmen.

Eine *Einrichtung für Kühlschmierstoffe* kühlt die Drehwerkzeuge. Die Kühlmittelpumpe fördert den Kühlschmierstoff über einen Kühlmittelschlauch zur Drehstelle.

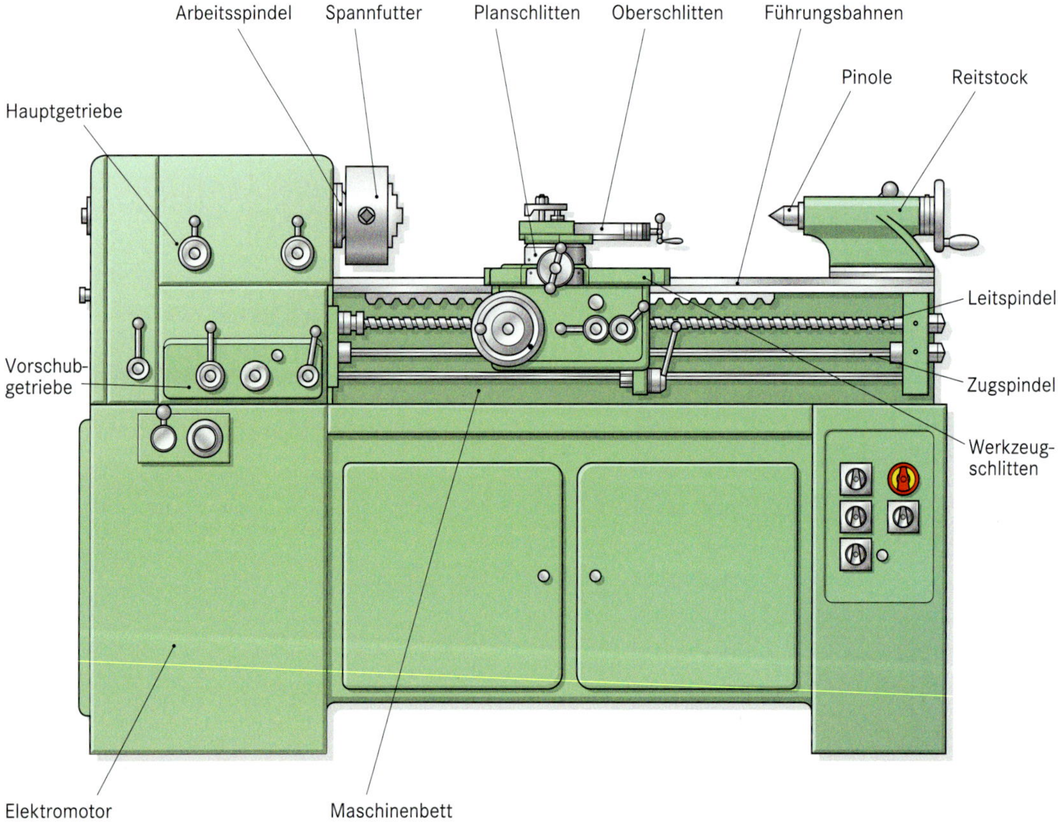

Abb. 1: Universaldrehmaschine

2.3.2.2 Spannmittel

Beim Drehen treten zwischen Werkstück und Werkzeug große Schnittkräfte auf. Werkstück und Werkzeug müssen daher sicher und fest gespannt werden. Je nach Größe und Form des Werkstückes werden unterschiedliche Spannmittel eingesetzt.

Dreibackenfutter

Zylindrische Werkstücke werden im Dreibackenfutter gespannt. Mit Hilfe eines Steckschlüssels werden die drei Spannbacken gleichzeitig bewegt, so dass das Werkstück zentrisch gespannt wird. Aus Sicherheitsgründen dürfen die Spannbacken nicht weit aus dem Futterkörper herausragen. Zur Erweiterung des Spannbereiches können die außengestuften Spannbacken gegen innengestufte Spannbacken ausgetauscht werden (Abb. 3).

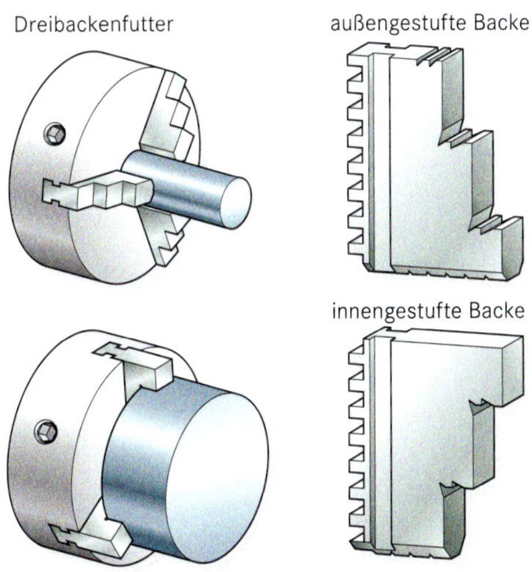

Abb. 3: Spannen im Dreibackenfutter

Zentrierspitze

Um lange schlanke Werkstücke und Werkstücke mit kurzen Spannflächen sicher zu spannen, werden sie mit einer Zentrierspitze über den Reitstock abgestützt. Denn weit aus dem Backenfutter ragende Drehteile werden durch die Schnittkräfte weggedrückt. Deren Bearbeitung würde ungenau. Außerdem können Werkstücke mit kurzer Spannfläche aus dem Backenfutter gedrückt werden.

Werkzeughalter

Zum Spannen der Drehmeißel werden meist Schnellwechsel-Meißelhalter verwendet. Sie gewährleisten eine präzise, gleichbleibende Stellung der Drehwerkzeuge, auch nach einem Werkzeugwechsel. Über eine Höhenverstellschraube lassen sich die Werkzeuge auf die richtige Höhe einstellen (Abb. 4).

Dabei sollen Drehmeißel möglichst kurz und fest eingespannt werden, damit sie sich nicht durch die großen Schnittkräfte verbiegen.

Abb. 4: Spannen von Drehmeißeln

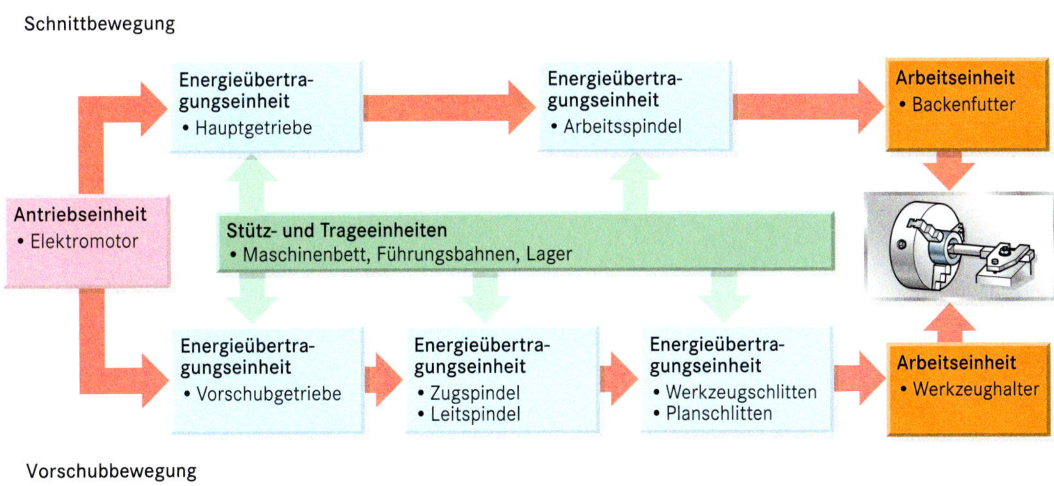

Abb. 2: Energiefluss an einer Drehmaschine

Fertigen

2.3.3 Drehverfahren

Der abgebildete Bolzen ist durch Drehen herzustellen. Für die verschiedenen Bearbeitungsformen werden unterschiedliche Drehverfahren eingesetzt (Abb. 1).

! Beim Drehen werden drehsymmetrische Werkstücke mit kreisförmigen Querschnitten hergestellt.

Nach der zu erzeugenden Fläche unterteilt man die Drehverfahren unter anderem in Runddrehen, Plandrehen und Schraubdrehen.

Durch *Runddrehen* werden zylindrische Formen hergestellt.

Durch *Plandrehen* werden rechtwinklig zur Drehachse liegende ebene Flächen, die Planflächen, hergestellt. Auch *Abstechdrehen* ist Plandrehen. Beim Abstechdrehen wird das Werkstück vollständig vom Halbzeug abgetrennt. Am Werkstück entsteht die Planfläche.

Durch *Schraubdrehen* werden mit einem Profilwerkzeug (z. B. Schneideisen) die Gewindeflanken eines Gewindes hergestellt.

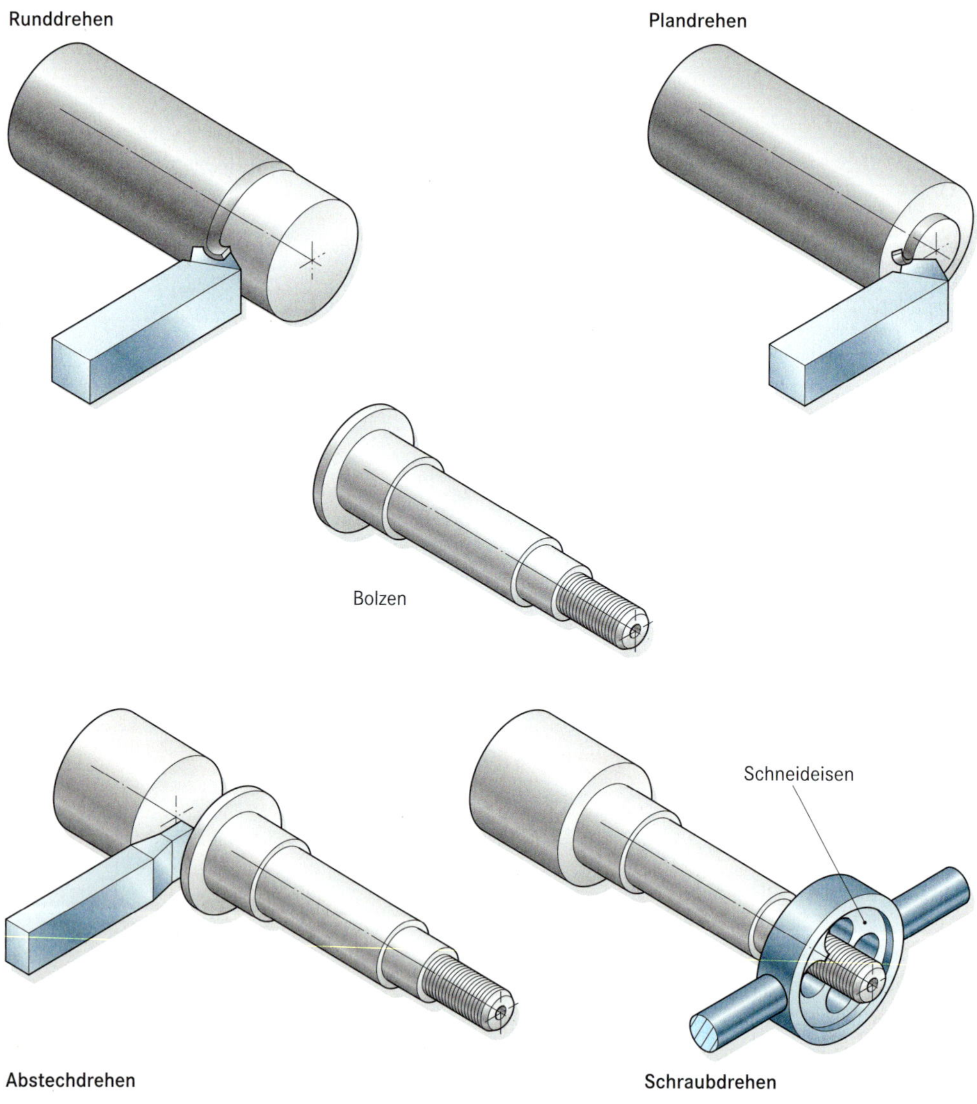

Abb. 1: Drehverfahren zum Herstellen des Bolzens

Drehvorgang

Das Werkstück führt eine kreisförmige Schnittbewegung aus. Gleichzeitig führt das Werkzeug eine geradlinige Vorschubbewegung aus. Beide Bewegungen bewirken eine fortlaufende Spanabnahme.

Je nach Richtung der Vorschubbewegung unterscheidet man Längsdrehen und Querdrehen.

! Beim Längsdrehen verläuft die Vorschubbewegung längs zur Drehachse des Werkstückes, beim Querdrehen quer dazu.

Durch die Zustellbewegung des Werkzeuges wird die Schnitttiefe a_p festgelegt. Die Schnitttiefe bestimmt die Dicke der abzuspanenden Schicht am Werkstück (Tab. 1).

Ein Maß für die Größe der Vorschubbewegung ist der Vorschub f in mm. Der Vorschub gibt an, um wie viel Millimeter sich der Drehmeißel bei einer Umdrehung des Werkstückes bewegt.

Tab. 1: Arbeitsbewegungen und Arbeitswerte

Arbeitsbewegungen	Arbeitswerte Bezeichnung	Formelzeichen	Einheit
Schnittbewegung	Schnittgeschwindigkeit	v_c	m/min
Vorschubbewegung	Vorschub	f	mm
Zustellbewegung	Schnitttiefe	a_p	mm

Das Produkt aus Vorschub f und Schnitttiefe a_p ergibt die Größe des Spanungsquerschnittes A in mm^2.

$$A = f \cdot a_p$$

Der Spanungsquerschnitt ist ein Maß für die Größe der Spanabnahme.

Häufig angewendete Drehverfahren sind das Längsrunddrehen und das Querplandrehen.

Beim *Längsrunddrehen* erfolgt die Vorschubbewegung des Drehmeißels längs zur Drehachse des Werkstückes (Abb. 2). Dabei entsteht die zylindrische Form des Drehteils. Der Werkstückdurchmesser verringert sich um das Doppelte der eingestellten Schnitttiefe a_p. Die Schnittgeschwindigkeit ist konstant.

Beim *Querplandrehen* erfolgt die Vorschubbewegung des Drehmeißels quer zur Drehachse des Werkstückes (Abb. 3). Dabei entsteht die Planfläche. Die Werkstücklänge verringert sich um die eingestellte Schnitttiefe a_p. Die Schnittgeschwindigkeit wird bei gleichbleibender Umdrehungsfrequenz der Maschinenspindel zum Mittelpunkt des Werkstückes hin immer kleiner. In der Werkstückmitte hat die Schnittgeschwindigkeit den Wert $v_c = 0$ m/min.

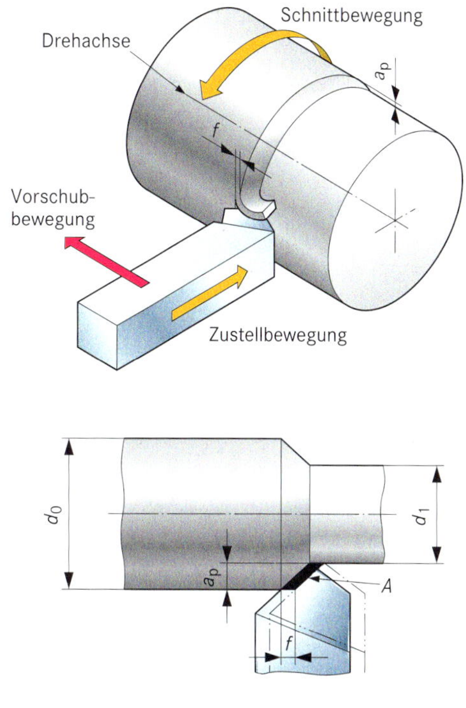

Abb. 2: Längsrunddrehen

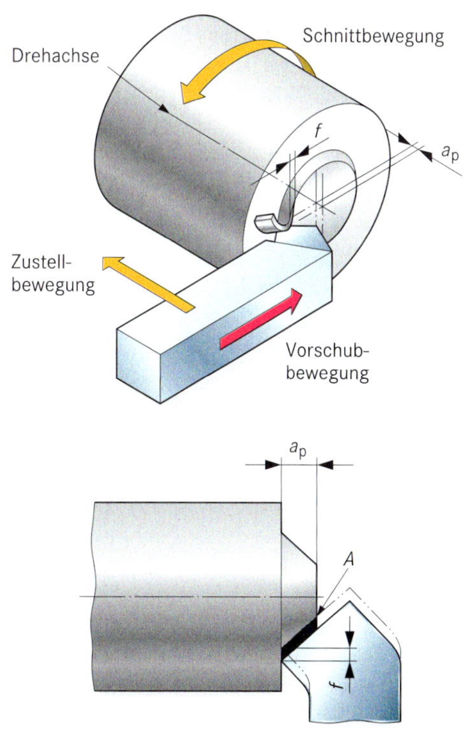

Abb. 3: Querplandrehen

Fertigen

2.3.4 Drehmeißel

Schneidengeometrie

Drehmeißel bestehen aus Schaft und Schneidteil. Der Schneidteil wird durch den Schneidkeil mit der Haupt- und Nebenschneide gebildet (Abb. 1). Die Hauptschneide weist in Vorschubrichtung. Sie übernimmt die eigentliche Zerspanungsarbeit.

Neben den Werkzeugwinkeln Freiwinkel α, Keilwinkel β und Spanwinkel γ sind die Werkzeug-Lagewinkel der Schneiden zu unterscheiden (Abb. 3):

- *Einstellwinkel* $\varkappa$ (Kappa) ist der Winkel zwischen der Drehachse des Werkstückes und der Hauptschneide des Schneidkeils.
- *Eckenwinkel* ε (Epsilon) ist der Winkel zwischen Hauptschneide und Nebenschneide.

Der Einstellwinkel $\varkappa$ beeinflusst die Form des Spanungsquerschnittes A (Abb. 2). Bei kleinem Einstellwinkel ist bei gleicher Schnitttiefe a_p eine längere Schneidkante im Eingriff. Es ergibt sich ein schlanker Span. Durch die lange Schneidkante wird die Schneide weniger belastet und die Wärmeabfuhr verbessert.

Der Eckenwinkel ε beeinflusst die Stabilität des Schneidkeils. Bei großem Eckenwinkel verringert sich die Gefahr des Werkzeugbruchs und die Wärmeabfuhr wird verbessert.

Die Lage der Hauptschneide zur Drehachse beeinflusst die Größe des wirksamen Freiwinkels α und des wirksamen Spanwinkels γ. Es verändern sich dadurch die Zerspanungsbedingungen (Tab. 1).

! Drehmeißel sind so einzustellen, dass die Schneide auf Höhe der Drehachse (Werkstückmitte) liegt.

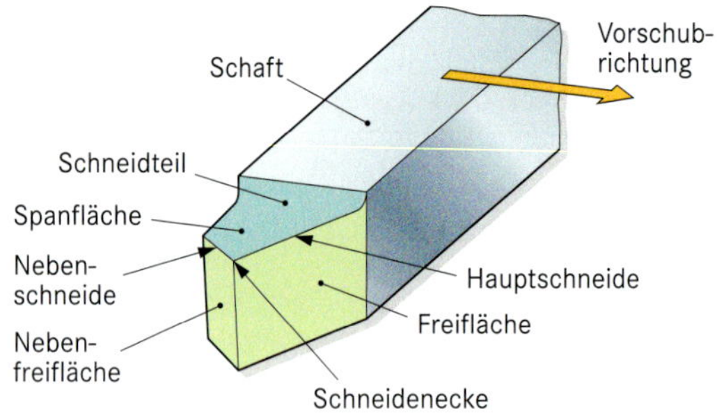

Abb. 1: Flächen und Schneiden am Drehmeißel

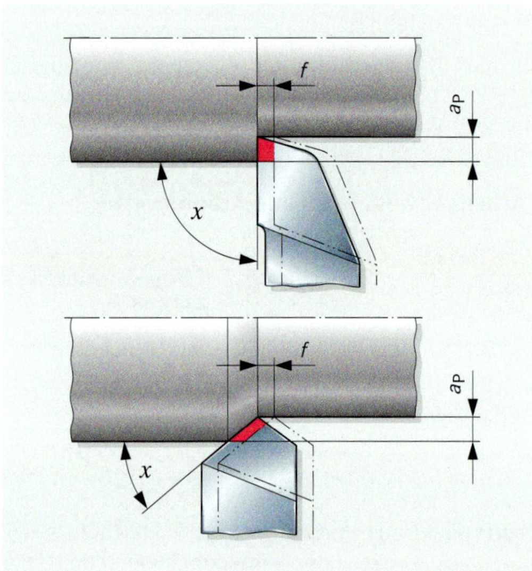

Abb. 2: Auswirkungen des Einstellwinkels

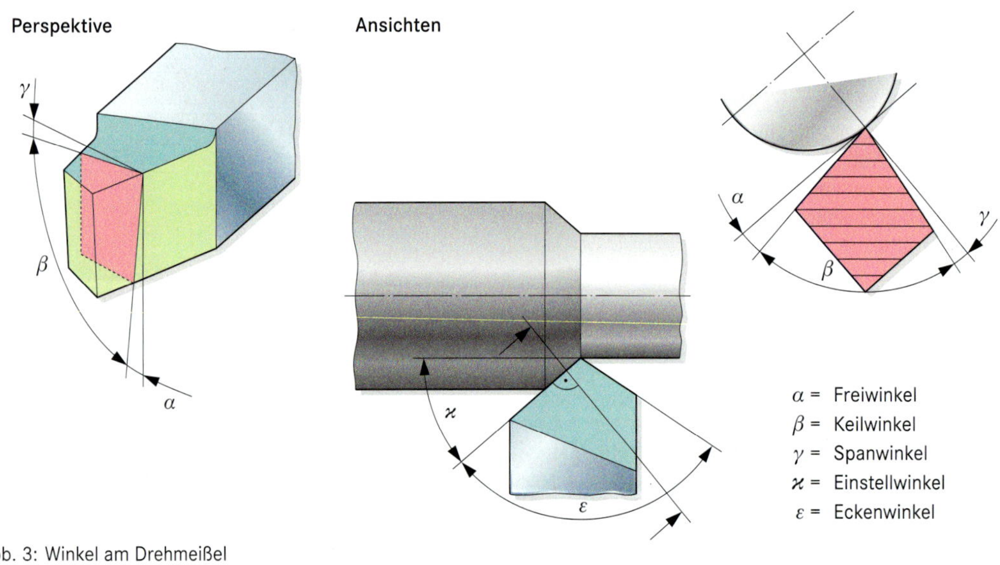

Abb. 3: Winkel am Drehmeißel

Tab. 1: Einfluss der Wirkwinkel

Drehmeißel	auf Drehmitte	über Drehmitte	unter Drehmitte
Winkeländerungen	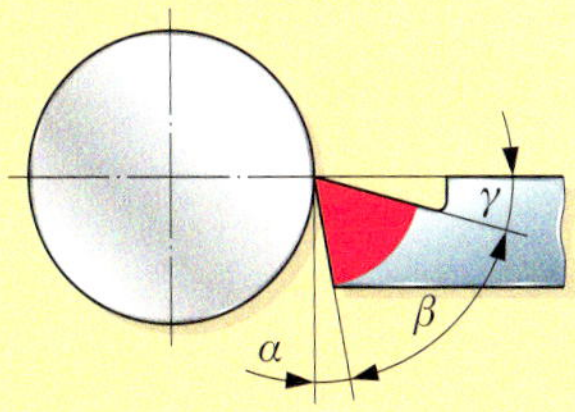 • wirksame Winkel gleich Werkzeugwinkel	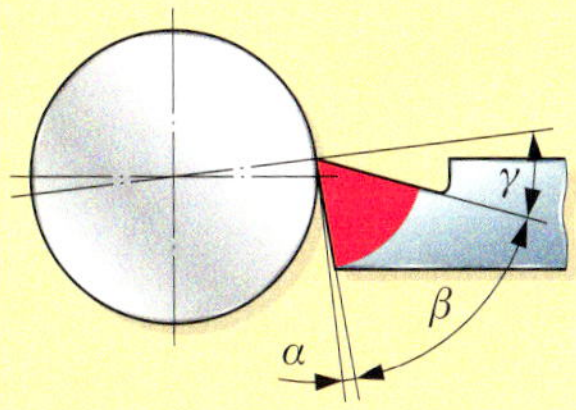 • wirksamer Spanwinkel größer, • wirksamer Freiwinkel kleiner	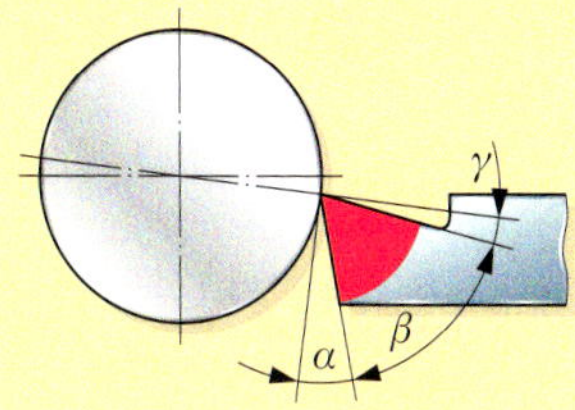 • wirksamer Spanwinkel kleiner, • wirksamer Freiwinkel größer
Auswirkungen	• Werkzeug schneidet einwandfrei, • ansatzfreie Planfläche beim Querplandrehen	• Span fließt besser ab, Spanbildung erleichtert, • Freifläche drückt, • Schneide hakt leicht in Schnittfläche, unsaubere Oberfläche, • beim Querplandrehen drückt der Drehmeißel den Ansatz weg, Bruchgefahr	• Span stark gestaucht, Spanbildung erschwert, • Werkstück wird hochgedrückt, Ratterneigung, unsaubere Oberfläche, • beim Querplandrehen bleibt in der Mitte ein Ansatz stehen

Einteilung der Drehmeißel

Für die unterschiedlichen Fertigungsaufgaben werden verschiedene Drehwerkzeuge eingesetzt. Drehmeißel können unterschieden werden

- nach der Lage des Schneidteils zum Schaft in gerade Drehmeißel, gebogene Drehmeißel und abgesetzte Drehmeißel,
- nach der Lage der Hauptschneiden in rechte Drehmeißel und linke Drehmeißel und
- nach den Schneidwerkstoffen in Drehmeißel aus Schnellarbeitsstahl (HS) und Drehmeißel mit aufgelöteter oder aufgeklemmter Schneidplatte aus Hartmetall (HM) oder Schneidkeramik.

Linke Drehmeißel arbeiten von links nach rechts. Rechte Drehmeißel arbeiten von rechts nach links.

Häufig verwendete Drehmeißelformen sind nach DIN genormt (→📖). Abbildung 4 zeigt Drehmeißel mit aufgelöteten HM-Schneidplatten zum Außendrehen.

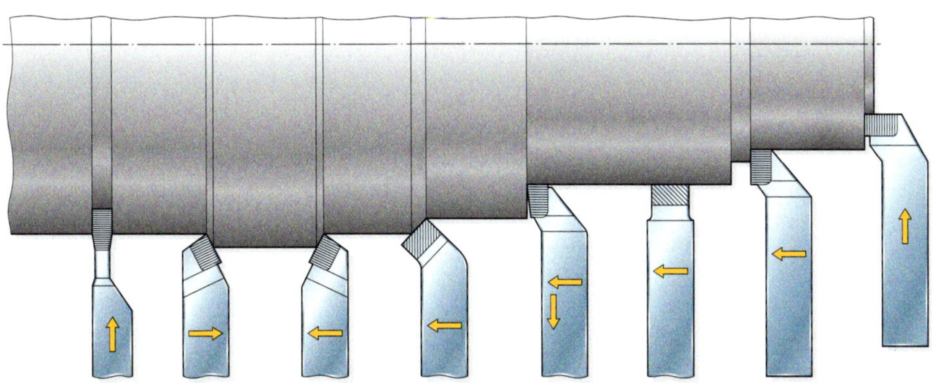

Abb. 4: Drehmeißel zum Außendrehen

2.3.5 Zerspanungsvorgang

Das Spanen erfolgt in folgenden Phasen:

- Beim Eindringen des Schneidkeiles staucht sich zunächst der Werkstoff vor der Spanfläche auf (Abb. 2a).
- Dringt der Schneidkeil weiter in den Werkstoff vor, so reißt der Werkstoff in Schnittrichtung ein. Es entsteht ein voreilender Riss (Abb. 2b).
- Bei weiterem Vordringen des Schneidkeils werden Spanelemente abgeschert. (Abb. 2c).
- Die abgescherten Spanelemente gleiten an der Spanfläche hoch. Aus vielen kleinen Spanelementen bildet sich ein zusammenhängender Span (Abb. 2d).

Der Zerspanungsvorgang beim Drehen wird beeinflusst durch

- die Schneidengeometrie des Drehmeißels,
- die Zerspanbarkeit des Werkstoffes und
- die eingestellten Arbeitswerte.

Sie sind wichtige Eingangsgrößen des Zerspanungsvorgangs (Abb. 1).

Wichtige Ausgangsgrößen beim Drehen sind

- die Oberflächengüte des Werkstückes,
- die Spanarten und Spanformen,
- der Verschleiß des Schneidkeils und damit die Standzeit des Drehmeißels und
- die Bearbeitungsdauer.

Sie sind das Ergebnis des Zerspanungsvorgangs.

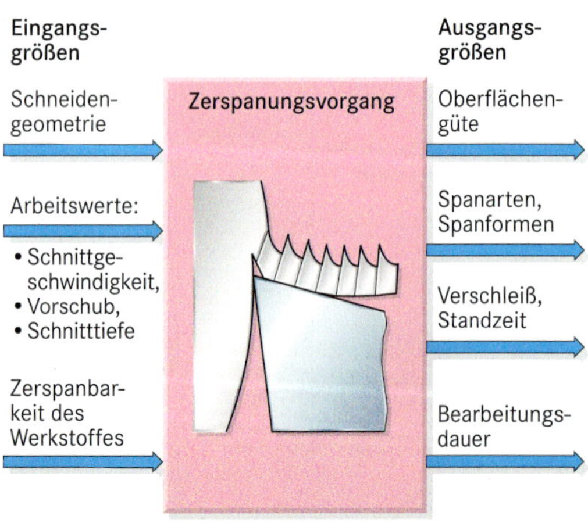

Abb. 1: Eingangs- und Ausgangsgrößen beim Drehen

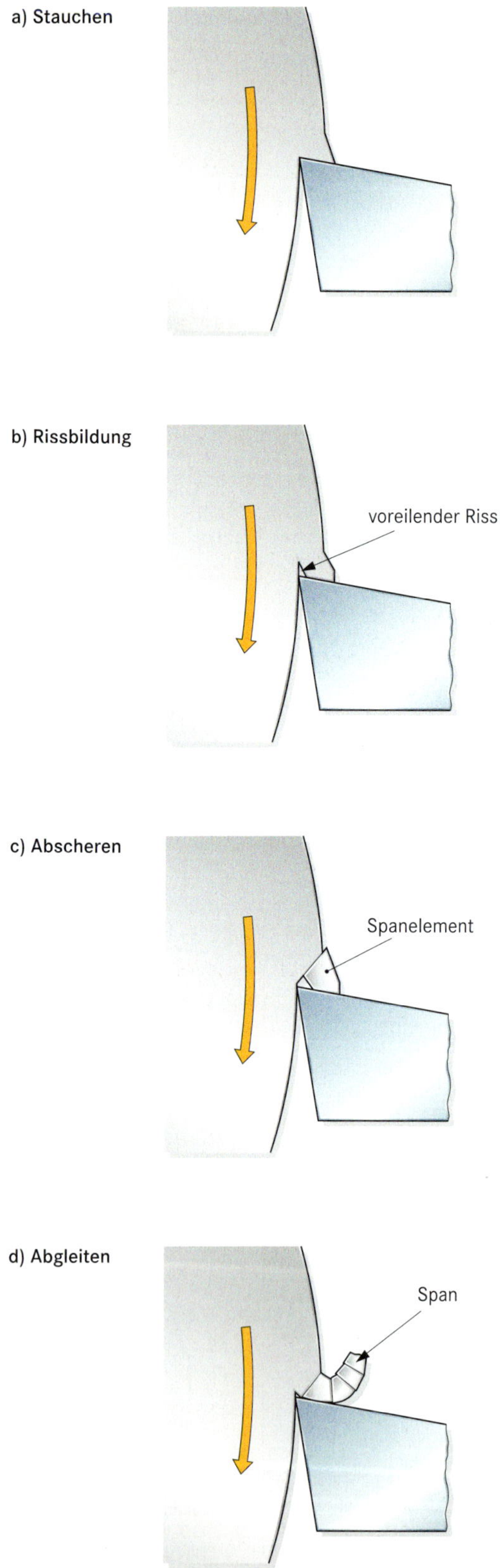

Abb. 2: Phasen des Zerspanungsvorgangs

Bedeutung der Ausgangsgrößen

Die *Oberflächengüte* wird in Teilzeichnungen vorgeschrieben. Je nach Funktion müssen die Oberflächen eines Werkstückes eine unterschiedliche Oberflächengüte aufweisen.

Nach Art der Spanbildung werden die Spanarten Reißspan, Scherspan und Fließspan unterschieden. Die Spanarten beeinflussen die Güte der Werkstückoberfläche.

Beim *Reißspan* reißen einzelne Spanteile beim Abscheren ab. Die abgescherten Spanteile hängen nicht zusammen. Es bilden sich sehr kurze unregelmäßige Späne. Durch das Stauchen und Abreißen der Spanelemente ist das Werkzeug ständig wechselnden Belastungen ausgesetzt. Beim Eindringen der Schneide wird der Werkstoff nur wenig gestaucht und es entsteht ein ausgeprägter voreilender Riss.

! Bei *Reißspänen* entstehen raue, unregelmäßige Schnittflächen.

Beim *Scherspan* verschweißen einzelne Spanteile nach dem Abscheren wieder. Es bildet sich ein längerer, mehr oder weniger fest zusammenhängender Span. Beim Eindringen der Schneide entsteht ein kurzer voreilender Riss.

Beim *Fließspan* gleiten die Spanteile vom Grundwerkstoff ab, ohne dass dabei eine Trennung eintritt. Es bildet sich ein langer, zusammenhängender Span. Beim Eindringen der Schneide entsteht kein voreilender Riss.

! Bei *Fließspänen* entstehen glatte, gleichmäßige Schnittflächen.

Besonders bei Fließspänen können unterschiedliche Spanformen auftreten. Beispiele für Spanformen sind Bandspäne, Wirrspäne, Spiralbruchspäne u.a. (Abb. 3).

Die Spanformen sind wichtig für das Abführen der Späne aus der Werkzeugmaschine. Der sich ergebende Span soll so kurz sein, dass der Maschinenbediener nicht gefährdet oder behindert, der Fertigungsablauf nicht gestört und die Werkzeugoberfläche oder das Werkzeug nicht beschädigt werden.

Der *Schneidenverschleiß* bestimmt die Standzeit des Werkzeuges. Die Werkzeugschneide verschleißt und stumpft ab durch

- das Erwärmen des Schneidkeils beim Zerspanen,
- das Abgleiten des Spans auf der Spanfläche,
- die Reibung zwischen Freifläche und Schnittfläche,
- die Belastung aus den Schnittkräften.

ungünstige Spanformen	günstige Spanformen
Bandspäne 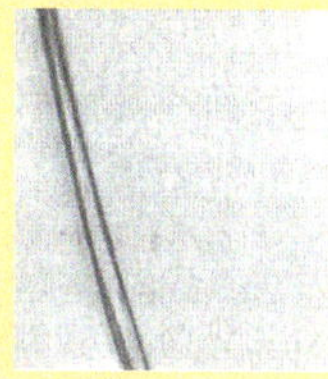	Spanbruchspäne 
Wirrspäne 	Spiralspäne 
Fließspäne lang 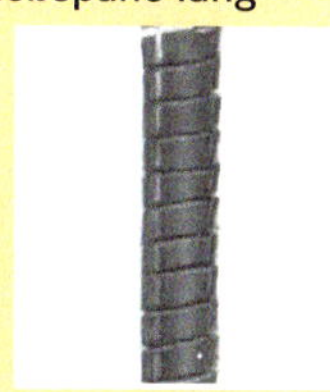	Fließspäne kurz 

Abb. 3: Spanformen

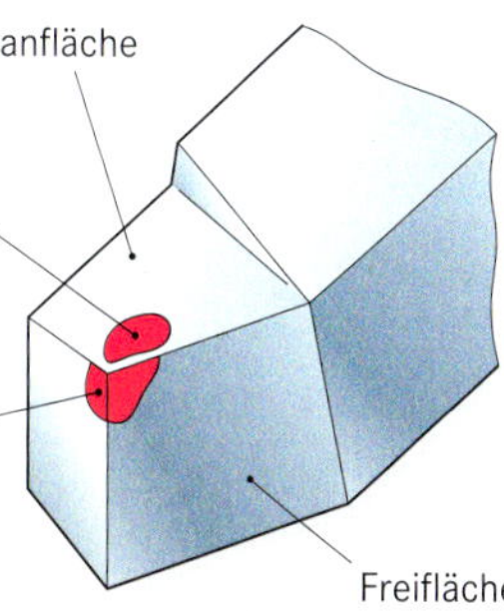

Abb. 4: Verschleiß am Drehmeißel

Am Drehmeißel tritt Reibverschleiß an der Freifläche und der Spanfläche auf (Abb. 4). Auf der Spanfläche gleitet der Span ab, das führt zum Kolkverschleiß. Durch Kolkverschleiß verändert sich der Spanwinkel. An der Freifläche reibt die Werkstückoberfläche aufgrund der Werkstückrückfederung. Die Freifläche nutzt sich ab. Werkstoffteilchen werden aus der Werkstückoberfläche herausgerissen.

Geringe Standzeiten ergeben hohe Werkzeugkosten.

Die Bearbeitungsdauer beeinflusst die Lohnkosten. Darum soll die Bearbeitungsdauer möglichst niedrig sein.

Tab. 1: Einfluss des Freiwinkels

Eingangsgrößen	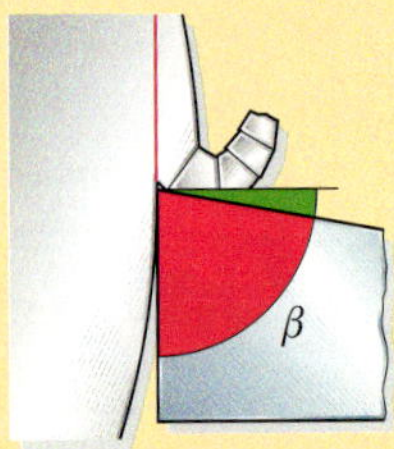 Freiwinkel α = 0°	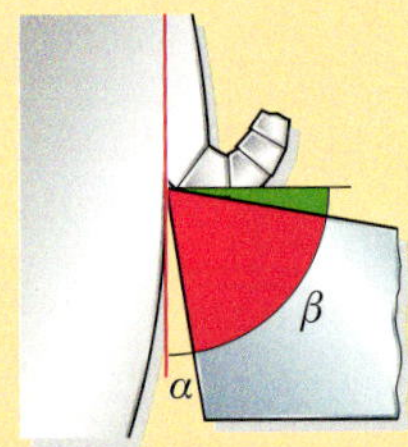 Freiwinkel α = 10°	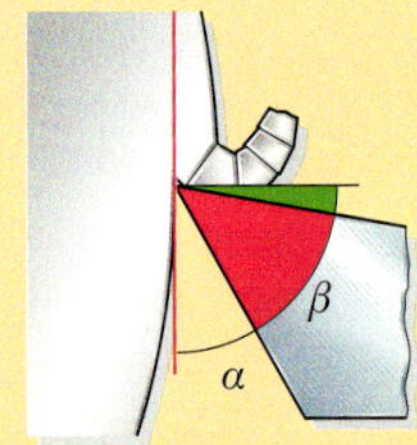 Freiwinkel α = 30°
Ausgangsgrößen	• Freifläche drückt und reibt auf der Schnittfläche, Werkzeug wird hochgedrückt, • großer Werkzeugverschleiß, geringe Standzeit	• Werkzeug schneidet frei, nur die Schneide berührt das Werkstück, glatte Schnittfläche, • geringer Werkzeugverschleiß, große Standzeit	• Werkzeug schneidet frei, • geschwächter Schneidkeil, geringe Standzeit

Einfluss der Eingangsgrößen

- Schneidengeometrie

Bei einem *kleinen Freiwinkel* α schneidet das Werkzeug nicht frei (Tab. 1). Die Freifläche drückt auf die Schnittfläche. Die Schnittfläche wird unsauber und rau. Durch die Reibung zwischen Freifläche und Schnittfläche erwärmt sich der Schneidkeil. Das Werkzeug wird schnell stumpf.

Ein *großer Freiwinkel* α verkleinert den Keilwinkel β. Der Schneidkeil wird weniger stabil. Dadurch kann die Schneide leichter ausbrechen.

! Der Freiwinkel α sollte je nach Werkstoff im Allgemeinen etwa 6° bis 10° betragen.

Bei einem *kleinen Spanwinkel* γ wird der Werkstoff stark gestaucht (Tab. 2). Die abgescherten Spanelemente gleiten kaum an der Spanfläche hoch und reißen ab. Es bilden sich Reißspäne.

Bei einem *großen Spanwinkel* γ dringt die Schneide leichter in den Werkstoff ein. Die Spanelemente können besser an der Spanfläche abgleiten. Es bilden sich Fließspäne. Mit größer werdendem Spanwinkel γ wird eine kleinere Schnittkraft benötigt. Ein großer Spanwinkel γ verkleinert aber den Keilwinkel β. Der Schneidkeil ist weniger stabil.

Große Keilwinkel β ergeben eine längere Haltbarkeit und eine größere Stabilität des Schneidkeils. Man erzielt eine längere Standzeit.

Tab. 2: Einfluss des Spanwinkels

Eingangsgrößen	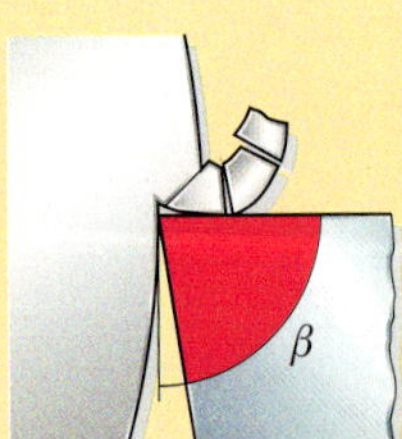 Spanwinkel γ = 0°	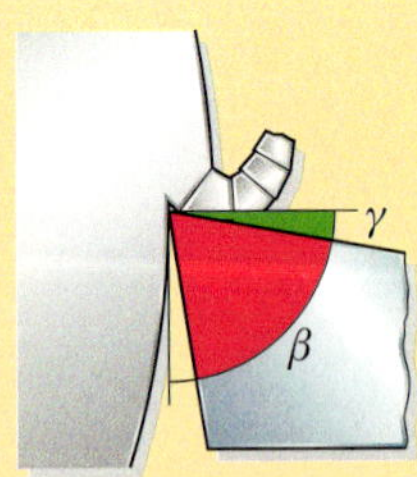 Spanwinkel γ = 10°	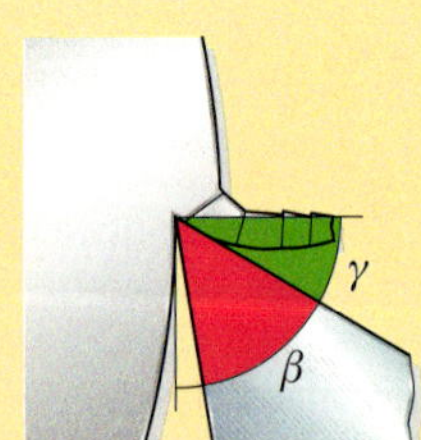 Spanwinkel γ = 30°
Ausgangsgrößen	• Keil dringt schlecht in den Werkstoff ein, • große Spanstauchung, Spanelemente reißen ab, • raue Schnittfläche, • stabiler Schneidkeil, große Standzeit	• Keil dringt leichter in den Werkstoff ein, • geringere Spanstauchung, Span gleitet ab, • glatte Schnittfläche, • Schneidkeil wird geschwächt, verringerte Standzeit	• Keil dringt leicht in den Werkstoff ein, • geringe Spanstauchung, Span gleitet gut ab, • geschwächter Schneidkeil, Schneide kann ausbrechen, geringe Standzeit

- **Arbeitswerte**

Die *Schnittgeschwindigkeit* ist die wichtigste Einflussgröße auf die Standzeit des Werkzeuges (Tab. 3). Hohe Schnittgeschwindigkeiten bewirken eine erhöhte Erwärmung, ein schnelleres Abgleiten des Spans und somit einen großen Verschleiß des Schneidkeils. Das Werkzeug muss häufiger angeschliffen und ausgewechselt werden. Es steigen die Werkzeugkosten. Mit zunehmender Schnittgeschwindigkeit sinkt die Bearbeitungsdauer. Es sinken die Lohnkosten für die Fertigung.

Bei niedrigen Schnittgeschwindigkeiten werden die Körner des Werkstoffes an der Schnittfläche eher aus dem Gefüge herausgerissen. Es ergeben sich raue Schnittflächen. Der Werkstoff neigt mehr zur Bildung von Reißspänen.

Bei hohen Schnittgeschwindigkeiten werden die einzelnen Körner zerteilt, die Kornreste bleiben im Gefügeverband. Es ergeben sich glatte Schnittflächen. Der Werkstoff neigt mehr zur Bildung von Fließspänen.

Tab. 3: Einfluss der Schnittgeschwindigkeit

Schnittgeschwindigkeit	
niedrig	hoch
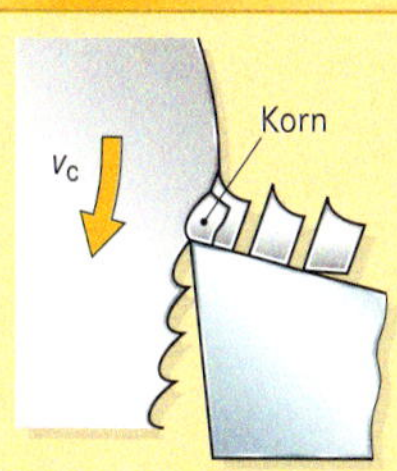	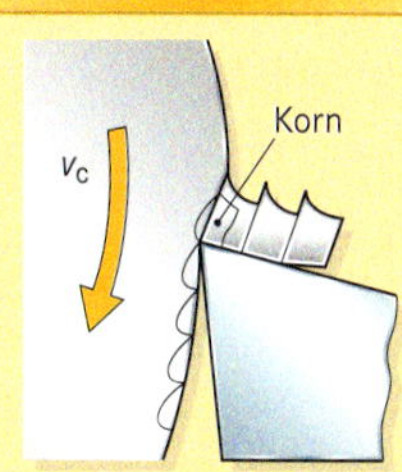
• geringer Werkzeugverschleiß und hohe Standzeit ergeben geringe Werkzeugkosten, • lange Bearbeitungsdauer ergibt hohe Lohnkosten, • bewirkt Reißspanbildung, Körner werden aus dem Werkstoff herausgerissen, • raue Schnittfläche	• höherer Werkzeugverschleiß und geringe Standzeit ergeben hohe Werkzeugkosten, • kurze Bearbeitungsdauer ergibt sinkende Lohnkosten, • bewirkt Fließspanbildung, Körner werden zerteilt, • glatte Schnittfläche

Die *Schnitttiefe* hat praktisch keine Auswirkungen auf den Verschleiß und die Standzeit. Große Schnitttiefen führen zu einer größeren Erwärmung und Belastung des Schneidkeils (Tab. 4). Da aber eine längere Schneide im Eingriff ist, gleicht sich die Belastung wieder aus. Die Standzeit verändert sich nicht.

Mit zunehmender Schnitttiefe sinken die Bearbeitungsdauer und damit die Lohnkosten für die Fertigung.

Eine Erhöhung der Schnitttiefe wirkt sich kaum auf die Oberflächengüte aus.

Tab. 4: Einfluss der Schnitttiefe

Schnitttiefe	
klein	groß
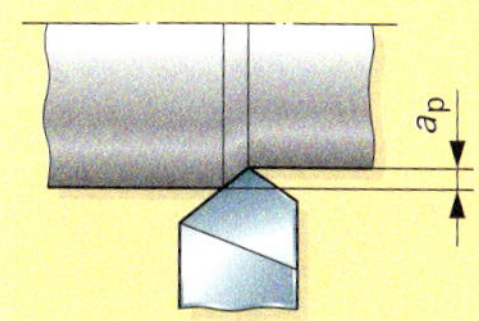	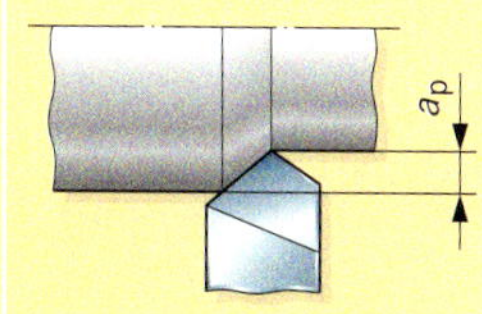
• geringe Belastung und Erwärmung, verteilt auf kurze Schneide, Standzeit verändert sich nicht, • lange Bearbeitungsdauer ergibt hohe Lohnkosten	• größere Belastung und Erwärmung, verteilt auf lange Schneide, Standzeit verändert sich nicht, • kurze Bearbeitungsdauer ergibt sinkende Lohnkosten
• kaum Einfluss auf die Oberflächengüte	

Wird der *Vorschub* erhöht, steigt die Schneidenbelastung und die Erwärmung an der Schneide geringfügig an (Tab. 5). Dadurch verringert sich die Standzeit. Mit zunehmendem Vorschub sinken die Bearbeitungsdauer und damit die Lohnkosten für die Fertigung.

Ein kleiner Vorschub ergibt schmale Rillen auf der Schnittfläche. Die Werkstückoberfläche wird glatt. Ein großer Vorschub ergibt breite, tiefe Rillen auf der Schnittfläche. Die Werkstückoberfläche wird rau.

Tab. 5: Einfluss des Vorschubs

Vorschub	
klein	groß
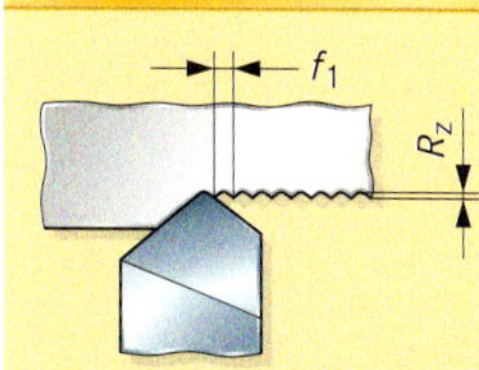	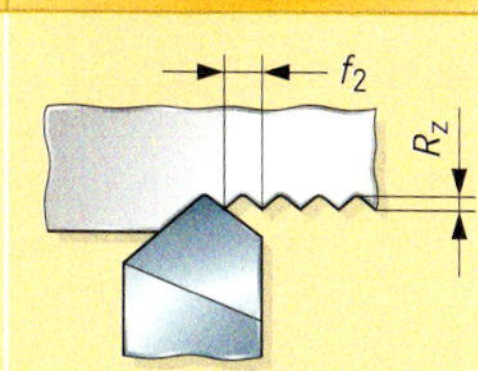
• geringe Schneidenbelastung und Erwärmung, größere Standzeit, • lange Bearbeitungsdauer ergibt hohe Lohnkosten, • schmale Rillen, glatte Oberfläche	• hohe Schneidenbelastung und Erwärmung, geringere Standzeit • kurze Bearbeitungsdauer ergibt sinkende Lohnkosten, • breite, tiefe Rillen, raue Oberfläche

Ein großer Spanungsquerschnitt lässt sich erreichen durch eine größere Schnitttiefe oder einen größeren Vorschub. Bei gleichem Spanungsquerschnitt ergibt sich eine geringere Schneidenbelastung, wenn die Schnitttiefe groß und der Vorschub klein wird (Abb. 1).

Die Schnitttiefe a_p sollte 4 bis 10 mal so groß wie der Vorschub f sein.

$$a_p : f = 4 : 1 \text{ bis } 10 : 1$$

a) große Schnitttiefe und kleiner Vorschub:

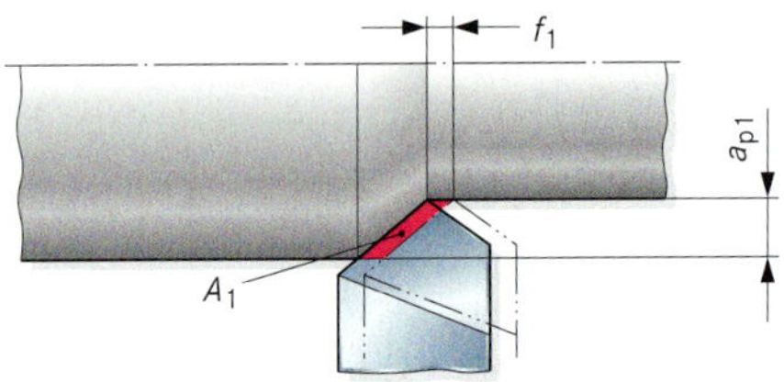

b) kleine Schnitttiefe und großer Vorschub:

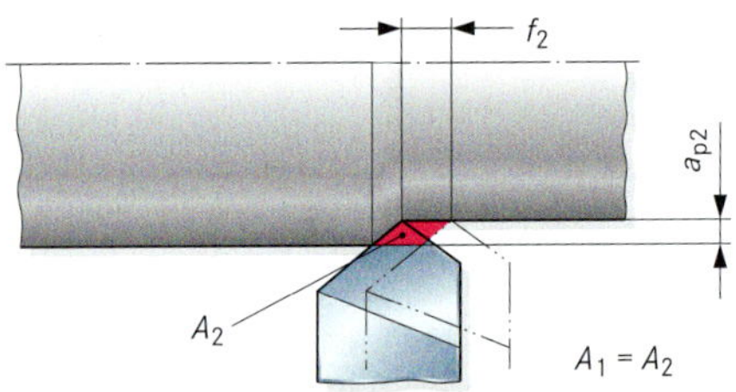

Abb. 1: Unterschiedliche Schneidenbelastung

Vordrehen und Fertigdrehen

Beim Drehen unterscheidet man Vordrehen (Schruppen) und Fertigdrehen (Schlichten).

Durch *Schruppen* soll in möglichst kurzer Zeit viel Werkstoff bei wirtschaftlicher Standzeit zerspant werden. Die erreichte Oberflächengüte ist von untergeordneter Bedeutung.

Beim Schruppen sind der Vorschub und entsprechend die Schnitttiefe möglichst groß zu wählen. Es ergibt sich ein großer Spanungsquerschnitt. Die Schnittgeschwindigkeit sollte klein sein, um eine wirtschaftliche Standzeit zu erzielen. Die Leistung der Werkzeugmaschine begrenzt die Größe der Arbeitswerte.

! Beim Schruppen wird mit großen Vorschüben und großen Schnitttiefen, aber kleinen Schnittgeschwindigkeiten gearbeitet. Es ergeben sich kurze Bearbeitungszeiten, aber geringe Oberflächengüten.

Durch *Schlichten* soll eine Werkstückoberfläche mit geringer Rautiefe R_z erreicht werden.

Beim Schlichten sind Vorschub und Schnitttiefe klein zu wählen. Es ergibt sich ein kleiner Spanungsquerschnitt. Die Schnittgeschwindigkeit dagegen soll möglichst groß sein.

! Beim Schlichten wird mit kleinen Vorschüben und Schnitttiefen, aber großen Schnittgeschwindigkeiten gearbeitet. Es wird eine hohe Oberflächengüte erreicht.

Tab. 1: Einfluss der Eingangsgrößen auf die Ausgangsgrößen

Eingangsgrößen	Zerspanungsvorgang		Ausgangsgrößen
• spröde Werkstoffe z. B. Gusseisen • geringe Schnittgeschwindigkeiten • kleine Spanwinkel		• voreilender Riss • geringe Spanstauchung	• Reißspan • raue Oberfläche
• leicht spröde bis zähe Werkstoffe, z. B. C 60 • mittlere Schnittgeschwindigkeiten • mittlere Spanwinkel	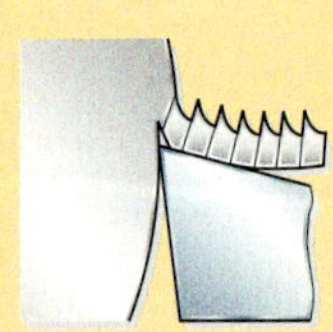	• kurzer, voreilender Riss • starke Spanstauchung	• Scherspan
• zähe Werkstoffe z. B. C 20 • hohe Schnittgeschwindigkeiten, • große Spanwinkel	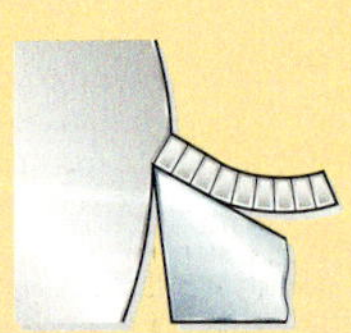	• kein voreilender Riss • geringe Spanstauchung	• Fließspan • glatte Oberfläche

Planen

2.3.6 Arbeitswerte

An der Drehmaschine müssen die Arbeitswerte für die Schnittbewegung, die Vorschubbewegung und die Zustellbewegung eingestellt werden. Die kreisförmige Schnittbewegung wird mit der Umdrehungsfrequenz n eingestellt. Die geradlinige Vorschubbewegung wird mit dem Vorschub f und die Zustellung mit der Schnitttiefe a_p eingestellt (Abb. 2).

Schnittgeschwindigkeit, Vorschub und Schnitttiefe sind abhängig von

- dem zu bearbeitenden Werkstoff,
- dem Schneidstoff des Drehmeißels,
- der Bearbeitung Schruppen oder Schlichten,
- der gewünschten Standzeit.

In Versuchen sind Richtwerte für Schnittgeschwindigkeit, Vorschub und Schnitttiefe ermittelt worden. Diese Richtwerte können Tabellen entnommen werden (➜📖).

Der einzustellende Vorschub f und die entsprechende Schnitttiefe a_p können direkt den Richtwerttabellen entnommen und an der Maschine eingestellt werden. Aus dem Richtwert für die Schnittgeschwindigkeit v_c und dem Werkstückdurchmesser d wird die an der Drehmaschine einzustellende Umdrehungsfrequenz n ermittelt. Die Umdrehungsfrequenz kann dabei berechnet oder aus einem Umdrehungsfrequenzdiagramm abgelesen werden.

Lässt sich die ermittelte Umdrehungsfrequenz nicht an der Maschine einstellen, ist die nächstkleinere Umdrehungsfrequenz zu wählen. Sonst wird die maximal zulässige Schnittgeschwindigkeit überschritten.

Beispiel:

Der Absatz am Stufenbolzen soll mit einem Drehmeißel aus Schnellarbeitsstahl hergestellt werden. An der Drehmaschine können folgende Umdrehungsfrequenzen eingestellt werden:

n = ... - 500 - 710 - 1000 - 1400 - 2000 - 2800 1/min

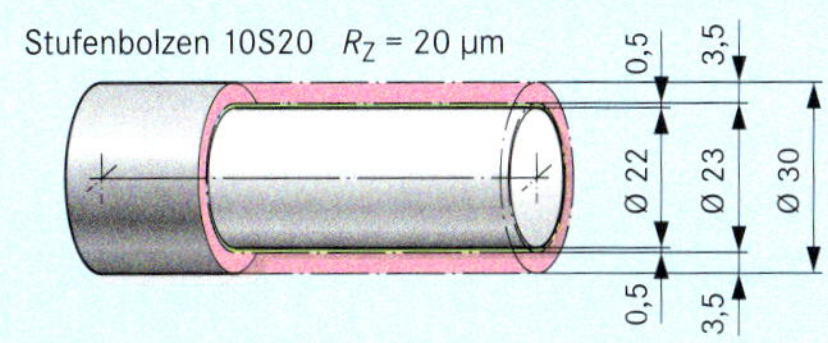

Vorüberlegung:
Der Absatz ist mit einem Schruppschnitt vor zu drehen und mit einem Schlichtschnitt fertig zu drehen.

Geg.: Drehmeißel HS, Werkstoff 10S20

Ges.: n in 1/min, f in mm, a_p in mm

Tabellenbuch:	Schruppen	Schlichten
	f = 0,33 mm	f = 0,1 mm
	a_p = 3,5 mm	a_p = 0,5 mm
	v_c = 75...50 m/min	v_c = 90...60 m/min
	d_1 = 30 mm	d_1 = 23 mm

$$n = \frac{v_c}{d \cdot \pi}$$

Schruppen: $n = \dfrac{75\ \text{m} \cdot 1000\ \text{mm}}{\text{min}\ 30\ \text{mm} \cdot \pi \cdot 1\ \text{m}} = 762{,}2\ 1/\text{min}$

eingestellt: $\underline{n = 710\ 1/\text{min}}$

Schlichten: $n = \dfrac{90\ \text{m} \cdot 1000\ \text{mm}}{\text{min}\ 23\ \text{mm} \cdot \pi \cdot 1\ \text{m}} = 1246{,}1\ 1/\text{min}$

eingestellt: $\underline{n = 1000\ 1/\text{min}}$

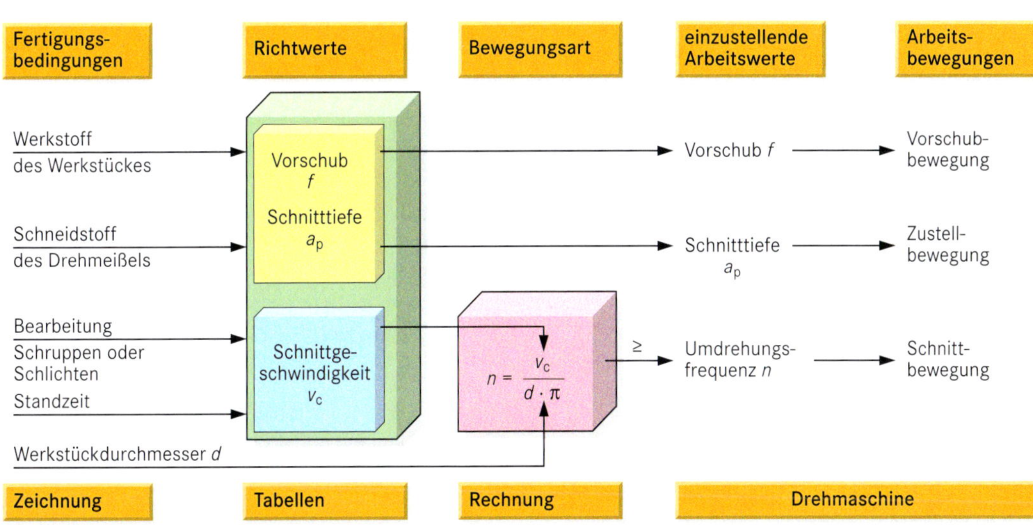

Abb. 2: Bestimmen von Arbeitswerten beim Drehen

Aufgaben

1. An einem Drehteil ist die Zentrierbohrung vereinfacht angegeben.

a) Erklären Sie die Angaben.
b) Wie tief muss gebohrt werden?

2. Aus welchen Baugruppen besteht eine Universaldrehmaschine?

3. Warum sollen Drehmeißel möglichst kurz eingespannt werden?

4. Welche Drehverfahren unterscheidet man
a) nach der hergestellten Werkstückform,
b) nach der Richtung des Vorschubs?

5. Skizzieren Sie einen im Schnitt befindlichen geraden linken Drehmeißel. Kennzeichnen Sie den Einstellwinkel und den Eckenwinkel.

6. Wie wirkt sich die Änderung des Einstellwinkels bei unverändertem Spanungsquerschnitt auf den Zerspanungsvorgang aus?

7. Beschreiben Sie die Phasen der Spanbildung beim Drehen.

8. In welcher Weise beeinflusst der Spanwinkel den Zerspanungsvorgang?

9. Beschreiben Sie die Auswirkungen einer Drehmeißelstellung „über Mitte" und „unter Mitte".

10. Beschreiben Sie, wodurch Drehmeißel verschleißen und abstumpfen.

11. In welchem Verhältnis sollen beim Drehen Schnitttiefe und Vorschub stehen?

12. Welche Spanarten können beim Drehen entstehen?

13. Welche Nachteile haben lange, zusammenhängende Fließspäne?

14. Geben Sie an, wie die Arbeitswerte jeweils zu wählen sind
a) beim Vordrehen (Schruppen),
b) beim Fertigdrehen (Schlichten).

15. Bestimmen Sie die Richtwerte für folgende Dreharbeiten:

	Drehmeißel-Schneidstoff	Werkstück-Werkstoff	Bearbeitung
a)	Schnellarbeitsstahl	46S20	Schruppen
b)	Schnellarbeitsstahl	EN AW-6012 [AlMgSiPb]	Schruppen
c)	Hartmetall	EN-GJL-250	Schlichten

Fertigen

2.3.7 Kühlschmierstoffe

Kühlschmierstoffe sollen

- die Wärme abführen,
- die Reibung senken und
- zusätzlich die Späne fortspülen.

Die Standzeit der Werkzeugschneide wird durch den Einsatz von Kühlschmierstoffen erheblich verlängert, bei gleichzeitiger Erhöhung der Schnittgeschwindigkeit. Außerdem wird die Qualität der Oberfläche verbessert.

Kühlschmierstoffeinsatz

Je nach Schnittbedingungen werden nichtwassermischbare Kühlschmierstoffe (Schneidöle) und wassermischbare Kühlschmierstoffe (Emulsionen) eingesetzt (→).

Nichtwassermischbare Kühlschmierstoffe werden verwendet, wenn bei niedrigen Schnittgeschwindigkeiten hohe Oberflächengüten erreicht werden sollen. Es steht die Schmierwirkung im Vordergrund.

Wassermischbare Kühlschmierstoffe werden bei hohen Schnittgeschwindigkeiten verwendet, wenn die Kühlwirkung wichtiger ist. Es wirken die Kühlwirkung des Wassers und die schmierende, korrosionshemmende Wirkung des Öls zusammen.

Vor allem Werkzeuge aus Schnellarbeitstahl werden gekühlt, weil deren Härte mit steigender Temperatur schnell abnimmt. Werkzeuge aus Hartmetall werden seltener gekühlt, da bei ungleichmäßiger Abkühlung Spannungsrisse zum Ausbrechen der Schneidkanten führen können. Außerdem verlieren Hartmetalle ihre Härte erst bei Temperaturen über 1000 °C.

Umgang mit Kühlschmierstoffen

Kühlschmierstoffe können eine Gesundheitsgefahr für den Maschinenbediener darstellen. Eine Gefährdung ergibt sich durch Einatmen der Dämpfe, durch Verschlucken und durch Hautkontakt.

- Kühlschmierstoffe sind hoch alkalisch (pH-Wert = 9) und greifen den Säureschutzmantel der Haut an.
- Zusätze zum Kühlschmierstoff können die Haut reizen.
- In Kühlschmierstoffen können sich Mikroorganismen (Bakterien und Pilze) bilden, die Hautkrankheiten auslösen.
- In Kühlschmierstoffen können sich Nitrosamine bilden, die krebserregend sind.

Für den Umgang mit Kühlschmierstoffen sind Betriebsanweisungen zu erstellen (Abb. 1). Anhand der Betriebsanweisungen müssen die Beschäftigten über den sicheren Umgang unterrichtet werden.

	Betriebsanweisung gem. GefStoff V § 20	Nr. 1

1. Anwendungsbereich

Umgang mit wassergemischten Kühlschmierstoffen (KSS) ISOPAL S55 bei der mechanischen Bearbeitung an **Drehmaschinen**

2. Gefahren für Mensch und Umwelt

Intensiver Hautkontakt zerstört den Säureschutzmantel der Haut, kann zu Hautreizungen, mechanischer Beschädigung der Haut und damit zu Hautinfektionen führen.

Bei Hautkontakt besteht die Möglichkeit allergischer Reaktionen.

Durch eingeatmete KSS–Dämpfe und -Nebel sind schädliche Wirkungen auf den Gesamtorganismus möglich.

KSS darf nicht ins Erdreich, Grundwasser oder in die Kanalisation gelangen.

3. Schutzmaßnahmen und Verhaltensregeln

Vor Arbeitsbeginn Hände und Unterarme mit Hautschutzsalbe einreiben.

Vor Pausen und bei Arbeitsende Hände und Unterarme mit Reinigungsmittel und warmem Wasser reinigen.

Nach Arbeitsende Hände und Unterarme mit Hautpflegemittel einreiben.

Hautkontakt mit KSS auf ein Minimum beschränken, dazu gehört:
- Hände nie mit KSS reinigen,
- KSS-durchfeuchtete Kleidung sofort wechseln,
- mit KSS-verschmutzten Händen nie Mund, Nase, Augen berühren,
- statt Putzlappen Einweg-Papiertücher verwenden; diese nicht in Kleidung stecken,
- am Arbeitsplatz nicht essen, trinken, rauchen.

Keine Lebensmittelreste und andere Abfälle in das KSS-System werfen.

Werkstücke und Maschinen nicht mit Druckluft reinigen.

4. Verhalten bei Störungen

Verschüttete KSS mit geeigneten Mitteln, z. B. Papiertüchern oder Aufsaugmitteln, aufnehmen; dabei Schutzhandschuhe tragen.

5. Verhalten bei Unfällen

Verletzungen, auch geringen Umfangs, mit Hinweis auf Umgang mit KSS versorgen lassen.

Nach Augenkontakt mehrere Minuten unter fließendem Wasser ausspülen, gegebenenfalls Facharzt aufsuchen.

6. Instandhaltung, Entsorgung

Mit KSS getränkte Tücher in dafür vorgesehenen, gekennzeichneten Behältern sammeln.

Weitere Wartung sowie Austausch des KSS und Reinigung des Systems durch Wartungsdienst.

Abb. 1: Betriebsanweisung für den Umgang mit wassergemischten Kühlschmierstoffen

Prüfen

2.3.8 Prüfen mit Messschrauben und Grenzlehren

Beim Fertigen des Bolzens sind dessen Maße und Oberflächenqualität zu prüfen (Abb. 1, S. 116).

Die Auswahl der Prüfgeräte hängt ab von

- der *Toleranz* der zu prüfenden Maße,
- dem *Messbereich* des Messgerätes,
- der zu prüfenden *Form* und
- den betrieblichen Gegebenheiten.

Zum Prüfen des Maßes Ø 20-0,05/-0,1 eignet sich eine Bügelmessschraube oder ein Messschieber mit digitaler Anzeige. Sie haben eine Ablesegenauigkeit von 0,01 mm. Dabei muss die Bügelmessschraube einen Messbereich von 0 mm ... 25 mm haben.

Je kleiner die Toleranz des Werkstückes und die Ablesegenauigkeit des Messgerätes werden, um so sorgfältiger muss der Prüfvorgang ausgeführt werden. Daher kann der Einsatz von Grenzlehren günstiger sein als der von Messmitteln, weil kein Messwert abgelesen werden muss.

2.3.8.1 Messschrauben

Messschrauben werden für Längenmessungen mit Ablesegenauigkeiten von 0,01 mm eingesetzt (Abb. 1). Je nach Art der Messschraube können Außen-, Innen- oder Tiefenmessungen ausgeführt werden.

Das zu prüfende Maß wird bei der Messschraube durch den Abstand zweier Messflächen voneinander ermittelt. Die Maßverkörperung der Messschraube ist eine Messspindel mit Gewinde, die in der Mutterhülse verdreht werden kann. Wenn die Skalentrommel zusammen mit der Messspindel verdreht wird, verschiebt sich die Messspindel in Längsrichtung. Der Abstand zwischen den Messflächen verändert sich.

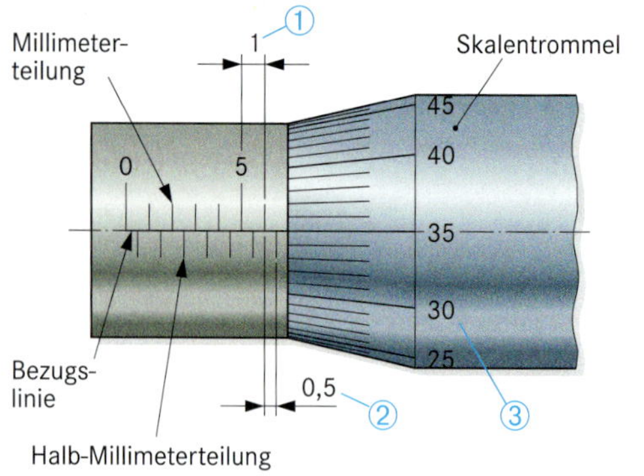

Abb. 2: Ablesen der Messschraube

Das Gewinde der Messspindel hat eine Steigung von 0,5 mm. Bei einer Umdrehung der Messspindel verschiebt sich die Messfläche um 0,5 mm. Die Skalentrommel ist auf ihrem Umfang in 50 gleiche Teile unterteilt. Wenn man die Skalentrommel von einem Teilstrich bis zum nächsten verdreht, so verschiebt sich die Messfläche um den fünfzigsten Teil von 0,5 mm.

Das Ablesen eines Messwertes erfolgt an der Messschraube in drei Schritten (Abb. 2):

① Ablesen der ganzen Millimeter oberhalb der Bezugslinie auf der Millimeterteilung → 6 mm.

② Ablesen der halben Millimeter unterhalb der Bezugslinie auf der Halb-Millimeterteilung → 0,5 mm.

③ Ablesen der hundertstel Millimeter auf der Skalentrommel → 0,35 mm.

Anschließend ist der Messwert zu errechnen. Volle Millimeter, halbe Millimeter und hundertstel Millimeter werden addiert. Die Summe der Einzelwerte ergibt den Messwert Mw.

$$Mw = 6\ mm + 0{,}5\ mm + 0{,}35\ mm = 6{,}85\ mm.$$

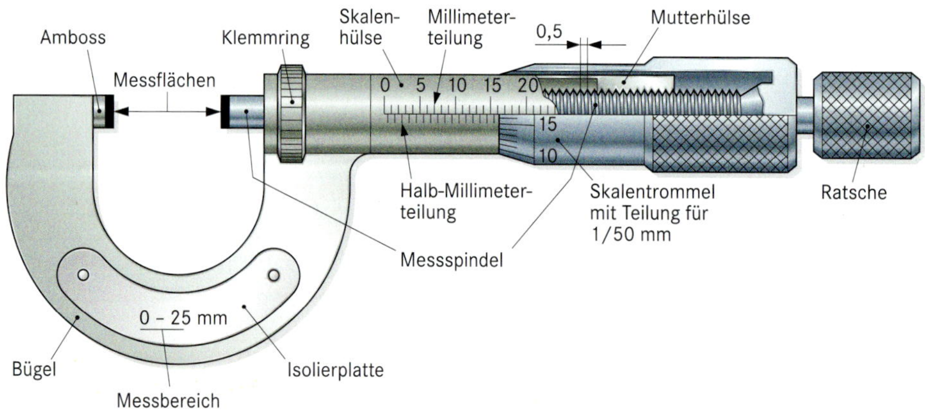

Abb. 1: Bügelmessschraube

auch über Web-Link

! Die *Ablesegenauigkeit der Messschraube* beträgt 1/100 mm.

Um immer mit gleichbleibender Messkraft zu messen, hat die Messschraube eine Kupplung (Ratsche). Diese sorgt dafür, dass sich die Skalentrommel nicht weiterdreht, wenn zwischen Werkstück und Messschraube die Messkraft größer als 5 N ... 10 N wird.

Zum Messen von Außenmaßen werden Bügelmessschrauben verwendet. Bügelmessschrauben gibt es für unterschiedlich gestufte Messbereiche: 0 mm ... 25 mm; 25 mm ... 50 mm; 50 mm ... 75 mm; ... ; 475 mm ... 500 mm.

Um Einflüsse der Handwärme auf das Messergebnis auszuschließen, ist der Bügel der Messschraube beidseitig mit Isolierplatten aus Kunststoff belegt.

Für Innen- und Tiefenmessungen gibt es spezielle Ausführungen von Messschrauben (Abb. 3).

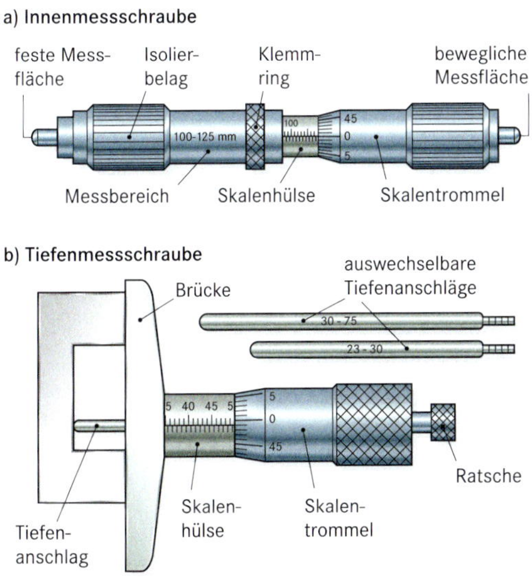

Abb. 3: Innen- und Tiefenmessschraube

Messschrauben sind empfindliche Präzisionsgeräte und müssen deshalb sorgfältig behandelt werden:

- Messschrauben nur einsetzen, wenn Toleranzen im Bereich von hundertstel Millimeter geprüft werden müssen,
- Messkraft beim Drehen der Skalentrommel durch Benutzung der Ratsche begrenzen,
- bei längerem Gebrauch darauf achten, dass die Maßbezugstemperatur von 20 °C eingehalten wird,
- Messschrauben nach Gebrauch sorgfältig reinigen und im Aufbewahrungskasten ablegen,
- Genauigkeit der Anzeige regelmäßig mit Endmaßen überprüfen.

Häufig werden Messschrauben mit Ziffernanzeige (Digitalmessschrauben) verwendet (Abb. 4). Die Ablesegenauigkeit beträgt 1/1000 mm = 0,001 mm. Der Messwert kann direkt abgelesen werden.

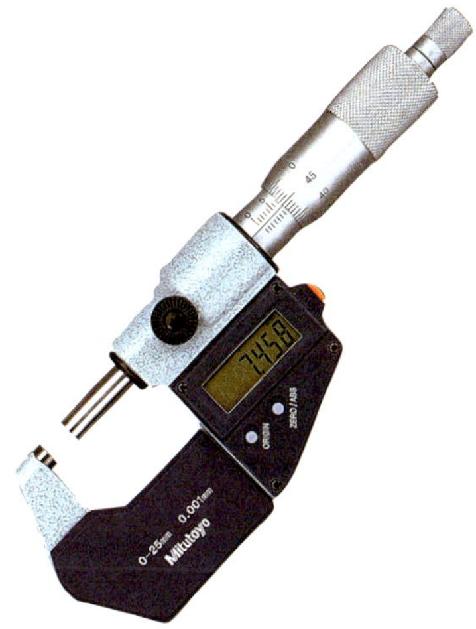

Abb. 4: Messschraube mit Ziffernanzeige

2.3.8.2 Grenzlehren

Zum Überprüfen von Maßen mit ISO-Toleranzen werden oft Grenzlehren (Abb. 5) verwendet. Mit ihnen prüft man, ob die für ein Werkstück vorgeschriebenen Grenzmaße (Mindestmaß und Höchstmaß) eingehalten wurden.

Grenzlehren gibt es als

- *Grenzlehrdorne* zum Prüfen von Bohrungen,
- *Grenzrachenlehren* zum Prüfen von Wellen.

Eine Grenzlehre besteht aus zwei Maßverkörperungen. Eine Seite verkörpert das Mindestmaß, die andere das Höchstmaß eines Werkstückes.

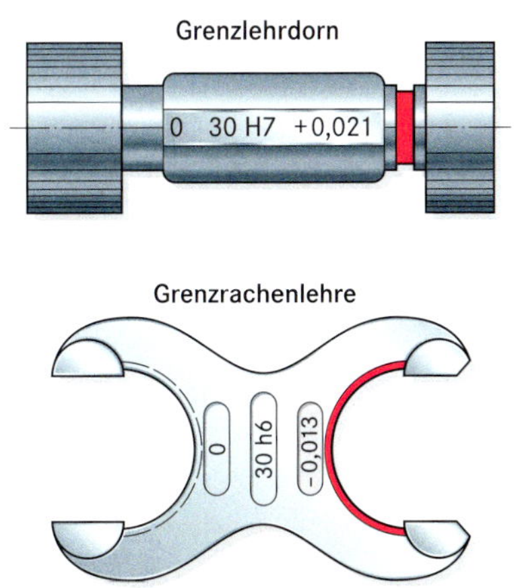

Abb. 5: Grenzlehren

Für das Prüfen einer Bohrung mit dem Grenzlehrdorn gilt (Abb. 1a):

- Die Gutseite entspricht dem Mindestmaß der Bohrung. Wenn sich die Gutseite in die Bohrung einführen lässt, ist das Istmaß der Bohrung größer als das Mindestmaß.
- Die Ausschussseite entspricht dem Höchstmaß der Bohrung. Wenn sich die Ausschussseite nicht in die Bohrung einführen lässt, ist das Istmaß der Bohrung kleiner als das Höchstmaß.

Für das Prüfen einer Welle mit der Grenzrachenlehre gilt (Abb. 1b):

- Die Gutseite entspricht dem Höchstmaß der Welle. Wenn die Gutseite über die Welle gleitet, ist das Istmaß der Welle kleiner als das Höchstmaß.
- Die Ausschussseite entspricht dem Mindestmaß der Welle. Wenn die Ausschussseite nicht über die Welle gleitet, ist das Istmaß der Welle größer als das Mindestmaß.

Tab. 1: Merkmale der Ausschussseiten

Grenzlehrdorn	Grenzrachenlehre
rote Farbmarkierung	rote Farbmarkierung
kurzer Prüfzylinder	abgeschrägte Prüfbacken
oberes Abmaß *ES* steht an der Ausschussseite	unteres Abmaß *ei* steht an der Ausschussseite

Passt die Gutseite von Grenzlehren nicht, müssen die Teile nachgearbeitet werden.

Passt die Ausschussseite von Grenzlehren, ist eine Welle zu klein und eine Bohrung zu groß gefertigt. Die Teile sind Ausschuss.

2.3.9 Oberflächenprüfung

Prüfen

Das Prüfen von Oberflächen kann

- als subjektive Prüfung durch Tast- und Sichtvergleich mit einem Oberflächenvergleichsmuster oder
- als objektive Prüfung mit Tastschnittgeräten erfolgen.

Bei Tastschnittgeräten wird die Oberfläche mit einem Mikrotaster mit Diamantspitze abgetastet (Abb. 2). Die Tastspitze gleitet über die zu prüfende Oberfläche. Dabei kann nur ein kleiner Ausschnitt der gesamten Werkstückoberfläche abgetastet werden. Er entspricht der Messstrecke l_n.

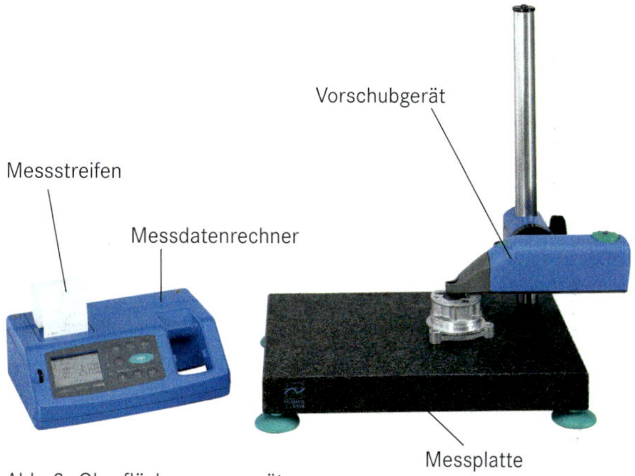

Abb. 2: Oberflächenmessgerät

Die Messstrecke l_n ist genormt und liegt zwischen 0,40 und 40,0 mm. Die Messstrecke muss am Tastschnittgerät eingestellt werden. Der einzustellende Wert richtet sich nach den Rillenbreiten bei periodischen Profilen oder den vorgeschriebenen Rauheitswerten bei nichtperiodischen Profilen (Tab. 2).

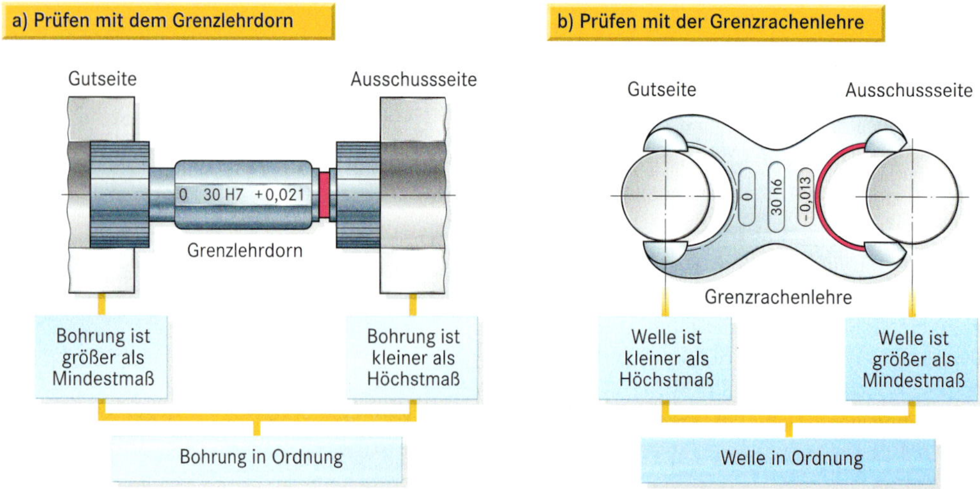

Abb. 1: Prüfen mit Grenzlehren

Periodische Profile ergeben sich z. B. beim Drehen oder Fräsen. Nichtperiodische Profile ergeben sich z. B. beim Schleifen oder Feilen.

Tab. 2: Messbedingungen

Rillenbreite in mm	R_z in µm	Grenzwellenlänge λ_c in mm	Messstrecke l_n in mm
> 0,013 ... 0,04	> 0,1	0,08	0,40
> 0,04 ... 0,13	> 0,1 ... 0,5	0,25	1,25
> 0,13 ... 0,4	> 0,5 ... 10	0,8	4,00
> 0,4 ... 1,3	> 10 ... 50	2,5	12,5
> 1,3 ... 4,0	> 50 ... 200	8,0	40,0

! Die Rauheit soll quer zu den Bearbeitungsriefen gemessen werden.

Die Oberflächenmesswerte werden am Messgerät analog oder digital angezeigt und können als Diagrammstreifen ausgedruckt und auf einen Rechner übertragen und abgespeichert werden. Auf dem Diagrammstreifen ist das Profil einer Oberfläche vergrößert dargestellt.

Die Ist-Oberfläche eines Werkstückes unterscheidet sich von der geometrisch idealen Oberfläche durch Abweichungen in der Form, der Welligkeit und der Rauheit (➡📖). Durch das Ausmessen der Ist-Oberfläche erhält man das Primärprofil. Um die Rauheit eine Oberfläche zu ermitteln, wird die Welligkeit ausgefiltert. Man erhält das Rauheitsprofil (Abb. 3).

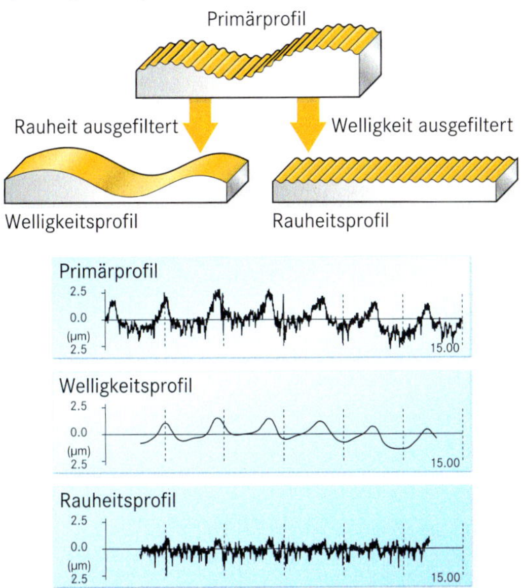

Abb. 3: Rauheitsprofile

Aus dem Rauheitsprofil werden die *Oberflächenkenngrößen* bestimmt. Häufig werden die gemittelte Rautiefe R_z und der arithmetische Mittenrauwert R_a ermittelt.

Die *gemittelte Rautiefe* R_z ist das arithmetische Mittel aus den Einzelrautiefen fünf aneinander grenzender *Einzelmessstrecken* l_e. Die Einzelrautiefe Z ist der Abstand des höchsten vom tiefsten Punkt des Rauheitsprofils innerhalb der Einzelmessstrecke (Abb. 4a). Die größte auf der Gesamtmessstrecke l_n vorkommende Einzelrautiefe wird als *maximale Rautiefe* R_{max} bezeichnet.

Der *arithmetische Mittenrauwert* R_a ist der arithmetische Mittelwert aller Abstände zwischen Rauheitsprofil und Mittellinie (Abb. 4b). Die Mittellinie teilt das Rauheitsprofil so, dass die Flächeninhalte der Erhebungen und die Flächeninhalte der Vertiefungen gleich groß sind. Der Mittenrauwert R_a wird ermittelt in einem Rechteck, dessen Länge gleich der Gesamtmesslänge l_n ist. Die Fläche dieses Rechtecks entspricht der Summe aller Flächen, die zwischen Rauheitsprofil und Mittellinie eingeschlossen wird. Die Höhe dieses Rechtecks ist der arithmetische Mittenrauwert R_a.

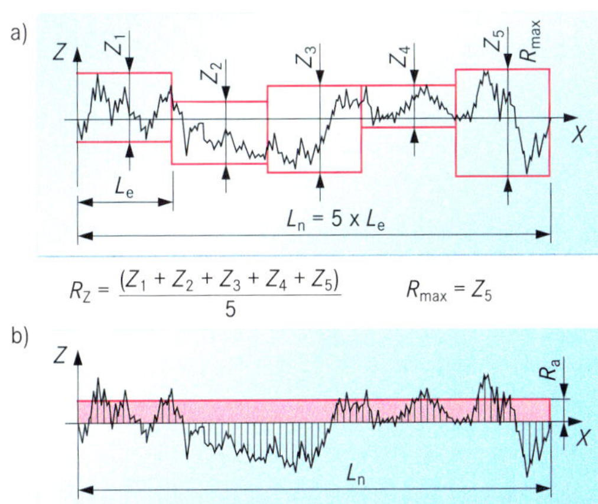

Abb. 4: Rauheitsmessgrößen

Aufgaben

1. Beim Prüfen einer Bohrung Ø 12H7 mit einem Grenzlehrdorn gleitet die rot markierte Seite des Lehrdorns leicht in die Bohrung. Beurteilen Sie die Maßhaltigkeit der Bohrung.

2. Wählen Sie ein geeignetes Prüfmittel zum Prüfen des:

a) Wellendurchmessers Ø 22-0,05,

b) Bohrungsdurchmessers Ø 25+0,05/-0,05 und

c) Wellendurchmessers Ø 18f6 aus.

3. Erläutern Sie den Unterschied zwischen dem Primärprofil und dem Rauheitsprofil einer Oberfläche.

Planen/ Dokumentieren

auch über Web-Link

2.3.10 Arbeitsplanung Bolzen

Der Bolzen ist durch Drehen herzustellen. Die Fertigung erfolgt nach der Teilzeichnung (Abb. 1a). In der Teilzeichnung sind Werkstoff, Form und Größe des Werkstückes sowie die Maßtoleranzen und Oberflächenbeschaffenheiten festgelegt.

Beim Planen der Arbeitsvorgänge muss man sich das fertige Werkstück vorstellen, um die notwendigen Arbeitsschritte abzuleiten (Abb. 1b). Beim Festlegen der Vorgänge sind grundlegende Regeln einzuhalten:

- Werkstücke kurz spannen; lange Werkstücke durch Zentrierspitze abstützen, um die Schnittkräfte sicher ohne Verformung des Werkstückes aufzunehmen;
- Werkstück wenig umspannen, denn jedes Umspannen führt zu Ungenauigkeiten im Rundlauf;
- Werkstück möglichst nicht auf fertiggedrehte Funktionsflächen spannen, um Beschädigungen an der Werkstückoberfläche zu vermeiden;
- Plandrehen vor Längsdrehen, damit die Bezugsfläche für die Absatzlängen entsteht;
- Häufige Werkzeugwechsel vermeiden, um die Bearbeitungszeit gering zu halten;

Aus der Art der Bemaßung können Rückschlüsse auf die Fertigung gezogen werden. Die Absatzlängen sind von den Planflächen aus bemaßt. Aus der Bemaßung kann man erkennen, wie das Werkstück auf der Drehmaschine zu spannen ist.

In die Planfläche des Absatzes mit Gewinde M8 ist eine Zentrierbohrung anzubringen. Über diese Zentrierbohrung ist das Werkstück beim Drehen der Absätze Ø 20 mm, Ø 16 mm und Ø 12 mm abzustützen. Abbildung 2 zeigt die Arbeitsvorgänge für das Drehen des Bolzens.

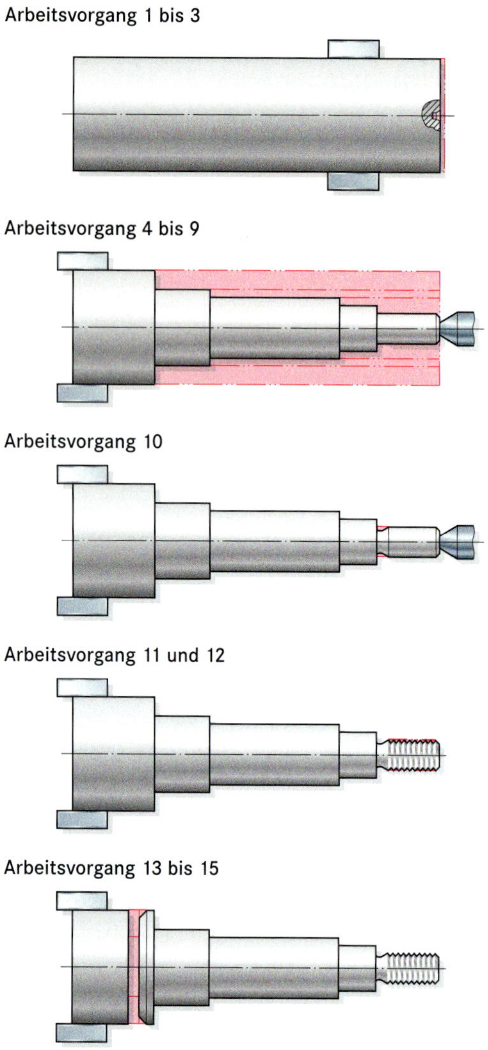

Abb. 2: Arbeitsvorgänge beim Drehen des Bolzens

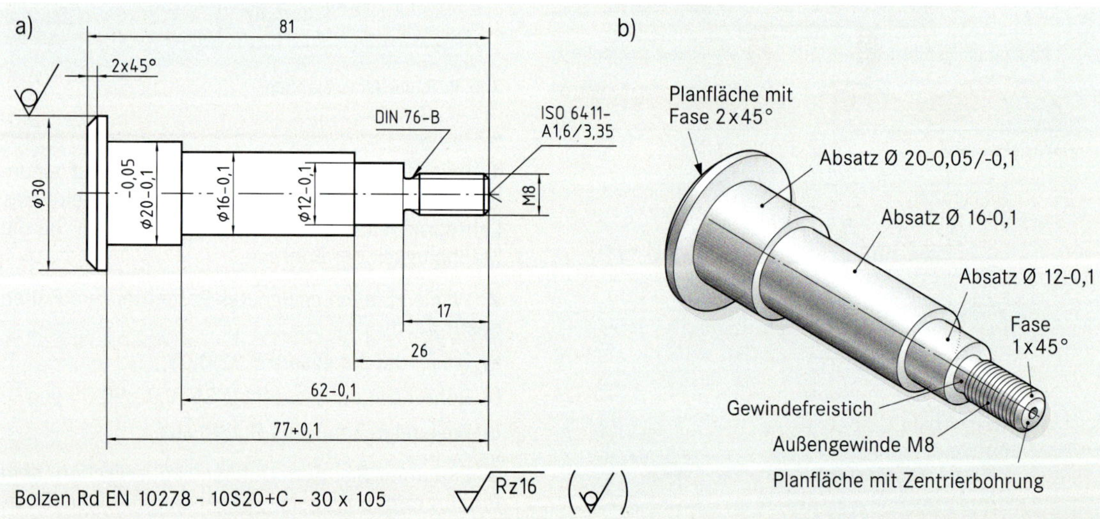

Abb. 1: Teilzeichnung und Perspektive des Bolzens

Sind die Arbeitsvorgänge für das Drehen bestimmt, müssen geeignete Spannwerkzeuge und Drehwerkzeuge bestimmt werden.

Der Bolzen wird im Dreibackenfutter gespannt.

Zum Drehen der Planfläche wird ein rechter abgesetzter Drehmeißel ISO 5 verwendet. Die Absätze werden mit einem abgesetzten Eckdrehmeißel ISO 3 und die 45°-Fasen mit einem gebogenen Drehmeißel ISO 2 gedreht. Der Bolzen wird abschließend durch Abstechdrehen vom Halbzeug mit einem Stechdrehmeißel ISO 7 abgetrennt.

Nachdem Arbeitsverfahren und Werkzeuge festgelegt sind, können die an der Maschine einzustellenden Arbeitswerte bestimmt werden. Die Absätze sind jeweils mit einem Schruppschnitt vor und mit einem Schlichtschnitt fertig zu drehen.

Dabei ist von Richtwerten auszugehen, die man Tabellen entnehmen kann. An der Drehmaschine ist die Umdrehungsfrequenz n, der Vorschub f und die Schnitttiefe a_p einzustellen.

Einen Arbeitsplan für das Drehen des Bolzens mit allen Arbeitsmitteln und Arbeitswerten zeigt Abbildung 3.

westermann	**Arbeitsplan**	**Blatt-Nr.** 1	**Anzahl** 1
Benennung: Bolzen — **Zeichn.Nr. Sach.-Nr.**	**Auftragsnr.:**	**Name:**	
Halbzeug: Rd EN 10278 – 30 x 105 – 10S20+C	**Stückzahl:** 1	**Klasse/Gr.:**	
[x] **Einzelteil** — [ ] **Montage/Demontage**	**Termin:**	**Kontr.-Nr.:**	

Lfd. Nr.	Arbeitsvorgang	Arbeitsmittel	Arbeitswerte/ Bemerkungen
1	Spannen	Dreibackenfutter	
2	Querplandrehen Planfläche	rechter abgesetzter Stirndreh-	n = 1000 1/min
		meißel ISO 5	f = 0,1mm; a_p = 0,5mm
3	Zentrierbohren der Zentrierbohrung ISO 6411 – A1,6/3,35	Zentrierbohrer, Bohrfutter	n = 2000 1/min
4	Umspannen	Dreibackenfutter, Zentrierspitze	
5	Längsrunddrehen Absatz 20-0,1/-0,05; 77+0,1 lang	rechter abgesetzter Eckdreh-	n = 500 1/min
	Schruppschnitt (i = 1)	meißel ISO 3	f = 0,3 mm; a_p = 4,5 mm
	Schlichtschnitt (i = 1)		n = 1400 1/min
			f = 0,1 mm; a_p = 0,5 mm
6	Längsrunddrehen Absatz 16-0,1; 62-0,1 lang	rechter abgesetzter Eckdreh-	n = 1000 1/min
	Schruppschnitt (i = 1)	meißel ISO 3	f = 0,3 mm; a_p = 1,5 mm
	Schlichtschnitt (i = 1)		n = 1400 1/min
			f = 0,1 mm; a_p = 0,5 mm
7	Längsrunddrehen Absatz 12-0,1; 26 lang	rechter abgesetzter Eckdreh-	n = 1000 1/min
	Schruppschnitt (i = 1)	meißel ISO 3	f = 0,3 mm; a_p = 1,5 mm
	Schlichtschnitt (i = 1)		n = 1400 1/min
			f = 0,1 mm; a_p = 0,5 mm
8	Längsrunddrehen Gewindeabsatz 8-0,1; 17 lang	rechter abgesetzter Eckdreh-	n = 1400 1/min
		meißel ISO 3	f = 0,3 mm; a_p = 1,0 mm
9	Drehen der Fase 1 x 45° für Außengewinde M8	rechter gebogener Drehmeißel	n = 1400 1/min
		ISO 2	
10	Einstechdrehen des Gewindefreistiches	Formdrehmeißel	n = 1400 1/min
11	Zentrierspitze lösen		
12	Gewindeschneiden M8	Schneideisen M8	n = 63 1/min
13	Einstechdrehen auf Länge 81	Stechdrehmeißel ISO 7	n = 1400 1/min
14	Drehen der Fase 2 x 45°	linker gebogener Drehmeißel	n = 1400 1/min
		ISO 2	
15	Abstechdrehen des Bolzens	Stechdrehmeißel ISO 7	n = 1400 1/min

Abb. 3: Arbeitsplan für das Drehen des Bolzens

Zusammenfassung

Drehverfahren:

Drehen

Einteilung nach der Vorschubrichtung: Längsdrehen, Querdrehen

Einteilung nach der Bearbeitungsform, z. B.: Runddrehen, Plandrehen, Schraubdrehen

daraus abgeleitete Drehverfahren, z. B.: Längsrunddrehen, Querplandrehen, Querabstechdrehen, Gewindeschneiden

Maschineneinstellung: Wahl der Arbeitswerte

Schruppen

(Vordrehen mit großer Spanabnahme)

¥ große Schnitttiefe a_p,
¥ großer Vorschub f, } → großer Spanungsquerschnitt A
¥ kleine Schnittgeschwindigkeit v_c

Schlichten

(Fertigdrehen mit glatter Oberfläche)

- kleine Schnitttiefe a_p,
- kleiner Vorschub f, } → kleiner Spanungsquerschnitt A
- große Schnittgeschwindigkeit v_c

abhängig von:
- Werkstoff des Werkstückes,
- Schneidstoff des Drehmeißels,
- Standzeit

Gesamtaufgabe

Der Stempel des Lochers (S. 114) soll auf einer Universaldrehmaschine gefertigt werden (Drehmeißel HS).

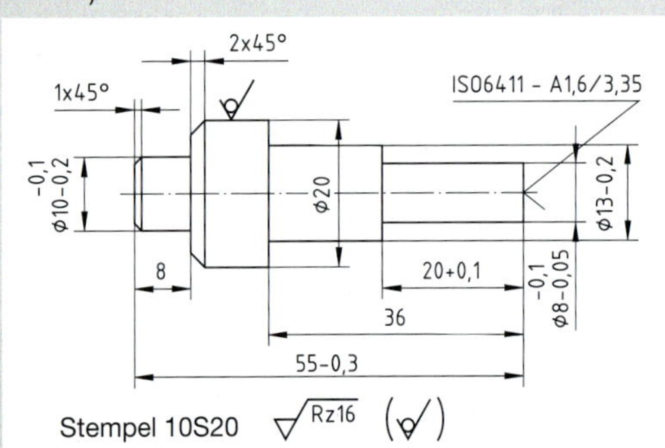

1. Legen Sie die Rohmaße für den Zuschnitt des Stempels fest.

2. Geben Sie die herzustellenden Bearbeitungsformen am Stempel an. Mit welchen Drehverfahren werden die Formen jeweils hergestellt?

Verwenden Sie dabei folgendes Schema:

Bearbeitungsform	Drehverfahren
Planfläche	

3. Wählen Sie für das Drehen folgender Bearbeitungsformen einen geeigneten Drehmeißel aus:

a) Planfläche b) Absatz 10-0,1/-0,2

c) Fase 2 x 45°

4. Beim Querplandrehen wird festgestellt, dass in der Mitte der Planfläche ein Ansatz stehen bleibt. Geben Sie die Ursache dafür an.

5. Beschreiben Sie die Aufgabe der Zentrierbohrung.

6. Welche Oberflächenbeschaffenheiten sollen die Bearbeitungsformen des Stempels aufweisen? Geben Sie dafür die Maschineneinstellung an.

7. Die Planflächen haben außen eine bessere Oberfläche als zur Mitte hin. Beschreiben Sie die Ursachen dafür.

8. Der Absatz Ø 13-0,2 soll mit je einem Schruppschnitt vorgedreht und einem Schlichtschnitt fertig gedreht werden.

Bestimmen Sie anhand des Tabellenbuches die Richtwerte für das Schruppen und das Schlichten.

9. Berechnen Sie die an der Maschine einzustellenden Umdrehungsfrequenzen für das Schruppen und das Schlichten. An der Maschine sind Umdrehungsfrequenzen der Reihe R20/3 einstellbar.

10. Erstellen Sie einen Arbeitsplan zur Herstellung des Stempels. Verwenden Sie dabei folgenden Aufbau:

Lfd.	Arbeitsvorgang	Arbeitsmittel	Arbeitswerte
1.			

2.4 Fräsen

ARBEITSAUFTRAG

Der Absatz, die Nut und die beiden Stirnseiten der Grundplatte sollen durch Fräsen hergestellt werden. Das Fräsen soll auf einer Universalfräsmaschine erfolgen. Das Rohteil ist ein gezogenes Flachprofil mit dem Querschnitt 80 mm x 16 mm. Es ist auf die Länge 168 mm abgesägt.

Der Werkstoff der Grundplatte ist ein unlegierter Baustahl.

Die Größe und Lage der Bearbeitungsformen wird durch die Teilzeichnung festgelegt und beschrieben. Die Zeichnung schreibt auch die geforderte Oberflächenbeschaffenheit und die einzuhaltenden Maßtoleranzen vor.

Die Fasen, Bohrungen und Senkungen werden an einem Bankarbeitsplatz hergestellt. Dabei werden die Fasen 3 x 45° gefeilt. Zum Fertigen von Bohrungen und Senkungen siehe Kapitel 2.1.

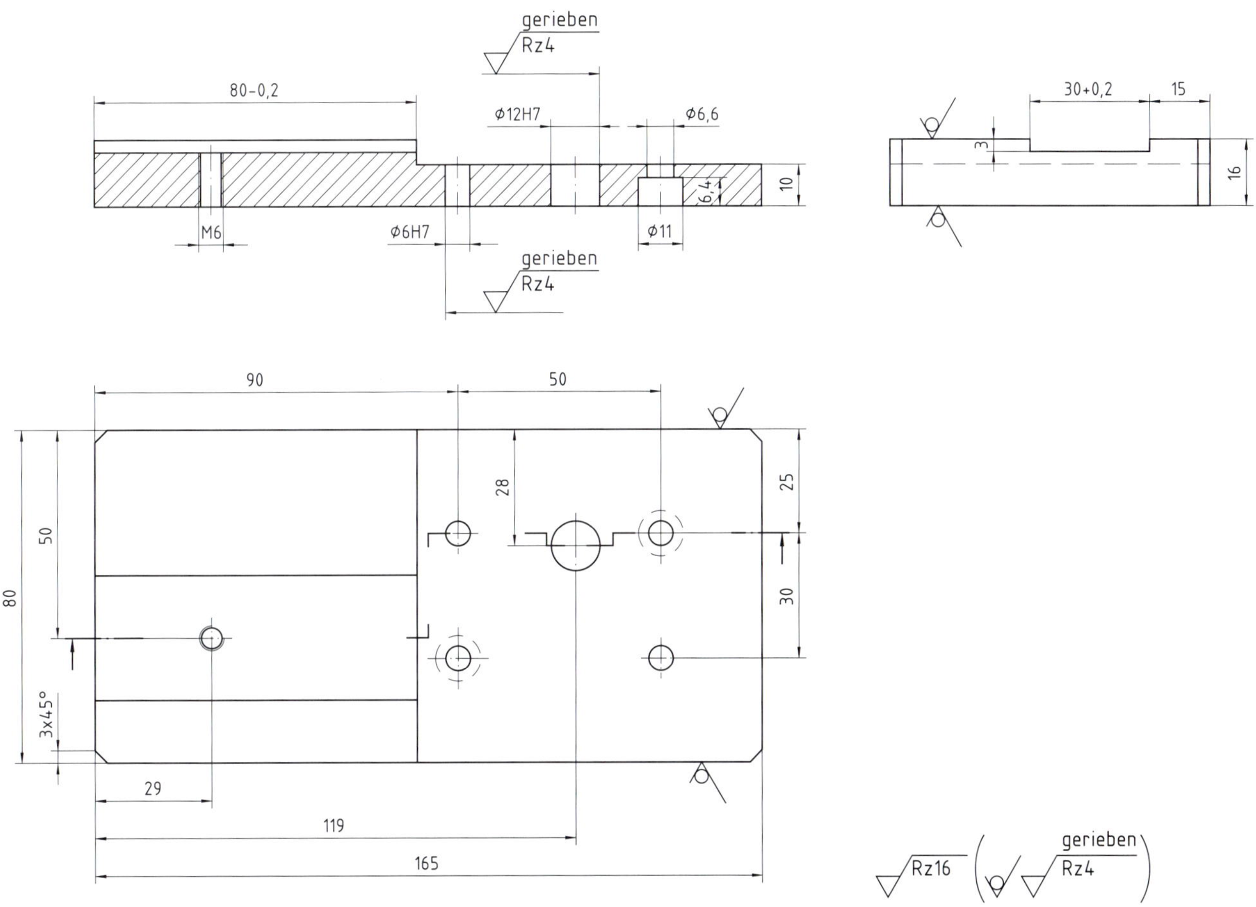

ISO 2768-m	ISO 1302	Maßstab: 1:1	(Masse)
		FL EN10278 - S235JRG2+C - 80x16x168	
	Datum	Name	
Bearb.	26.04.04	J. Kaese	Grundplatte
Gepr.			
Norm			
Abt.			
westermann			Blatt
			Bl.
Zust. Änderung Datum Name	Ursprung	Ersatz für:	Ersetzt durch:

Fertigen

2.4.1 Fräsmaschinen

Um Fräsmaschinen richtig handhaben und bedienen zu können, muss man deren Aufbau und Funktionsweise verstehen.

2.4.1.1 Baueinheiten

Die Antriebsenergie für Fräsmaschinen liefert ein Elektromotor für die *Arbeitsspindel* und ein Elektromotor für den Vorschubantrieb. Universalfräsmaschinen haben eine waagerechte (horizontale) und eine senkrechte (vertikale) Arbeitsspindel (Abb. 1). Die senkrechte Arbeitsspindel lässt sich zusammen mit dem Vertikalfräskopf schwenken.

Das *Hauptgetriebe* überträgt die Antriebsenergie des Motors auf die Arbeitsspindel. Die Spindel nimmt das Fräswerkzeug auf und führt die Schnittbewegung aus.

An einer Fräsmaschine sind Vorschubbewegung und Zustellbewegung in drei Richtungen möglich. Der *Maschinentisch* mit dem aufgespannten Werkstück kann in senkrechter Richtung und Längsrichtung verfahren werden. Der *Querschlitten* kann über waagerechte Führungen in Querrichtung verfahren werden, wobei die gesamte Spindeleinheit mit dem Werkzeug bewegt wird.

Als Zustellbewegung werden die Bewegungen von Hand ausgeführt. Die Vorschubbewegung wird mit dem *Vorschubgetriebe* eingestellt. Die Bewegung wird über Gewindespindeln auf den Maschinentisch oder den Querschlitten übertragen. Die Vorschubbewegung ist jeweils nur in einer Richtung möglich.

Das *Gestell* der Fräsmaschine trägt den Maschinentisch, den Querschlitten und die Antriebsmotoren. In das Maschinengestell sind das Haupt- und Vorschubgetriebe integriert.

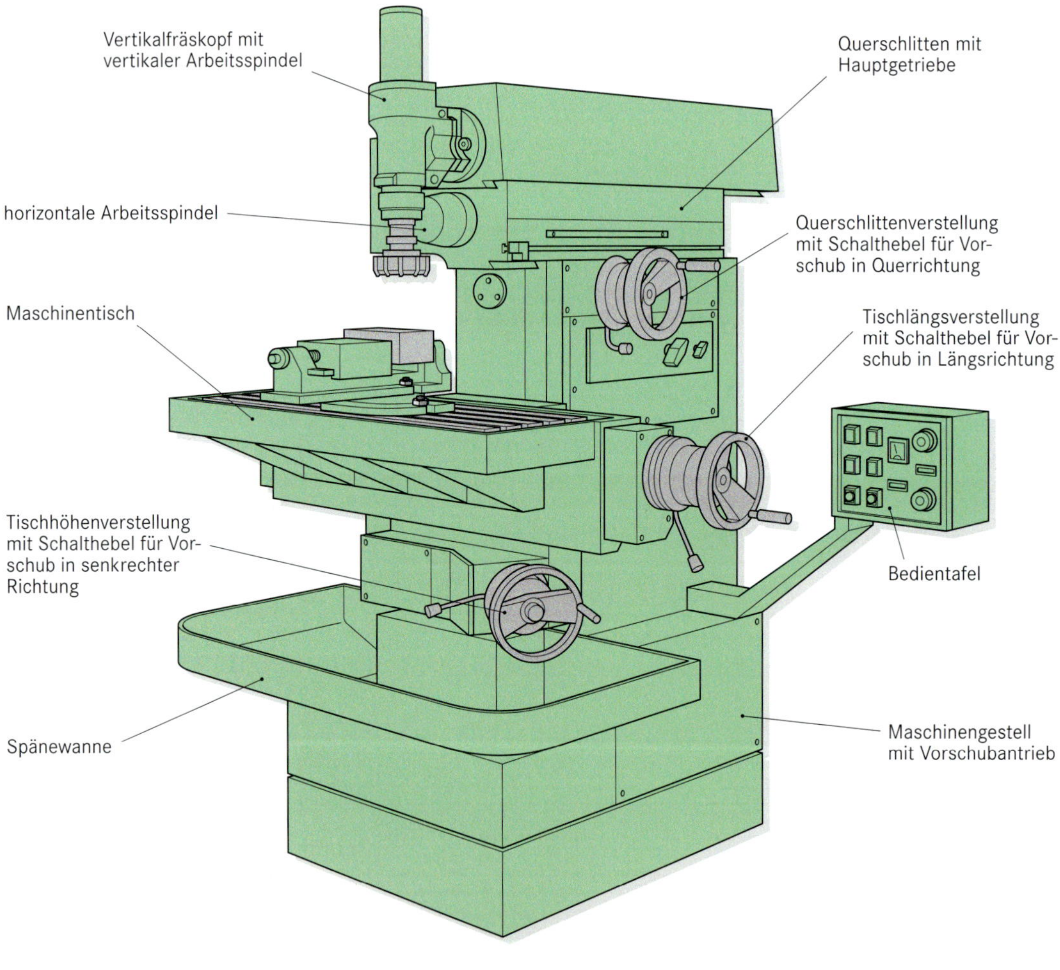

Abb. 1: Universalfräsmaschine

2.4.1.2 Spannmittel

Werkzeugaufnahme

Beim Fräsen müssen große Schnittkräfte von der Frässpindel über die Werkzeugaufnahme auf den Fräser übertragen werden. Für die verschiedenen Fräser werden unterschiedliche Werkzeugaufnahmen verwendet.

Aufsteckfräsdorne dienen zum Spannen von Fräsern mit zylindrischer Aufnahmebohrung. Zum Übertragen der Kräfte haben diese Fräser entweder eine Längsnut (Abb. 2a) oder eine Quernut (Abb. 2b).

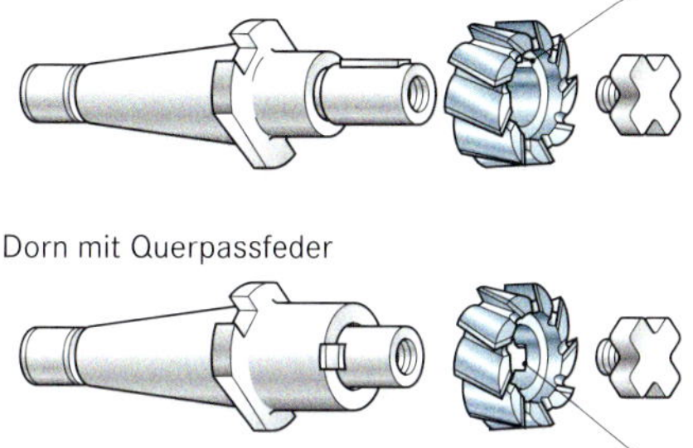

Abb. 2: Aufsteckfräsdorne

Spannzangenfutter werden zum Spannen von Fräsern und Bohrern mit zylindrischem Schaft verwendet (Abb. 3). Um verschiedene Schaftdurchmesser spannen zu können, benötigt man Spannzangensätze mit gestuften Durchmessern.

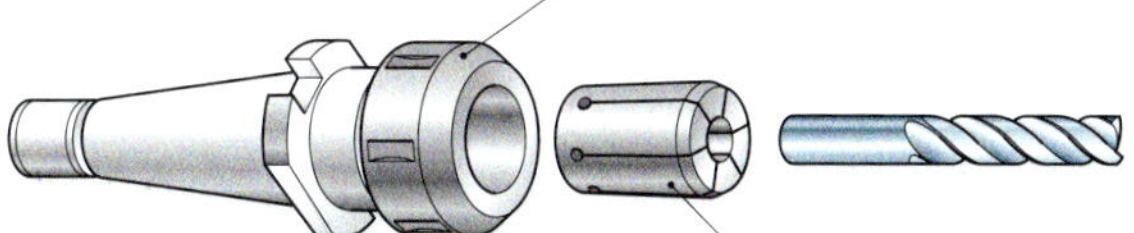

Abb. 3: Spannzangenfutter

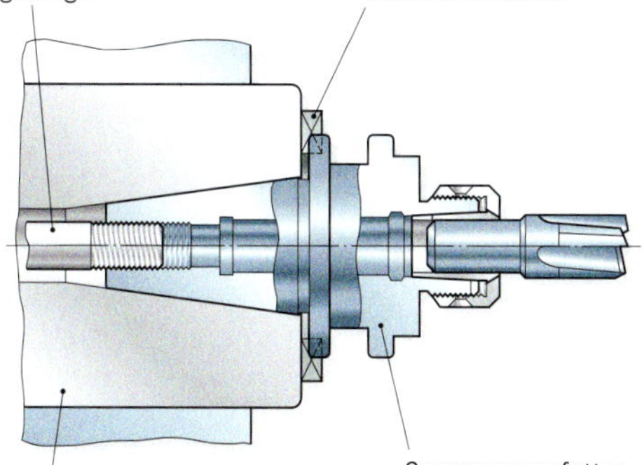

Abb. 4: Werkzeugaufnahme in der Frässpindel

Die Aufnahme von Fräsdornen und Spannzangenfuttern erfolgt mit einem Steilkegel (Abb. 4). Sie werden über eine Zugstange fest in die Spindel eingezogen. Der Kegel überträgt keine Antriebskräfte auf die Werkzeugaufnahme. Die Mitnahme erfolgt durch die Mitnehmersteine.

Der Steilkegel beeinflusst den Rundlauf des Fräsers. Darum ist bei einem Fräserwechsel darauf zu achten, dass die kegeligen Flächen sauber sind.

Maschinenschraubstock

Kleine Werkstücke mit parallelen Flächen spannt man im Maschinenschraubstock (Abb. 5). Die Spannkräfte können mechanisch über ein Trapezgewinde oder mechanisch-hydraulisch erzeugt werden. Der Schraubstock wird auf dem Maschinentisch mit Spannschrauben befestigt.

Abb. 5: Spannen im Maschinenschraubstock

Unfallverhütung

- Eng anliegende Arbeitskleidung und bei längeren Haaren Kopfbedeckung tragen.
- Werkstückwechsel und Werkzeugwechsel sowie alle Einrichtarbeiten oder Messungen grundsätzlich bei ausgeschalteter Maschine durchführen.
- Späne nur mit Hilfsmitteln wie Pinsel und Handfeger entfernen.
- Zum Schutz gegen fortgeschleuderte Späne oder vor spritzendem Kühlschmierstoff Schutzvorrichtung verwenden oder Schutzbrille tragen.
- Nicht in die Nähe des laufenden Fräswerkzeuges greifen.
- Werkstücke und Werkzeuge sicher spannen.
- Beschädigte Fräswerkzeuge auswechseln.

Fertigen

2.4.2 Fräsverfahren

Beim Fräsen zerspant ein mehrschneidiges Fräswerkzeug den Werkstoff. Bei jeder Umdrehung des Fräsers trennen die Schneiden nacheinander einen Span vom Werkstück ab. Jede Schneide ist dabei nur kurzzeitig im Eingriff. Es ergibt sich ein unterbrochener Schnitt.

! Fräsen ist Spanen mit einem mehrschneidigen Werkzeug im unterbrochenen Schnitt. Es lassen sich beliebige Werkstückformen herstellen.

Fräsverfahren werden unterschieden

- nach der Art des Werkzeugeingriffs und
- nach der herzustellenden Bearbeitungsform.

Nach der Art des Werkzeugeingriffs unterscheidet man

- Umfangsfräsen,
- Stirnfräsen und
- Stirn-Umfangsfräsen.

Beim *Umfangsfräsen* spanen nur die Hauptschneiden am Umfang des Fräsers (Abb. 1a). Es entsteht eine wellige Werkstückoberfläche.

Beim *Stirnfräsen* spanen die Hauptschneiden am Umfang und die Nebenschneiden an der Stirnseite des Fräsers (Abb. 1b). Die Werkstückoberfläche entsteht mit den Nebenschneiden. Es entstehen bogenförmige Riefen auf der Werkstückoberfläche.

Beim *Stirn-Umfangsfräsen* spanen die Hauptschneiden am Umfang des Fräsers die eine Werkstückoberfläche und die Nebenschneiden an der Stirnseite die andere Werkstückoberfläche (Abb. 1c).

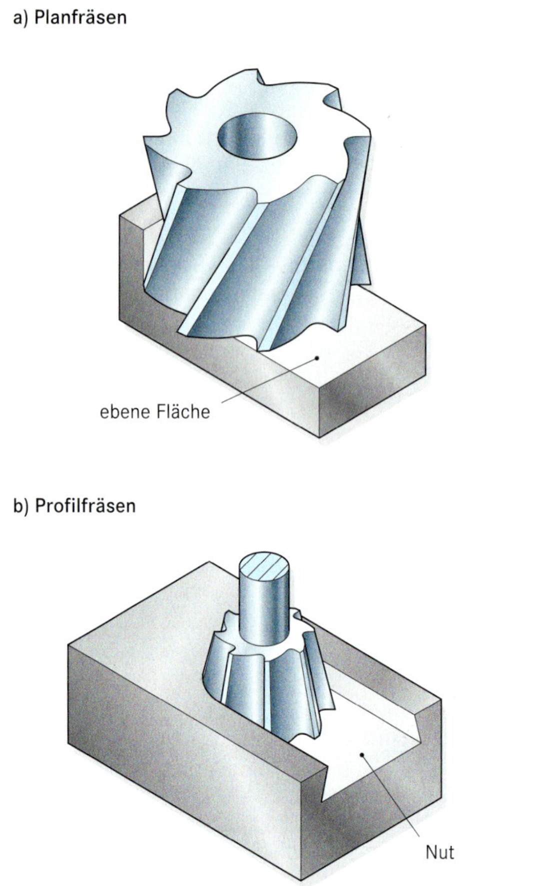

Abb. 2: Fräsverfahren für unterschiedliche Bearbeitungsformen

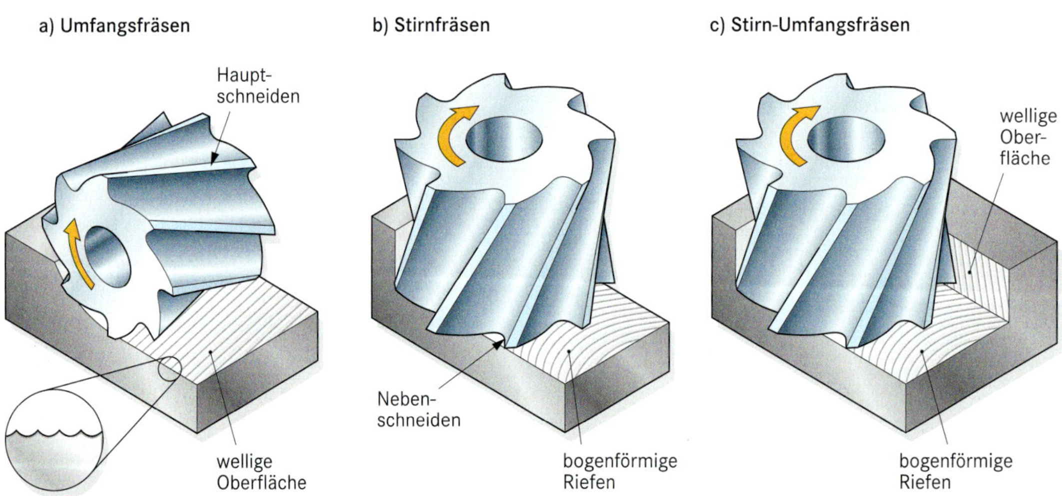

Abb. 1: Fräsverfahren mit unterschiedlichem Werkzeugeingriff

Nach den herzustellenden Bearbeitungsformen unterscheidet man unter anderem die Fräsverfahren

- Planfräsen und
- Profilfräsen.

Planfräsen ist Fräsen mit geradliniger Vorschubbewegung. Es werden ebene Flächen erzeugt. (Abb. 2a).

Beim *Profilfräsen* bildet sich das Profil des Fräsers auf dem Werkstück ab (Abb. 2b).

Fräsvorgang

Das Fräswerkzeug führt die kreisförmige *Schnittbewegung* aus. Gleichzeitig führt das Werkstück die *Vorschubbewegung* aus (Abb. 3a). Dadurch werden fortlaufend Späne abgenommen. Weil mit unterbrochenem Schnitt gearbeitet wird, entstehen kurze Späne.

Durch die *Zustellbewegung* werden beim Fräsen die Eingriffsgrößen *Schnitttiefe* a_p und *Arbeitseingriff* a_e festgelegt (Abb. 3b). Die beiden Eingriffsgrößen beschreiben das Ineinandergreifen von Werkzeug und Werkstück. Sie bestimmen die vom Werkstück abzuspanende Schicht.

Ein Maß für die Größe der Vorschubbewegung beim Fräsen ist die *Vorschubgeschwindigkeit* v_f in mm/min. Die Vorschubgeschwindigkeit v_f ergibt sich aus dem Vorschub f und der Umdrehungsfrequenz n des Fräsers.

$$v_f = f \cdot n$$

Der Vorschub f ist der Vorschubweg bei einer Umdrehung des Fräsers. Der Vorschub f wird aus dem Vorschub je Fräserzahn f_z und der Zähnezahl z des Fräsers ermittelt (Abb. 3c).

$$f = f_z \cdot z$$

In Tab. 1 sind die Arbeitsbewegungen und die zugehörigen Arbeitswerte mit Formelzeichen und Einheit zusammengestellt.

Tab. 1: Arbeitsbewegungen und Arbeitswerte

Arbeitsbewegungen	Arbeitswerte Bezeichnung	Formel- zeichen	Einheit
Schnittbewegung	Schnittgeschwindigkeit	v_c	m/min
Vorschubbewegung	Vorschub pro Zahn	f_z	mm
	Vorschub	f	mm
	Vorschubgeschwindigkeit	v_f	mm/min
Zustellbewegung	Arbeitseingriff	a_e	mm
	Schnitttiefe	a_p	mm

a) Arbeitsbewegungen

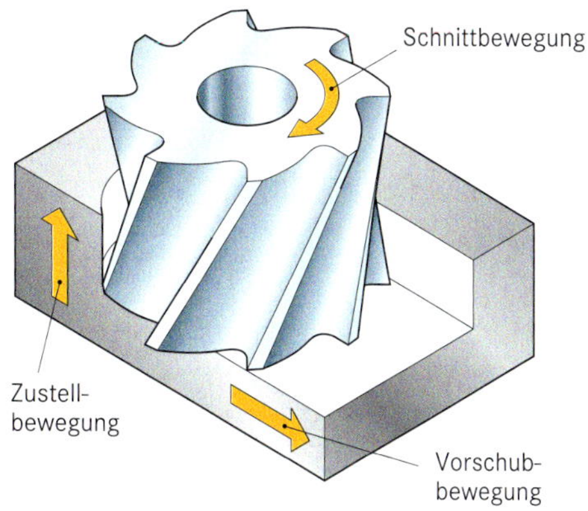

b) Eingriffsgrößen

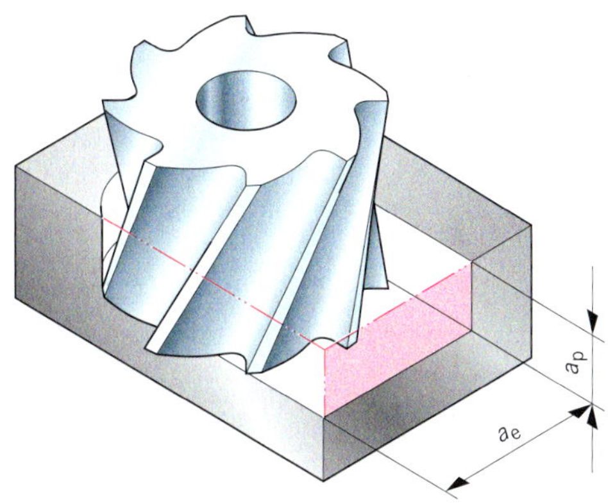

c) Arbeitswerte

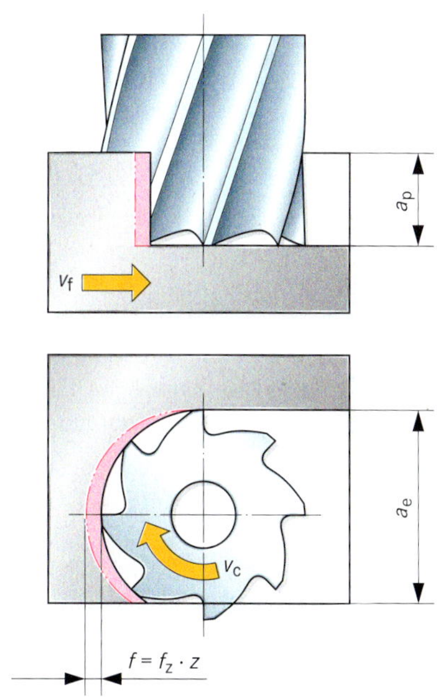

Abb. 3: Arbeitsbewegungen und Arbeitswerte beim Fräsen

Fräsen im Gegenlauf und Gleichlauf

Nach der Richtung von Vorschubbewegung und Schnittbewegung zueinander werden Fräsen im Gegenlauf und Gleichlauf unterschieden.

! Beim Fräsen im *Gegenlauf* sind Schnittbewegung und Vorschubbewegung entgegengesetzt gerichtet.
Beim Fräsen im *Gleichlauf* sind Schnittbewegung und Vorschubbewegung gleichgerichtet.

Beim *Umfangsfräsen im Gegenlauf* (Abb. 1a) wird ein kommaförmiger, immer dicker werdender Span abgenommen. Die Schnittkraft steigt allmählich an und ist bei Austritt des Fräsers am größten.

Die Schnittkraft F_c ist schräg nach oben gerichtet. Dadurch wird das Werkstück nach oben gezogen und vom Fräser weggedrückt. Das Werkstück muss fest gespannt werden.

Die Belastung der Fräserschneiden steigt bis zum Austritt des Fräsers aus dem Werkstück stetig an und fällt danach auf Null. Durch die ungleichmäßige Fräserbelastung können auf der Werkstückoberfläche Rattermarken entstehen.

Werden Fräser mit wendelförmigen Schneiden eingesetzt, sind mehrere Schneiden gleichzeitig im Eingriff. Die Schneiden dringen über ihre Breite allmählich in den Werkstoff ein. Dadurch wird der Fräser gleichmäßiger belastet. Der Schnitt verläuft ruhiger, Rattermarken werden vermieden.

Beim *Umfangsfräsen im Gleichlauf* (Abb. 1b) wird ein kommaförmiger, immer dünner werdender Span abgenommen. Die Fräserschneiden dringen schlagartig in das Werkstück ein. Die Belastung des Fräsers ist am kleinsten, wenn die Schneiden aus dem Werkstück austreten. Dadurch wird eine bessere Oberflächengüte erreicht.

Die Schnittkraft F_c ist schräg nach unten gerichtet. Dadurch wird das Werkstück auf den Maschinentisch gedrückt und zum Fräser hingezogen.

Gleichlauffräsen kann deshalb nur auf Fräsmaschinen durchgeführt werden, die einen spielfreien Tischvorschub haben. Ist Spiel vorhanden, wird das Werkstück unter den Fräser gezogen. Werkzeug und Werkstück können beschädigt werden.

Beim *Stirnfräsen* mit mittiger Anstellung des Fräsers zum Werkstück treten *Gegen- und Gleichlauf* gleichermaßen auf. Ihre Wirkungen gleichen sich aus (Abb. 2).

Beim Stirnfräsen sind mehrere Schneiden gleichzeitig im Eingriff. Der Spanungsquerschnitt ist gleichmäßiger. Man erzielt höhere Zerspanungsleistungen und bessere Oberflächengüten als beim Umfangsfräsen.

a) Gegenlauf

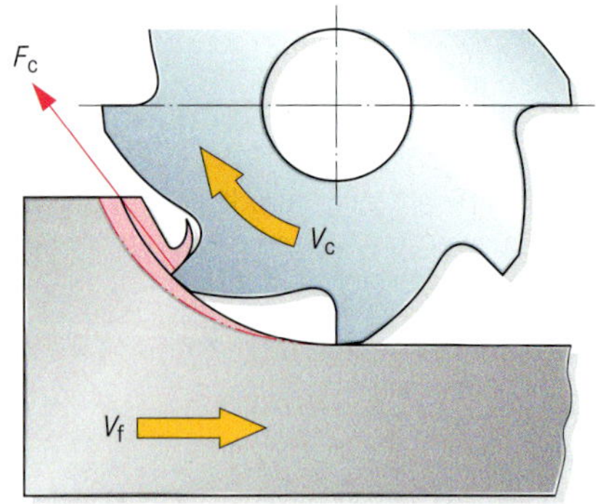

b) Gleichlauf

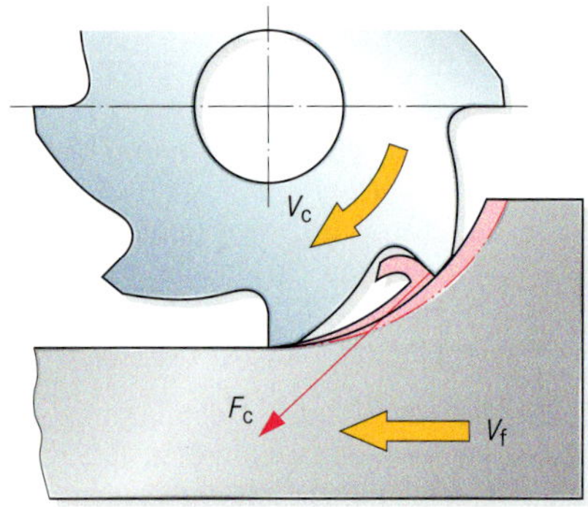

Abb. 1: Umfangsfräsen im Gegenlauf und im Gleichlauf

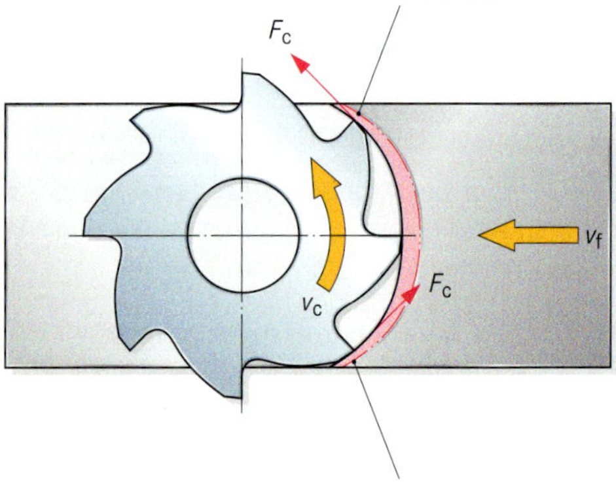

Abb. 2: Stirnfräsen mit Gegenlauf und Gleichlauf

Die Schnittbedingungen sind am günstigsten, wenn der Fräserdurchmesser *d* etwa 1,5-mal so groß wie die Werkstückbreite *b* ist. Es wird ein etwa gleich dicker Span abgenommen.

Fertigen

2.4.3 Fräswerkzeuge

Zur Durchführung einer Fräsarbeit muss das geeignete Werkzeug bestimmt werden.

Je nach der herzustellenden Bearbeitungsform werden unterschiedlich geformte Fräswerkzeuge verwendet (Tab. 1).

Je nach dem zu bearbeitenden Werkstoff werden die Fräsertypen W, N oder H eingesetzt. Die Frästypen unterscheiden sich in der Schneidengeometrie und der Zähnezahl (Tab. 2).

Fräser Typ W werden für weiche Werkstoffe verwendet. Sie haben kleine Keilwinkel β. Außerdem haben sie wenig Zähne und dadurch große Zahnzwischenräume.

Weiche Werkstoffe lassen sich leichter zerspanen. Sie werden mit einem großen Vorschub pro Zahn f_z bearbeitet. Es fallen mehr Späne an. Die großen Zahnzwischenräume können die anfallenden Späne besser abtransportieren.

Fräser Typ H werden für harte Werkstoffe verwendet. Sie haben große Keilwinkel β. Außerdem haben sie viele Zähne und dadurch nur kleine Zahnzwischenräume.

Harte Werkstoffe lassen sich schwer zerspanen. Sie werden mit einem kleinen Vorschub pro Zahn f_z bearbeitet. Es fallen weniger Späne an. Die Zähne können dichter zusammenliegen.

Fräser Typ N werden für normalfeste Werkstoffe verwendet. Sie haben dementsprechend mittelgroße Keilwinkel β und mittlere Zähnezahlen.

Tab. 1: Fräswerkzeuge

Einsatzbeispiel	Verwendungszweck
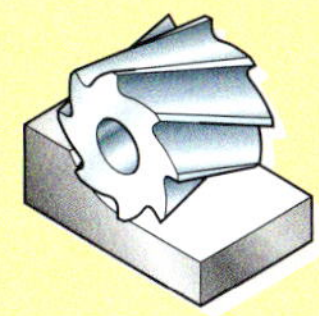	**Walzenfräser** nur Umfangsschneiden, zum Fräsen ebener Flächen
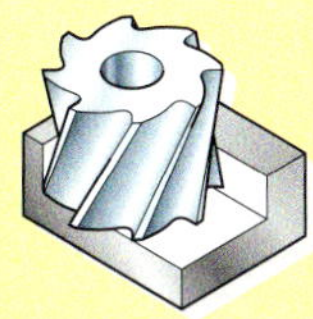	**Walzenstirnfräser** Schneiden am Umfang und an einer Stirnseite, zum Fräsen von ebenen Flächen und rechtwinkligen Absätzen
	**Scheibenfräser** zum Fräsen von Nuten mit geringeren Anforderungen an Maß- und Formgenauigkeit
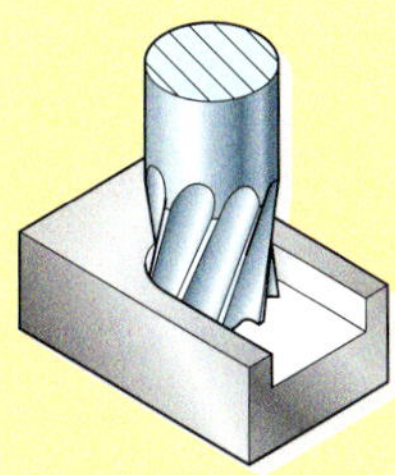	**Schaftfräser** Schneiden am Umfang und an den Stirnseiten mit zylindrischem oder kegeligem Schaft, zum Fräsen von Nuten, Langlöchern und kleineren Flächen

Tab. 2: Fräsertypen

Typ W	Typ N	Typ H
		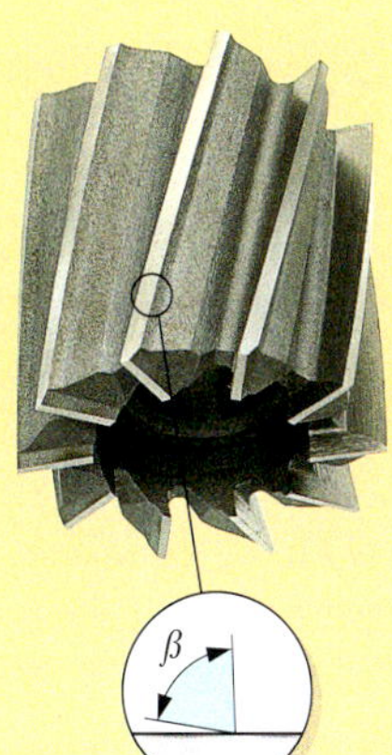
für weiche Werkstoffe, z. B. Aluminium, Kupfer	für normalfeste Werkstoffe, z. B. allgemeine Baustähle, Gusseisen, mittelharte NE-Metalle	für harte und zähharte Werkstoffe, z. B. legierte Stähle

Beim Stirnfräsen von harten und normalfesten Werkstoffen mit großen Schnitttiefen werden Walzenstirnfräser oder Schaftfräser Typ N bzw. H mit profilierten Schneiden eingesetzt. Die Hauptschneiden am Umfang haben Spanteiler. Dadurch ergeben sich schmale Späne auch bei großen Schnitttiefen. Die Spanbildung und Spanabfuhr werden verbessert.

Fräser Typ NR oder *Typ HR* mit Schrupp-Verzahnung haben ein rundes Profil. Sie eignen sich für das Vorfräsen im Schruppschnitt (Abb. 1a).

Fräser Typ NF oder *Typ HF* mit Schrupp-Schlicht-Verzahnung haben ein flaches Profil. Man erzielt glattere Oberflächen (Abb. 1b).

a) **Schrupp-Schlichtverzahnung**

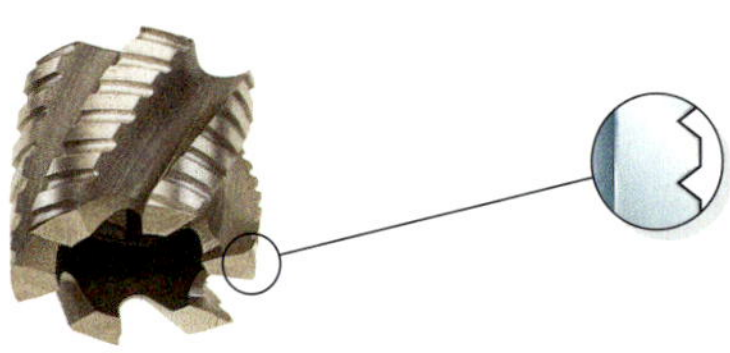

b) **Schrupp-Verzahnung**

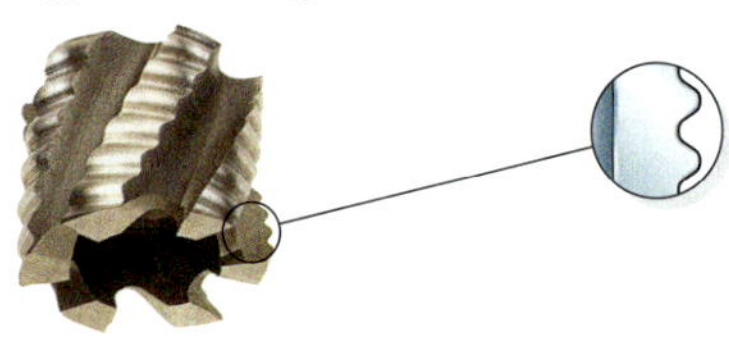

Abb. 1: Walzenstirnfräser mit Zahnteiler

Fräswerkzeuge werden meist aus Schnellarbeitsstahl (HS) hergestellt. Daneben werden Fräser mit aufgelöteten bzw. aufgeklemmten Schneidplatten aus Hartmetall oder Keramik verwendet.

2.4.4 Arbeitswerte

An der Fräsmaschine sind die Arbeitswerte für die Schnittbewegung und die Vorschubbewegung einzustellen. Die kreisförmige Schnittbewegung wird mit der Umdrehungsfrequenz n eingestellt. Die geradlinige Vorschubbewegung wird mit der Vorschubgeschwindigkeit v_f eingestellt (Abb. 2).

Die einzustellende Umdrehungsfrequenz n wird aus dem Richtwert für die Schnittgeschwindigkeit v_c und dem Fräserdurchmesser d ermittelt. Die Umdrehungsfrequenz kann dabei berechnet werden oder aus einem Umdrehungsfrequenzschaubild abgelesen werden.

Die einzustellende Vorschubgeschwindigkeit wird aus dem Richtwert für den Vorschub je Zahn f_z, der Zähnezahl des Fräsers z und der eingestellten Umdrehungsfrequenz n ermittelt.

Schnittgeschwindigkeit v_c und Vorschub je Zahn f_z sind abhängig von

- dem zu fräsenden Werkstoff,
- der Art des Fräswerkzeuges,
- dem Schneidstoff des Fräswerkzeuges,
- der Bearbeitung Schruppen oder Schlichten,
- der Standzeit.

Die Richtwerte für die Schnittgeschwindigkeit v_c und den Vorschub je Zahn f_z sind in Versuchen ermittelt und können Richtwerttabellen entnommen werden (→).

Lassen sich die ermittelten Werte nicht an der Maschine einstellen, sind die nächstkleineren Arbeitswerte einzustellen, damit die maximal zulässige Schnittgeschwindigkeit nicht überschritten wird.

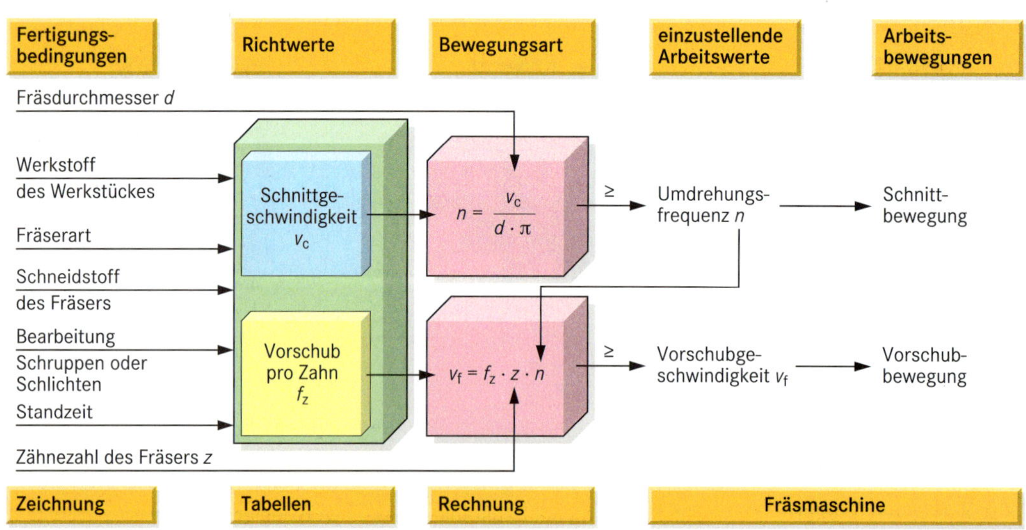

Abb. 2: Bestimmen von Arbeitswerten beim Fräsen

Beispiel:

In eine Platte aus S 235 JR soll eine Nut 20 mm breit und 2 mm tief mit einem Schlichtschnitt eingefräst werden. Als Werkzeug wird ein Schaftfräser Ø 20 mm aus Schnellarbeitsstahl mit 6 Zähnen verwendet.

Bestimmen Sie die an der Maschine einzustellende Umdrehungsfrequenz und Vorschubgeschwindigkeit.

Umdrehungsfrequenzen des Hauptantriebes:
n = ... - 45 - 56 - 63 - 71 - 90 - 112 - 125 - 140 - 180 - 224 - 250 - 280 - 335 - 450 - 500 - 710 - 900 - ... 1/min

einstellbare Vorschubgeschwindigkeiten:
v_f = 11,2 - 16 - 22,4 - 31,5 - 45 - 63 - 90 -125 - 180 - 250 - 355 - 500 mm/min

Geg.: Schaftfräser HS d = 20 mm z = 6
Werkstück S 235 JR

Ges.: n in 1/min,
v_f in mm/min

Lösung:

Tabellenbuch:

S 235 ⟶ R_m = 370 ... 470 N/mm²

f_z = 0,05 mm (Schlichten)

v_c = 28 m/min

Rechnung:

$$n = \frac{v_c}{d \cdot \pi}$$

$$n = \frac{28\ \text{m} \quad 1000\ \text{mm}}{\text{min}\ 20\ \text{mm} \cdot \pi \cdot 1\ \text{m}} = \underline{445{,}9\ 1/\text{min}}$$

einstellen: $\underline{\underline{n = 355\ 1/\text{min}}}$

$$v_f = f_z \cdot z \cdot n$$

$$v_f = \frac{0{,}05\ \text{mm} \cdot 6 \cdot 355}{\text{min}} = \underline{106\ \text{mm/min}}$$

einstellen: $\underline{\underline{v_f = 90\ \text{mm/min}}}$

Umdrehungsfrequenzdiagramm (Ausschnitt):

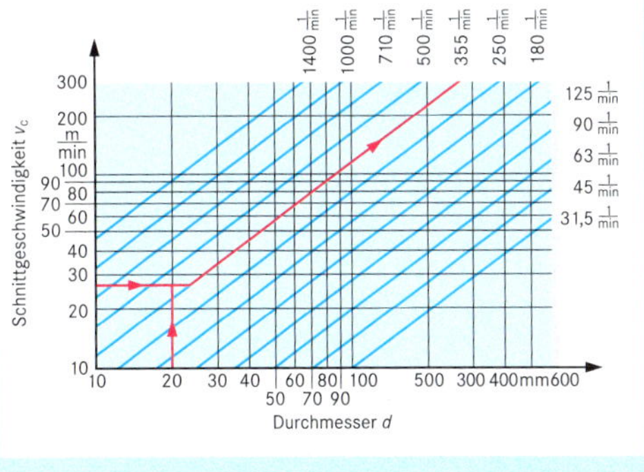

Aufgaben

1. Aus welchen Baugruppen besteht eine Universalfräsmaschine?

2. Ein Schaftfräser mit zylindrischem Schaft soll gespannt werden.

a) Wählen Sie eine geeignete Werkzeugaufnahme.

b) Beschreiben Sie das Spannen der Aufnahme in der Frässpindel.

3. Wie heißt das abgebildete Fräsverfahren?

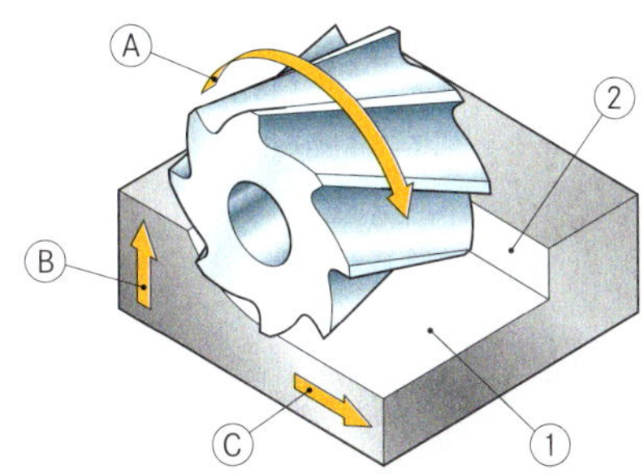

4. Geben Sie die Bezeichnung der mit Buchstaben gekennzeichneten Arbeitsbewegungen an.

5. Beschreiben Sie jeweils das Aussehen der Oberfläche von Fläche 1 und 2.

6. Stellen Sie fest, ob bei dem abgebildeten Fräsverfahren Gleichlauf oder Gegenlauf vorliegt.

7. Beschreiben Sie Vor- und Nachteile des Gleichlauf- und Gegenlauffräsens.

8. Beschreiben Sie die Unterschiede zwischen den Fräsertypen Typ W, Typ N und Typ H.

9. Begründen Sie, warum zum Fräsen weicher Werkstoffe Fräser Typ W eingesetzt werden.

10. Beschreiben Sie die Vorteile des Stirnfräsens gegenüber dem Umfangfräsen.

11. Erläutern Sie eine der Unfallverhütungsvorschriften, die beim Fräsen zu beachten ist.

12. Beschreiben Sie die Vorteile des Kühlschmierstoffeinsatzes beim Fräsen.

13. Mit einem Walzenstirnfräser Ø 30 mm aus HS und einer Zähnezahl z = 8 soll ein 20 mm breites Werkstück aus C45 in einem Schlichtschnitt fertiggefräst werden. Die Schnitttiefe beträgt 1 mm.

Bestimmen Sie die an der Fräsmaschine einzustellenden Arbeitswerte. An der Maschine lassen sich die Umdrehungsfrequenzen und Vorschubgeschwindigkeiten entsprechend des nebenstehenden Beispieles einstellen.

Fertigen

2.4.5 Ausrichten von Werkstücken

Vor dem Fräsen muss das Werkstück ausgerichtet werden. Nur so erreicht man die

- rechtwinklige Lage aller Seiten zueinander und
- parallele Lage von Absätzen und Nuten.

Bei Werkstücken, die im Maschinenschraubstock gespannt werden, wird dazu der Schraubstock ausgerichtet.

Die Backen des Maschinenschraubstockes müssen zu der Fräservorschubrichtung parallel sein. Dazu wird eine eingespannte Messleiste mit einer Messuhr abgefahren (Abb. 1).

Abb. 1: Ausrichten eines Maschinenschraubstockes

Prüfen

2.4.5.1 Messuhren

Messuhren haben eine Ablesegenauigkeit von 0,01 mm. Die geradlinige Bewegung des Tastbolzens wird über Zahnstange und Zahnrad in eine kreisförmige Bewegung des Hauptzeigers umgewandelt. Durch das Zahnstangengetriebe wird die Bewegung so vergrößert, dass eine ganze Drehung des Hauptzeigers (= 360°) einem Weg des Messbolzens von 1 mm entspricht. Das Skalenblatt ist am Umfang in hundert gleiche Teile eingeteilt. Der Abstand von einem Teilstrich zum nächsten entspricht so dem hundertsten Teil von einem Millimeter. Das Skalenblatt ist drehbar. Dadurch ist die Nulleinstellung an jeder beliebigen Position des Hauptzeigers möglich. Mit den zwei verstellbaren Toleranzmarken können unteres und oberes Abmaß eingestellt werden.

Der kleine Zeiger (Millimeterzeiger) ist eine Zähleinrichtung für die Umläufe des Hauptzeigers. Er zeigt den Verstellweg des Messbolzens im Bereich der vollen Millimeter an. Die an dem Gehäuse und an dem Tastbolzen befestigte Zugfeder sorgt dafür, dass der Tastbolzen gegen das Werkstück gedrückt wird.

Mit Messuhren lassen sich Unterschiede messen. Damit können Rundheit, Parallelität und Ebenheit an Werkstücken geprüft werden. Durch Unterschiedsmessen kann das Istmaß eines Werkstückes ermittelt werden.

Prüfen der Parallelität

Beim Prüfen der Parallelität wird die zu prüfende Fläche bzw. Kante mit der Messuhr abgefahren (Abb. 2). Am Anfang wird die Messuhr auf Null gestellt, so kann die Abweichung direkt abgelesen werden.

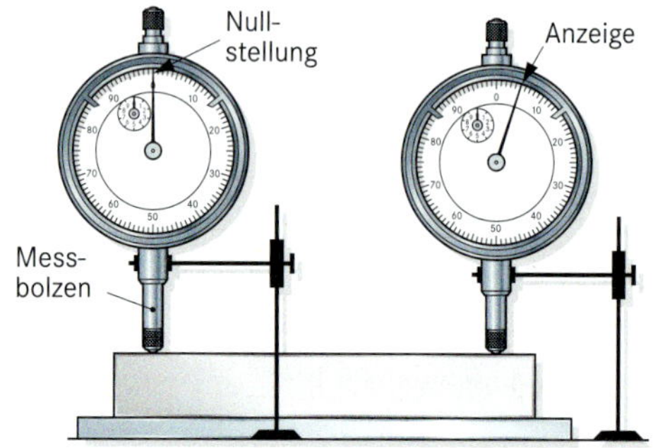

Abb. 2: Parallelitätsprüfung

Unterschiedsmessen

Beim Unterschiedsmessen wird die Abweichung der Messgröße von einem Vergleichsstück erfasst (Abb. 3). Das Vergleichsstück, z. B. ein Endmaß, wird unter den Messbolzen der Messuhr gelegt. Die Messuhr wird durch Verstellen des drehbaren Skalenblatts auf Null gestellt. Das Endmaß wird durch das zu prüfende Werkstück ersetzt. An der Messuhr kann nun der Längenunterschied zwischen Endmaß und Werkstück abgelesen werden. So kann schnell und sicher geprüft werden, ob die Abweichungen vom Sollmaß innerhalb der zulässigen Toleranz liegen. Aus dem Vergleichsmaß 30 mm und der angezeigten Abweichung von + 0,05 mm wird das Istmaß des Werkstückes mit 30,05 mm berechnet.

Beim Prüfen muss die Messuhr senkrecht zur Werkstückoberfläche stehen. Eine Schieflage der Messuhr ergibt ein falsches Messergebnis.

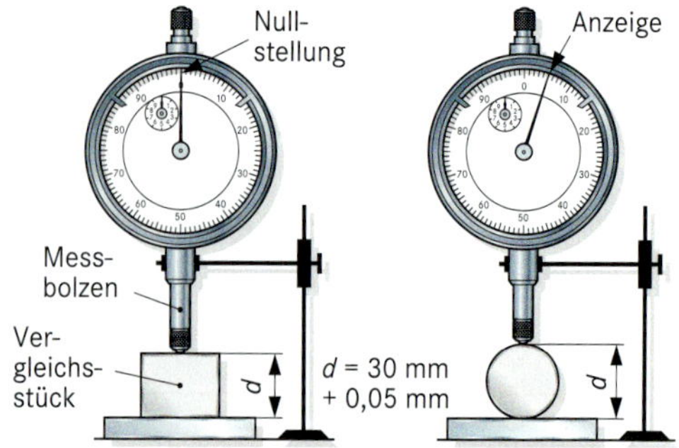

Abb. 3: Unterschiedsmessung

2.4.6 Arbeitsplanung Grundplatte

Bei der Planung von Fräsverfahren und Fräswerkzeug für einen bestimmten Arbeitsauftrag geht man zweckmäßig nach folgenden Schritten vor (Abb. 4).

Aus der Teilzeichnung der Grundplatte werden die zu fräsenden Bearbeitungsformen mit ihren Abmessungen entnommen (siehe S. 139).

Aufgrund der Form und Größe ist die Grundplatte in einem Maschinenschraubstock mit zwei parallelen Unterlegleisten zu spannen.

Das Fräsen soll auf einer Universalfräsmaschine mit dem Vertikalfräskopf erfolgen. Die Stirnseiten werden durch Umfangsfräsen und der Absatz sowie die Nut durch Stirnumfangsfräsen hergestellt.

Auf einer Universalfräsmaschine ohne Axialspielausgleich muss das Umfangsfräsen im Gegenlauf durchgeführt werden. Beim Stirnfräsen und Stirnumfangsfräsen muss der Gegenlauf überwiegen. Dazu wird das Werkstück außermittig zum Fräser angestellt.

Die Fräserwahl ist abhängig von

- dem festgelegten Fräsverfahren,
- der Bearbeitungsform und deren Abmessungen,
- dem Werkstoff,
- der vorgeschriebenen Maßgenauigkeit und
- der geforderten Oberflächenbeschaffenheit.

Fräserauswahl für den Absatz:

Stirnumfangsfräsen → Schaftfräser oder Walzenstirnfräser

Werkstoff: Baustahl → Typ N

Schnitttiefe a_p = 6 mm, R_z = 16 → Typ NF

Absatzbreite 85 mm → Fräser Ø = 50 mm

Walzenstirnfräser Ø 50 Typ NF

Mit einem Fräser Typ NF wird die gemittelte Rautiefe R_z 16 erreicht.

Um die Bearbeitungszeit gering zu halten, wird mit einem Fräserdurchmesser von d = 50 mm gearbeitet. Bei diesem Durchmesser d ergeben sich beim Fräsen der Absatzbreite von 85 mm zwei Schnitte mit einem Arbeitseingriff $a_e \approx 0{,}8 \times d$ (Abb. 1, nächste Seite).

Die Nut wird aufgrund des Abmaßes +0,2/0 mit einem Schaftfräser Ø 18 mm in zwei Schnitten gefräst. Fräst man die Nut in einem Schnitt mit einem Walzenstirnfräser Ø 30 mm, kann man nicht sicher sein, dass die Abmaße eingehalten werden. Hat der Fräser einen geringfügig kleineren Durchmesser, z. B. durch Anschleifen, wird die Nut zu schmal.

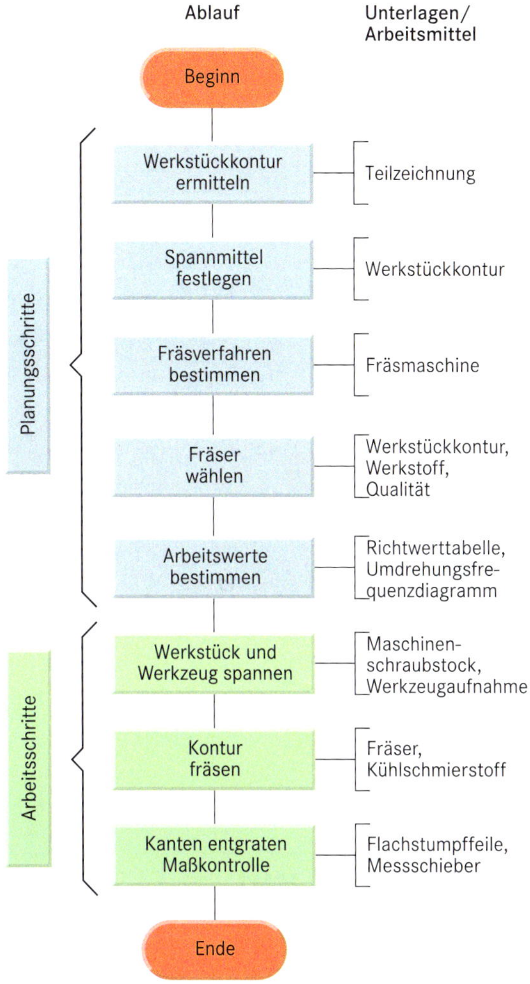

Abb. 4: Planen einer Fräsaufgabe

Fräserauswahl für die Nut:

Stirnumfangsfräsen → Schaftfräser oder Walzenstirnfräser

Werkstoff: Baustahl

Schnitttiefe a_p = 3 mm, R_z = 16 → Typ N

Nutbreite 30 mm, Abmaße +0,2/0 → Fräser Ø = 18 mm

Schaftfräser Ø 18 Typ N

Nachdem die Fräswerkzeuge festgelegt sind, können die an der Fräsmaschine einzustellenden Arbeitswerte bestimmt werden. An der Fräsmaschine ist die Umdrehungsfrequenz n der Arbeitsspindel und die Vorschubgeschwindigkeit v_f des Maschinentisches einzustellen.

Einen Arbeitsplan für das Fräsen der Grundplatte mit den erforderlichen Arbeitsmitteln und den einzustellenden Arbeitswerten zeigt Abbildung 2, S. 150.

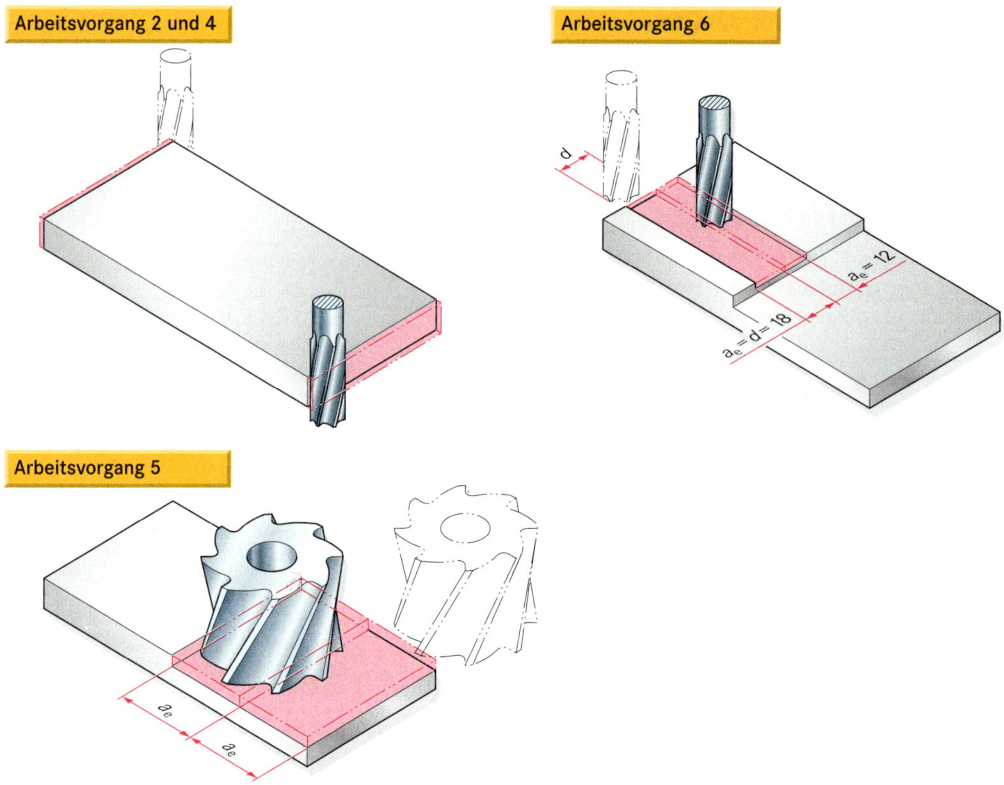

Abb. 1: Arbeitsvorgänge beim Fräsen der Grundplatte

westermann	Arbeitsplan	Blatt-Nr. 1	Anzahl 1
Benennung: Grundplatte **Zeichn.Nr. Sach.-Nr.**	**Auftragsnr.:**	**Name:**	
Halbzeug: Fl EN 10278 – S235JRG2+C – 80x16x168	**Stückzahl:** 1	**Klasse/Gr.:**	
[x] **Einzelteil** [ ] **Montage/Demontage**	**Termin:**	**Kontr.-Nr.:**	

Lfd. Nr.	Arbeitsvorgang	Arbeitsmittel	Arbeitswerte/ Bemerkungen
1	Grundplatte spannen	Maschinenschraubstock,	
		Parallelleisten, Schonhammer	
2	Umfangsfräsen erste Seite	Schaftfräser Ø 18 Typ N	n = 500 1/min
			v_f = 125 mm/min
3	Umspannen	Maschinenschraubstock,	
		Parallelleisten, Schonhammer	
4	Umfangsfräsen zweite Seite auf Maß 165 mm	Schaftfräser Ø 18 Typ N	n = 500 1/min
			v_f = 125 mm/min
5	Stirnumfangsfräsen Absatz 85 x 6 mm	Walzenstirnfräser Ø 50 Typ NF	n = 125 1/min
			v_f = 125 mm/min
6	Stirnumfangsfräsen Nut 30+0,2 x 3 mm	Schaftfräser Ø 18 Typ N	n = 500 1/min
			v_f = 125 mm/min
7	Kanten entgraten, Maßkontrolle	Flachstumpffeile, Messschieber	

Abb. 2: Arbeitsplan für das Fräsen der Grundplatte

Zusammenfassung

Fräsverfahren:

Fräsen

- Einteilung nach der Art des Fräsereingriffs
  - Umfangsfräsen
  - Stirnfräsen
  - Stirn-Umfangsfräsen
- Einteilung nach der Bearbeitungsform
  - Planfräsen
  - Profilfräsen

je nach Richtung von Vorschubbewegung und Schnittbewegung zueinander im **Gleichlauf** oder **Gegenlauf**

Fräswerkzeugauswahl: nach

Werkstoff:

- weiche Werkstoffe → Typ W
- normalfeste Werkstoffe → Typ N
- harte Werkstoffe → Typ H

Oberflächengüte:

- Schruppen → Typ NR oder NF → Typ HR oder HF
- Schlichten → Typ N oder NF → Typ H oder HF → Typ W

Bearbeitungsform:

- ebene Flächen → Walzenfräser → Walzenstirnfräser
- Absätze → Walzenstirnfräser → Schaftfräser
- Nuten → Scheibenfräser → Schaftfräser
- Langlöcher → Schaftfräser

Gesamtaufgabe

Die Grundplatte des Lochers (S. 114) aus Baustahl S235JR+C soll auf einer Universalfräsmaschine mit dem Vertikalfräskopf gefräst werden.

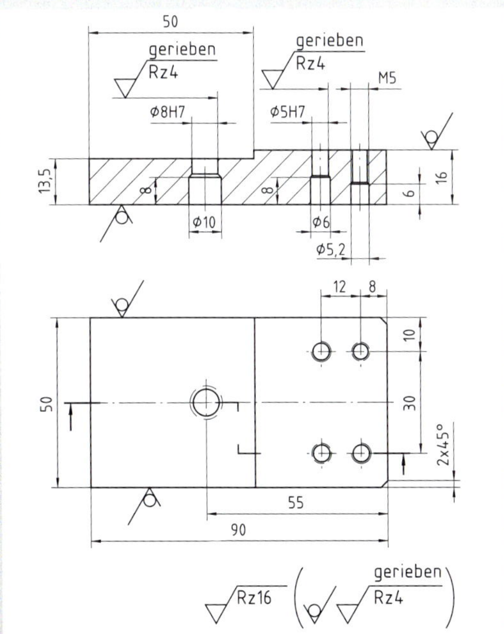

1. Legen Sie die Rohmaße für den Zuschnitt fest.

2. a) Mit welchem Spannmittel spannen Sie die Grundplatte für das Fräsen?

b) Beschreiben Sie den Spannvorgang.

3. Wählen Sie für das Fräsen der Bearbeitungsformen geeignete Fräsverfahren.

4. Der Absatz 50 x 2,5 mm wird mit einem Walzenstirnfräser Ø 30 mm gefräst.

a) In wie vielen Schnitten ist der Absatz fertig zu fräsen?

b) Skizzieren Sie die Draufsicht der Grundplatte und tragen Sie den Fräsereingriff und die Schnittüberdeckung in die Skizze ein.

5. Der Absatz wird mit einem Walzenstirnfräser Ø 30 mm aus Schnellarbeitsstahl HS (Anzahl der Fräserzähne $z = 10$) im Schlichtschnitt gefräst.

a) Bestimmen Sie anhand des Tabellenbuches die Richtwerte für das Fräsen.

b) Berechnen Sie die an der Maschine einzustellende Umdrehungsfrequenz und Vorschubgeschwindigkeit. An der Maschine sind die Umdrehungsfrequenz und die Vorschubgeschwindigkeit gestuft nach der Reihe R20/3 einstellbar.

6. Erstellen Sie einen Arbeitsplan für das Fräsen der Grundplatte. Verwenden Sie dabei folgenden Aufbau:

Lfd.	Arbeitsvorgang	Arbeitsmittel	Arbeitswerte
1.			

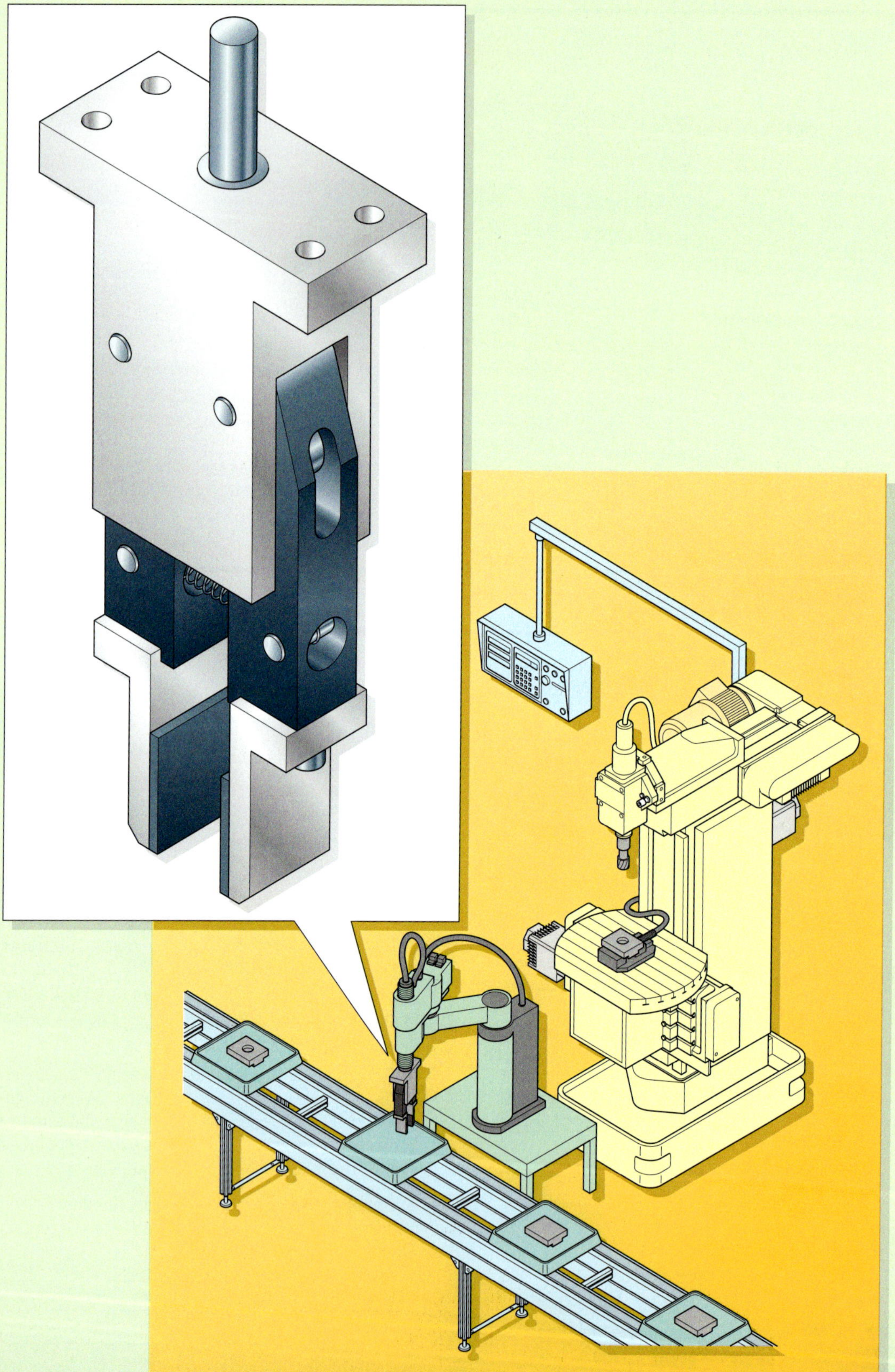

GESAMTAUFTRAG

Ein Roboter bestückt ein Bearbeitungszentrum.

Die Werkstücke werden auf einem Förderband zu der Maschine transportiert. Dort werden sie von dem Roboter aufgenommen und in die Spannvorrichtung des Bearbeitungszentrums gelegt. Nach der Bearbeitung legt der Roboter die Werkstücke wieder zurück auf das Förderband.

Aufgrund eines Fehlers in der Anlage kam es zu einer Kollision des Roboterarms mit der Maschine. Dabei wurde der Greifer des Roboters stark beschädigt. Eine erste Untersuchung hat ergeben, dass einzelne Bauteile des Greifers ausgetauscht werden müssen.

Der Greifer soll daher demontiert und in seine Einzelteile zerlegt werden. Die defekten Teile sollen durch neue Teile ersetzt werden. Anschließend soll der Greifer wieder zusammengebaut und am Roboter befestigt werden.

ANALYSE

Technische Unterlagen

Die Vorbereitung der Demontage beginnt mit dem Auswerten der technischen Unterlagen. Als technische Unterlagen stehen eine Gesamtzeichnung mit Stückliste sowie die Einzelteilzeichnungen zur Verfügung.

In der Gesamtzeichnung ist der Greifer in drei Ansichten dargestellt.

Die Einzelteile sind durch Positionsnummern gekennzeichnet. Gleiche Bauteile, die in der Zeichnung mehrmals vorkommen, z. B. das Rillenkugellager (Pos. 9) erhalten die gleiche Positionsnummer. In der Zeichnung wird die Positionsnummer nur einmal angegeben.

Die Vorderansicht ist im Schnitt dargestellt. Der Schnittverlauf ist in der Draufsicht gekennzeichnet. Durch den abknickenden Schnittverlauf können die unterschiedlichen Bohrungen der Grundplatte (Pos. 1) dargestellt werden. In der Schnittdarstellung erkennt man, dass nicht alle Bauteile geschnitten werden. Normteile und einfache Drehteile, z. B. die Kolbenstange (Pos. 5) werden auch in Schnittdarstellungen als Ansicht gezeichnet.

Im Schnitt dargestellte Bauteile erhalten eine Schraffur. Innerhalb eines Bauteiles muss die Schraffur gleich sein. Treffen die Schnittflächen mehrerer Teile zusammen, so muss die Schraffur unterschiedlich sein. Die Schraffurlinien können sich durch entgegengesetzte Ausrichtung und durch den Abstand der Linien zueinander unterscheiden. Die Schutzbacken (Pos. 4) sind aus Kunststoff hergestellt, deshalb erhalten sie eine Doppelschraffur.

In der Stückliste werden alle Einzelteile entsprechend ihrer Positionsnummer aufgelistet. Dabei unterscheidet man Fertigungsteile und Normteile. Die Stückliste liefert Informationen über die Anzahl der Einzelteile, über den Werkstoff, über die Normbezeichnungen oder die Sachnummer des Herstellers. Anhand dieser Informationen können Ersatzteile beim Hersteller bestellt werden.

ANALYSE

Aufbau

Der Greifer ist Bestandteil des Roboters. Die Grundplatte (Pos.1) des Greifers wird mit zwei Zylinderschrauben und mit zwei Zylinderstiften am Roboter befestigt. Durch die beiden Zylinderstifte wird eine genaue Positionierung zwischen den benachbarten Bauteilen erreicht. Die Schrauben befestigen den Greifer. Die Befestigungsteile sind in der Stückliste nicht enthalten.

Die Zangenschenkel (Pos. 2) sind durch einen Zylinderstift (Pos. 7) beweglich mit der Grundplatte (Pos.1) verbunden. Sie werden durch die Zugfeder (Pos. 11) zusammengehalten. Die Zugfeder (Pos. 11) wird durch die beiden Bolzen (Pos. 10) positioniert. An den Zangenschenkeln (Pos.2) sind die Greiferbacken (Pos. 3) mittels einer Zylinderschraube (Pos. 12) befestigt. Durch den kleinen Absatz an den Zangenschenkeln (Pos.2) werden die Greiferbacken (Pos.3) parallel ausgerichtet.

Im unteren Teil der Greiferbacken (Pos.3) sind Schutzbacken (Pos. 4) angebracht. Die Kolbenstange (Pos. 5) wird durch die Buchse (Pos. 6) in der Grundplatte (Pos.1) geführt. Die Buchse (Pos. 6) ist aus einem Lagermetall (Cu Sn 8 F 39) hergestellt, welches günstige Verschleiß- und Reibeigenschaften besitzt.
Die Kolbenstange (Pos. 5) betätigt über zwei Rillenkugellager (Pos. 9) die Zangenschenkel (Pos. 2). Die Rillenkugellager (Pos. 9) sind mit Zylinderstiften (Pos. 8) in den Zangenschenkeln (Pos. 2) befestigt.

Funktion

Der Greifer wird mit Druckluft betätigt. Zum Öffnen des Greifers fährt ein Pneumatikzylinder, der hier nicht dargestellt ist, aus. Dadurch bewegt sich die Kolbenstange (Pos. 5) nach unten. Der Kegelstumpf der Kolbenstange (Pos.5) drückt über die beiden Rillenkugellager (Pos. 9) die Zangenschenkel (Pos. 2) nach außen und die Greiferbacken (Pos. 3) öffnen sich. Zum Schließen des Greifers fährt der Pneumatikzylinder ein. Dadurch bewegt sich die Kolbenstange (Pos. 5) nach oben. Die Zugfeder (Pos. 11) zieht die Greiferbacken (Pos. 3) zusammen und das Werkstück ist eingespannt.

Der Greifer besteht aus insgesamt 12 unterschiedlichen Einzelteilen, welche zu einer Funktionseinheit gefügt sind. Um eine einwandfreie Funktion des Greifers zu gewährleisten, werden verschiedene Fügetechniken angewandt.

Die Grundplatte des Greifers ist mit dem Roboter durch eine Schraubenverbindung und durch zwei Zylinderstifte fest verbunden. Dadurch wird der Greifer in seiner Lage fixiert.

Zum Öffnen des Greifers bewegt sich die Kolbenstange nach unten. Die Kolbenstange wird durch die Buchse in der Grundplatte geführt. Die Kolbenstange kann sich gegenüber der Grundplatte bzw. der Buchse verschieben. Hier wird eine bewegliche Verbindung verwendet.

Zum Austausch der Greiferbacken wird die Zylinderschraube gelöst. Beim Einsetzen der neuen Greiferbacken können die Schrauben wieder verwendet werden. Hier liegt eine lösbare Verbindung vor. Die Schutzbacken sind auf die Greiferbacken geklebt. Diese Verbindung ist unlösbar. Die Bauteile lassen sich nur durch Zerstörung der Klebefläche trennen.

ANALYSE

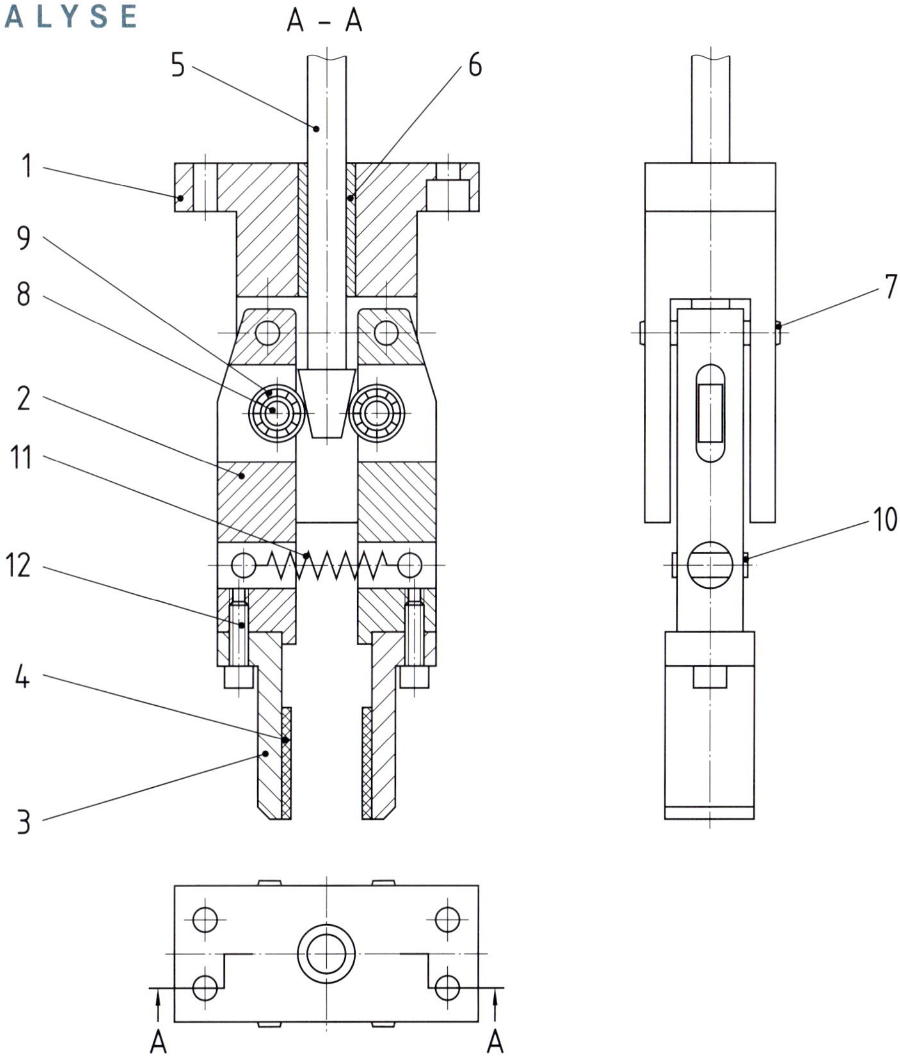

Stückliste Greifer

Pos.	Menge	Einheit	Benennung	Sachnummer/Normkurzbezeichnung	Bemerkung
1	1	Stck.	Grundplatte		EN AW-Al Cu 4 Mg 1
2	2	Stck.	Zangenschenkel		EN AW-Al Cu 4 Mg 1
3	2	Stck.	Greiferbacke		EN AW-Al Cu 4 Mg 1
4	2	Stck.	Schutzbacke		SBR
5	1	Stck.	Kolbenstange		C 45
6	1	Stck.	Buchse		Cu Sn 8 F 39
7	2	Stck.	Zylinderstift	ISO 8734 - 5 x 32 - A	St
8	2	Stck.	Zylinderstift	ISO 2338 - 5 m6 x 14	St
9	2	Stck.	Rillenkugellager	DIN 625-16001	
10	2	Stck.	Bolzen	ISO 2340-A-5 x 14	
11	1	Stck.	Zugfeder		55 Cr 3
12	2	Stck.	Zylinderschraube	ISO 4762 - M4 x 16	6.8

ANALYSE

Demontage und Montage

Zur Demontage und zur Montage des pneumatischen Greifers sind verschiedene Arbeitsschritte notwendig. Montage- und Demontagearbeiten erfolgen manuell.

Die einzelnen Arbeitsschritte müssen geplant und in die richtige Reihenfolge gebracht werden.

Die benötigten Werkzeuge, Hilfsmittel und Maschinen müssen bereitgestellt werden.

Zur Überprüfung der Funktion sind Mess- und Prüfmittel erforderlich.

Bei der Demontage müssen diese Verbindungen gelöst werden:

- Schraubenverbindungen,
- Stiftverbindungen,
- Pressverbindungen.

Diese Verbindung wird nicht gelöst:

- Klebeverbindung.

Die Montage erfolgt in umgekehrter Reihenfolge als die Demontage. Vor dem Zusammenbau müssen die Bauteile gereinigt werden. Defekte Bauteile werden repariert oder durch neue Bauteile ersetzt.

Bei Schraubenverbindungen muss darauf geachtet werden, dass sie mit dem richtigen Drehmoment angezogen werden. Dazu verwendet man Drehmomentschlüssel.

Passteile, z. B. Zylinderstifte oder Buchsen, werden vor dem Einbau leicht eingefettet oder eingeölt. Beim Einpressen ist auf Rechtwinkligkeit zu achten, damit die Bauteile nicht verkanten und dadurch beschädigt werden.

Während und nach der Montage muss die Funktion der Baugruppen sichergestellt werden. Bewegliche Bauteile, z. B. die Kolbenstange (Pos. 5) oder die Zangenschenkel (Pos. 2) müssen auf ihre Leichtgängigkeit hin überprüft werden.

Es muss darauf geachtet werden, dass die Zugfeder (Pos.11) eine ausreichende Vorspannung besitzt.

Alle Schrauben und Zylinderstifte werden auf festen Sitz kontrolliert. Nach Abschluss aller Montagetätigkeiten erfolgt immer eine Sichtkontrolle und eine Überprüfung der Gesamtfunktion.

ANALYSE

auch über Web-Link

Verbindungen an dem Greifer

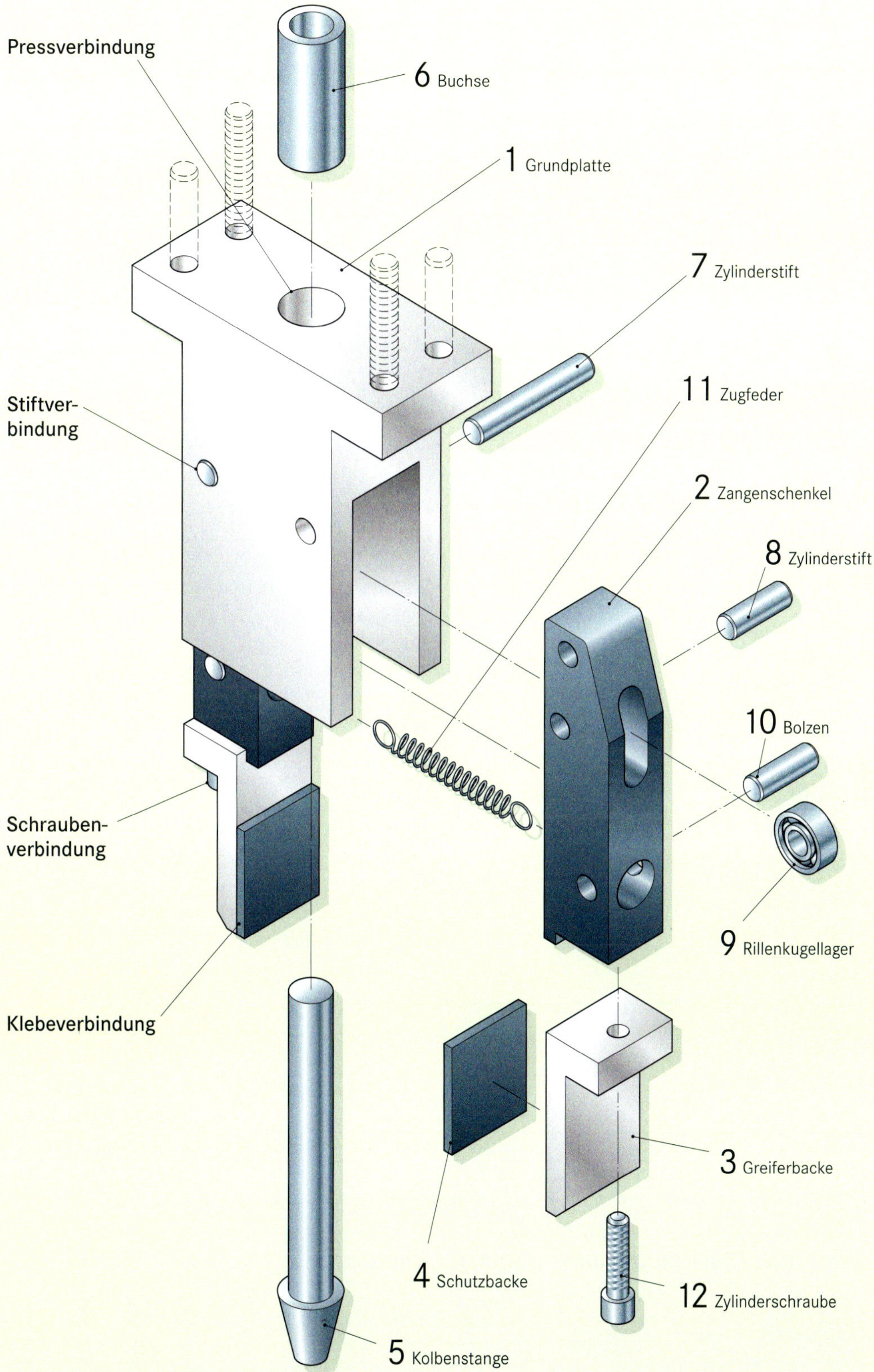

3.1 Schraubenverbindungen

ARBEITSAUFTRAG

Der pneumatische Greifer ist mit zwei Zylinderschrauben und mit zwei Zylinderstiften an der Zwischenplatte des Roboters befestigt. Der Greifer soll zunächst als komplette Einheit ausgebaut werden. Hierzu müssen die beiden Zylinderschrauben in der Grundplatte gelöst werden. Dann kann die komplette Einheit abgezogen und nach erfolgter Reparatur wieder eingebaut werden. Die beiden Zylinderstifte verbleiben in der Grundplatte.

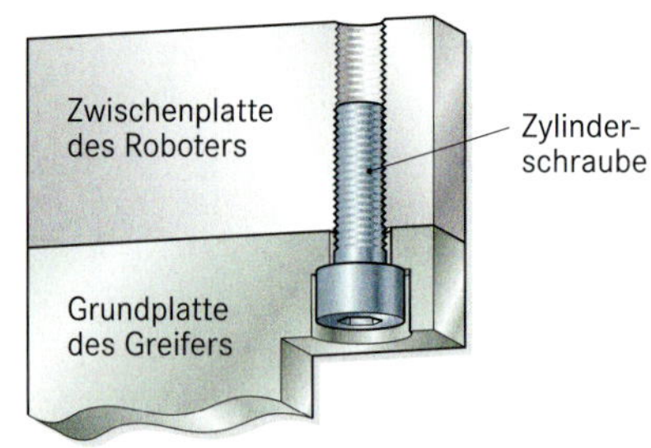

Informieren

3.1.1 Zeichnungsanalyse

- **Stückliste**

Anhand der Stückliste (Abb. 2) können die Normteile des Greifers bestimmt werden. Die Stückliste ist eine genormte Tabelle mit folgenden Angaben:

Anhand der *Positionsnummer* kann das Bauteil in der Gesamtzeichnung (siehe S. 155) identifiziert werden.

In der Spalte *Menge* und *Einheit* wird die entsprechende Anzahl der Bauteile mit der Einheit angegeben. Unter *Benennung* steht der Name des Bauteils. Bei genormten Bauteilen wird die Normbezeichnung verwendet.

In der Spalte *Sachnummer/Norm-Kurzbezeichnung* wird entweder die Sachnummer eines Herstellers, z. B. die Bestellnummer, oder die Normbezeichnung nach der entsprechenden Norm angegeben.

Unter *Bemerkung* wird der Werkstoff oder die Festigkeitsklasse angegeben.

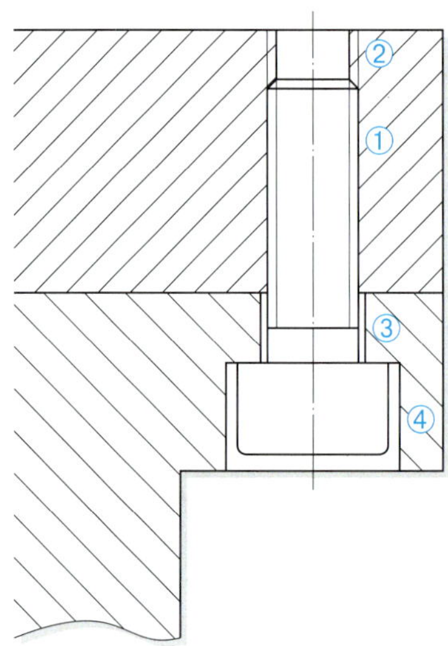

Abb. 1: Einziehverbindung

Normbezeichnung der Zylinderschraube (Pos.12):

Zylinderschraube ISO 4762-M4 x 16 - 6.8

- Zylinderschraube mit Innensechskant nach Norm → Zylinderschraube ISO 4762
- Metrisches Gewinde mit Nenndurchmesser 4 mm → M4
- Nennlänge 16 mm → 16
- Festigkeitsklasse → 6.8

Pos.	Menge	Einheit	Benennung	Sachnummer / Norm-Kurzbezeichnung	Bemerkung
1	1	Stck.	Grundplatte		EN AW-Al Cu 4 Mg 1
12	2	Stck.	Zylinderschraube	ISO 4762 - M4 x 16	6.8

Abb. 2: Auszug aus der Stückliste

- **Zeichnerische Darstellung**

Bei der zeichnerischen Darstellung von Schraubenverbindungen gelten besondere Regeln, da das Außengewinde und das Innengewinde ineinander greifen. Da Schrauben auch in Schnittdarstellungen nicht im Schnitt dargestellt werden, verdeckt das Außengewinde der Schraube das Innengewinde. Das Innengewinde wird nur in dem Bereich gezeichnet, der nicht durch die Schraube verdeckt wird.

Bei der Schraubenverbindung in Abbildung 1 hat eines der beiden Bauteile eine Durchgangsbohrung nach **DIN EN 20273** (➜📖). Das andere Bauteil hat eine Gewindebohrung als Durchgangsbohrung. Diese Verbindungsart nennt man *Einziehverbindung*.

Es gelten folgende Zeichenregeln:

① Das Außengewinde der Schraube verdeckt das Innengewinde. Der Nenndurchmesser des Außengewindes wird mit einer breiten Volllinie gezeichnet, der Kerndurchmesser mit einer schmalen Volllinie. Die Schraffur geht bis zum Außendurchmesser der Schraube und wird mit schmalen Volllinien unter 45° gezeichnet.

② Das Innengewinde ist in diesem Bereich sichtbar, da es vom Außengewinde der Schraube nicht verdeckt wird. Der Kerndurchmesser wird mit einer breiten Volllinie gezeichnet, der Außendurchmesser mit einer schmalen Volllinie. Die Schraffur geht bis zum Kerndurchmesser des Gewindes.

③ In der Grundplatte ist eine Durchgangsbohrung. Sie ist größer, als der Nenndurchmesser der Schraube. Die Bohrung und die Schraube mit Gewinde und Gewindebegrenzung sind sichtbar. Die Schraffur wird bis zur Durchgangsbohrung gezeichnet.

④ Die Zylinderschraube ist hier vereinfacht dargestellt. Der Innensechskant im Schraubenkopf wird meist nicht gezeichnet.

Schraubenverbindungen können ausführlich (Abb. 1 und Abb. 3) oder in vereinfachter Form (Abb. 4) dargestellt werden. Bei der vereinfachten Form verzichtet man auf die Darstellung der Fasen am Schraubenkopf und an der Mutter, sowie auf Gewindefasen und Freistiche.

Bei der Schraubenverbindung nach Abbildung 3 wird die Verbindung durch eine Schraube, eine Mutter und eine Scheibe hergestellt. Die zu verbindenden Bauteile haben eine Durchgangsbohrung. Diese Verbindungsart nennt man eine *Durchsteckverbindung*.

Es gelten folgende Zeichenregeln:

⑤ Das Außengewinde der Schraube ist sichtbar dargestellt. Der Außendurchmesser wird mit einer breiten Volllinie gezeichnet, der Kerndurchmesser mit einer schmalen Volllinie.

⑥ Die Mutter und die Scheibe verdecken das Schraubengewinde. Sie werden nicht geschnitten dargestellt.

⑦ Das Schraubengewinde, die Gewindebegrenzung und die Durchgangsbohrung der beiden Platten sind sichtbar. Die Schraffur endet an der Durchgangsbohrung.

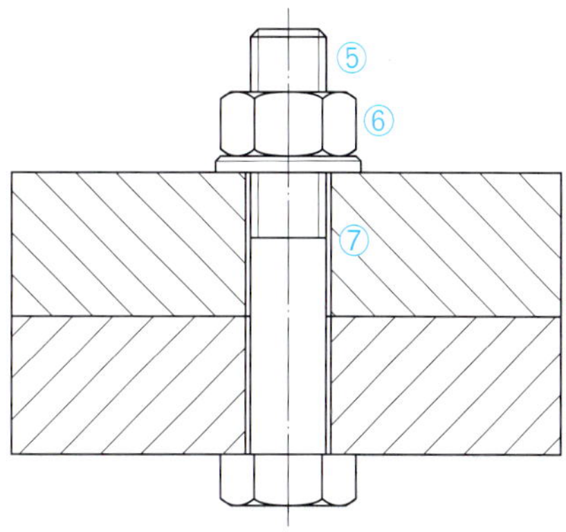

Abb. 3: Durchsteckverbindung - ausführliche Darstellung

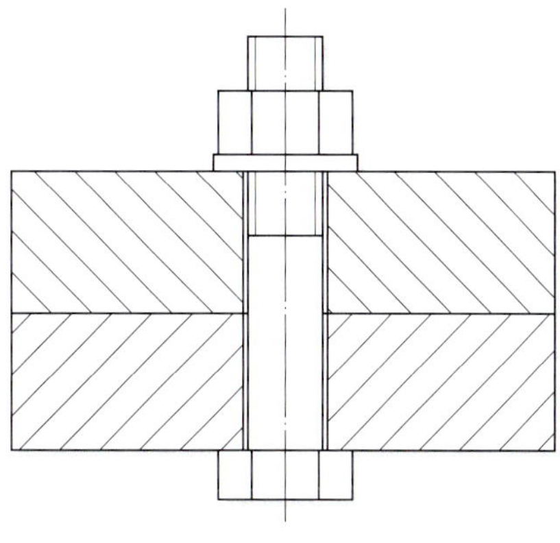

Abb. 4: Durchsteckverbindung - vereinfachte Darstellung

3.1.2 Schrauben

Nach dem Verwendungszweck unterscheidet man Kopfschrauben, Stiftschrauben und Gewindestifte (Abb. 1).

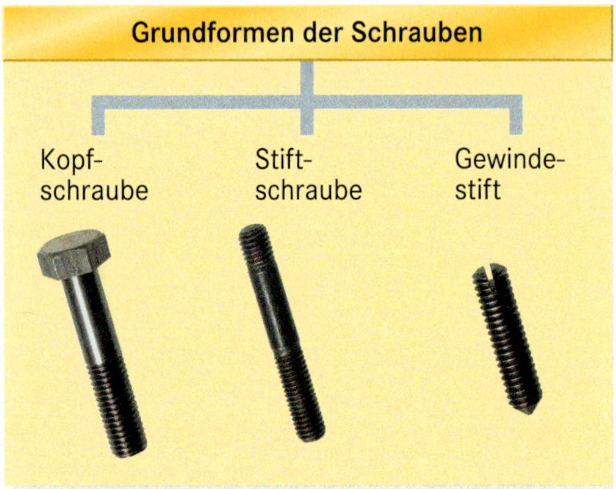

Abb. 1: Grundformen der Schrauben

Kopfschrauben sind die am häufigsten verwendeten Verbindungselemente. Sie werden bei Einziehverbindungen und bei Durchsteckverbindungen verwendet.

Einziehverbindungen werden z. B. für die Befestigung des Greifers an der Zwischenplatte des Roboters verwendet. Das Innengewinde wird dabei in die Zwischenplatte gebohrt. Die Einschraubtiefe *e* richtet sich nach dem Werkstoff des Bauteiles (→). Wird der Schraubenkopf versenkt, ragt die Verbindung nicht über die Bauteile hinaus. Diese Verbindung ist raumsparend. Verletzungen durch hervorstehende Schraubenteile werden vermieden.

Durchsteckverbindungen sind schnell und wirtschaftlich herzustellen. Das Gewindebohren entfällt, es genügt eine Durchgangsbohrung. Die Auflageflächen für den Kopf und die Mutter sollen parallel zueinander sein, um ein Verkanten zu verhindern. Die Mutter und das Schraubenende ragen allerdings über das Bauteil hinaus. Für die Mutter muss genügend Raum zur Montage vorhanden sein.

Stiftschrauben verwendet man, wenn die Verbindung häufig gelöst werden muss. Das Einschraubende der Stiftschraube verbleibt z. B. im Getriebegehäuse. Dadurch wird das Innengewinde im Gehäuse geschont (Abb. 3).

Gewindestifte haben auf ihrer gesamten Länge ein Gewinde. Sie sind zum Einschrauben mit einem Schlitz oder einem Innensechskant versehen. Gewindestifte werden hauptsächlich verwendet, um nach dem Zusammenbau die Lage zweier Teile zueinander festzulegen.

Nach der Ausführung des Kopfes unterscheidet man *Sechskant-*, *Vierkant-*, *Zylinder-* und *Senkschrauben* (Abb. 2).

Sechskant- und Vierkantschrauben werden wegen ihrer äußeren Kopfform mit einem Gabelschlüssel angezogen. Zylinder- und Senkschrauben haben eine innere Form, einen Innensechskant, einen Schlitz oder Kreuzschlitz. Diese Schrauben werden mit einem Schraubendreher eingedreht. Der Kopf wird häufig soweit eingesenkt, dass er an der Fügestelle nicht mehr hervorsteht.

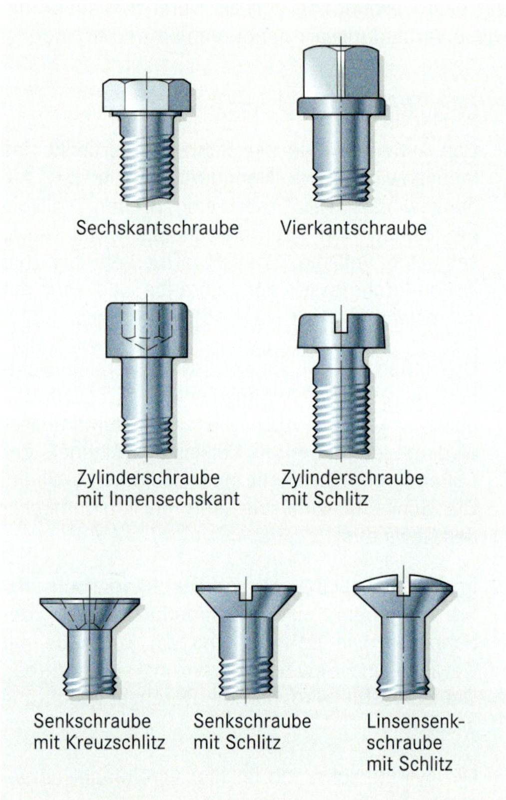

Abb. 2: Kopfschrauben

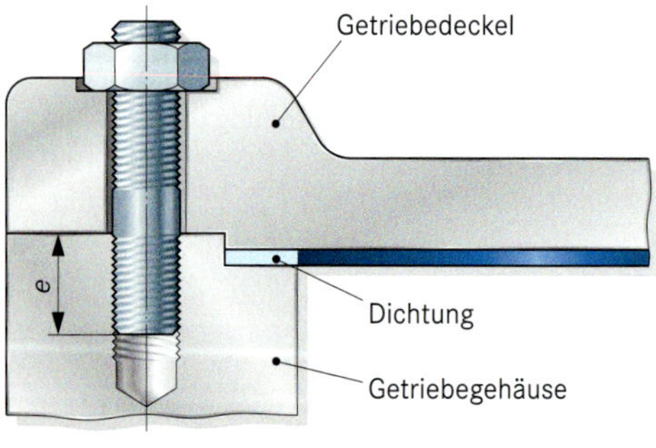

Abb. 3: Stiftschraubenverbindung

Fügen

3.1.3 Muttern

Nach dem Verwendungszweck unterscheidet man unterschiedliche Muttern (Tab. 1).

Tab. 1: Muttern

Form	Beschreibung	Form	Beschreibung
	**Sechskantmutter** Man verwendet sie in Durchsteckverbindungen und Stiftschraubenverbindungen. Sie werden meist in Verbindung mit Sechskantschrauben verwendet.		**Kronenmutter** Wenn die Schraubenverbindung mit einem Splint gesichert werden soll.
	**Hutmutter** Schließt das Gewinde nach außen ab. Dadurch schützt sie das Gewinde vor Beschädigungen und Korrosion. Verletzungen werden vermieden.		**Flügelmutter** Wenn die Verbindung häufig von Hand gelöst werden soll.
	**Rändelmutter** Wenn die Verbindung häufig von Hand gelöst werden soll.		**Nutmutter** Zum Ein- und Nachstellen des axialen Spiels von Bauteilen, z. B. Wälzlagern auf Wellen.

Fügen

3.1.4 Kennzeichnung von Schrauben und Muttern

Schrauben und Muttern werden aus Werkstoffen mit unterschiedlichen Eigenschaften hergestellt.

Die Güte von Schrauben und Muttern wird jeweils durch

- die Festigkeitsklasse und
- die Produktklasse

angegeben (→).

Die Festigkeitsklasse einer Schraube (Abb. 4a) gibt an, wie hoch sie belastet werden darf. Grundsätzlich dürfen Schrauben nur im elastischen Bereich verformt werden. Dieser Kennwert wird durch die Streckgrenze angegeben. Bei Schrauben wird neben der Streckgrenze noch die Zugfestigkeit angegeben. Die Zugfestigkeit gibt an, bei welcher Belastung die Schraube bricht.

Die Festigkeitsklasse einer Mutter (Abb. 4b) gibt ebenfalls an, wie hoch sie belastet werden darf. Dabei ist entscheidend, dass die Festigkeitsklasse der Schraube und der zugehörigen Mutter aufeinander abgestimmt werden.

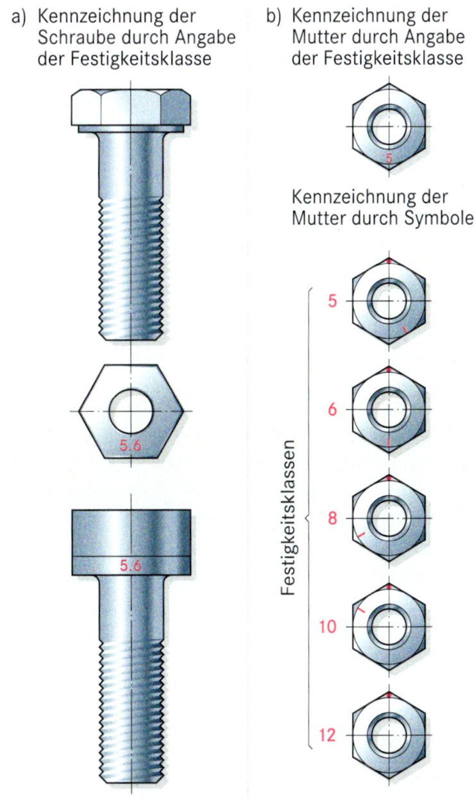

Abb. 4: Kennzeichnung von Schrauben und Muttern

Die Festigkeitsklasse der Schrauben aus Stahl wird durch zwei Kennzahlen angegeben. Die erste Zahl enthält verschlüsselt die Angabe zur Mindestzugfestigkeit R_m, die zweite Zahl enthält verschlüsselt die Angabe zur Streckgrenze R_e bzw. zur Dehngrenze $R_{p0,2}$.

Angabe auf dem Kopf einer Schraube:

5 . 6

5 x 100 = 500
Mindestzugfestigkeit R_m = 500 N/mm²

5 x 6 x 10 = 300
Streckgrenze R_e = 300 N/mm²

Die *Festigkeitsklasse einer Mutter* wird durch eine Kennzahl oder ein Symbol für die Festigkeitsklasse (Abb. 4, vorherige Seite) angegeben. Die Kennzahl enthält verschlüsselt die Angabe zur Mindestzugfestigkeit R_m des Werkstoffes der Schraube, mit der die Mutter gefügt werden darf.

Angabe auf einer Mutter:

5

5 x 100 = 500
Mindestzugfestigkeit der Schraube
R_m = 500 N/mm²

Beispiel:
Eine Schraube 5.6 muss mit einer Mutter 5 gepaart werden. Diese Verbindung darf bis zur Streckgrenze der Schraube R_e = 300 N/mm² belastet werden.

Die Produktklasse von Schrauben und Muttern kennzeichnet die maximale Rautiefe der Oberfläche und die zulässigen Toleranzen.

Fügen

3.1.5 Schraubensicherungen

Schraubenverbindungen können sich durch äußere Belastungen, z. B. Schwingungen und Temperaturänderungen, selbsttätig lösen. Mit Hilfe von Schraubensicherungen kann man ein Lösen verhindern. Dabei kommen unterschiedliche Arten zum Einsatz. Je nach Konstruktionsprinzip verhindern sie

- das Nachlassen der Vorspannkraft,
- das Losdrehen oder
- das Auseinanderfallen

der Schraubenverbindung.

Das Lockern der Schraubenverbindung (Abb.1a) kann durch einen Federring verhindert werden. Der Federring erhält zwischen dem Schraubengewinde und dem Muttergewinde die Vorspannkraft, und somit die Reibungskraft. Dadurch verhindert er das Nachlassen der Spannungen und somit ein Lockern der Verschraubung.

Eine Scheibe, deren Lappen umgebogen wurde (Abb. 1b), verhindert das Losdrehen und Auseinanderfallen der Schraubenverbindung. Das Lockern der Verbindung kann damit jedoch nicht verhindert werden. Man nennt diese Art von Sicherungen auch Verliersicherungen.

a) Schraubensicherung durch Federring

b) Schraubensicherung durch Scheibe mit Lappen

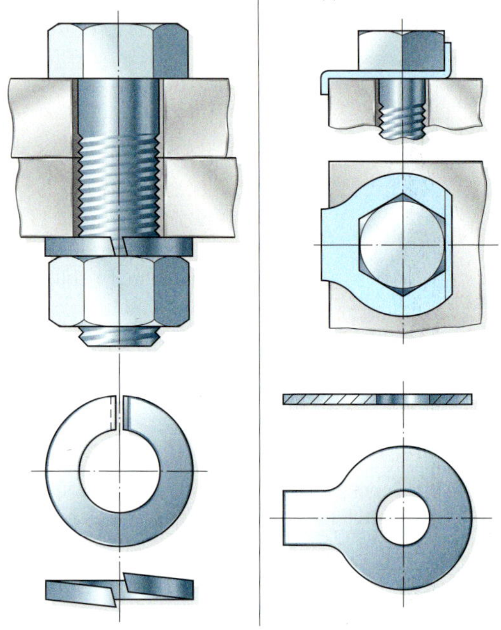

Abb. 1: Schraubensicherungen

Klebstoff verhindert das Losdrehen der Verbindung (Abb. 2). Diese Sicherung beruht auf dem Verkleben der Gewinde miteinander. Klebstoff wird zwischen Schraube und Mutter gebracht, oder es werden Schrauben mit mikroverkapseltem Klebstoff verwendet. In kleinen Kunststoffkugeln ist Klebstoff eingeschlossen. Während des Einschraubens in das Gegengewinde platzen die Kugeln auf. Der Klebstoff benetzt Schrauben- und Muttergewinde und härtet aus.

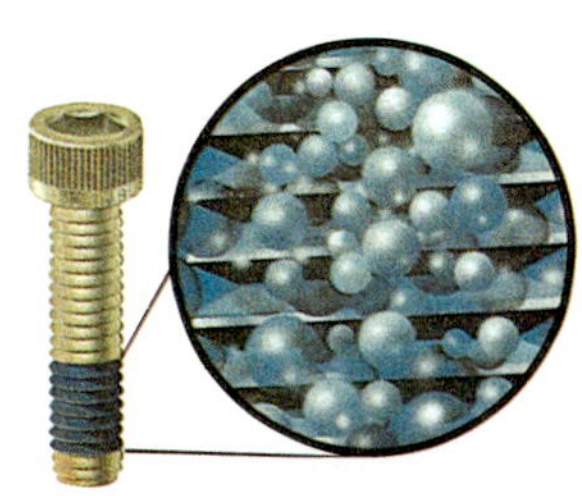

Abb. 2: Schraubensicherung durch Klebstoff

Fügen

3.1.6 Gewindearten

Schrauben und Muttern werden je nach Verwendung mit unterschiedlichen Gewinden hergestellt.

Tab. 1: Gewindearten

Befestigungsgewinde		
Befestigungsgewinde haben eine kleine Steigung *P* und einen großen Flankenwinkel. Die Gewindeprofile haben eine dreieckige Grundform, man nennt sie Spitzgewinde. Eine Schraube mit Feingewinde hat im Vergleich zu einer Schraube mit Regelgewinde ein zum Außendurchmesser relativ kleineres Gewindeprofil. Zur Unterscheidung wird es zusätzlich mit dem Maß seiner ebenfalls kleineren Steigung gekennzeichnet (siehe Beispiele).		
Metrisches Regelgewinde z. B. M 16	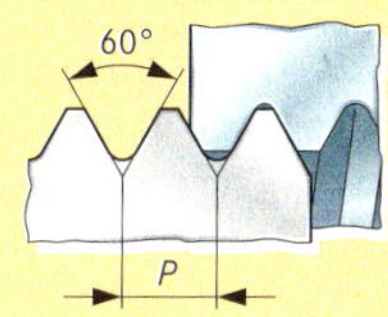	Gewinde für Schrauben und Muttern
Metrisches Feingewinde z. B. M 16 x 1,5	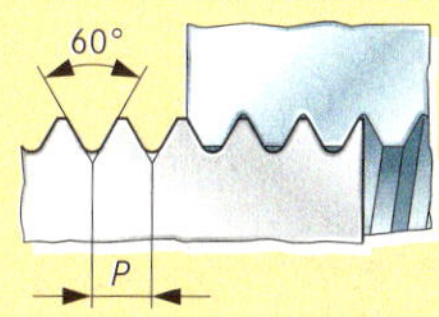	Gewinde bei dünnwandigen Bauteilen und Schrauben mit kurzen Einschraublängen, Nutmuttern
Rohrgewinde z. B. G 3/4, R_p 3/4	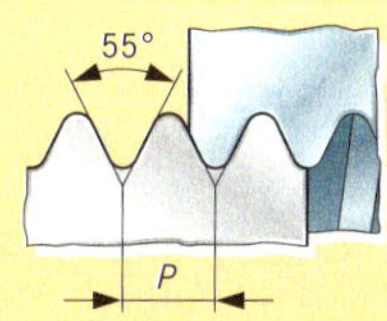	Gewinde für Rohre, Fittings und Armaturen im Heizungsbau
Bewegungsgewinde		
Bewegungsgewinde haben eine große Steigung *P* und einen kleinen Flankenwinkel.		
Metrisches Trapezgewinde z. B. Tr 40 x 7	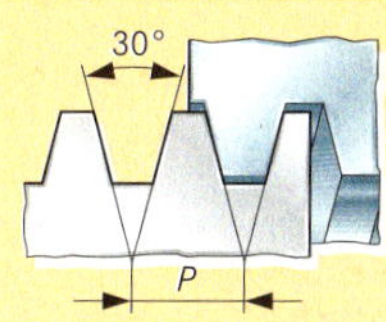	Schraubstockspindel, Kraftübertragung in zwei Richtungen
Metrisches Sägengewinde z. B. S 50 x 8	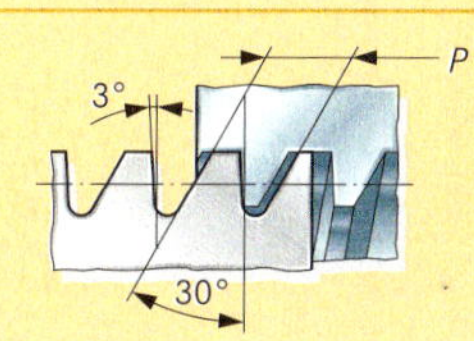	Spindeln bei Pressen und Hubeinrichtungen, Kraftübertragung hauptsächlich in eine Richtung

Metrische Gewinde werden als Rechts- und Linksgewinde hergestellt. Linksgewinde werden mit LH (= left hand) gekennzeichnet (z. B. M 16 LH). Linksgewinde werden dann verwendet, wenn sich ein Rechtsgewinde lösen würde, z. B. bei einer Schleifscheibenbefestigung.

Es gibt eingängige und mehrgängige Gewinde (Abb. 3). Die Zahl der Gänge erkennt man an der Anzahl der Gewindeanfänge. Mehrgängige Gewinde verwendet man, wenn durch geringe Drehbewegungen große Längsbewegungen erreicht werden sollen. Pressenspindeln haben vielfach mehrgängige Gewinde.

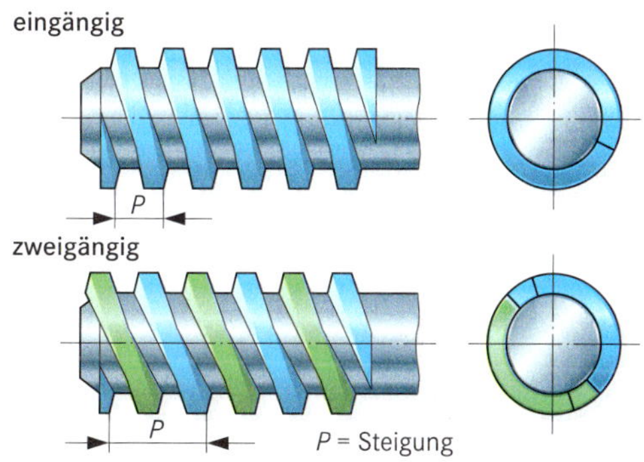

Abb. 3: Ein- und mehrgängige Gewinde

Grundlagen

Gewinde

Wird eine Schraube mit einem Schraubenschlüssel angezogen, entsteht ein Drehmoment. Die Größe des Anziehdrehmomentes M_A ist von der Handkraft F_H und von der Hebellänge l abhängig. Das Anziehdrehmoment M_A wirkt nach dem Hebelgesetz auch an der Schraube. Dort erzeugt es am Flankendurchmesser d_2 (➜📖) die Umfangskraft F_U.

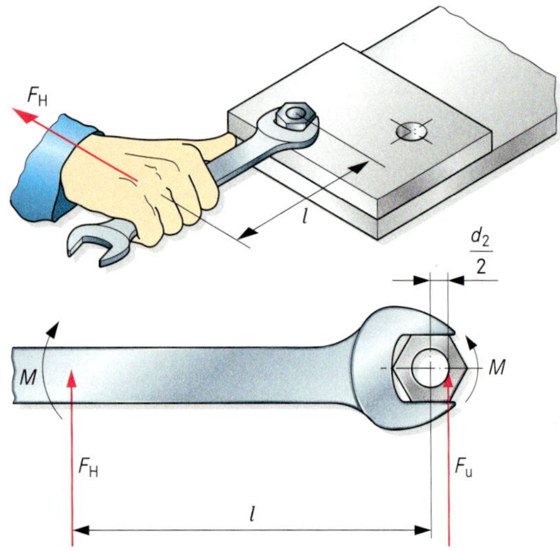

$$M_A = F_H \cdot l \qquad M_A = F_U \cdot \frac{d_2}{2}$$

$$F_H \cdot l = F_U \cdot \frac{d_2}{2}$$

$$F_U = \frac{2 \cdot F_H \cdot l}{d_2}$$

Wickelt man am Flankendurchmesser d_2 der Schraube einen Gang ab, ergibt sich ein Dreieck in Form eines schlanken Keiles. Die Grundlinie des Dreiecks entspricht dem Umfang eines Kreises mit dem Durchmesser d_2. Die Höhe des Dreiecks ist die Steigung P des Gewindes. Bei metrischen Gewinden entspricht die Steigung der Ganghöhe, d. h. dem Abstand zwischen zwei Gewindestufen entlang der Gewindeachse. Man kann auch sagen, die Steigung ist der axiale Weg, der durch eine Umdrehung des Gewindes zurückgelegt wird.

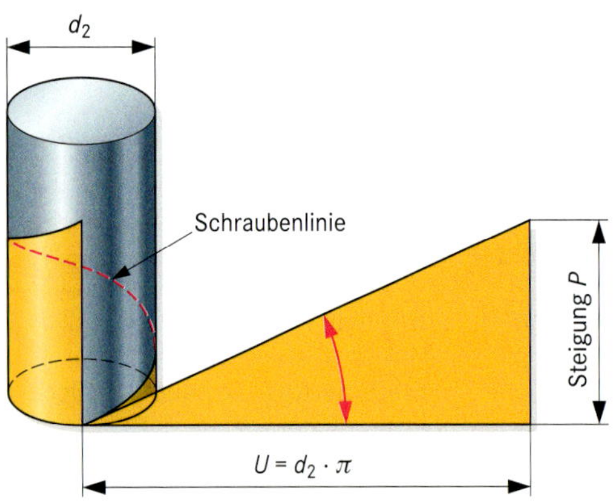

Abwicklung einer Schraubenlinie

Mit Hilfe des Kräfteparallelogramms kann man die Umfangskraft F_U in die Kräfte F_V und F_N zerlegen. Aufgrund der Keilwirkung werden die Kräfte F_V und F_N wesentlich größer als die Kraft F_U.

Die Größe der Vorspannkraft F_V ist von der Umfangskraft F_U und der Steigung P abhängig. Je kleiner die Steigung ist, desto größer wird die Vorspannkraft F_V bei gleich großer Umfangskraft F_U.

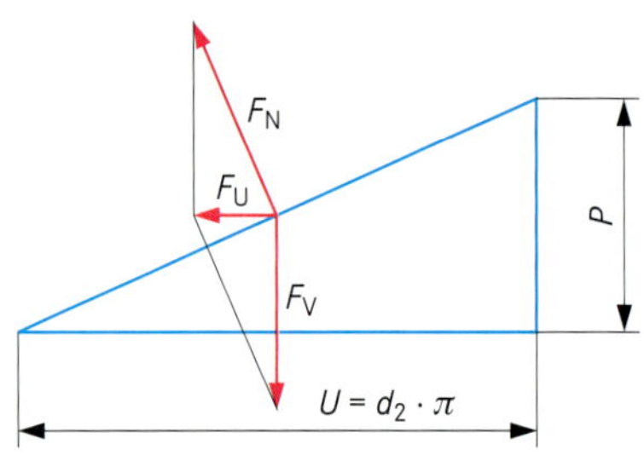

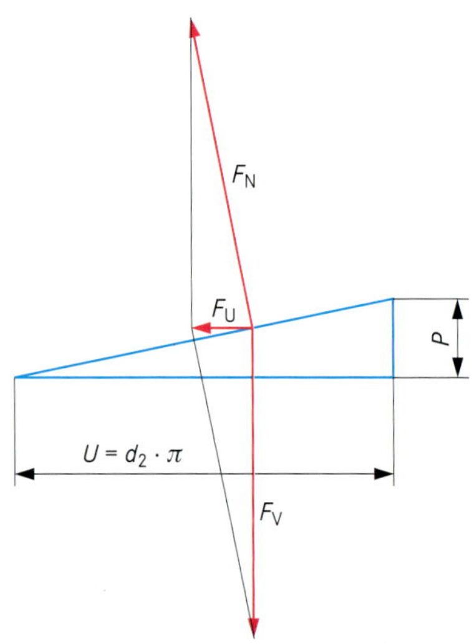

Beim Anziehen wird die Drehbewegung der Schraube in eine Längsbewegung umgewandelt. Dadurch entsteht in der Schraubenverbindung die Vorspannkraft F_V.

! Durch die *Keilwirkung des Gewindes* wird die Umfangskraft F_U verstärkt. Sie wirkt als Vorspannkraft F_V zwischen den Bauteilen und als Zugkraft im Schraubenbolzen.

Durch das Anziehen einer Schraubenverbindung mit dem Anziehdrehmoment M_A werden die zu verbindenden Bauteile aufeinander gepresst. Dadurch entsteht in der Schraube eine Zugkraft F_Z, welche die Schraube dehnt. Die Schraube wird um die Strecke l länger. Zwischen den Bauteilen entsteht die Vorspannkraft F_V, welche die Bauteile aufeinander presst. Dadurch verkürzen sich die Bauteile um den Betrag s. Die Vorspannkraft F_V ist vom Anziehdrehmoment M_A und von der Gewindesteigung P abhängig. Eine kleine Gewindesteigung P bewirkt eine große Vorspannkraft F_V. Bei kleinen Gewindesteigungen wird das Losdrehen der Verbindung erschwert. Das Losdrehen der Verbindung ist zusätzlich von der Reibung abhängig. Reibung entsteht zwischen den Gewindegängen und zwischen dem Schraubenkopf und der Auflagefläche. Die Reibungsverluste werden in der Formel durch den Wirkungsgrad berücksichtigt.

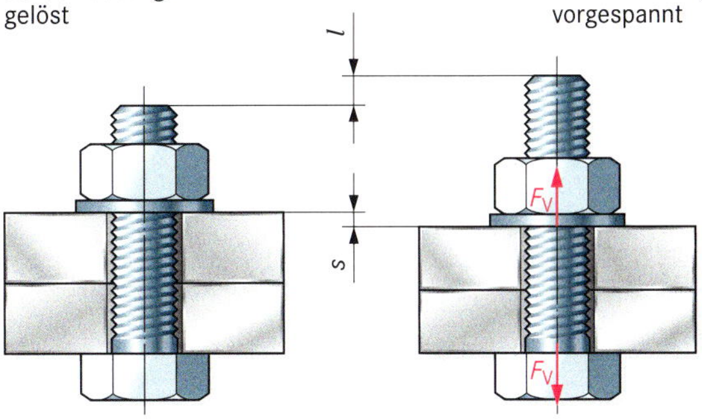

l: Verlängerung der Schraube
s: Verkürzung der Bauteile

Anziehdrehmoment:

$$M_A = \frac{F_V \cdot P}{2 \cdot \pi \cdot \eta}$$

Die Vorspannkraft kann Tabellen (→📖) entnommen werden. Reibungsverluste in Schraubenverbindungen sind hoch und betragen ca. 90 %.

Werden Schrauben zu fest angezogen, so werden sie überdehnt.

Werden Schrauben zu leicht angezogen, so kann sich die Verbindung lösen.

Beispiel:

Zum Fügen zweier Bauteile wird eine Schraube M 16 verwendet. An dem Schraubenschlüssel mit der wirksamen Hebellänge l = 200 mm greift die Handkraft F_H = 500 N an.

a) Berechnen Sie das Anziehdrehmoment M_A, das auf die Schraube wirkt.

b) Berechnen Sie die Vorspannkraft F_V, die mit dem Anziehdrehmoment erzeugt werden kann, wenn ein Wirkungsgrad von 15 % berücksichtigt wird.

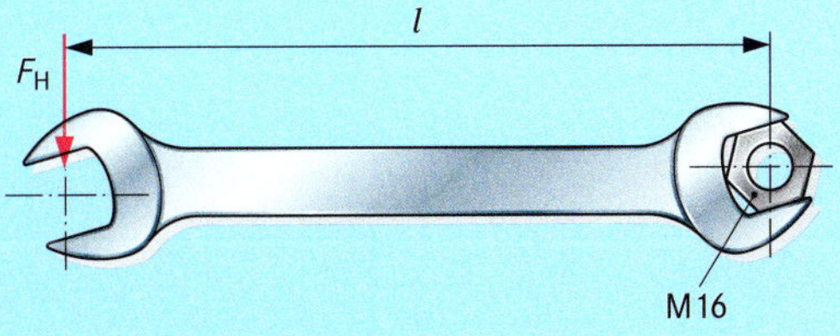

Geg.: F_H = 500 N
l = 200 mm
P = 2 mm
η = 0,15

Ges.: a) M_A in Nm, b) F_V in N

Lösung:

a) $M_A = F_H \cdot l = 500\ \text{N} \cdot 0{,}2\ \text{m}$

$\underline{\underline{M_A = 100\ \text{Nm}}}$

b) $$F_V = \frac{2 \cdot \pi \cdot \eta \cdot M_A}{P}$$

$$F_V = \frac{2 \cdot \pi \cdot 0{,}15 \cdot 100\ \text{Nm}}{0{,}002\ \text{m}}$$

$\underline{\underline{F_V = 47123{,}8\ \text{N}}}$

Grundlagen

Reibung

Die Größe der Reibungskraft F_R ist von der senkrecht zu den Berührungsflächen wirkenden Normalkraft F_N und von der Reibungszahl μ abhängig.

Reibungskraft = Normalkraft · Reibungszahl

$$F_R = F_N \cdot \mu$$

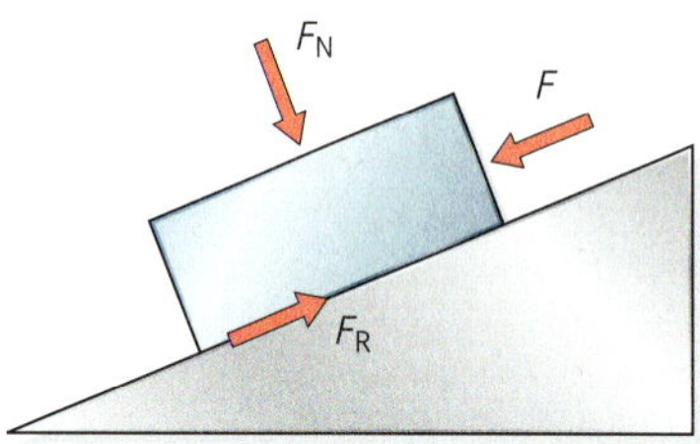

Die Reibungzahl ist ein experimenteller Wert. Sie wird in Versuchen ermittelt und kann Tabellen entnommen werden (➡📖).

Die Reibungszahl ist abhängig von

- der Reibungsart,
- der Werkstoffpaarung,
- der Oberflächenbeschaffenheit und
- der Schmierung.

Maßeinheit für die Kräfte ist das Newton. Die Reibungszahl hat keine Maßeinheit.

Fügen

3.1.7 Reibung am Greifer

auch über Web-Link

Die Betätigung des Greifers erfolgt durch das Ausfahren der Kolbenstange. Dadurch entsteht zwischen der Kolbenstange (Pos. 5) und der Buchse (Pos. 6) Gleitreibung (Abb. 1). Man unterscheidet folgende Reibungsarten:

- Gleitreibung,
- Haftreibung,
- Rollreibung.

Gleitreibung wirkt zwischen Körpern, die sich relativ zueinander bewegen. Sie hemmt die Bewegung oder wirkt ihr entgegen. Die Gleitreibungszahl wird mit μ bezeichnet.

Haftreibung wirkt zwischen ruhenden Körpern. Sie verhindert, dass sich die Körper gegeneinander verschieben. Zwischen der Buchse (Pos. 6) und der Grundplatte (Pos.1) wirkt Haftreibung. Die Haftreibungszahl wird mit μ_0 bezeichnet.

Rollreibung wirkt zwischen Körpern, die sich aufeinander abrollen können. Das Rillenkugellager (Pos. 9) rollt sich auf der Kolbenstange (Pos. 5) ab. Die Kugeln im Rillenkugellager rollen ebenfalls zwischen Außen- und Innenring des Lagers. Für die Berechnung der Rollreibung gelten spezielle Formeln.

Reibungszahlen sind von der *Werkstoffpaarung* der sich reibenden Bauteile abhängig. Durch Auswahl einer geeigneten Werkstoffpaarung lässt sich z. B. die Reibung zwischen der Kolbenstange (Pos. 5) und der Buchse (Pos. 6) vermindern.

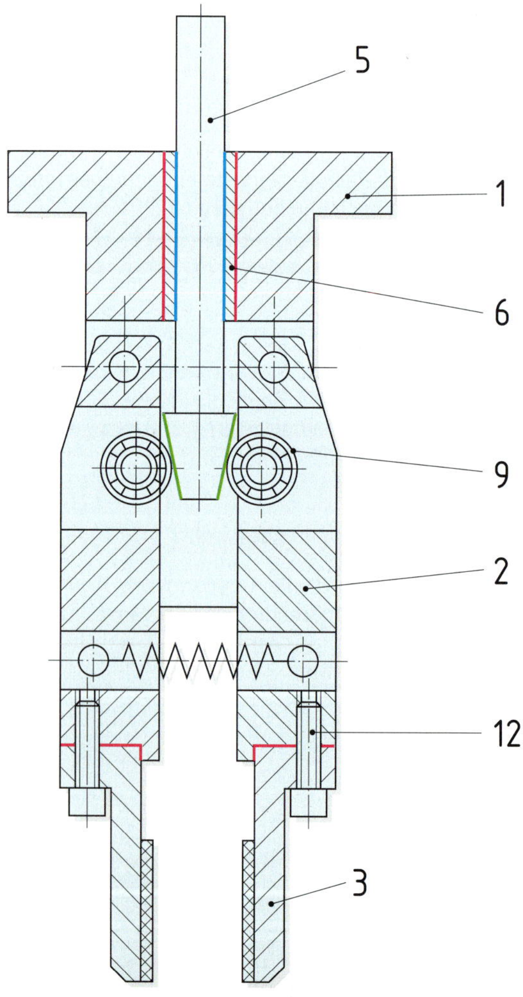

Abb. 1: Reibungsarten am Greifer

Die *Oberflächenbeschaffenheit* beeinflusst ebenfalls die Reibung. Je rauer die Oberflächen sind, desto größer wird die Reibungszahl. Durch Feinbearbeitung wie z. B. Reiben der Buchse und Schleifen der Kolbenstange lassen sich glatte Oberflächen mit geringen Reibungszahlen herstellen.

Schmiermittel z. B. Öle vermindern die Reibungszahl.

In vielen technischen Anwendungen ist die Reibung unerwünscht, da sie zum Verschleiß von Bauteilen beiträgt. Zur Verminderung der Reibung wurden deshalb am Greifer Rillenkugellager eingebaut und geeignete Werkstoffpaarungen ausgewählt. Die Oberfläche der Kolbenstange wurde gehärtet und geschliffen.

Zum anderen gibt es jedoch viele Anwendungen, welche auf Reibung nicht verzichten können. Bei Schraubenverbindungen ist Reibung im Gewinde und zwischen den Bauteilen erwünscht, da sich die Verbindung sonst lösen würde.

Selbsthemmung

Selbsthemmung an der Paarung Schraube/Mutter liegt vor, wenn die Reibung zwischen den Gewindeflanken größer ist als die Abtriebskraft, die bestrebt ist, z. B. die Schraube in der Mutter drehend abgleiten zu lassen.

Selbsthemmung beim Regelgewinde

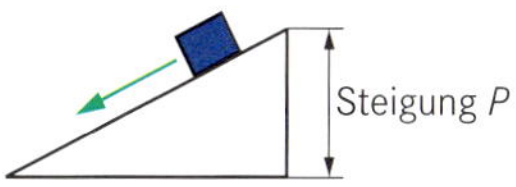

Eine Wicklung $U = d_2 \cdot \pi$

Selbsthemmung beim Feingewinde

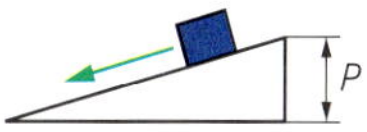

Eine Wicklung $U = d_2 \cdot \pi$

Bei großer Steigung rutscht der Klotz leicht nach unten. Die Selbsthemmung ist geringer. Wegen der geringeren Steigung ist die Selbsthemmung von Feingewinden größer als die von Regelgewinden. Deshalb kann man bei Feingewinden unter Umständen auf eine Schraubensicherung verzichten.

3.1.8 Kraftschlüssige Verbindungen

Die meisten Schraubenverbindungen (Abb. 2) sind kraftschlüssige Verbindungen. Durch das Anziehen entsteht in der Schraube eine Längskraft F, welche die zu verbindenden Teile aufeinander presst. Wird die Verbindung belastet, entsteht zwischen den Bauteilen eine Reibungskraft, die das Verschieben verhindert.

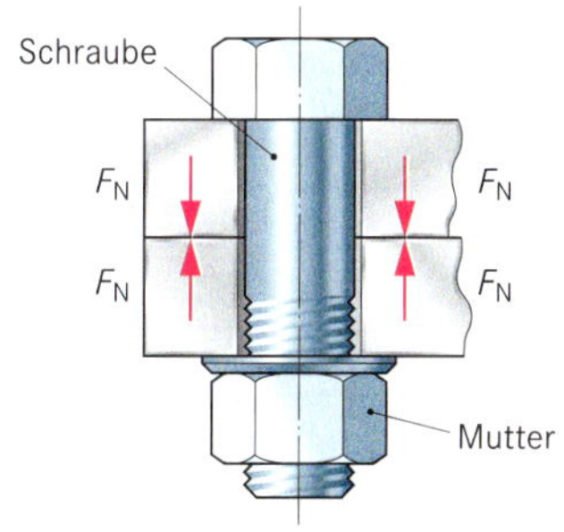

Abb. 2: Schraubenverbindung

Bei der Klemmverbindung (Abb. 3) wird die Schraube angezogen. Die Längskraft F in der Schraube zieht die geschlitzte Nabe zusammen. Wird die Welle belastet, so entsteht eine Reibungskraft zwischen der Nabe und der Welle. Dadurch wird das Verschieben und Verdrehen der Welle verhindert.

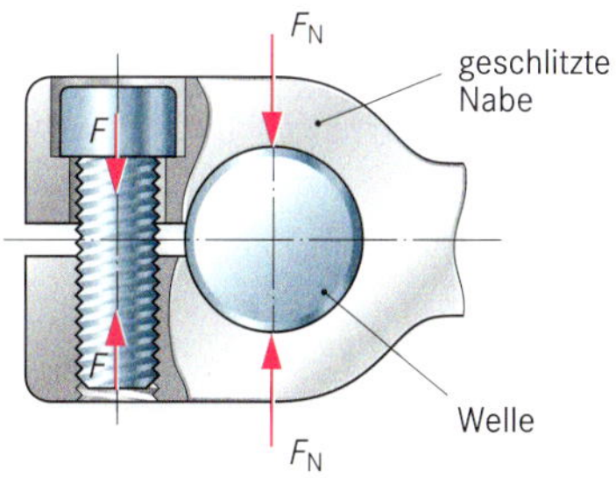

Abb. 3: Klemmverbindung

Bei der Kegelverbindung (Abb. 4) entsteht durch das Anziehen der Mutter eine Längskraft F in Achsrichtung. Der Kegel wird in die Bohrung hineingezogen. Dadurch entsteht zwischen den kegeligen Berührungsflächen eine Reibungskraft, die die Verbindung herstellt.

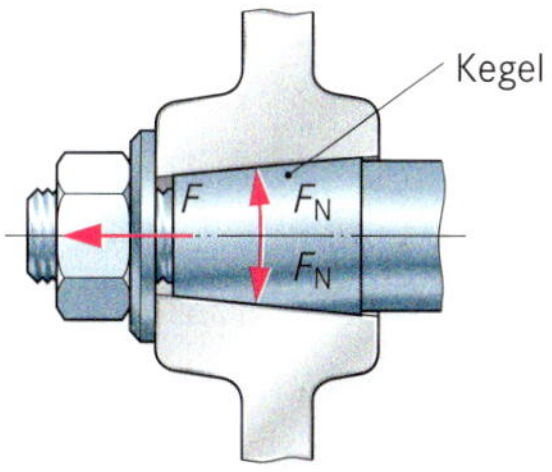

Abb. 4: Kegelverbindung

! Kraftschlüssige Verbindungen entstehen, wenn Werkstücke aufeinander gepresst werden. Sie übertragen Kräfte oder Drehmomente durch Reibungskräfte.

Wird eine kraftschlüssige Verbindung durch zu große Kräfte überlastet, geht der Kraftschluss verloren. Die gefügten Bauteile verschieben sich gegeneinander.

3.2 Stift- und Bolzenverbindung

ARBEITSAUFTRAG

Der Zylinderstift (Pos. 7) verbindet den Zangenschenkel (Pos. 2) mit der Grundplatte (Pos.1). Im Rahmen der Demontage muss der Zangenschenkel (Pos. 2) ausgebaut werden. Hierzu ist der Zylinderstift (Pos. 7) zu entfernen.

Um das Rillenkugellager (Pos. 9) zu demontieren, muss der Zylinderstift (Pos. 8) ausgebaut werden. Dann kann das Rillenkugellager (Pos. 9) entnommen werden.

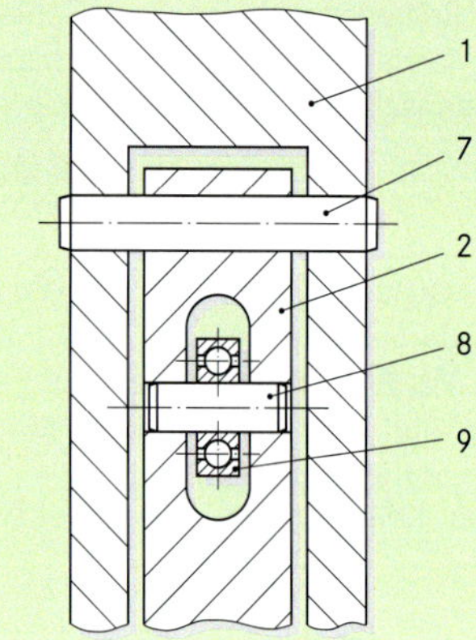

Informieren

3.2.1 Zeichnungsanalyse

Stifte und Bolzen werden in Gesamtzeichnungen nicht geschnitten, sondern stets als Ansicht dargestellt. Sie sind Normteile und können anhand der Stückliste identifiziert werden. Aus der Stückliste ist ersichtlich, dass die Positionen 7 bis 10 und die Position 12 Normteile sind. Sie sind anhand der Norm-Kurzbezeichnung erkennbar.

Pos.	Menge	Einheit	Benennung	Sachnummer / Norm-Kurzbezeichnung	Bemerkung
1	1	Stck.	Grundplatte		EN AW-Al Cu 4 Mg 1
6	1	Stck.	Buchse		Cu Sn 8 F 39
7	2	Stck.	Zylinderstift	ISO 8734 - 5 x 32 - A	St
8	2	Stck.	Zylinderstift	ISO 2338 - 5 m6 x 14	St
9	2	Stck.	Rillenkugellager	DIN 625 - 16001	
10	2	Stck.	Bolzen	ISO 2340 - A - 5 x 14	
11	1	Stck.	Zugfeder		55 Cr 3
12	2	Stck.	Zylinderschraube	ISO 4762 - M4 x 16	6.8

Normbezeichnung für einen **gehärteten** Zylinderstift:

Zylinderstift ISO 8734 - 5 x 32 - A - St

- Norm: ISO 8734
- Nenndurchmesser d = 5 mm: 5
- Nennlänge l = 32 mm: 32
- Typ A: gehärtet mit 550 - 650 HV 30: A
- Werkstoff: Stahl: St

Normbezeichnung für einen **ungehärteten** Zylinderstift:

Zylinderstift ISO 2338 - 5 m6 x 14 - St

- Norm: ISO 2338
- Nenndurchmesser d = 5 mm: 5
- Toleranzklasse: m6
- Nennlänge l = 14 mm: 14
- Werkstoff: Stahl: St

Fügen

3.2.2 Stifte

Stifte werden eingesetzt, um

- Bauteile miteinander zu verbinden,
- die Lage zweier Bauteile zueinander festzulegen,
- Bauteile gegen Scherkräfte zu sichern oder
- Bauteile vor Überlastung zu schützen.

Genormte Stifte sind Zylinderstifte, Kegelstifte, Spannstifte und Kerbstifte (Abb. 1, Abb. 2).

Zylinderstifte werden zur Befestigung und zur Lagefixierung verwendet. Es gibt durchgehärtete, oberflächengehärtete und ungehärtete Zylinderstifte. Sie werden mit geschliffener oder blankgezogener Oberfläche hergestellt. Um Korrosion zu vermeiden, können sie z. B. phosphatiert sein. Die richtige Lage zweier Bauteile zueinander erreicht man, wenn die Bohrungen für den Stift zusammen gebohrt und gerieben werden.

- *Ungehärtete Zylinderstifte* werden in den Toleranzklassen m6 und h8 hergestellt.
- *Gehärtete Zylinderstifte* werden üblicherweise in der Toleranzklasse m6 gefertigt. Sie verbinden hochbeanspruchte Teile an Vorrichtungen und Spannzeugen. Im Tabellenbuch findet man Angaben zur Härte.

Kegelstifte werden überwiegend zur Lagefixierung verwendet. Sie werden mit einem Kegelverhältnis 1:50 ausgeführt, d. h. auf eine Länge von 50 mm ändert sich der Kegeldurchmesser um 1 mm.

Die Kegelstiftverbindung ist aufwendig herzustellen, da die Bohrungen kegelig aufgerieben werden müssen. Allerdings können auch nach häufigem Lösen der Verbindung die Teile wieder passgenau gefügt werden.

Spannstifte (Spannhülsen) sind geschlitzte Hülsen aus Federstahl. Sie dienen als Befestigungs- und als Sicherungselement.

Der Durchmesser der Spannstifte ist gegenüber dem Nenndurchmesser um 0,2...0,5 mm größer. Die beim Einbau entstehende Spannung gewährleistet einen festen Sitz des Stiftes in der Bohrung. Die Bohrung muss nicht aufgerieben werden.

Spannstifte werden auch zum Schutz von Schrauben eingesetzt, wenn diese Querkräfte aufnehmen müssen.

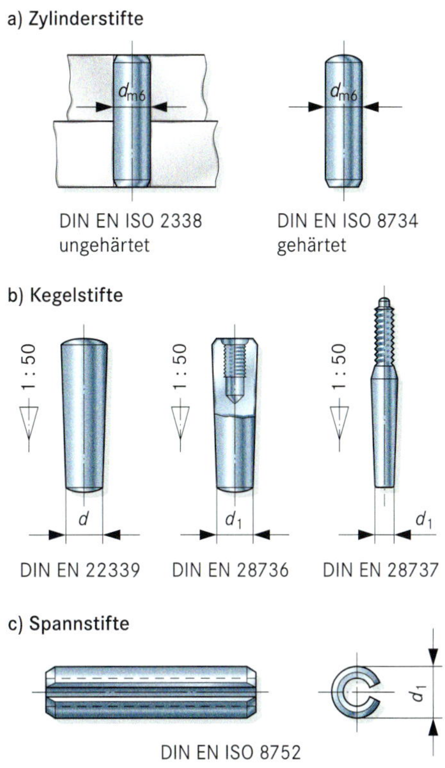

Abb. 1: Grundformen der Stifte

Kerbstifte werden als Befestigungs- und Sicherungsstifte an Stelle von Zylinder- oder Kegelstiften verwendet. Kerbstifte besitzen am Umfang drei Kerben mit wulstartigen Rändern. Beim Fügen werden die Wülste elastisch verformt. Die entstehende Verspannung hält den Kerbstift rüttelfest in der Bohrung. Die Bohrung muss nicht aufgerieben werden.

Kerbstifte mit Kopf werden als Kerbnägel bezeichnet. Sie werden z. B. zur Befestigung von Schildern oder Kabelschellen verwendet.

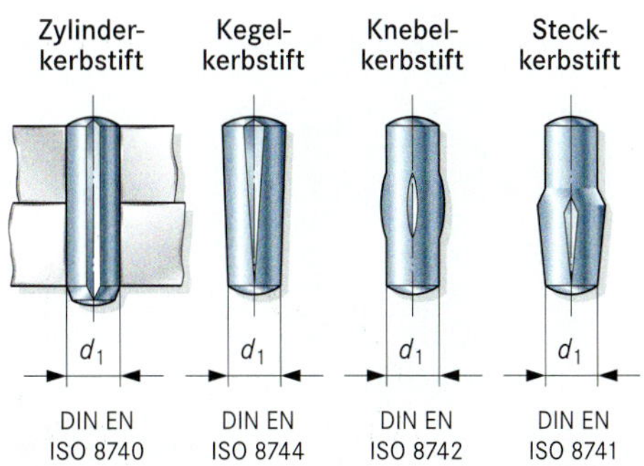

Abb. 2: Kerbstifte

Fügen

3.2.3 Bolzen

Bolzen werden für Gelenkverbindungen von Laschen und für Kettenglieder verwendet. Sie werden auch für die Lagerung von Laufrädern oder Hebeln eingesetzt.

Bolzen werden mit oder ohne Kopf hergestellt (Abb. 1). Bei beweglichen Verbindungen müssen sie gegen das Herausfallen durch Splinte gesichert werden. Dafür haben Bolzen ein Splintloch.

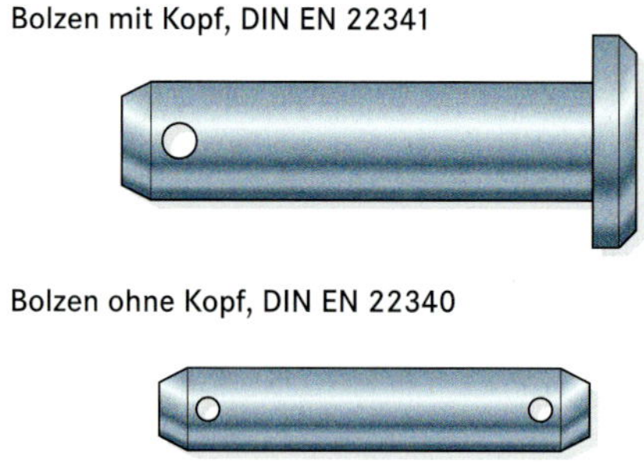

Abb. 1: Bolzen

Fügen

3.2.4 Formschlüssige Verbindungen

Der Zylinderstift (Pos. 7) verbindet den Zangenschenkel (Pos. 2) mit der Grundplatte (Pos.1). Die Bohrungen in der Grundplatte und dem Zangenschenkel sind so hergestellt, dass der Zylinderstift fest an der Oberfläche der Bohrung anliegt. Bei einer Belastung wird die Kraft direkt vom Zangenschenkel über den Zylinderstift auf die Grundplatte übertragen.

Formschlüssige Verbindungen übertragen Kräfte bzw. Drehmomente durch ineinandergreifende geometrische Formen. Der Zylinderstift sitzt durch seine Form in den passenden Bohrungen der Grundplatte und des Zangenschenkels und überträgt die Kräfte vom Zangenschenkel (Pos. 2) auf die Grundplatte (Pos.1) (Abb. 4).

Formschlüssige Verbindungen können lösbar oder unlösbar, sowie fest oder beweglich sein.

Lösbare formschlüssige Verbindungen werden z. B. durch Stifte oder Bolzen hergestellt (Abb. 2).

Unlösbare formschlüssige Verbindungen sind z. B. Nietverbindungen (Abb. 3).

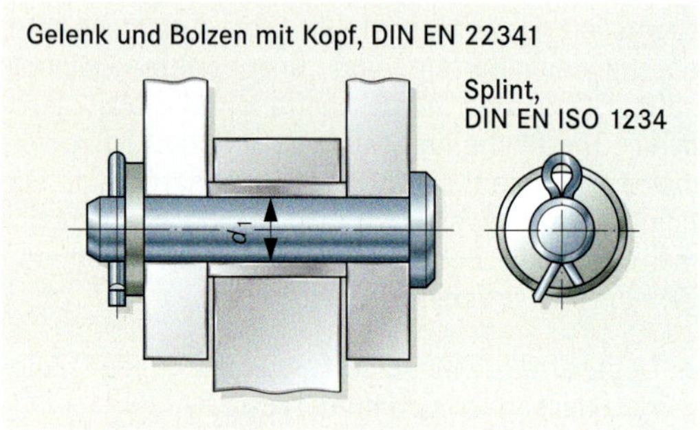

Abb. 2: Bolzenverbindung

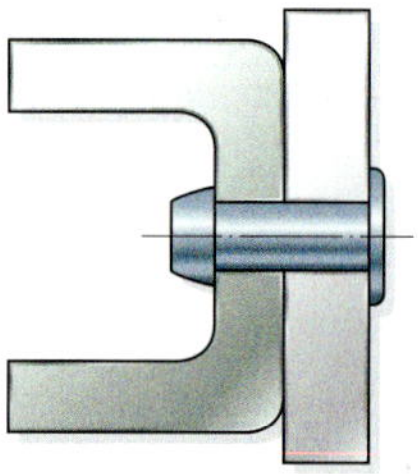

Abb. 3: Nietverbindung

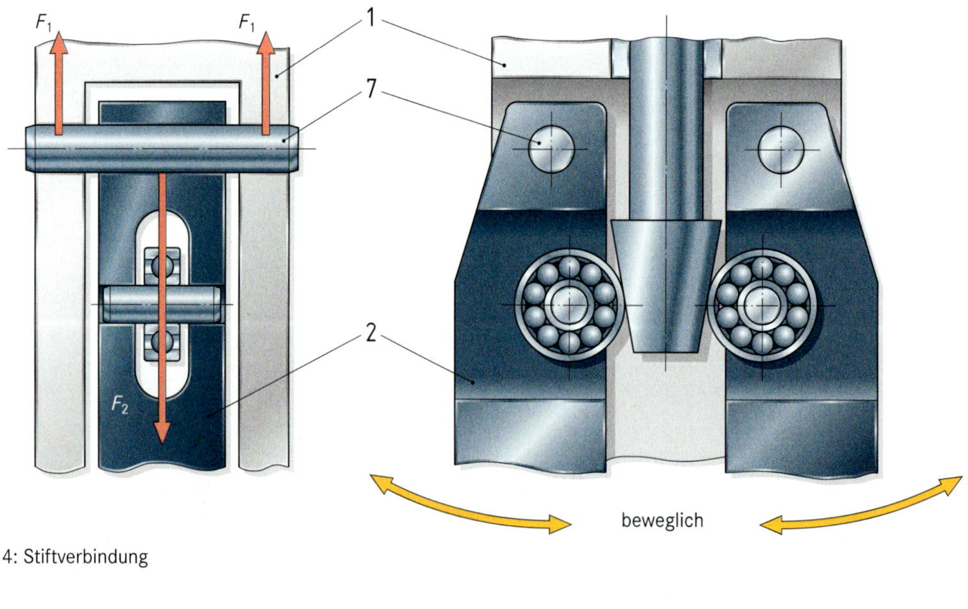

Abb. 4: Stiftverbindung

3.2.5 Passungen

Damit sich der Zangenschenkel des Greifers bewegen kann, darf der Zylinderstift nicht fest in der Bohrung des Zangenschenkels sitzen. Die Bohrung muss größer als der Durchmesser des Zylinderstiftes sein. Die Bauteile haben zueinander *Spiel*.

Um das Herausfallen des Zylinderstiftes aus der Grundplatte zu vermeiden, muss der Zylinderstift fest in der Bohrung der Grundplatte sitzen. Die Bohrung in der Grundplatte ist kleiner als der Durchmesser des Zylinderstiftes. Die Bauteile haben zueinander *Übermaß*.

Die Differenz zwischen dem Maß der Bohrung (Innenpassfläche) und dem Maß der Welle (Außenpassfläche) nennt man Passung.

Passung = Maß der Bohrung - Maß der Welle

3.2.6 Passungsarten

Die Maße von Bohrungen und Wellen besitzen Toleranzen. Je nach den gewählten Toleranzklassen des Bohrungsdurchmessers und des Wellendurchmessers entstehen unterschiedliche Passungsarten (Abb. 5):

- Spielpassung,
- Übermaßpassung oder
- Übergangspassung.

Bei der *Spielpassung* ist das Mindestmaß der Bohrung größer als das Höchstmaß der Welle oder gleich groß.

Bei der *Übermaßpassung* ist das Höchstmaß der Bohrung kleiner als das Mindestmaß der Welle oder gleich groß.

Bei der *Übergangspassung* entsteht je nach Istmaß von Welle und Bohrung ein Spiel oder ein Übermaß.

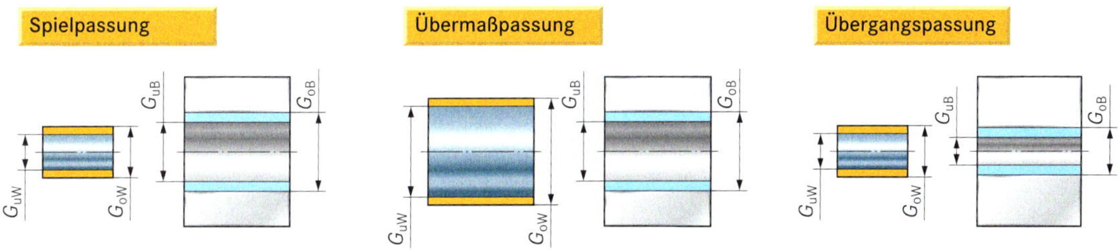

G_{oW}: Höchstmaß der Welle
G_{uW}: Mindestmaß der Welle
G_{oB}: Höchstmaß der Bohrung
G_{uB}: Mindestmaß der Bohrung

Abb. 5: Passungsarten

Aufgaben

1. Der Greifer ist mit zwei Zylinderschrauben und mit zwei Zylinderstiften am Roboter befestigt. Erläutern Sie an dem genannten Beispiel, wodurch Kraftschluss und Formschluss entstehen.

2. Messen Sie mit einem geeigneten Messgerät den Durchmesser der Spindel an einem Schraubstock in der Werkstatt. Geben Sie die genaue Bezeichnung des Gewindes an.

3. Nennen Sie Verbindungen, die bei einem Schraubstock vorkommen. Geben Sie an, ob die jeweilige Verbindung lösbar oder unlösbar, fest oder beweglich, kraft- oder formschlüssig ist.

4. Ein Getriebedeckel ist mit 5 Zylinderschrauben im Gehäuse befestigt. Der Deckel muss häufig abgenommen werden. Nennen Sie eine geeignetere Schraubenverbindung und begründen Sie Ihre Wahl.

5. Wodurch unterscheiden sich Befestigungs- und Bewegungsgewinde?

6. Auf dem Kopf einer Sechskantschraube lesen Sie die Kennzeichnung 10.9. Was bedeutet diese Angabe?

7. Wählen Sie zur Schraube aus Aufgabe 6 eine geeignete Mutter. Begründen Sie Ihre Wahl.

8. Erstellen Sie einen normgerechten Zeichnungsausschnitt von der Befestigung der Greiferbacke (Pos. 3) an dem Zangenschenkel (Pos. 2) mittels der Zylinderschraube (Pos.12). Die Zeichnung soll als Vollschnitt im Maßstab 2:1 ausgeführt werden.

9. Wozu werden Stifte verwendet? Nennen Sie zu jedem Verwendungszweck ein Beispiel.

10. Bei dem Greifer soll der Zylinderstift (Pos. 7) durch einen Bolzen ersetzt werden. Wählen Sie anhand des Tabellenbuches einen geeigneten Bolzen aus und geben Sie dessen Normbezeichnung an. Skizzieren Sie die Verbindung.

3.3 Klebe-, Löt- und Schweißverbindungen

ARBEITSAUFTRAG

Durch einen längeren Einsatz sind die Schutzbacken (Pos. 4) des Greifers abgenutzt und beschädigt. Bei der Reparatur sollen sie ausgetauscht werden. Hierzu müssen die alten Schutzbacken restlos von den Greiferbacken (Pos. 3) entfernt werden. Anschließend können neue Schutzbacken aufgeklebt werden.

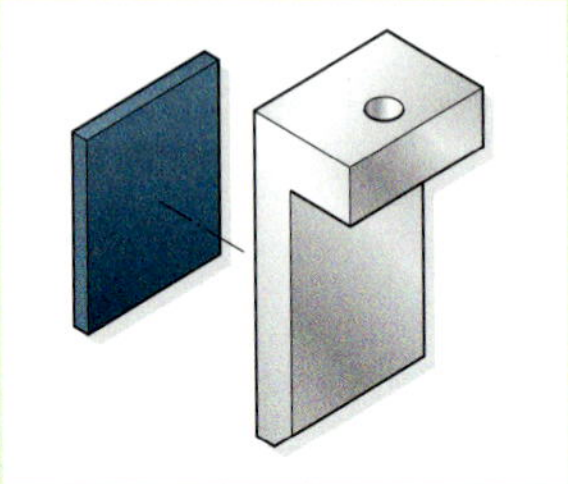

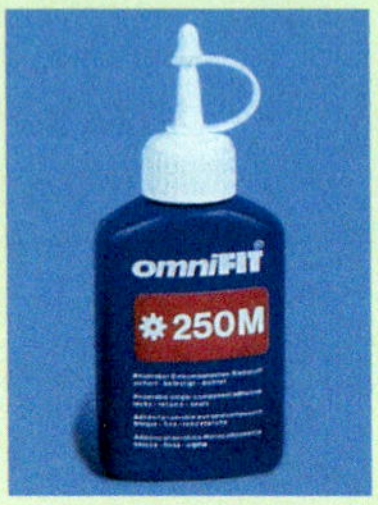

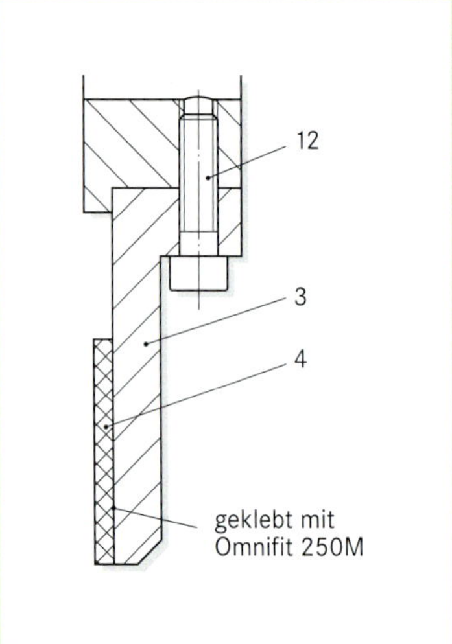

3	2	Stck.	Greiferbacke		EN AW-Al Cu 4 Mg 1
4	2	Stck.	Schutzbacke		SBR

Fügen

3.3.1 Klebeverbindungen

3.3.1.1 Zeichnungsanalyse

Klebeverbindungen können durch eine Hinweislinie und einen Text näher erläutert werden. Für die Klebeverbindung selbst gibt es in technischen Zeichnungen keine besondere Darstellungsform.

Die Auswahl des Klebstoffes richtet sich im Allgemeinen nach den zu verbindenden Werkstoffen. Diese können der Stückliste entnommen werden. Die Greiferbacken sind aus einer Aluminiumlegierung (EN-AW-AlCu4Mg1) hergestellt, die Schutzbacken aus dem Kunststoff Styrol-Butadien-Kautschuk (SBR). Kunststoffe und Metalle unterscheidet man in technischen Zeichnungen durch die Art der Schraffur (➡📖).

3.3.1.2 Klebevorgang

Die Festigkeit einer Klebeverbindung hängt im Wesentlichen davon ab, wie gut der Klebstoff auf der Oberfläche der zu verbindenden Bauteile haftet. Eine hohe Oberflächenhaftung lässt sich erreichen, wenn die Fügeflächen sauber, fettfrei und trocken sind.

Die *Vorbehandlung der Oberflächen* kann mechanisch oder chemisch erfolgen. Die mechanische Vorbehandlung erfolgt durch Sandstrahlen oder von Hand durch Schmirgeln mit Schmirgelleinen. Anschließend werden die Fügeflächen entfettet. Dies erfolgt mit organischen Lösungsmitteln, z. B. Aceton oder Trichloräthan, oder mit anorganischen Lösungsmitteln, z. B. alkalische oder saure Lösungen. Die chemische Vorbehandlung erfolgt durch Beizen. Dadurch wird die Oberfläche gleichzeitig gereinigt und entfettet.

Bei der *Klebstoffverarbeitung* müssen die Herstellerangaben befolgt werden. Zweikomponentenkleber müssen im vorgeschriebenen Mischungsverhältnis gemischt werden. Der Klebstoff wird auf eine oder beide Fügeflächen aufgetragen. Die Verarbeitungszeit (Topfzeit) ist begrenzt.

Das *Aushärten* des Klebstoffes muss erschütterungsfrei erfolgen. Daher müssen die Fügeflächen gegen Verschieben, z. B. durch Klebezangen gesichert sein.

Eine Klebeverbindung erhält ihre *Festigkeit* durch

- die Anhangskräfte (Adhäsion) zwischen dem Klebstoff und der Werkstückoberfläche und durch
- die inneren Zusammenhangskräfte (Kohäsion) des Klebstoffes (Abb. 1)

Hohe Anhangskräfte werden erreicht, wenn der Kontakt zwischen dem Klebstoff und der Werkstückoberfläche gut ist. Dies erreicht man durch eine saubere Oberfläche. Schon kleinste Mengen an Verunreinigungen vermindern die Festigkeit einer Klebeverbindung beträchtlich. Die Zusammenhangskräfte sind von der Festigkeit des Klebstoffes abhängig. Da die Festigkeit einer Klebeverbindung mit zunehmender Fugendicke abnimmt, sollte die Klebefuge 0,05 ... 0,3 mm betragen.

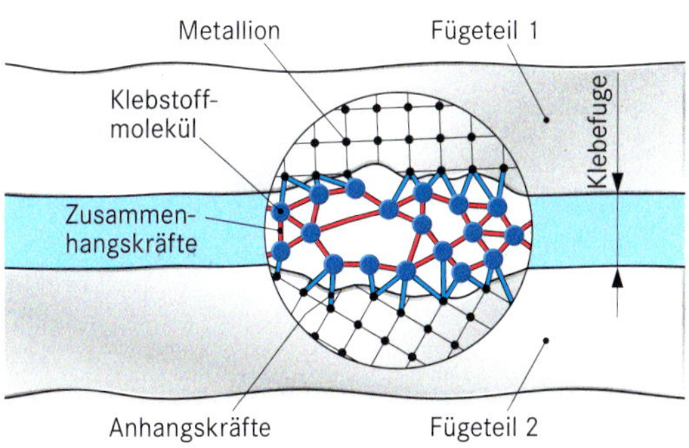

Abb. 1: Kräfte in einer Klebeverbindung

Die Festigkeit des Klebstoffes ist in der Regel kleiner als die Festigkeit der zu verbindenden Teile. Daher müssen die *Klebeflächen* möglichst groß gestaltet werden. Dies erreicht man durch Überlappung, Schäftung oder mit Hilfe von Laschen (Abb. 2).

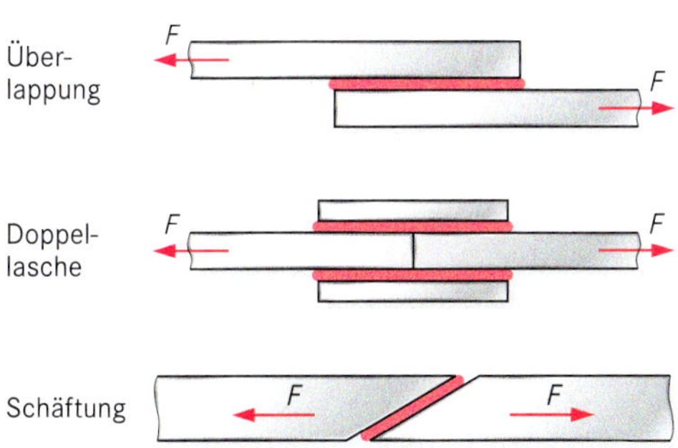

Abb. 2: Gestaltung von Klebeflächen

Die Belastbarkeit einer Klebeverbindung hängt nicht nur von der Größe der Fügeflächen ab, sondern auch von der *Beanspruchung der Klebenaht* (Abb. 3). Eine Klebenaht sollte möglichst nur auf Abscheren beansprucht werden. Treten Zug- oder Biegekräfte auf, sind konstruktive Maßnahmen gegen das Abschälen zu treffen.

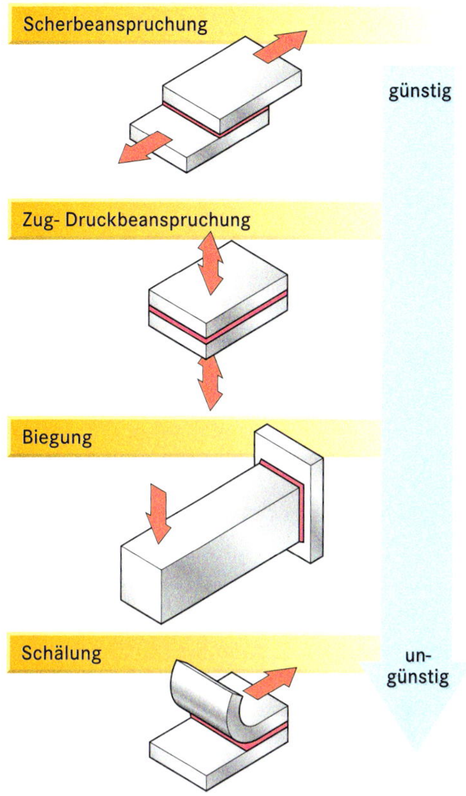

Abb. 3: Beanspruchung einer Klebeverbindung

Durch Kleben werden unlösbare, stoffschlüssige Verbindungen hergestellt.

3.3.1.3 Klebstoffarten

Die Klebstoffe, mit denen Metalle und Kunststoffe gefügt werden, sind aus Kunststoff. Sie härten physikalisch oder chemisch aus.

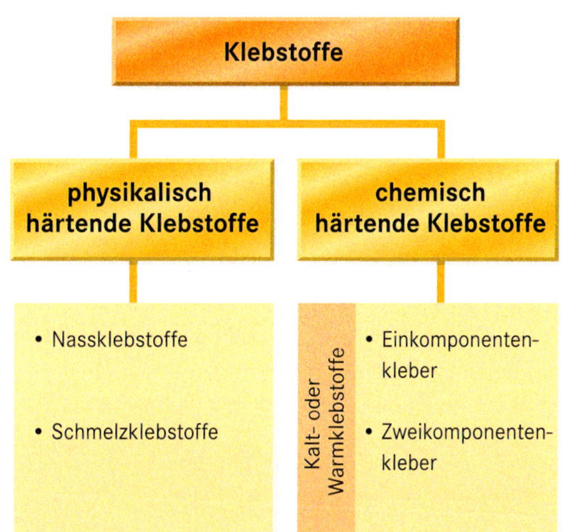

Physikalisch härtende Klebstoffe sind Nassklebstoffe und Schmelzklebstoffe.

Nassklebstoffe sind lösungsmittelhaltig. Sie werden auf die zu fügenden Flächen aufgetragen. Danach werden die Bauteile gefügt. Im gefügten Zustand verdunstet das Lösungsmittel. Es entsteht eine feste Klebeverbindung.

Eine besondere Form der Nassklebstoffe sind *Kontaktklebstoffe*. Sie werden auf die zu fügenden Flächen nach den Vorgaben des Herstellers aufgetragen. Nach dem Verdunsten des Lösungsmittels werden die Bauteile unter Druck gefügt. Die Klebeverbindung ist sofort fest.

Schmelzklebstoffe sind fest und lösungsmittelfrei. Sie werden erwärmt und im geschmolzenen Zustand aufgetragen. Nach dem Fügen der Bauteile bildet sich durch Erkalten des Klebstoffes eine feste Klebeschicht.

Physikalisch härtende Klebstoffe können nach kurzer Zeit Kräfte übertragen.

Chemisch härtende Klebstoffe sind Reaktionsklebstoffe. Bei ihnen erfolgt das Aushärten durch eine chemische Reaktion zwischen den einzelnen Komponenten des Klebstoffes. Sie sind erst nach Abschluss der Reaktion, die mehrere Stunden dauern kann, belastbar.

Einkomponentenklebstoffe enthalten alle notwendigen Bestandteile in einer fertigen Mischung. Die chemische Reaktion wird z. B. durch Wärme ausgelöst.

Zweikomponentenklebstoffe bestehen aus mehreren Komponenten, die erst zum Kleben nach Angaben des Herstellers gemischt werden. Ein Härter löst die chemischen Reaktionen aus.

Die Aushärtung erfolgt in der Regel bei Raumtemperatur. Die Aushärtezeit kann durch Erwärmen oder durch einen Beschleuniger stark verkürzt werden. Man unterteilt die chemisch härtenden Klebstoffe nach ihrer Verarbeitungstemperatur in Kaltklebstoffe und Warmklebstoffe. Die Festigkeit der Warmklebstoffe ist in der Regel größer als die der Kaltklebstoffe.

3.3.1.4 Merkmale von Klebeverbindungen

Vorteile:

- Fügen unterschiedlicher metallischer und nichtmetallischer Werkstoffe,
- kein Verzug durch Wärmeeinwirkung,
- keine Gefügeveränderungen im Grundwerkstoff,
- dichte Verbindung,
- leichte Verbindung.

Nachteile:

- nur in eingeschränktem Temperaturbereich anwendbar,
- große Fügeflächen notwendig,
- physikalische und chemische Vorbereitung der Fügeflächen,
- teilweise langer Aushärtevorgang.

3.3.1.5 Anwendungen

Kleben wird angewandt in der

- Fertigungstechnik, z.B. beim Fügen von Buchsen oder zum Sichern von Schrauben,
- Metallbautechnik, z. B. an Türen und Fenstern,
- Versorgungstechnik, z. B. zum Verbinden von Kunststoffrohren,
- Kraftfahrzeugtechnik, z. B. zum Verbinden nichtmetallischer Bremsbeläge auf metallischen Bremsbacken,
- Flugzeugtechnik, z. B. zum Verbinden von Aluminiumkonstruktionen.

Unfallverhütung

- Hautkontakt mit dem Reinigungsmittel, dem Klebstoff und dem Lösungsmittel vermeiden.
- Arbeitsräume gut belüften, giftige Gase nicht einatmen.
- Beim Arbeiten Handschuhe, Schutzbrille und ggf. Atemschutz tragen.
- Beim Kleben nicht mit offenen Flammen umgehen, nicht Rauchen.
- Behälter nach Gebrauch sofort verschließen.
- Abfälle gemäß den Vorschriften entsorgen.

Aufgabe

1. Wie werden Klebeflächen für das Kleben vorbereitet?

2. Wodurch unterscheiden sich physikalisch härtende und chemisch härtende Klebstoffe?

3. Nennen Sie aus Ihrem Arbeitsbereich Beispiele für den Einsatz von Klebstoffen.

4. Was muss man bei der Verwendung von Zweikomponentenklebern beachten? Nennen Sie die Unfallgefahren beim Umgang mit Zweikomponentenklebern und beschreiben Sie geeignete Schutzmaßnahmen.

Fügen

3.3.2 Lötverbindungen

3.3.2.1 Lötvorgang

Beim Löten werden Bauteile im festen Zustand durch einen geschmolzenen Zusatzwerkstoff, das Lot, miteinander verbunden. Die zu verbindenden Werkstücke können aus gleichen oder verschiedenartigen metallischen Werkstoffen bestehen.

Vor dem Löten müssen die Lötflächen behandelt werden. Sie müssen metallisch rein sein, damit sie vom Lot benetzt werden können. Daher werden sie gereinigt und von Oxidschichten befreit. Man verwendet dazu z. B. eine Feile, Schmirgelleinen oder eine Drahtbürste.

Damit die Lötflächen während des Lötens oxidfrei bleiben, verwendet man ein *Flussmittel*. Das sind natürliche Harze, Salze oder Säuren. Flussmittel beseitigen geringste Verunreinigungen, entfernen dünne Oxidschichten und schützen die Flächen vor erneuter Oxidation (Abb. 1). Die Wahl des Flussmittels richtet sich nach dem Lötverfahren und den zu verbindenden Werkstoffen (→📖).

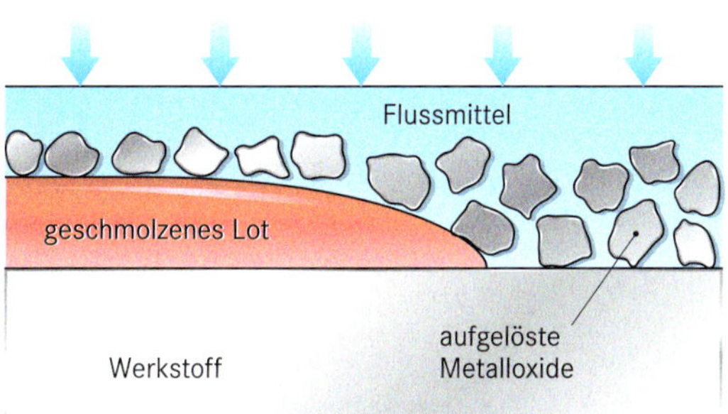

Abb. 1: Wirkung des Flussmittels

! Nach dem Löten sind Rückstände des Flussmittels sorgfältig zu entfernen, da sonst der Werkstoff korrodieren kann.

Bei Rohrverbindungen, z. B. im Bereich des Stutzens, ist die Beseitigung des Flussmittels im Rohr nicht möglich. Deshalb sind dort Flussmittel zu verwenden, bei denen die Korrosionsgefahr gering ist. Bei Trinkwasserinstallationen ist ein wasserlösliches Flussmittel zu verwenden. Dieses kann ausgespült werden.

Voraussetzung für eine haltbare Lötverbindung ist ein gutes *Benetzen* der zu verbindenden Bauteile mit dem flüssigen Lot. Die zu verbindenden Bauteile werden auf Arbeitstemperatur erwärmt. Diese liegt im Schmelzbereich des Lotes (→📖).

Die Wärme soll dabei von den Werkstücken auf das Lot übergehen und es schmelzen. Eine einwandfreie Verbindung erhält man, wenn etwas oberhalb der Arbeitstemperatur gelötet wird (Abb. 2).

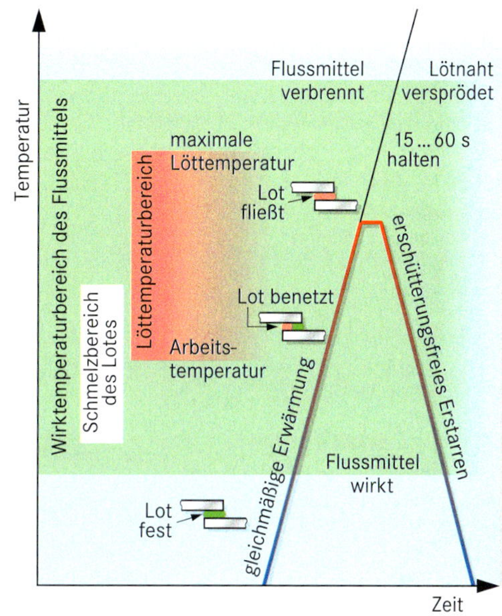

Abb. 2: Temperaturen beim Löten

Das Lot breitet sich auf der Oberfläche aus und dringt in das Gefüge des Grundwerkstoffes ein. Dieses nennt man *Diffusion*. Das Lot bildet mit dem Grundwerkstoff eine Legierung (Abb. 3).

Nach dem Fließen soll die Temperatur noch etwa 15 ... 60 s gehalten werden, um die Legierungsbildung zu ermöglichen. Das Lot muss danach erschütterungsfrei erstarren. Ist die Löttemperatur zu niedrig, fließt das Lot nicht ausreichend. Man spricht von Kaltlötungen. Ist die Löttemperatur zu hoch, kann das Flussmittel verbrennen. Die Lötung wird spröde.

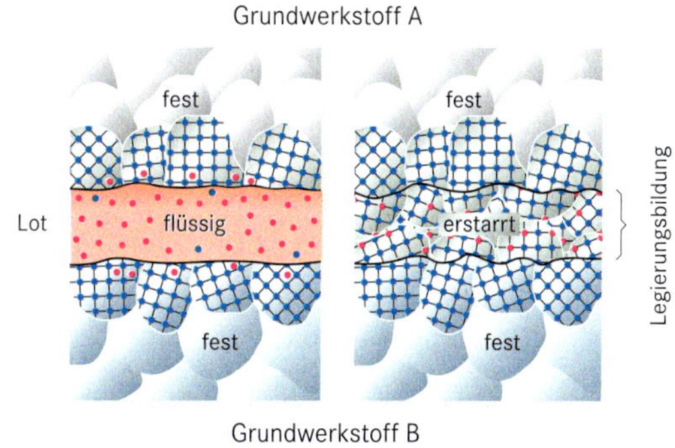

Abb. 3: Legierungsbildung

Der Abstand der beiden Fügeflächen zueinander ist beim Löten von besonderer Bedeutung. Man unterscheidet nach dem Abstand

- Spaltlöten, Spaltbreite b_1 = 0,05 ... 0,5 mm,
- Fugenlöten, Fugenbreite b_2 > 0,5 mm.

Beim *Spaltlöten* fließt das Lot durch Kapillarwirkung in den Lötspalt. Die Kapillarwirkung ist umso größer, je schmaler der Spalt ist. Eine Spaltbreite b_1 = 0,05 ... 0,2 mm hat sich als günstig erwiesen (Abb. 2). In einem schmalen Spalt ist die Kapillarwirkung so groß, dass das Lot in den Lötspalt hochgezogen wird.

Beim *Fugenlöten* fließt das Lot durch Schwerkraft in die Lötfuge.

Da das Lot in der Regel eine geringere Festigkeit hat als der Grundwerkstoff, ist die Lötverbindung großflächig zu gestalten (Abb. 1).

Beispiel		Bemerkung
Blechverbindungen		Verbindungsstelle großflächig gestaltet
Rundteil in Bohrung	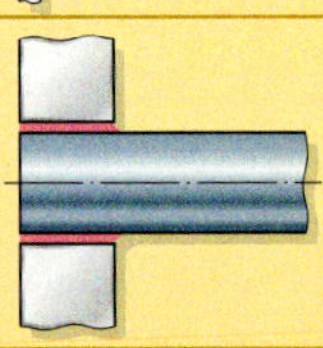	Rundteil in Bohrung eingelassen
Rohrverbindungen	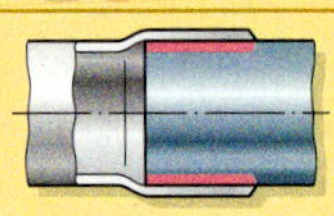	Rohre weit übereinander geschoben

Abb. 1: Gestaltung einer Lötverbindung

! Durch Löten werden unlösbare, stoffschlüssige Verbindungen hergestellt.

3.3.2.2 Lötverfahren

Nach der Arbeitstemperatur unterscheidet man

- Weichlöten,
- Hartlöten und
- Hochtemperaturlöten.

Beim *Weichlöten* ist die Arbeitstemperatur *t unter 450° C*. Das Weichlöten wird angewandt, wenn

- eine dichte Verbindung erforderlich ist und
- keine großen Belastungen an der Lötstelle auftreten.

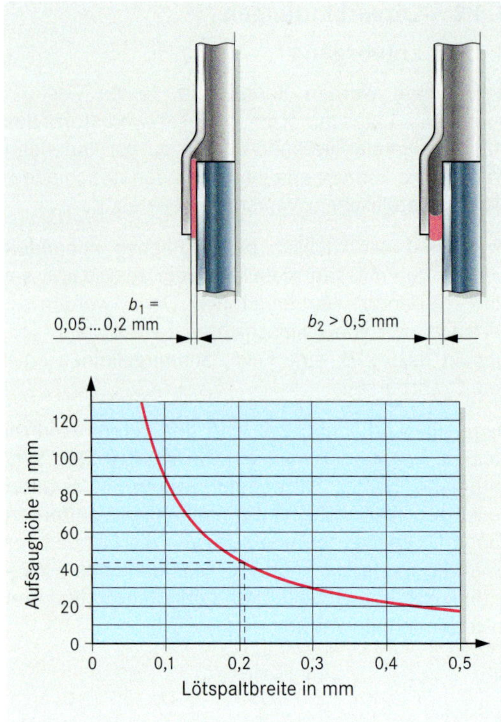

Abb. 2: Kapillarwirkung beim Löten

Konservendosen oder Heizungsrohre werden weichgelötet. Die Zusatzwerkstoffe für das Weichlöten sind überwiegend Zinn-Blei-Legierungen (➜). Zur Erhöhung der Festigkeit sind die Lote mit Kupfer oder Silber legiert.

Beim *Hartlöten* liegt die Arbeitstemperatur *t zwischen 450 °C und 900 °C.*

Das Hartlöten wird angewendet, wenn die Verbindung

- fest und
- wärmebeständig

sein soll.

Hartgelötet werden z. B. Flansche an Stahlrohre oder Hartmetallplatten auf Drehmeißeln.

Zusatzwerkstoffe für das Hartlöten sind Kupfer- oder Silberlegierungen (➜). Für das Hartlöten von Aluminium und dessen Legierungen gibt es Hartlote auf Aluminiumbasis.

Beim *Hochtemperaturlöten* ist die Arbeitstemperatur *t über 900 °C*. Das Löten erfolgt unter Schutzgas oder es wird im Vakuum gearbeitet. Das Hochtemperaturlöten wird hauptsächlich in der automatisierten Fertigung angewandt. Als Zusatzwerkstoffe werden Hartlote mit hoher Reinheit verwendet. Vorwiegend werden Lote auf Nickelbasis eingesetzt.

Man unterscheidet zwei Verfahren, mit denen die notwendige Arbeitstemperatur zum Schmelzen der Lote erzeugt wird:

- das Kolbenlöten und
- das Flammlöten.

Beim *Kolbenlöten* wird ein Kupferkolben elektrisch oder mit Gas erwärmt. Durch das Aufsetzen des Kolbens wird die Wärme auf die Fügestelle übertragen. Das Lot schmilzt und fließt in Richtung der größten Wärme in den Lötspalt. Das Kolbenlöten ist nur zum Weichlöten geeignet, da höchstens Temperaturen von ca. 250 °C erreicht werden.

Beim *Flammlöten* wird die Fügestelle durch einen Schweißbrenner oder durch eine Lötlampe erwärmt. Die Flamme darf nicht direkt auf die Lötstelle oder das zugeführte Lot gerichtet werden, weil sonst das Flussmittel verbrennen kann oder das Lot vor Erreichen der Arbeitstemperatur schmilzt.

3.3.2.3 Anwendungen

Das Verfahren Löten wird angewandt in der

- *Fertigungstechnik*, z. B. Verbinden von Blechen, Verbinden von Hartmetallplatten auf dem Meißelschaft,
- *Versorgungstechnik*, z. B. Verbinden von Rohren und Armaturen,
- Elektrotechnik, z. B. Verbinden von Leitungsanschlüssen und elektrischen Bauteilen.

Lötverbindungen können bis zu Temperaturen eingesetzt werden, die unterhalb der Schmelztemperatur des Lotes liegen.

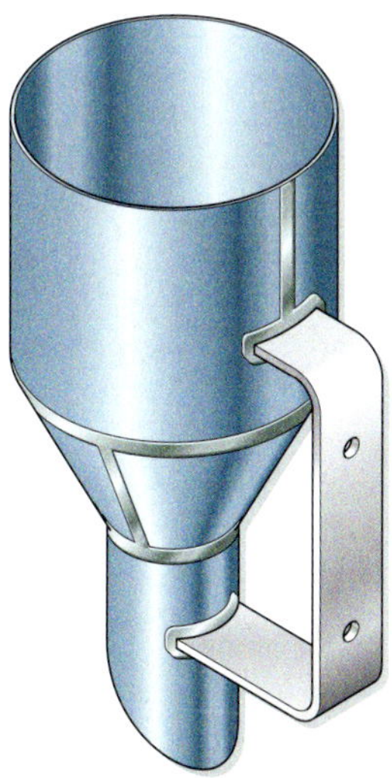

Abb. 3: Trichter

Unfallverhütung

- Schutzkleidung und Schutzbrille tragen.
- Für gute Belüftung sorgen, da Lot- und Flussmitteldämpfe gesundheitsschädigend sind.
- Hautkontakt mit den Flussmitteln vermeiden.
- Leicht brennbare Stoffe vom Arbeitsplatz fernhalten.

3.3.2.4 Arbeitsplanung

Planen

Zur Herstellung des Trichters (Abb. 3) sollen die vorgefertigten Einzelteile gelötet werden. Hierzu ist das Lötverfahren, das Lot und das Flussmittel auszuwählen.

Als Lötverfahren wird Hartlöten gewählt. Es bietet eine ausreichende Festigkeit und ist ohne größeren Aufwand (z. B. ohne Schutzgas) durchführbar.

Das *Lot* richtet sich nach dem zu lötenden Grundwerkstoff. Aus der Stückliste (S.10) erhält man den Grundwerkstoff: Stahl EN 10130-DC04Am. Damit die Arbeitstemperatur nicht zu hoch wird, wurde ein Hartlot auf Silberbasis ausgewählt, z. B. L-Ag5. Dieses Lot ist für das Spalt- oder Fugenlöten geeignet und enthält keine giftigen Legierungsbestandteile wie Cadmium. Die *Arbeitstemperatur* des Lotes beträgt 860 °C. Bei der Wahl des Flussmittels müssen das Lötverfahren und die *Wirktemperatur des Flussmittels* berücksichtigt werden. Ein geeignetes Flussmittel ist FH 21. Es enthält Borverbindungen (Borax) und hat eine Wirktemperatur von 750 °C bis 1100 °C.

Aufgaben

1. Erläutern Sie das Prinzip des Lötens.

2. Welche Aufgabe hat das Flussmittel beim Löten?

3. Ein Kupferrohr und ein Rohrbogen aus Kupfer sollen durch Löten verbunden werden. Erstellen Sie einen Arbeitsplan.

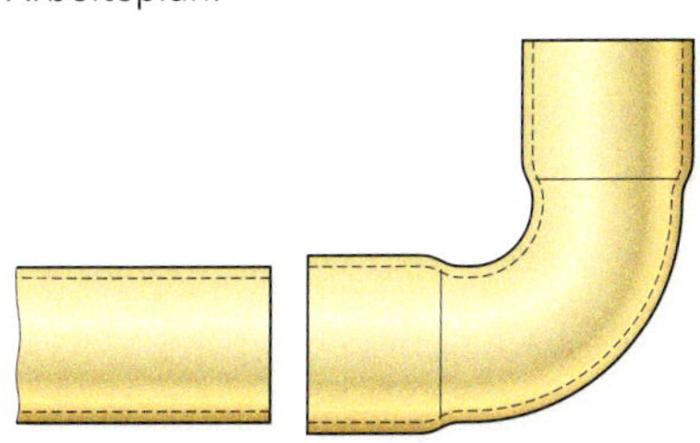

4. Die Halterung des Trichters soll an den Behälter und an den Stutzen gelötet werden. Fertigen Sie eine einfache Skizze der Bauteile an. Wählen Sie ein geeignetes Lötverfahren, das entsprechende Lot und das Flussmittel.

Fügen

3.3.3 Schweißverbindungen

3.3.3.1 Schweißvorgang

Beim Schweißen werden Bauteile aus gleichem Werkstoff verbunden. In der Zone, in der sie gefügt werden sollen, werden sie geschmolzen. Man nennt dies die Fügezone. Das Verfahren nennt man *Schmelzschweißen* (Abb. 1). Die dazu notwendige Energie wird in Form von Wärme zugeführt. Je nach Schweißverfahren kann ein Zusatzwerkstoff mit eingeschmolzen werden. Der Zusatzwerkstoff wird als Stab oder Draht zugefügt. Die Eigenschaften sind denen des Grundwerkstoffes ähnlich.

Beim Erkalten der Fügezone bildet sich die Schweißnaht. Die Bauteile sind fest und dicht miteinander verbunden. Diese Verbindung nennt man stoffschlüssig.

! Durch Schweißen werden unlösbare, stoffschlüssige Verbindungen hergestellt.

Abb. 1: Schmelzschweißen

Im Bereich der Schweißnaht können sich die Werkstoffeigenschaften durch das Schmelzen und das anschließende Abkühlen ändern. Es können Spannungen auftreten, die zu Schrumpfungen oder Verzug am Bauteil führen. Daher sind Nacharbeiten erforderlich. Durch geeignete Schweißverfahren, durch entsprechende Gestaltung der Schweißnaht und durch nachfolgende Wärmebehandlung können die Eigenschaften einer Schweißnaht verbessert werden.

3.3.3.2 Schweißnahtgestaltung

In der Schweißgruppenzeichnung eines Lagerbockes (Abb. 2) wird u. a. angegeben

- die Stoßart,
- die Nahtart,
- der Zusatzwerkstoff und
- das Schweißverfahren.

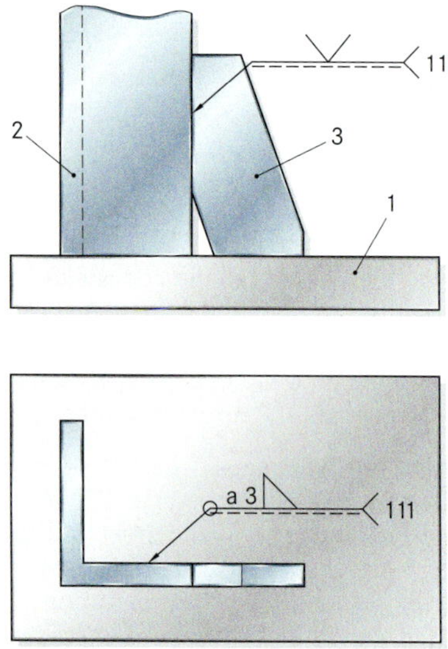

Schweißverfahren: 111
Zusatzwerkstoff: EN 499-E 42 A R 41 H5
Nachbehandlung: spannungsarm geglüht

Abb. 2: Geschweißter Lagerbock

Unter der *Stoßart* versteht man die Lage der zu verbindenden Bauteile zueinander. Der Lagerbock wird aus Stahlblechen und Stahlprofilen geschweißt. Die Grundplatte (Pos. 1) und das Winkelprofil (Pos. 2) stehen senkrecht aufeinander. Dies nennt man einen T-Stoß (Abb. 3a). An einer Seite des Winkelprofils wird die Rippe (Pos. 3) angeschweißt. Dies ist ein Stumpfstoß (Abb. 3b).

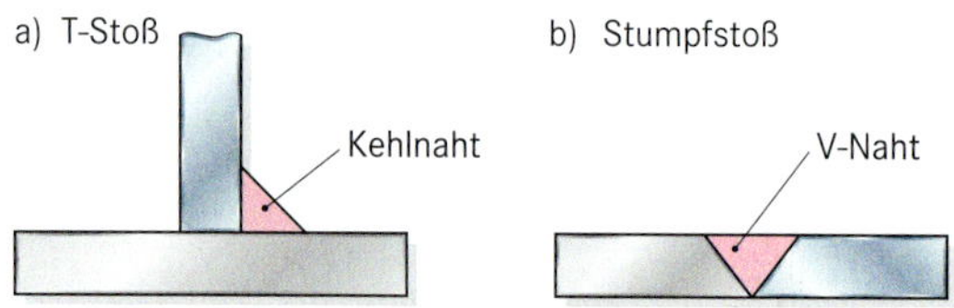

Abb. 3: Stoßarten

Die *Nahtart* richtet sich nach der Stoßart. Grundplatte und Winkelprofil sowie Grundplatte und Rippe werden durch Kehlnähte gefügt. Das Winkelprofil und die Rippe werden durch eine V-Naht miteinander verbunden.

Der *Zusatzwerkstoff* hängt vom Werkstoff der Bauteile ab. Für den Stahl S 235 J0 wird z. B. eine umhüllte Schweißelektrode gewählt. Die Schweißelektrode hat die Bezeichnung EN 499 - E 42 A R 41 H5 (→📖).

Das *Schweißverfahren* wird durch die Kennzahl vorgeschrieben. Die Kennzahl 111 (→📖) steht für das Lichtbogenhandschweißen.

3.3.3.3 Gasschmelzschweißen

Beim Gasschmelzschweißen wird die Fügestelle und der Zusatzwerkstoff mit Hilfe einer Gasflamme geschmolzen. Als Brenngas wird überwiegend Acetylen verwendet. Man nennt das Verfahren auch *Autogenschweißen*.

Acetylen und der zur Verbrennung notwendige Sauerstoff werden in Stahlflaschen gelagert.

Sauerstoff wird mit einem Druck von 150 bar oder 200 bar gespeichert. Die Sauerstoffflasche hat eine weiß gefärbte Flaschenschulter mit dem eingedruckten Buchstaben N. Das Flaschenventil ist mit einem Gewinde R 3/4" für den Druckminderer versehen.

Acetylen wird mit einem Druck von 18 bar oder 19 bar gespeichert. Da Acetylen bei 2 bar explosionsartig zerfällt, muss es in Aceton gelöst werden. Diese Acetylen-Aceton-Lösung wird in eine Stahlflasche gefüllt, die eine poröse Masse enthält. Die Acetylenflasche hat eine kastanienbraun gefärbte Flaschenschulter mit dem eingedruckten Buchstaben N. Der Druckminderer wird mit Hilfe eines Spannbügels an das Flaschenventil angeschlossen (Abb. 4).

Die *Druckminderer* sind notwendig, um den hohen Flaschendruck auf den zulässigen Arbeitsdruck zu reduzieren (Tab. 1).

Tab. 1: Gasdrücke

Gas	Flaschendruck in bar	Arbeitsdruck in bar
Sauerstoff	150 oder 200	2,5
Acetylen	18 oder 19	0,1 ... 0,5

Vom Druckminderer werden die Gase durch Schläuche zum Brenner geführt. Sauerstoffschläuche sind blau, Brenngasschläuche sind rot eingefärbt. Eine Sicherheitsvorlage unterbricht bei Flammenrückschlag oder Gasrücktritt die Gaszufuhr.

Sauerstoffarmaturen haben Rechtsgewinde, Brenngasarmaturen haben Linksgewinde.

Im Schweißbrenner werden Acetylen und Sauerstoff gemischt (Abb. 5). Sauerstoff strömt mit einer hohen Geschwindigkeit durch die Druckdüse. Das mit niedrigem Druck herangeführte Brenngas wird mitgerissen und im Mischrohr gemischt. Um eine ausreichende Saugwirkung sicherzustellen, muss beim Zünden zuerst das Sauerstoffventil geöffnet werden. Die Gasmengen werden an den Ventilen eingestellt.

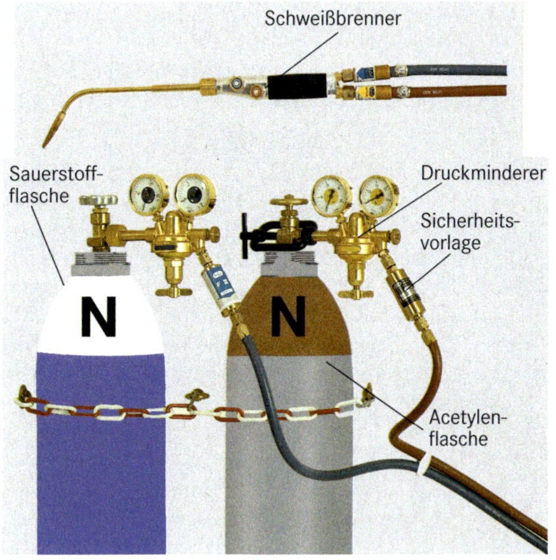

Abb. 4: Gasflaschen

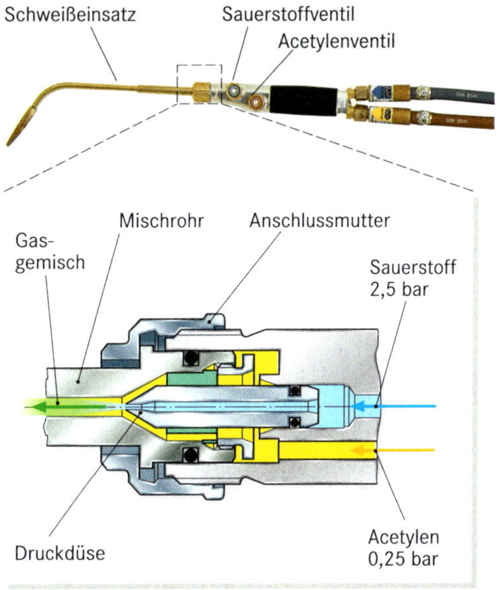

Abb. 5: Schweißbrenner

!

Inbetriebnahme des Schweißbrenners

1. Sauerstoffventil öffnen
2. Brenngasventil öffnen
3. Gemisch entzünden
4. Schweißflamme einstellen

Außerbetriebnahme des Schweißbrenners

1. Brenngasventil schließen
2. Sauerstoffventil schließen

Die Schweißflamme wird mit den Ventilen am Schweißbrenner eingestellt. Acetylen und Sauerstoff werden in der Regel im Verhältnis 1 : 1 gemischt. Die dabei entstehende Flamme nennt man *neutrale Flamme*.

Bei der Einstellung einer neutralen Flamme (Abb. 1a) kommt es im Flammenkern zu einer unvollständigen Verbrennung des Acetylens. In der Schweißzone, ca. 2 ... 4 mm vor dem Flammenkern, wird das Gas vollständig verbrannt. Der fehlende Sauerstoff wird aus der umgebenden Luft entnommen. Das Schweißbad selbst kann dadurch mit dem Luftsauerstoff nicht reagieren und keine schädlichen Oxide bilden. Metalloxide in der Schweißnaht vermindern die Festigkeit und Zähigkeit. Das Gasgemisch verbrennt bei Temperaturen $t < 3200\,°C$ (Abb. 2). Stahl und Kupfer werden mit einer neutralen Flamme geschweißt.

Bei *Sauerstoffüberschuss* wird der Flammenkegel kürzer (Abb. 1b). Die Flamme wirkt oxidierend. Die Schweißnaht wird spröde.

Bei *Acetylenüberschuss* wird der Flammenkegel länger (Abb. 1c). Die Flamme wirkt reduzierend. Beim Schweißen von Stahl wird die Naht mit Kohlenstoff angereichert. Die Schweißnaht wird dadurch härter und spröder als der Grundwerkstoff. Leichtmetalle werden mit einer reduzierenden Flamme geschweißt, um eine Oxidbildung zu verhindern.

Man unterscheidet beim Gasschmelzschweißen folgende Arbeitstechniken:

Nachlinksschweißen

Die Flamme wird in Schweißrichtung dem Schweißstab nachgeführt. Die Flamme ist nicht auf das Schmelzbad gerichtet (Abb. 3a). Dadurch wird bei dünnen Blechen ein Durchbrennen verhindert.

Nachrechtsschweißen

Die Flamme wird in Schweißrichtung dem Schweißstab vorhergeführt. Die Flamme ist auf das Schweißbad gerichtet (Abb. 3b). Auch bei dickeren Blechen ist ein gutes Durchschweißen gewährleistet.

auch über Web-Link

! *Nachlinksschweißen* wird bei einer Werkstückdicke $t < 3$ mm, *Nachrechtsschweißen* bei einer Werkstückdicke $t > 3$ mm angewandt.

Als Zusatzwerkstoff zum Füllen der Schweißfuge werden *Schweißstäbe* verwendet (→). Sie bestehen z. B. aus unlegierten und niedriglegierten Stählen, aus Kupfer- oder Aluminiumlegierungen. Die chemische Zusammensetzung soll ähnlich der Grundwerkstoffe sein. Die verschiedenen Schweißstäbe sind in Klassen eingeteilt und durch Einkerbungen oder Farbstreifen gekennzeichnet. Schweißstäbe aus Stahl sind zum Schutz vor Korrosion verkupfert.

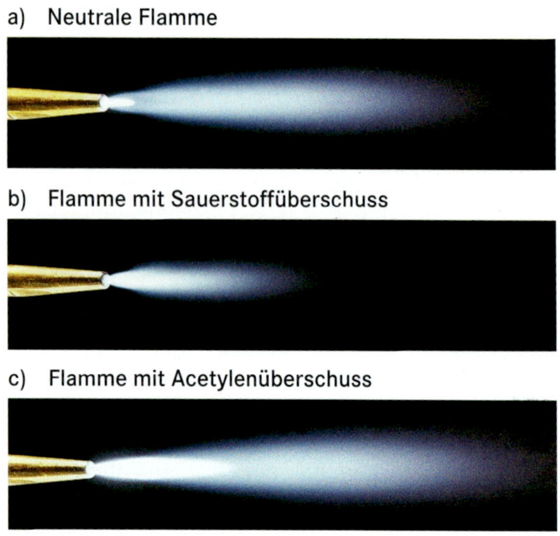

Abb. 1: Schweißflamme

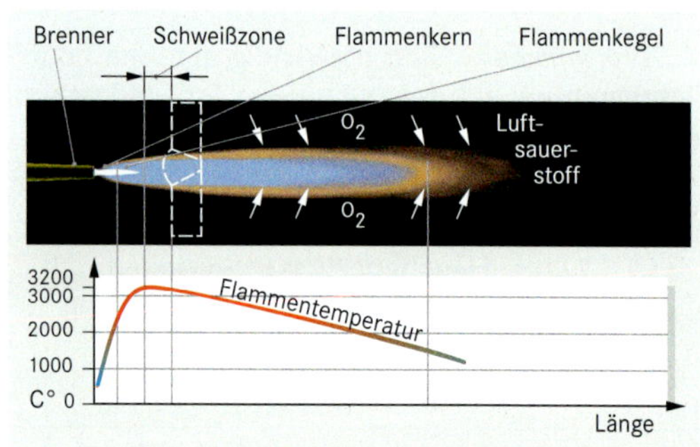

Abb. 2: Flamme und Temperaturen

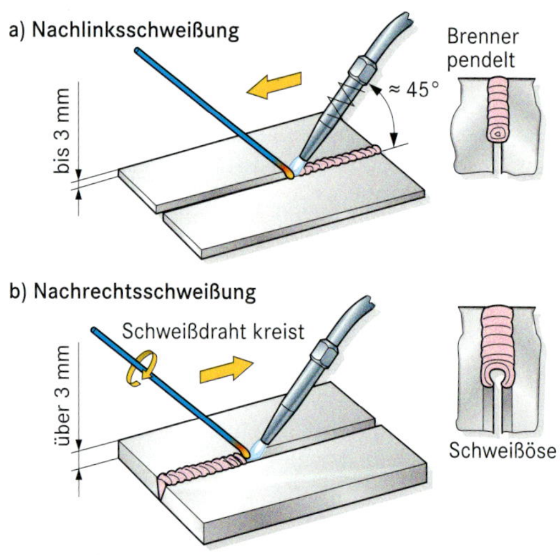

Abb. 3: Schweißrichtungen

3.3.3.4 Lichtbogenhandschweißen

Beim Lichtbogenhandschweißen wird die Wärme durch einen Lichtbogen erzeugt. Dieser wird zwischen der Elektrode und dem Werkstück gezündet. Die Elektrode als Zusatzwerkstoff schmilzt dabei ab und füllt die Schweißfuge (Abb. 4). Zum Lichtbogenhandschweißen sind eine elektrische Spannung U = 15 ... 80 V und ein Strom I < 1000 A notwendig. Sie werden durch Schweißstromquellen bereitgestellt.

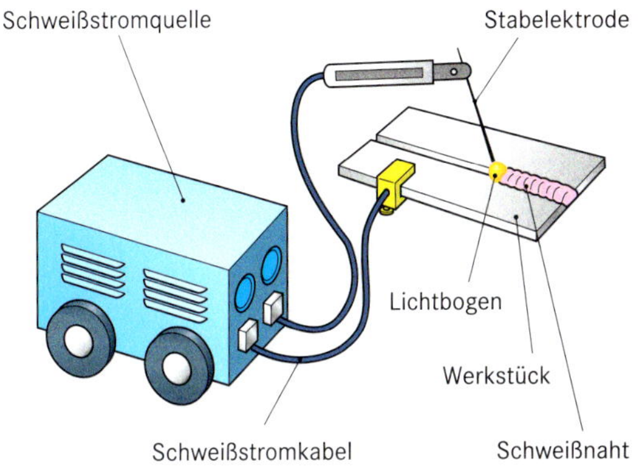

Abb. 4: Lichtbogenhandschweißen

Schweißstromquellen haben die Aufgabe, einen Schweißstrom mit niedriger Spannung und hoher Stromstärke bereitzustellen.

Für einwandfreies Schweißen ist die Schweißstromstärke richtig einzustellen. Die Stromstärke richtet sich nach dem Drahtdurchmesser der Schweißelektrode.

! *Faustformel:*
Je 1 mm Drahtdurchmesser benötigt man eine Stromstärke I = 40 A.

Um einen *Lichtbogen* zu erzeugen, werden die Stabelektrode und das Werkstück durch Berühren kurzgeschlossen. Es fließt ein hoher Strom bei geringer Spannung. Dadurch erwärmen sich Elektrode und Werkstück an der Berührungsstelle. Beim Abheben der Elektrode vom Werkstück werden Elektronen aus der Elektrode herausgerissen. Die umgebende Luft wird leitend. Es fließen Elektronen vom Minuspol zum Pluspol. Der dadurch entstehende Lichtbogen hat Temperaturen von 3600 ... 4200 °C. Dabei schmelzen die Bauteile in der Schweißzone. Der geschmolzene Elektrodenwerkstoff tropft in das Schmelzbad.

Der Abstand der Elektrode vom Werkstück soll dem Drahtdurchmesser der Elektrode entsprechen. Wird der Abstand zu groß, reißt der Lichtbogen ab.

Beim Schweißen mit *Gleichstrom* fließen die Elektronen stets in gleicher Richtung vom Minus- zum Pluspol. Der Lichtbogen brennt ruhig. Am Pluspol entstehen durch den Aufprall der Elektronen höhere Temperaturen als am Minuspol.

Beim Schweißen dicker Werkstücke soll der Werkstoff im Nahtbereich gut schmelzen. Daher werden die Werkstücke mit dem Pluspol der Schweißstromquelle verbunden. Beim Schweißen dünner Werkstücke, z. B. Bleche, werden diese mit dem Minuspol verbunden.

Beim Schweißen mit *Wechselstrom* ändert sich die Stromrichtung ständig. Der Lichtbogen brennt unruhig. An der Elektrode und dem Werkstück herrschen gleiche Temperaturen.

Beim Schweißen von Stahl mit Gleichstrom kann der Lichtbogen seitlich abgelenkt werden. Man nennt diese Erscheinung *Blaswirkung*. Ursache dafür ist das magnetische Feld, das sich um Elektrode und Werkstück bildet. Beim Übergang von der Elektrode zum Werkstück verdichten sich die Feldlinien auf der Seite, auf der sich die Polklemme befindet (Abb. 5). Der Lichtbogen wird zu der Seite abgelenkt, auf der das Magnetfeld weniger dicht ist. Der Grundwerkstoff wird dadurch ungleichmäßig geschmolzen.

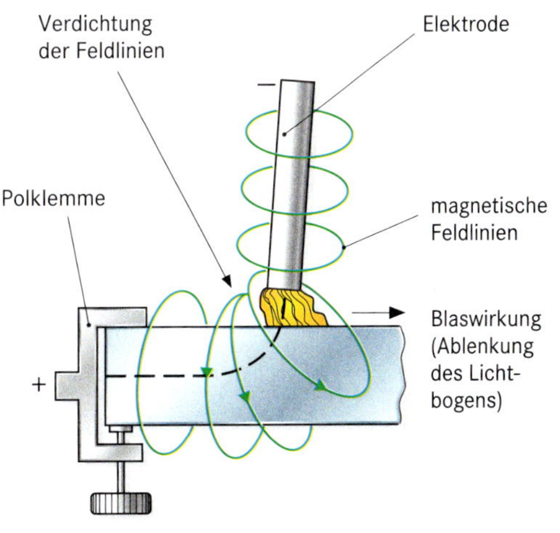

Abb. 5: Blaswirkung

Man kann die Blaswirkung verringern, indem man

- die Elektrode gegen die Blasrichtung neigt,
- die Polklemme am Werkstück verlegt,
- dickumhüllte Elektroden verwendet oder
- mit Wechselstrom schweißt.

Schweißelektroden schmelzen im Lichtbogen und füllen die Schweißfuge (Abb. 1). Man unterscheidet die Elektroden

- nach dem Aufbau in umhüllte und nicht umhüllte Elektroden,
- nach der Zusammensetzung in legierte und unlegierte Elektroden,
- nach dem Verwendungszweck in Elektroden zum Verbindungsschweißen und zum Auftragsschweißen.

Die Umhüllung einer Elektrode hat die Aufgabe

- durch Gasentwicklung den Lichtbogen zu stabilisieren und das Schmelzbad vor Luftzutritt zu schützen um eine Oxidation zu vermeiden,
- die Schweißnaht mit Schlacke abzudecken, um eine schnelle Abkühlung zu verhindern und damit Schrumpfspannungen zu vermindern,
- erwünschte Zusatzwerkstoffe, z. B. Legierungselemente in die Schweißnaht einzubringen.

Die Eigenschaften einer Schweißelektrode werden durch ihre Bezeichnung beschrieben.

Die auf der Schweißnaht liegende Schlacke wird nach Fertigstellung der Schweißnaht entfernt.

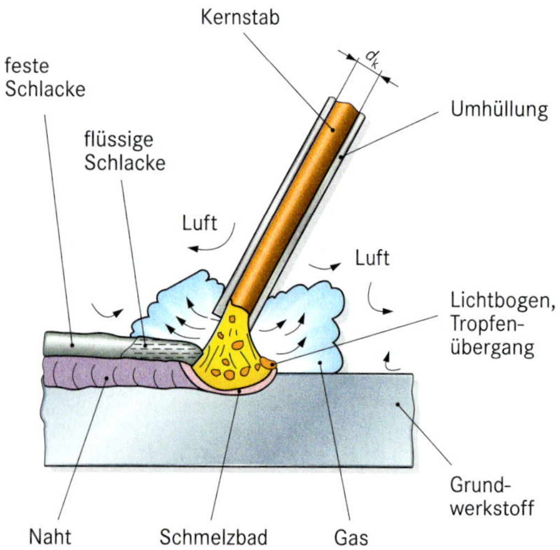

Abb. 1: Werkstoffübergang Elektrode - Schweißfuge

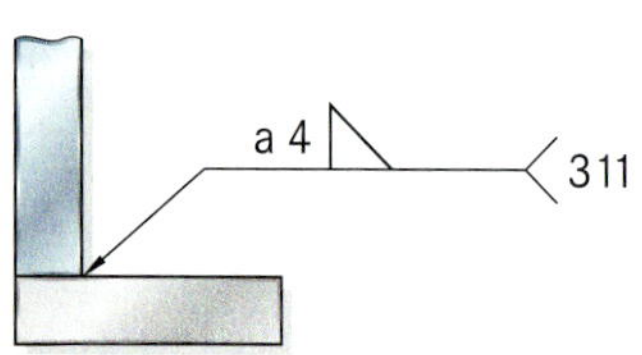

Abb. 2: Schweißnaht

Unfallverhütung

- Schutzkleidung tragen.
- Genormte Schutzbrille oder Schweißschutzschild tragen.
- Schweißbereich abschirmen, um andere Personen nicht zu gefährden.
- Arbeitsplatz gut belüften, bei Bedarf eine Absaugvorrichtung einsetzen.
- Brennbare Gegenstände vom Arbeitsplatz entfernen.

Beim Gasschmelzschweißen:

- Schläuche und Ventile auf einwandfreien Zustand überprüfen.
- Flaschentransport nur mit aufgeschraubter Schutzkappe.
- Flaschen gegen Umfallen sichern.
- Acetylenflaschen nicht liegend entleeren.
- Sauerstoffflaschen frei von Fett und Öl halten.

Beim Lichtbogenhandschweißen:

- Schweißgeräte und Anschlussleitungen auf einwandfreien Zustand überprüfen.
- Den ganzen Körper gegen UV-Strahlung, Funken und Spritzer schützen.

Aufgabe

1. Nennen Sie je 2 Vorteile und Nachteile des Schweißens gegenüber dem Fügen durch Schrauben.

2. Zählen Sie in Tabellenform die Aggregate für das Gasschmelzschweißen auf und beschreiben Sie deren Funktionen.

3. Warum schweißt man in der Regel mit einer neutralen Flamme?

4. Begründen Sie, warum man dünne Bleche ($t < 3$ mm) von rechts nach links schweißen soll.

5. Welche Vor- und Nachteile hat das Lichtbogenhandschweißen mit Gleichstrom?

6. Warum kommt es beim Lichtbogenhandschweißen zu einer Blaswirkung?

7. Welche Aufgaben hat die Umhüllung einer Schweißelektrode?

8. Ermitteln Sie von der Schweißnaht (Abb. 2) mit Hilfe des Tabellenbuches die Stoßart, die Nahtart und das Schweißverfahren.

Planen/ Doku- entieren

3.4 Demontage und Montage des Greifers

Der Greifer des Roboters wird repariert, weil er durch Kollision beschädigt worden ist. Da der Fehler bzw. die fehlerhaften Bauteile nicht sofort lokalisiert werden können, wird der Greifer komplett zerlegt. Nach der Reparatur erfolgt die Montage. Die Bauteile werden wieder zu einer funktionsfähigen Einheit zusammengefügt. Während und nach Abschluss der Montage erfolgen Prüfungen. Die Arbeiten sind in der folgenden Reihenfolge durchzuführen:

- Demontage des Greifers,
- Feststellen des Fehlers,
- Beheben des Fehlers durch Austausch oder Reparatur der beschädigten Bauteile,
- Montage des Greifers,
- Sicht- und Funktionsprüfung.

Anhand der Gesamtzeichnung und der Stückliste (S. 155) können die verschiedenen Fügetechniken ermittelt werden. Lösbare Verbindungen und deren Fügeteile (z. B. Schrauben, Bolzen oder Stifte) können wieder verwendet werden, sofern sie unbeschädigt sind. Unlösbare Verbindungen (z. B. Klebeverbindungen) müssen neu hergestellt werden.

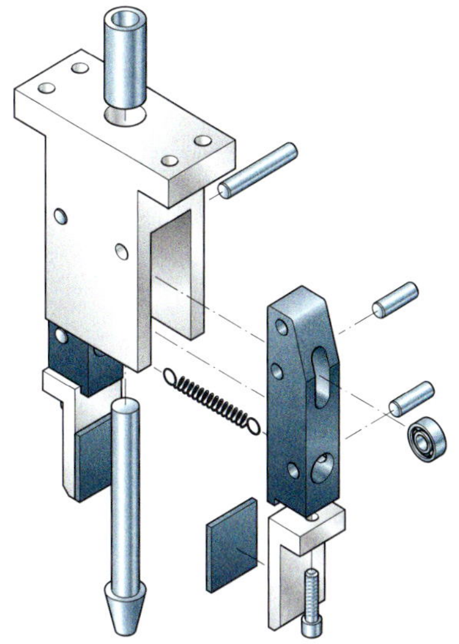

auch über Web-Link

Die Aufbauübersicht (Abb. 3) listet alle Einzelteile mit den Positionsnummern einer Baugruppe auf. Zusammengehörende Einzelteile werden zu Teilbaugruppen zusammengefasst. Dies wird durch Verbindungslinien kenntlich gemacht. Aufgrund der detaillierten Darstellung wird die Aufbauübersicht vor allem bei der Planung von Montagearbeiten verwendet.

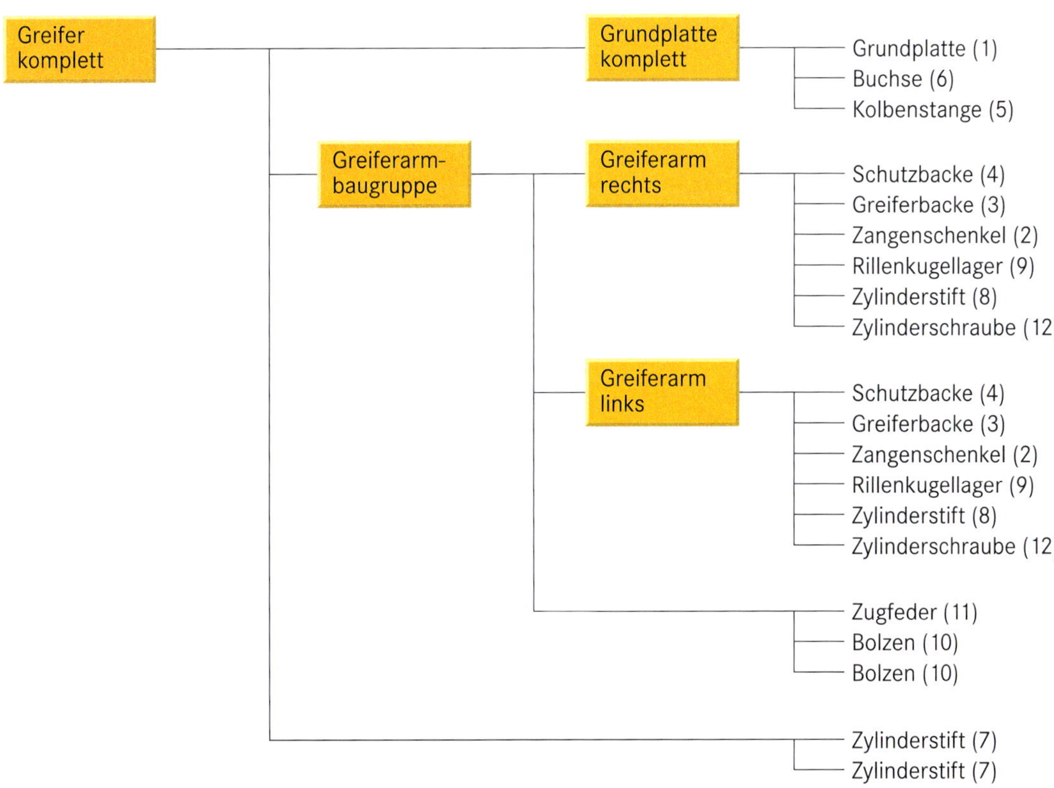

Abb. 3: Aufbauübersicht Greifer

Planen/ Dokumentieren

3.4.1 Demontageplanung

Zur Demontage des Greifers muss dieser zunächst vom Roboter abgebaut werden. Hierzu werden die Befestigungselemente gelöst. Dann wird die gesamte Einheit vom Roboter abgezogen.

Zuerst werden die beiden Zylinderstifte (Pos. 7) mit Hammer und Durchschlag entfernt. Dadurch werden die beiden Greiferarme als Greiferarmbaugruppe von der Grundplatte (Pos. 1) getrennt. Sie sind nur noch durch die Zugfeder (Pos. 11) miteinander verbunden. Die Kolbenstange (Pos. 5) wird dann nach unten herausgezogen. Die Buchse (Pos. 6) sitzt fest in der Grundplatte. Sie kann entweder mit einer Spindelpresse oder mit einem Hammer ausgetrieben werden. Dabei muss ein passender Dorn verwendet werden. Der Durchmesser des Dorns sollte geringfügig kleiner sein als der Außendurchmesser der Buchse.

Um die Greiferarmbaugruppe weiter zu zerlegen, werden zunächst die Bolzen (Pos. 10) an beiden Greiferarmen entfernt. Danach wird die Zugfeder (Pos. 11) entnommen. Bei der Zugfeder ist darauf zu achten, dass sie nicht überdehnt wird. Sonst muss sie ersetzt werden.

Anschließend werden die Zylinderschrauben (Pos. 12) gelöst und die Greiferbacken (Pos. 3) entfernt. Hierzu ist ein Winkelschraubendreher (Innensechskantschlüssel) mit der entsprechenden Schlüsselweite notwendig. Die Schutzbacken (Pos. 4) sind auf die Greiferbacken (Pos. 3) geklebt und werden nur im Falle einer Beschädigung ausgetauscht. Dann werden die Zylinderstifte (Pos. 8) mit Hammer und Durchschlag entfernt. Jetzt werden die Rillenkugellager (Pos. 9) entnommen.

In einem Demontageplan (Abb. 1) werden die einzelnen Arbeitsschritte, die benötigten Werkzeuge, Vorrichtungen und Hilfsmittel in tabellarischer Form aufgelistet.

westermann	Arbeitsplan		Blatt-Nr. 1	Anzahl 1
Benennung: Greifer	Zeichn.Nr. 026.04.24		Auftragsnr.: ____ Austell-Datum: ____ Stückzahl: ____	Name: ____ Vorname: ____ Klasse/Gr.: ____ Kontr.-Nr.: ____
☐ Einzelteil ☐ Montage	☒ Demontage			

Lfd. Nr.	Arbeitsvorgang	Arbeitsplatz	Arbeitsmittel	Bemerkungen
1	Kompletten Greifer vom Roboter demontieren	Roboter		
2	Zylinderstifte (7) austreiben	Werkbank	Hammer, Durchschlag	
3	Beide Greiferarmbaugruppen aus der Grundplatte entnehmen			Feder beim Ausbau nicht überdehnen
4	Kolbenstange (5) nach unten aus der Grundplatte (1) ziehen			
5	Buchse (6) austreiben		Hammer, Dorn	Dorn mit passendem Durchmesser verwenden
6	Bolzen (10) an beiden Greiferarmen entfernen		Hammer, Durchschlag	
7	Zugfeder (11) entnehmen			
8	Zylinderschrauben (12) lösen und Greiferbacke (3) entnehmen		Winkelschraubendreher	
9	Schutzbacken (4) und Klebstoffreste an der Greiferbacke (3) entfernen		Schabwerkzeuge, Schmirgelleinen, Lösungsmittel	Austausch nur bei beschädigten Schutzbacken vornehmen
10	Zylinderstifte (8) aus dem Zangenschenkel (2) austreiben und Rillenkugellager (9) entnehmen		Hammer, Durchschlag	

Abb. 1: Demontageplan Greifer

Planen/ Dokumentieren

3.4.2 Montageplanung

Die Montage beginnt mit einer Sichtprüfung und Reinigung. Schadhafte Bauteile müssen ersetzt werden. Beschädigte Normteile können anhand der Stückliste identifiziert und beschafft werden. Beschädigte Einzelteile müssen entweder bei der Herstellerfirma bestellt oder anhand einer Einzelteilzeichnung selbst angefertigt werden.

Bei der Montage werden die Einzelteile zu einer Baugruppe zusammengefügt. Anhand der Aufbauübersicht (S. 183, Abb. 3) ergibt sich die Reihenfolge für das Fügen der Bauteile. Dabei ist es sinnvoll, Teilbaugruppen zu bilden und diese separat zu montieren.

Die Reihenfolge der Arbeitsvorgänge ist in einem Montageplan (Abb. 2) dokumentiert.

Zu Beginn der Montage werden die Schutzbacken (Pos. 4) auf die Greiferbacken (Pos. 3) geklebt. Die Greiferbacken müssen zuerst gereinigt und mit einem Lösungsmittel entfettet werden. Der Kleber wird nach Herstellervorschrift aufgebracht. Dann werden die Klebeflächen aufeinandergepresst. Dabei muss die Topfzeit und die Aushärtezeit beachtet werden.

Anschließend wird das Rillenkugellager (Pos. 9) mit dem Zylinderstift (Pos. 8) im Zangenschenkel (Pos. 2) eingebaut. Nachdem das Rillenkugellager gefettet wurde, wird der Zylinderstift in die vorgesehene Bohrung des Zangenschenkels und des Rillenkugellagers eingetrieben. Dabei muss das Rillenkugellager zur Bohrung des Zylinderstiftes ausgerichtet sein.

westermann	Arbeitsplan	Blatt-Nr. 1	Anzahl 1
Benennung: Greifer	**Zeichn.Nr.** 026.04.25	**Auftragsnr.:** ____ **Austell-Datum:** ____ **Stückzahl:** ____	**Name:** ____ **Vorname:** ____ **Klasse/Gr.:** ____ **Kontr.-Nr.:** ____
☐ **Einzelteil** ☒ **Montage**	☐ **Demontage**		

Lfd. Nr.	Arbeitsvorgang	Arbeitsplatz	Arbeitsmittel	Bemerkungen
1	Schutzbacke (4) auf Greiferbacke (3) kleben	Werkbank	Klebstoff (Omnifit 250M), Schmirgelleinen, Lösungsmittel	Abzug verwenden, Topfzeit und Aushärtezeit beachten
2	Rillenkugellager (9) in Zangenschenkel (2) positionieren und Zylinderstift (8) einpressen		Hammer, Durchschlag	Beweglichkeit des Lagers prüfen
3	Greiferbacke (3) mittels Zylinderschraube (12) an Zangenschenkel (2) befestigen		Winkelschraubendreher	
4	Zweiten Greiferarm montieren entsprechend Nr. 1 - 3			Die Arbeitsschritte 1 bis 3 gelten für beide Greiferarme
5	Zugfeder (11) positionieren und Bolzen (10) in beide Zangenschenkel (2) einpressen		Hammer, Durchschlag, Zange	Zugfeder nicht überdehnen
6	Buchse (6) in Grundplatte (1) einpressen		Hammer, abgesetzter Dorn	Buchse nicht beschädigen
7	Kolbenstange (5) in Buchse (6) einsetzen			Leichtgängigkeit prüfen
8	Greiferarmbaugruppe in Grundplatte (1) positionieren und Zylinderstifte (7) einpressen			Beweglichkeit prüfen
9	Kompletten Greifer am Roboter montieren	Roboter		

Abb. 2: Montageplan Greifer

Die Greiferbacken mit den aufgeklebten Schutzbacken werden mit den Zylinderschrauben (Pos. 12) an den Zangenschenkeln befestigt. Hierzu wird ein Winkelschraubendreher verwendet. Er muss die richtige Größe haben, damit

- der Schraubenkopf nicht beschädigt wird,
- das Werkzeug nicht beschädigt wird und damit
- keine Unfälle durch Abrutschen entstehen.

Danach wird der Bolzen (Pos. 10) in die vorgesehene Bohrung im Zangenschenkel (Pos. 2) eingetrieben. Dabei muss die Zugfeder (Pos. 11) so positioniert werden, dass der Bolzen durch die Öse der Zugfeder geführt wird. Zum Festhalten und Positionieren der Zugfeder wird eine Zange verwendet. Dann wird der zweite Bolzen in den zweiten Zangenschenkel eingetrieben. Mit Hilfe einer Zange muss die Zugfeder wieder so ausgerichtet werden, dass der Bolzen durch die Öse der Zugfeder geführt wird. Damit ist die Greiferarmbaugruppe montiert.

Die Buchse (Pos. 6) wird in die Grundplatte (Pos. 1) eingepresst. Damit die Buchse durch die Schläge des Hammers nicht beschädigt wird, muss ein abgesetzter Dorn verwendet werden. Die Kolbenstange (Pos. 5) wird eingefettet und in die Buchse (Pos. 6) eingesetzt. Da zwischen Kolbenstange und Buchse eine Spielpassung vorliegt, werden keine Werkzeuge benötigt.

Anschließend wird die Greiferarmbaugruppe an der Grundplatte befestigt. Die Befestigung erfolgt mit den Zylinderstiften (Pos. 7).

Nachdem die Montagearbeiten beendet sind, erfolgt die *Sichtprüfung*. Dabei ist festzustellen, ob alle Bauteile ordnungsgemäß montiert sind. Anschließend erfolgt die *Funktionsprüfung*. Die Schutzbacken (Pos. 4), die Zylinderschrauben (Pos. 12), die Buchse (Pos. 6), die Bolzen (Pos. 10) und die Zylinderstifte (Pos. 7 und Pos. 8) werden auf festen Sitz überprüft. Bei der Kolbenstange (Pos. 5), den Rillenkugellagern (Pos. 9) und den Greiferarmen wird die Leichtgängigkeit und Beweglichkeit geprüft. Die Spannung der Zugfeder (Pos. 11) wird kontrolliert.

Anschließend wird der komplette Greifer am Roboter befestigt.

Gesamtaufgabe

Der Stößeltrieb wurde gebaut, um seine Funktion als Auswerfer zu prüfen.

Schrauben- und Stiftverbindungen

1. Der Ständer (Pos. 2) und der Stößelhalter (Pos. 3) werden durch eine Schraube und zwei Stifte verbunden.

a) Welche Aufgabe haben die Stifte?

b) Wählen Sie drei verschiedene Stiftarten, die zum Fügen von Ständer und Stößelhalter eingesetzt werden können. Nennen Sie je einen Vorteil und einen Nachteil.

2. Die Riemenscheibe (Pos. 6) ist mit Hilfe der Sechskantschraube mit Feingewinde (Pos. 8) geklemmt. Erläutern Sie, warum hier das Feingewinde eingesetzt wird.

3. Um die Unfallgefahr zu vermindern, soll die Sechskantschraube (Pos. 8) ausgetauscht werden.

Machen Sie konstruktive Vorschläge.

Schweißverbindungen

4. Die Grundplatte (Pos. 1) und der Ständer (Pos. 2) sind mit zwei Schrauben verbunden. Man entscheidet sich, die Teile zu schweißen. Nennen Sie Vor- und Nachteile der beiden Verbindungen.

5. Die beiden Bauteile (Pos. 1 und Pos. 2) werden mit Hilfe des Lichtbogenhandschweißens gefügt.

Beschreiben Sie das Verfahren.

6. Die Bauteile (Pos. 1 und Pos. 2) sind aus E 295 gefertigt. Bestimmen Sie mit Hilfe des Tabellenbuches eine geeignete Elektrode zum Schweißen.

7. Welche Aufgaben hat die Umhüllung einer Schweißelektrode?

8. Sie stellen beim Schweißen fest, dass der Lichtbogen abgelenkt wird. Erklären Sie diese Erscheinung und nennen Sie Möglichkeiten zur Abhilfe.

9. Welche Unfallverhütungsvorschriften müssen Sie beim Lichtbogenhandschweißen beachten?

Demontage- und Montageplanung

10. Bei hohen Drehzahlen an der Riemenscheibe entstehen Laufgeräusche. Um den Fehler zu beheben, soll der Stößeltrieb komplett demontiert werden.

a) Beschreiben Sie den Aufbau und die Funktion des Stößeltriebes.

b) Welche Bauteile können die Laufgeräusche verursachen?

c) Erstellen Sie einen Demontageplan entsprechend der Stückliste.

d) Erstellen Sie eine Aufbauübersicht und einen Montageplan für den Stößeltrieb.

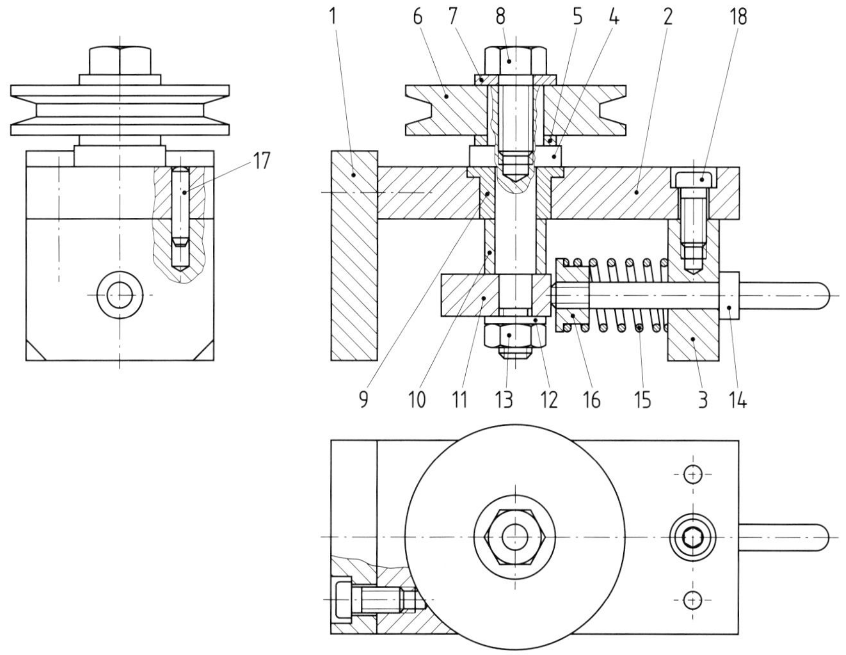

18	3	Stck.	Zylinderschraube	ISO 4762 - M8 x 16	
17	2	Stck.	Zylinderstift	ISO 8734 - 6 x 24 - A	St
16	1	Stck.	Halter		10 S 20
15	1	Stck.	Druckfeder	DIN 2098 - 2 x 16 x 30	
14	1	Stck.	Stößel		16 MnCr 5
13	1	Stck.	Sechskantmutter	ISO 4032 - M8	
12	1	Stck.	Scheibe	ISO 7091 - 8	100 HV
11	1	Stck.	Nocken		16 MnCr 5
10	1	Stck.	Distanzbuchse		S 235 JR
9	1	Stck.	Führungsbuchse		Cu Sn 8 F 39
8	1	Stck.	Sechskantschraube	ISO 8676 - M10 x 1 x 22	8.8
7	1	Stck.	Druckscheibe		S 235 JR
6	1	Stck.	Riemenscheib		EN AC-43000
5	1	Stck.	Passscheibe		S 235 JR
4	1	Stck.	Welle		C 45
3	1	Stck.	Stößelhalter		E 295
2	1	Stck.	Ständer		E 295
1	1	Stck.	Grundplatte		E 295
Pos.	Menge	Einheit	Benennung	Sachnummer/Norm-Kurzbezeichnung	Bemerkung
1	2	3	4	5	6

	Datum	Name	Benennung
Bearb.	04.03.04	G. Sokele	Stößeltrieb
Gepr.			
Norm			
Abt.			

westermann	Sachnummer 022 830 04	Blatt 1 / 1 Bl.
Ursprung	Ersatz für:	Ersetzt durch:

Zust.	Änderung	Datum	Name

STEUERUNG DRUCKLUFTPRESSE

auch über Web-Link

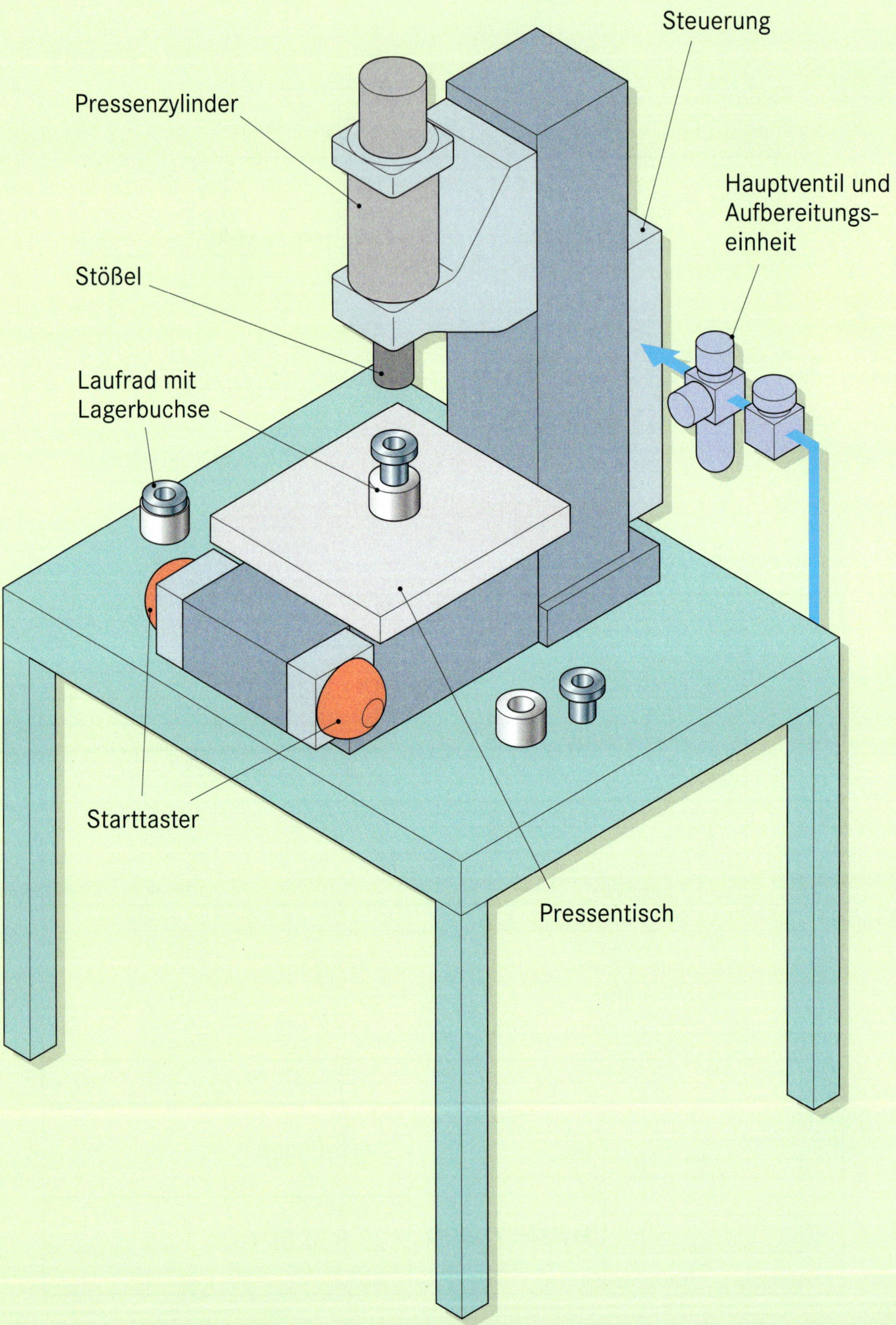

GESAMTAUFTRAG

In einer Werkstatt werden zwei Druckluftpressen zum Einpressen von Lagerbuchsen eingesetzt.

Der Einpressvorgang läuft wie folgt ab:

Nachdem die Einzelteile in die Presse eingelegt sind, bewegt sich der Stößel nach dem Drücken der beiden Starttaster abwärts und presst die Lagerbuchse ein. Anschließend bewegt er sich nach dem Loslassen eines der beiden Taster wieder nach oben und die montierten Teile können entnommen werden.

Beide Pressen haben eine pneumatische Steuerung. Diese Steuerungen sollen ausgetauscht werden. Eine Presse soll eine Steuerung in Relaistechnik erhalten, die andere eine speicherprogrammierbare Kleinsteuerung.

ANALYSE

Technische Unterlagen

Zuerst werden die vorhandenen technischen Unterlagen ausgewertet. Von den Pressen steht der Pneumatikschaltplan zur Verfügung.

In diesem sind

- Zylinder (1A1),
- Ventile (0V1, 1V1, 1V2, 1V3, 1V4, 1V5, 1V6, 1S1, 1S2),
- Aufbereitungseinheit (0Z1) und
- Verbindungsleitungen

dargestellt sowie die zugehörigen Bezeichnungen angegeben.

Aufbau und Funktion der Steuerung

Die Steuerung der Presse ist eine Pneumatiksteuerung und als *Zweihand-Sicherheits-Schaltung* ausgeführt. Dies ist notwendig, da bei Arbeiten an Pressen eine erhöhte Unfallgefahr besteht.

Bei dieser Schaltung müssen beide Hände des Bedieners außerhalb des Gefahrenbereiches zwei räumlich auseinander liegende Starttaster innerhalb einer bestimmten Zeit betätigen. Hierdurch soll sichergestellt werden, dass die Hände des Bedieners nicht eingeklemmt werden können.

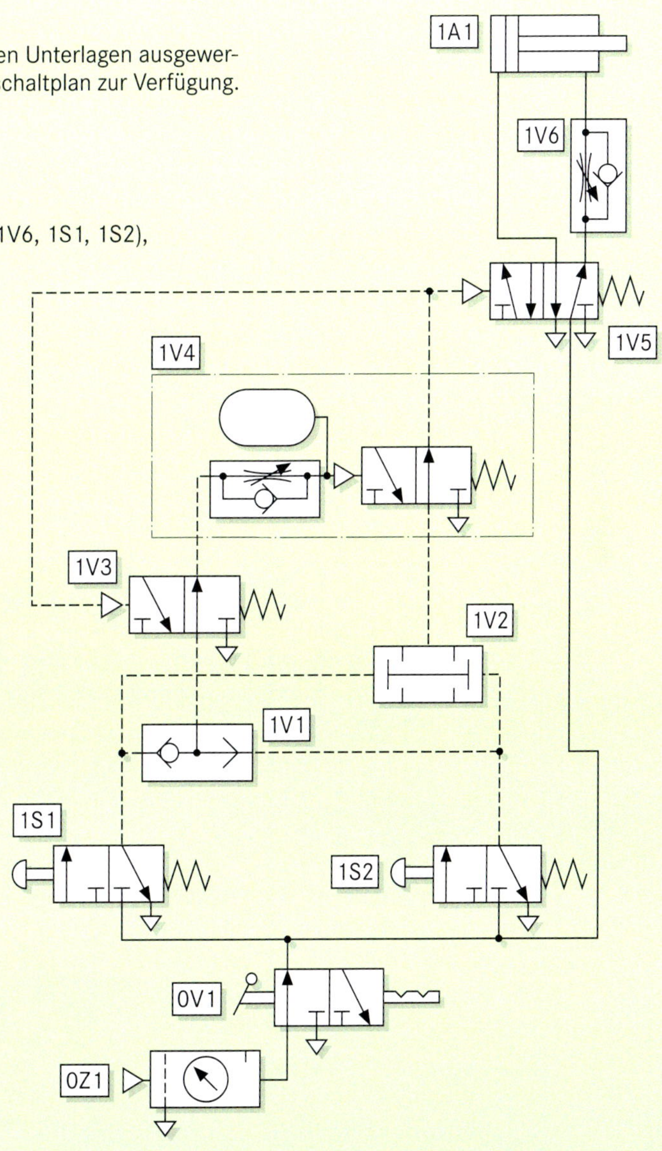

4.1 Pneumatische Steuerungen

ARBEITSAUFTRAG

Damit die neuen Steuerungen in Relaistechnik bzw. mit einer speicherprogrammierbaren Kleinsteuerung realisiert werden können, müssen die Aufgaben der pneumatischen Baulieder sowie deren Zusammenwirken in der Schaltung bekannt sein. Dazu wird der Schaltplan der vorhandenen Pneumatiksteuerung analysiert. Um die im Schaltplan enthaltenen Informationen zu verstehen, ist es notwendig, die zugrunde liegenden Zeichenregeln, Schaltzeichen und Normen zu kennen.

Informieren

4.1.1 Schaltungsanalyse

Die beiden Starttaster bilden die *Signaleingabe*. Sie geben bei Betätigung Signale an die Zweihand-sicherheits-Schaltung weiter. Hier werden die Signale so miteinander verknüpft, dass nur dann ein Ausfahrsignal an den Zylinder weitergegeben wird, wenn die beiden Starttaster innerhalb von 0,5 Sekunden gleichzeitig gedrückt werden. Dieser Teil der Schaltung bildet die *Signalverarbeitung*. Ist die Ausfahrbedingung erfüllt, wird ein Signal an das Stellglied (Ansteuerventil) des Zylinders gegeben. Dieses Ventil bildet die *Signalausgabe* und steuert den Druckluftstrom zum Ausfahren des Zylinders.

Im Schnittschaltplan sind die Bauglieder anschaulich dargestellt und die Funktionsabläufe dadurch einfach nachvollziehbar (Abb. 1). Allerdings ist diese Art der Darstellung sehr aufwändig und für umfangreiche Schaltungen zu unübersichtlich. Deshalb werden pneumatische Schaltpläne vereinfacht mit genormten Symbolen dargestellt.

Pneumatische Schaltpläne stellen die Funktionsweise von pneumatischen Steuerungen dar. Sie geben nicht die tatsächliche räumliche Anordnung der Bauglieder an.

Gliederung pneumatischer Schaltpläne

Die Pressensteuerung besitzt lediglich einen Schaltkreis, da nur ein Zylinder eingesetzt ist (Abb. 2). Ein *Schaltkreis* umfasst alle Bauglieder zur Steuerung eines Zylinders. Die einzelnen Bauglieder eines Schaltkreises sind entsprechend dem Signalfluss und dem Energiefluss von unten nach oben angeordnet.

Befinden sich in einer Steuerung mehrere Antriebsglieder im Einsatz, so gibt es ebenso viele Schaltkreise. Diese werden in der Reihenfolge des Steuerungsablaufes von links nach rechts nebeneinander angeordnet (→📖).

auch über Web-Link

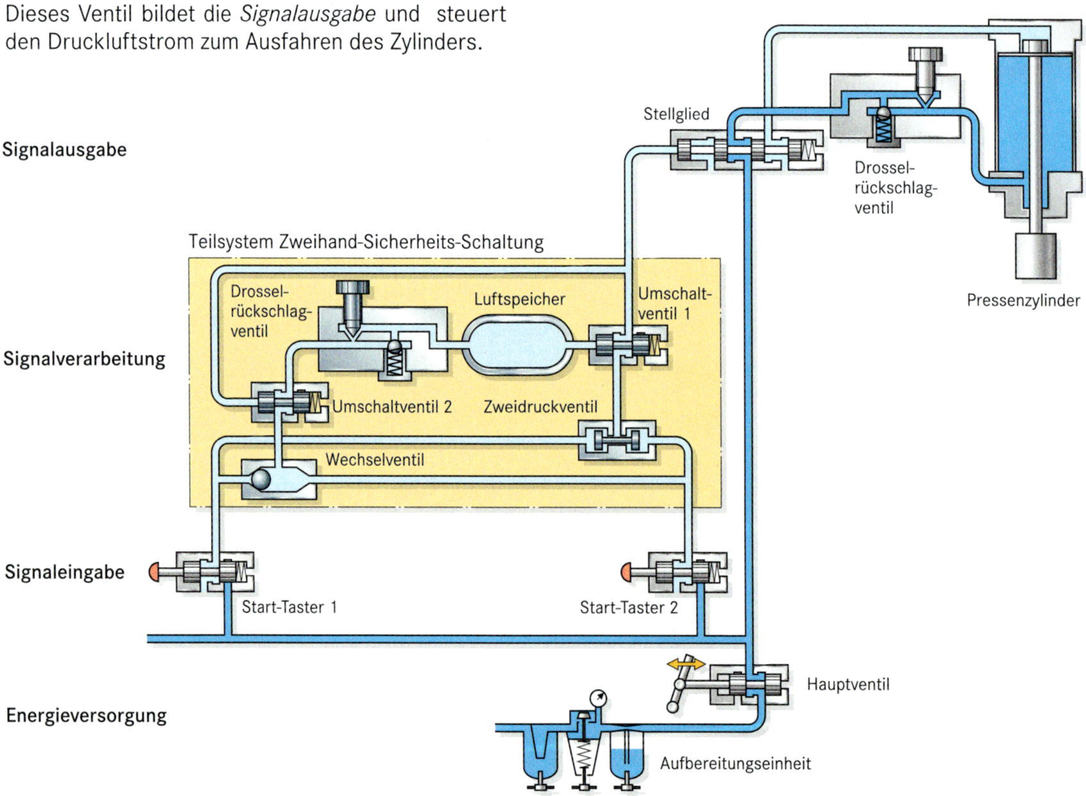

Abb. 1: Schnittschaltplan

Darstellung und Kennzeichnung der Bauglieder

Die Zylinder und Ventile sollen möglichst waagerecht dargestellt werden. Sie sind dabei in Ausgangsstellung zu zeichnen. Diese Schaltstellung ergibt sich nach dem Einschalten der Anlage, aber vor Betätigung der Starttaster. Jedes Bauglied erhält eine Kennzeichnung, die mit einem Rahmen versehen ist. Die Kennzeichnung besteht aus der Schaltkreisnummer, der Bezeichnung der Bauteilart und einer fortlaufenden mit 1 beginnenden Bauteilnummer (Tab. 1). Elemente der Energieversorgung, z. B. Aufbereitungseinheiten, erhalten die Schaltkreisnummer 0.

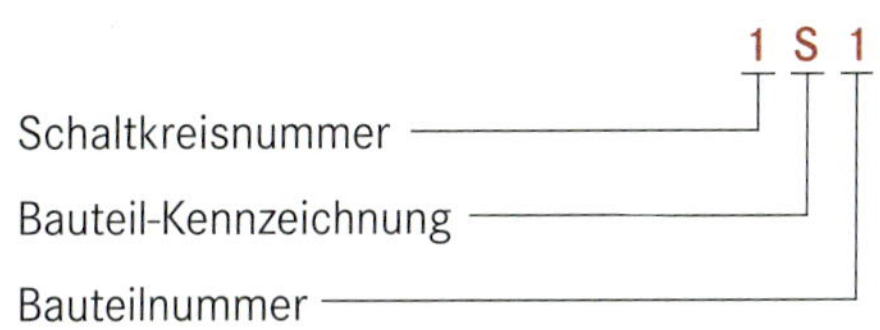

Tab. 1: Kennzeichnung der Bauteilart

Kennbuchstabe	Bauteilart	Beispiele
P	Pumpen und Verdichter	Kolbenkompressor
A	Antriebsglieder	Zylinder
M	Antriebsmotoren	Elektromotor
S	Signalglieder	Grenztaster, Starttaster
V	andere Ventile	Zweidruckventil, Drosselrückschlagventil
Z	andere Bauglieder	Aufbereitungseinheit, Manometer, Behälter

Leitungen

Leitungen werden in Schaltplänen je nach ihrer Funktion mit unterschiedlichen Linien dargestellt.

① *Arbeitsleitungen* und *Anschlussleitungen* an das Druckluftnetz werden mit Volllinien dargestellt. Über diese Leitungen werden Ventile und Zylinder mit Druckluft versorgt.

② *Steuerleitungen* werden mit Strichlinien dargestellt. Über diese Leitungen werden die Steuersignale zum Umschalten der Ventile geleitet. Die Linien für die Leitungen werden senkrecht und waagerecht gezogen. Sie sollen sich möglichst nicht kreuzen.

③ *Leitungsverbindungen* werden durch einen Punkt gekennzeichnet.

Die Einheiten zur Energieversorgung werden in pneumatischen Schaltplänen meist nicht dargestellt.

④ Die *Druckquelle* wird durch ein unausgefülltes Dreieck symbolisiert.

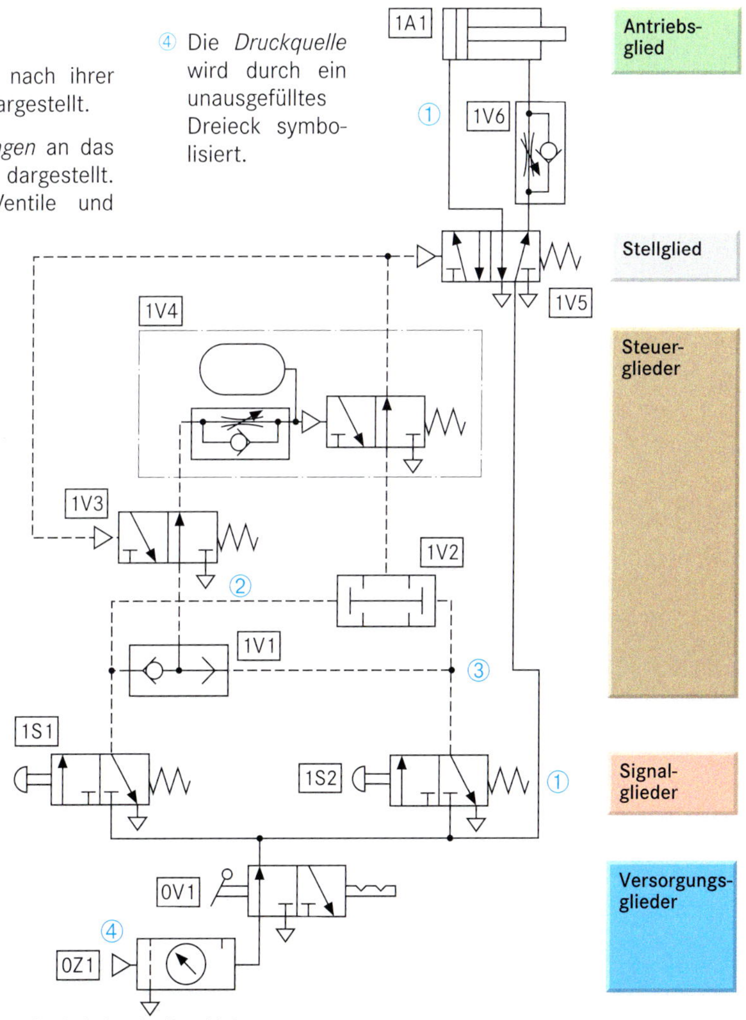

Abb. 2: Pneumatikschaltplan der Druckluftpresse

Informieren

4.1.2 Bauglieder

Zum Antrieb und zur Steuerung der pneumatischen Presse wird Druckluft verwendet.

In der Schaltung der Pressensteuerung sind folgende Bauglieder eingesetzt:

- eine Aufbereitungseinheit,
- ein Zylinder,
- Wegeventile und
- Sperrventile.

4.1.2.1 Aufbereitungseinheit

Die Aufbereitungseinheit wird im Druckluftnetz vor den pneumatischen Steuerungen eingebaut. Sie besteht aus einem Druckluftfilter mit Abscheider und manueller Entwässerung, Druckreduzierventil und Druckluftöler (Abb. 1). Die Druckquelle als pneumatische Energiequelle kann durch ein vereinfachtes Symbol dargestellt werden. Es besteht aus einem unausgefüllten Dreieck. Seine Spitze zeigt in Richtung des Energieflusses.

Der *Druckluftfilter* reinigt die Druckluft von Kondenswasser, Staub- und Schmutzteilchen. Die Verunreinigungen sammeln sich am Behälterboden und können über ein Ablassventil abgelassen werden.

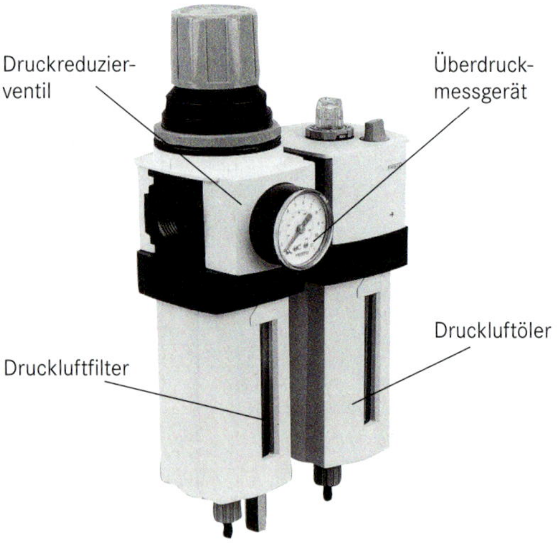

Abb. 1: Aufbereitungseinheit

Der *Druckluftöler* mischt der Druckluft feinzerstäubtes Öl bei. Dadurch wird an pneumatischen Bauteilen Abrieb und Korrosion vermindert. In der Nahrungsmittelindustrie wird ölfreie Druckluft benötigt. Dort entfällt der Öler. Die Aufbereitungseinheit kann im Schaltplan durch ein ausführliches oder ein vereinfachtes Symbol dargestellt werden (Abb. 2).

Das *Druckreduzierventil* hält den Arbeitsdruck in der nachgeordneten Steuerungsanlage konstant und wird zusammen mit einem Überdruckmessgerät zur Anzeige des Druckes eingebaut.

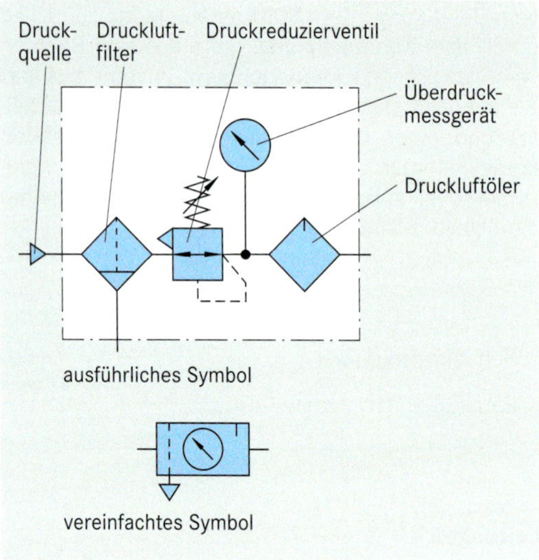

Abb. 2: Symbolische Darstellung einer Aufbereitungseinheit

4.1.2.2 Zylinder

In der pneumatischen Presse ist ein Druckluftzylinder zum Einpressen der Lagerbuchsen eingesetzt.

Zylinder wandeln die Energie der Druckluft in mechanische Energie um. **!**

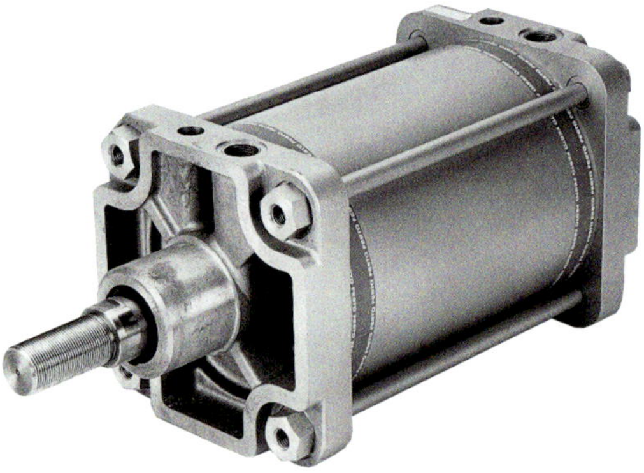

Abb. 3: Zylinder

Zylinder führen geradlinige Bewegungen aus (Abb. 3). Nach der Funktion unterscheidet man einfachwirkende Zylinder und doppeltwirkende Zylinder (Abb. 4). Der in der Druckluftpresse eingesetzte Druckluftzylinder ist ein doppeltwirkender Zylinder.

Bei *einfachwirkenden Zylindern* drückt die Druckluft den Kolben nur in eine Richtung. Dabei wird die Feder zusammengedrückt (Abb. 4a). Sobald die Druckluft aus dem Zylinder entweicht, schiebt die eingebaute Feder den Kolben in seine Ausgangsstellung zurück. Einfachwirkende Zylinder haben nur einen Leitungsanschluss. Über diese Leitung wird je nach Bewegungsrichtung die Druckluft zum Zylinder geführt oder als Abluft aus dem Zylinder abgeführt.

Bei *doppeltwirkenden Zylindern* wird der Kolben in beide Richtungen durch Druckluft bewegt (Abb. 4b). Sie haben zwei Leitungsanschlüsse. Über die Leitungen wird je nach Bewegungsrichtung die Druckluft zum Zylinder geführt oder als Abluft aus dem Zylinder abgeführt.

Die Leitungsanschlüsse an Zylindern werden nicht gekennzeichnet.

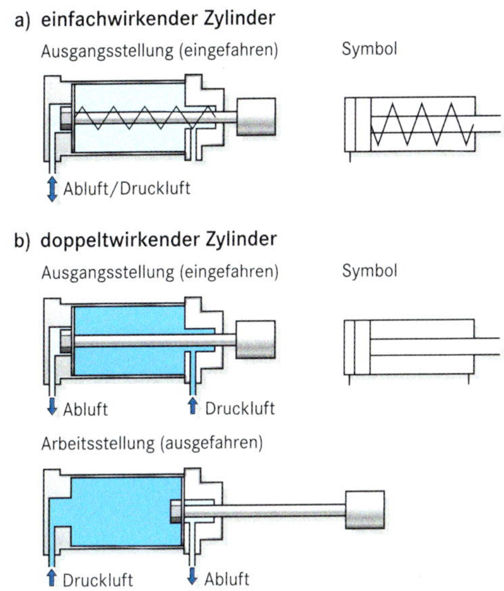

Abb. 4: Funktionsweise von Druckluftzylindern

Druck und Kolbenkraft

Druck:

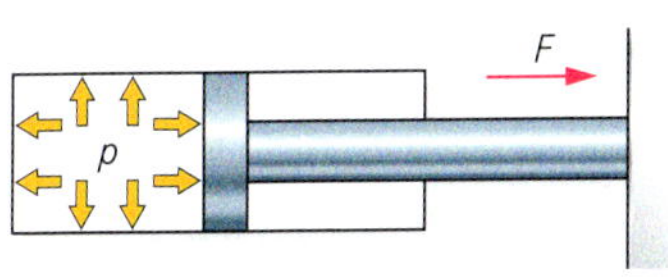

Der Druck p, der auf ein Gas wirkt, breitet sich in alle Richtungen gleichmäßig aus. Er ist an allen Stellen so groß wie an der Kolbenfläche A.

$$p = \frac{F}{A}$$

F in N
A in mm²
p in bar

Umrechnung: $1\ \text{bar} = 0{,}1\ \frac{\text{N}}{\text{mm}^2} = 10\ \frac{\text{N}}{\text{cm}^2}$

Kolbenkraft:

Die Kolbenkraft F ist abhängig vom Druck p, der wirksamen Kolbenfläche A und dem Wirkungsgrad η.

Der Wirkungsgrad berücksichtigt die Reibungskraft, welche beim Ein- und Ausfahren des Zylinders entsteht.

$$F = p \cdot A \cdot \eta$$

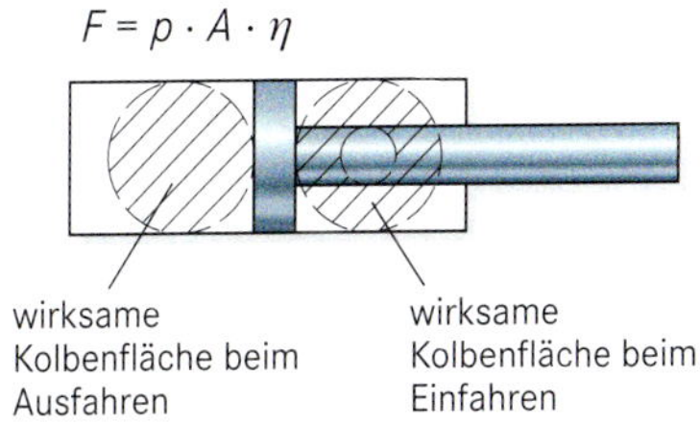

Berechnungsbeispiel:

Ein Druckluftzylinder wird mit 6 bar beaufschlagt. Der Wirkungsgrad des Zylinders beträgt 85 %. Der Kolben hat einen Durchmesser von $D = 50$ mm, die Kolbenstange einen Durchmesser von $d = 20$ mm.

Berechnen Sie die Kolbenkraft F

a) beim Ausfahren und

b) beim Einfahren des Zylinders.

Geg.: $p = 6$ bar, $D = 50$ mm, $d = 20$ mm, $\eta = 0{,}85$

Ges.: F_A in N, F_E in N

Lösung:

a) $F_A = p \cdot A \cdot \eta$

$$F_A = p \cdot \frac{\pi}{4} D^2 \cdot \eta$$

$$F_A = 0{,}6\ \frac{\text{N}}{\text{mm}^2} \cdot \frac{\pi}{4} (50\ \text{mm})^2 \cdot 0{,}85$$

$$\underline{F_A = 1001{,}4\ \text{N}}$$

b) $F_E = p \cdot A \cdot \eta$

$$F_E = p \cdot \frac{\pi}{4} (D^2 - d^2) \cdot \eta$$

$$F_E = 0{,}6\ \frac{\text{N}}{\text{mm}^2} \cdot \frac{\pi}{4} [(50\text{mm})^2 - (20\text{mm})^2] \cdot 0{,}85$$

$$\underline{F_E = 841{,}1\ \text{N}}$$

Informieren

4.1.2.3 Wegeventile

In pneumatischen Steuerungen werden Wegeventile zum Steuern der Druckluft eingesetzt.

! Wegeventile öffnen und sperren den Durchfluss oder ändern die Durchflussrichtung der Druckluft.

auch über Web-Link

Entsprechend ihrer Verwendung werden Wegeventile unterschiedlich betätigt (Tab. 1).

Die Betätigung der Wegeventile erfolgt:

- durch Handtaster → manuelle Betätigung durch Muskelkraft,
- durch eine Rolle → mechanische Betätigung,
- durch Druckluft → Druckbetätigung.

Die Wegeventile in Abbildung 1 haben zwei Schaltstellungen. Durch die Feder werden sie in Ausgangsstellung gehalten (unbetätigt). Durch Drücken des Handtasters werden sie in Arbeitsstellung gebracht (betätigt).

Im Symbol werden die Schaltstellungen jeweils durch ein Quadrat dargestellt. Ein Quadrat zeigt die Schaltstellung bei unbetätigtem Ventil. Das andere Quadrat zeigt die Schaltstellung bei Betätigung.

Die abgebildeten Wegeventile haben drei Anschlüsse. An zwei Anschlüssen (1 und 2) sind Druckluftleitungen angeschlossen. Der dritte Anschluss ist ein Entlüftungsanschluss (3). Über diesen Anschluss entweicht die Druckluft.

Bei dem Wegeventil in Abbildung 1a ist in der Ausgangsstellung der Druckluftanschluss 1 gesperrt. Es hat Sperrruhestellung. Der Strömungsweg zur Entlüftung von 2 nach 3 ist geöffnet. Bei Betätigung des Ventils ist der Weg von 1 nach 2 geöffnet. Der Entlüftungsanschluss ist nun gesperrt.

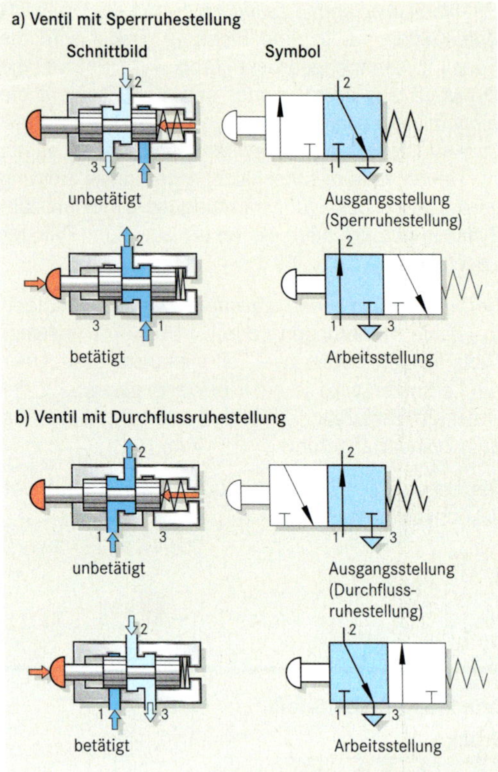

Abb. 1: Funktionsweise von Wegeventilen

Das Wegeventil in Abbildung 1b lässt in der Ausgangsstellung die Druckluft von 1 nach 2 durch. Es hat Durchflussruhestellung. Der Strömungsweg zur Entlüftung ist abgesperrt. Bei Betätigung des Ventils ist der Druckluftanschluss 1 gesperrt. Der Weg zur Entlüftung von 2 nach 3 ist geöffnet.

Tab. 1: Kennzeichnung der Bauteilart

Benennung	3/2-Wegeventil mit Druckknopf	3/2-Wegeventil mit Rollenhebel	5/2-Wegeventil mit Druckbetätigung
Bauteil			
Symbol	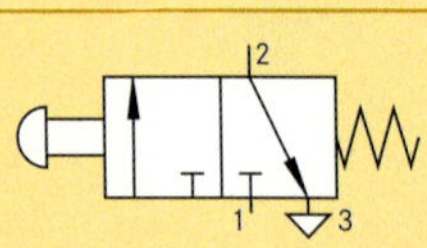	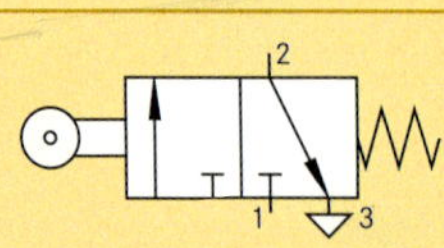	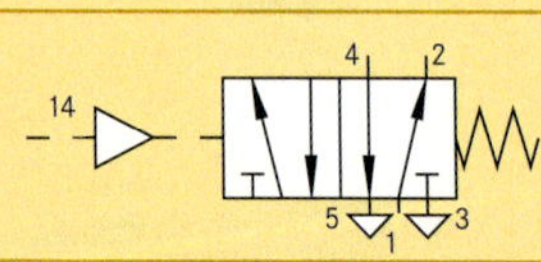
Verwendungsbeispiele	Handtaster zum Ein- und Ausschalten einer pneumatischen Anlage	Grenztaster zum Ermitteln der Stellung von Anlagenteilen wie Zylinder oder Schutzgitter	Stellglied zum Steuern des Druckluftstromes für doppeltwirkende Zylinder

Die Leitungsanschlüsse werden beim Symbol nur an das Quadrat gezogen, das die Schaltstellung im unbetätigten Zustand darstellt. Für diese Schaltstellung lassen sich die geöffneten und abgesperrten Strömungswege leicht ersehen. Um die Strömungswege für den betätigten Zustand zu erfassen, muss man sich das Quadrat soweit verschoben vorstellen, bis sich die Leitungsanschlüsse mit den Strömungswegen des entsprechenden Feldes decken. Aus dem Symbol (➜📖) für Wegeventile kann man

- die Anzahl der Schaltstellungen,
- die Strömungswege der Druckluft,
- die Art der Betätigung und
- die Anschlusskennzeichnung

ersehen.

Die *Anzahl der Schaltstellungen* wird durch die Anzahl der nebeneinander liegenden quadratischen Kästchen angegeben (Abb. 2). Die Anschlüsse für die Leitungen sind nur an ein Quadrat gezeichnet. Es kennzeichnet die Schaltstellung bei unbetätigtem Ventil. Diese Schaltstellung nennt man Ruhestellung oder Ausgangsstellung. Das Quadrat ohne Leitungsanschlüsse stellt die Schaltstellung bei betätigtem Ventil dar. Diese Schaltstellung nennt man Arbeitsstellung.

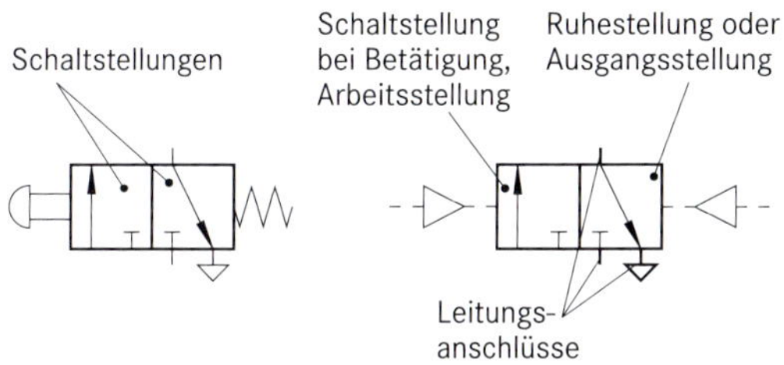

Abb. 2: Schaltstellungen

Die *Strömungswege der Druckluft* werden für jede Schaltstellung in das entsprechende Quadrat eingetragen. Die Strömungsrichtung ist durch Pfeile gekennzeichnet. Abgesperrte Wege sind durch einen Querstrich dargestellt (Abb. 3).

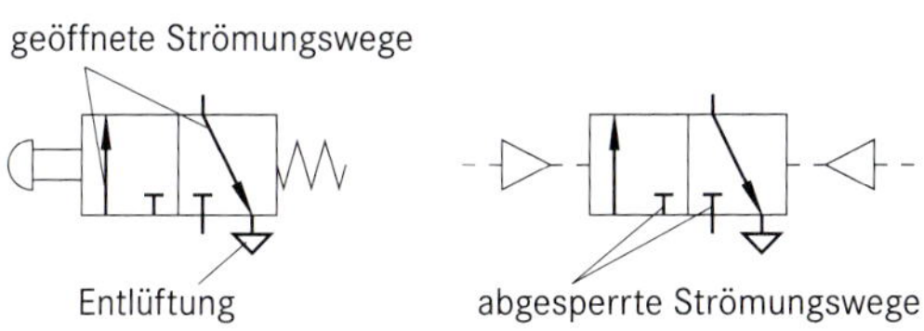

Abb. 3: Strömungswege

Die *Art der Betätigung* ist seitlich rechts und links an die Quadrate angetragen. Die Betätigungsart gibt an, wie die jeweilige Schaltstellung erreicht wird (Abb. 4).

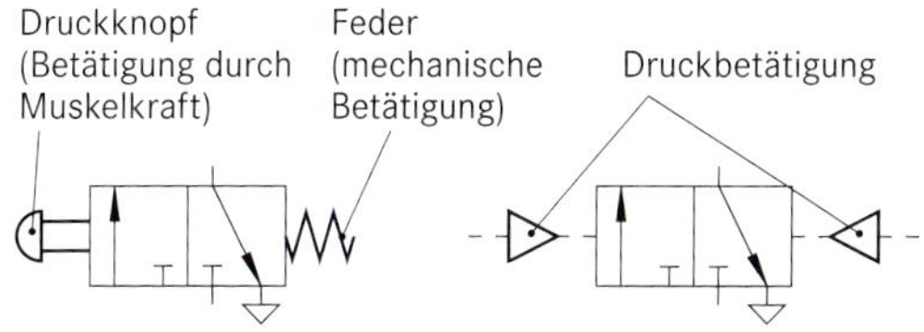

Abb. 4: Betätigung

Die *Anschlusskennzeichnung* erfolgt durch Ziffern oder Buchstaben (Tab. 2). Die Kennzeichnung befindet sich auf den Bauteilen und im Schaltplan (Abb. 5).

Steuerleitungsanschlüsse sind mit zweistelligen Zahlen gekennzeichnet. Dabei bedeutet:

Druckluft am Anschluss 12 → Strömungsweg von 1 nach 2 wird geöffnet.

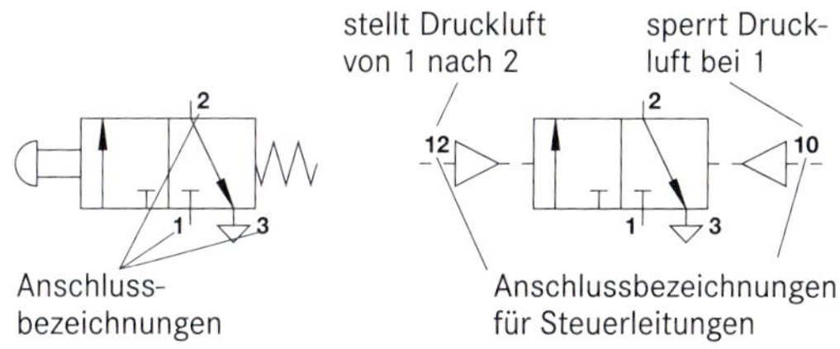

Abb. 5: Anschlusskennzeichnung

Die *Bezeichnung* der Wegeventile erfolgt nach der Anzahl der Leitungsanschlüsse und der Anzahl der Schaltstellungen.

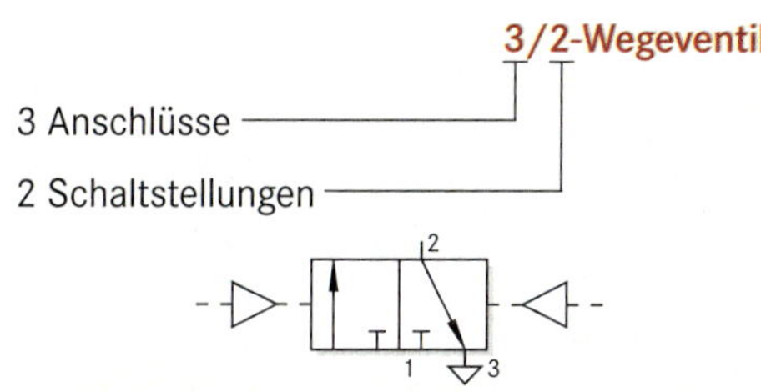

Die Steueranschlüsse werden dabei nicht als Anschlüsse mitgezählt.

Tab. 2: Kennzeichnung von Anschlüssen

Anschlussarten	Bezeichnung der Anschlüsse durch	
	Ziffern	Buchstaben
Arbeits- bzw. Ausgangsleitungen	2, 4, 6	A, B, C
Druckluftanschluss	1	P
Abfluss, Entlüftung	3, 5, 7	R, S, T
Steuerleitungen	10, 12, 14	X, Y, Z

4.1.2.4 Sperrventile

Sperrventile lassen den Durchfluss der Druckluft nur in einer Richtung zu. In der anderen Richtung sperren sie den Durchfluss.

Sperrventile werden mit einem Rechteck dargestellt. In dem Rechteck wird symbolisch die Ventilfunktion angegeben. Die Leitungsanschlüsse werden wie bei Wegeventilen mit Ziffern oder Buchstaben gekennzeichnet (➔📖).

Zu den Sperrventilen gehören Drosselrückschlagventil, Zweidruckventil und Wechselventil. Zweidruckventil und Wechselventil verknüpfen Luftwege miteinander.

Drosselrückschlagventil

Die Ausfahrgeschwindigkeit des Pressenzylinders muss einstellbar sein, damit die Lagerbuchsen korrekt eingepresst werden. Dazu wird ein Drosselrückschlagventil eingesetzt.

Drosselrückschlagventile werden in einer Richtung frei durchströmt (Abb. 1). Der Durchfluss in die andere Richtung wird gedrosselt. Der Drosselspalt kann mit der Stellschraube eingestellt werden. Strömt die Druckluft von 1 nach 2, wird die Kugel durch die Feder gegen ihren Sitz gedrückt. Der Luftweg wird geschlossen. Die Luft muss durch den verengten Drosselspalt strömen. Die Kolbengeschwindigkeit wird verringert. Strömt die Druckluft von 2 nach 1, wird die Kugel durch die Druckluft gegen die Feder gedrückt. Der Luftweg wird geöffnet. Die Druckluft kann ungedrosselt zum Zylinder strömen. Die Kolbengeschwindigkeit wird nicht beeinflusst.

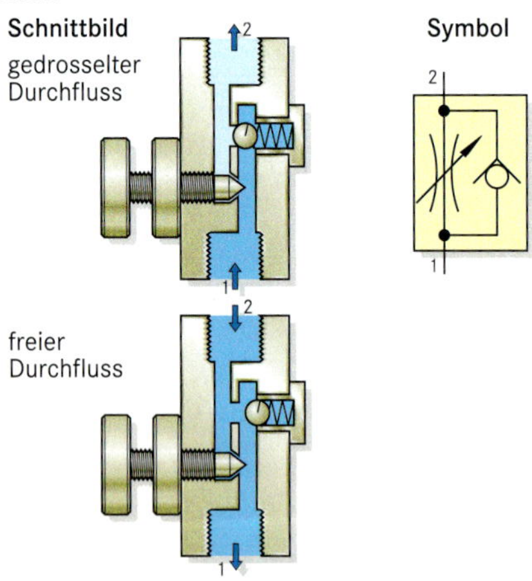

Abb. 1: Drosselrückschlagventil

Zweidruckventil

Zweidruckventile (Abb. 2) haben zwei Eingänge für Steuerleitungen (12, 14) und eine Ausgangsleitung (2). Steht nur an einem der Eingänge Druckluft an, wird die Verbindung zum Ausgang und zum anderen Eingang abgesperrt. Erst wenn an beiden Eingängen Druckluft ansteht, erfolgt der Durchfluss zum Ausgang.

! *Zweidruckventile* führen die Druckluft nur dann zum Ausgang weiter, wenn am Eingang 12 **und** Eingang 14 Druckluft ansteht.

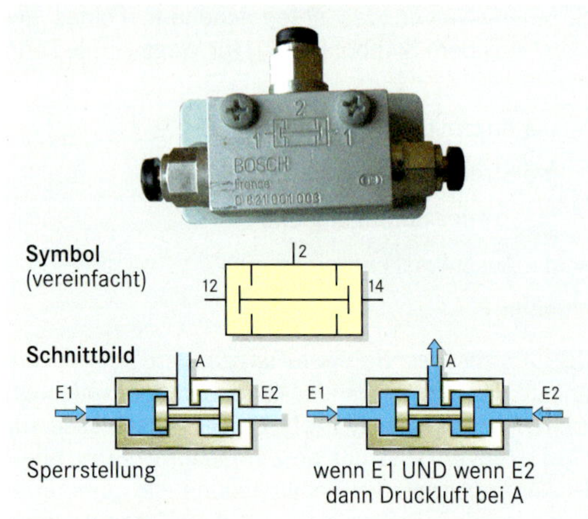

Abb. 2: Zweidruckventil

Wechselventil

Wechselventile (Abb. 3) haben zwei Eingänge für Steuerleitungen (12, 14) und eine Ausgangsleitung (2). Steht an einem der Eingänge Druckluft an, wird der Durchfluss zum Ausgang geöffnet und die Verbindung zum anderen Eingang abgesperrt. Auch wenn an beiden Eingängen Druckluft ansteht, erfolgt der Durchfluss zum Ausgang.

! *Wechselventile* führen die Druckluft immer dann zum Ausgang weiter, wenn an Eingang 12 **oder** Eingang 14 **oder** an beiden Eingängen Druckluft ansteht.

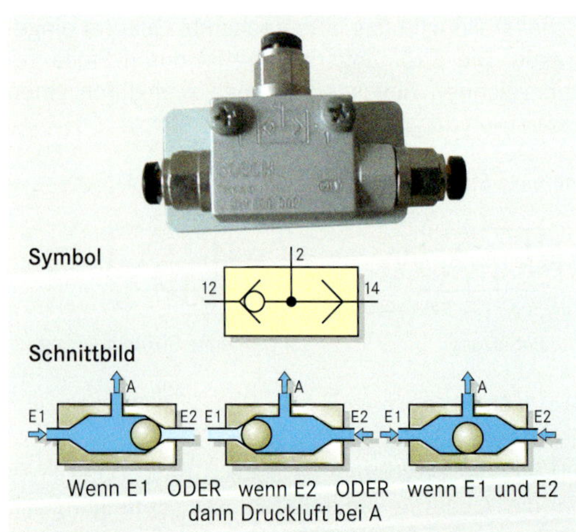

Abb. 3: Wechselventil

anen/
okumen-
eren

4.1.3 Funktionsdarstellung

Die einzelnen Bauglieder der Pressensteuerung erfüllen in der Steuerung unterschiedliche Aufgaben (Abb. 4).

4.1.3.1 Signal- und Engergiefluss

Die Aufbereitungseinheit 0Z1 und das Hauptventil 0V1 haben die Aufgabe, die Druckluft für die Steuerung aufzubereiten und bereitzustellen. Sie werden als *Versorgungsglieder* bezeichnet. Über die Handtaster 1S1 und 1S2 werden die Startsignale in die Steuerung eingegeben. Man bezeichnet sie als *Signalglieder*. Eingabeglieder haben die Aufgabe, Eingangssignale zu erfassen und an die Signalverarbeitung weiterzugeben.

Die Ventile 1V1,1V2, 1V3 und 1V4 verknüpfen die Eingangssignale entsprechend der Aufgabenstellung. Sie bilden die *Signalverarbeitung* der Steuerung und werden als *Steuerglieder* bezeichnet.

Das Ventil 1V5 steuert den Druckluftstrom zum Ein- und Ausfahren des Pressenzylinders, es bildet die *Signalausgabe* und wird als Stellglied bezeichnet. Stellglieder haben die Aufgabe, den Energiefluss einer Anlage zu schalten.

Der Energiefluss wirkt auf das *Antriebsglied*. Antriebsglieder haben die Aufgabe, Bauteile anzutreiben. Bei der Presse ist dieses der Zylinder 1A1, er treibt den Pressenstößel an. Dadurch wird die Druckluftenergie in Bewegungsenergie umgeformt.

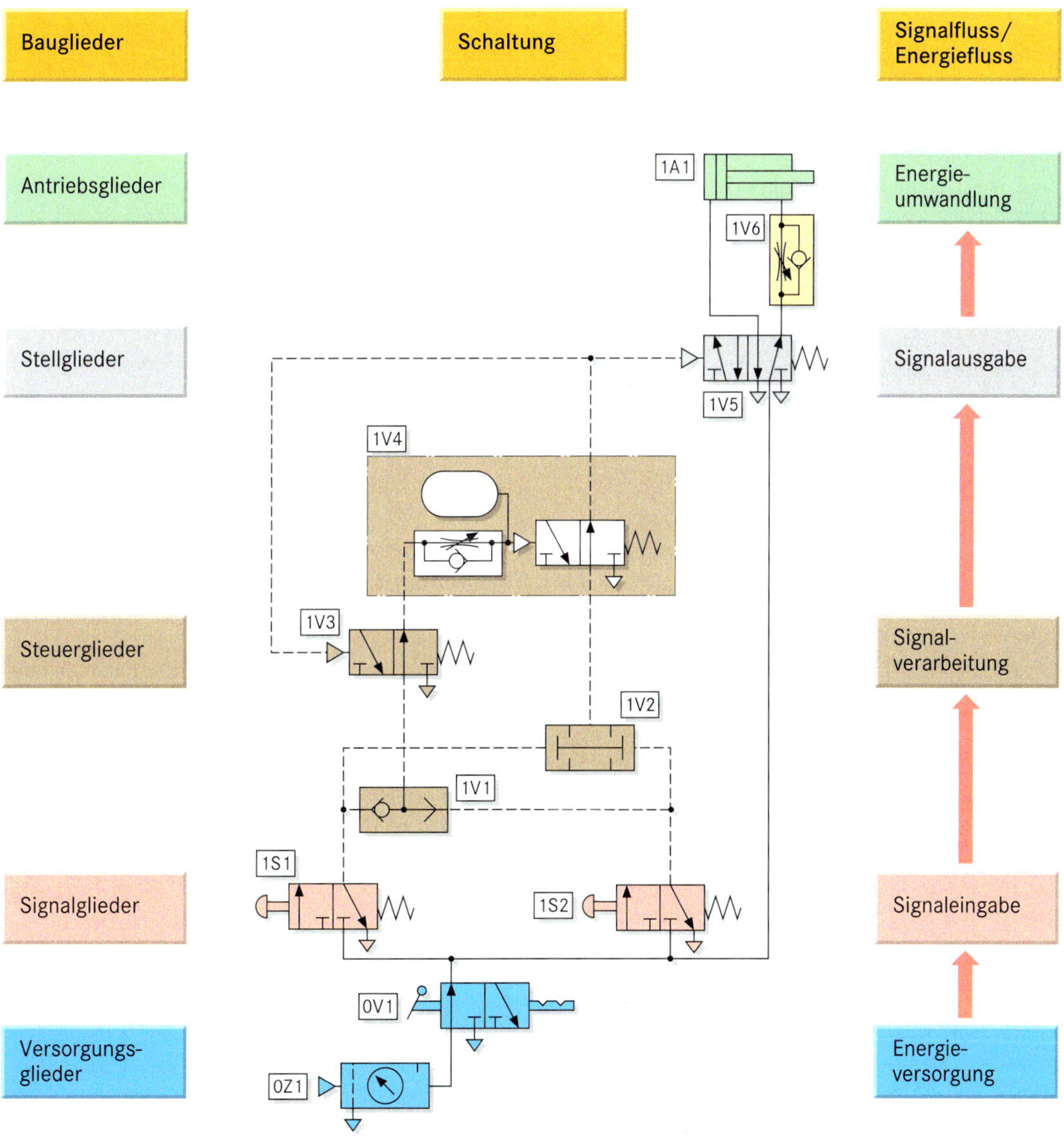

Abb. 4: Steuerungsaufgaben der einzelnen Bauglieder

4.1.3.2 Funktionsbeschreibung

Der Pneumatikschaltplan zeigt den gerätemäßigen Aufbau der Zweihand-Sicherheits-Schaltung durch pneumatische Bauglieder (Abb. 4, vorherige Seite). Schaltpläne werden so gezeichnet, dass der Signalfluss von unten nach oben verläuft. Je nach Betätigung der Handtaster sind verschiedene Steuerungsabläufe möglich.

Möglichkeit 1:

Beide 3/2-Wegeventile 1S1 und 1S2 werden gleichzeitig betätigt.

Die Druckluft gelangt dann zum Wechselventil 1V1 und zum Zweidruckventil 1V2. Das Wechselventil 1V1 erfüllt eine ODER-Funktion, das Zweidruckventil 1V2 erfüllt eine UND-Funktion. An beiden Eingängen der Ventile liegt Druckluft an, so dass beide Ventile durchschalten.

Nachdem die Druckluft das Zweidruckventil 1V2 durchströmt hat, durchströmt sie auch das Zeitverzögerungsventil 1V4, welches in seiner Grundstellung auf Durchfluss geschaltet ist. Die Druckluft beaufschlagt dann das 5/2-Wegeventil 1V5, welches das Stellglied ist. Dieses schaltet durch und der Pressenzylinder 1A1 fährt langsam aus. Die Ausfahrgeschwindigkeit wird durch das Drosselrückschlagventil 1V6 gedrosselt.

Die beiden Ventile 1V2 und 1V4 sind hintereinander in Reihe geschaltet. Die Druckluft gelangt nur dann zum 5/2-Wegeventil 1V5, wenn beide Ventile durchströmt werden. Die Anordnung der beiden Ventile entspricht einer UND-Funktion.

Der Druckluftstrom, welcher das Stellglied 1V5 betätigt, betätigt auch das 3/2-Wegeventil 1V3. Dieses Ventil ist ein Umschaltventil. Es sperrt bei Betätigung den Steueranschluss des Zeitverzögerungsventils 1V4. Dadurch bleibt das Zeitverzögerungsventil in seiner Grundstellung und lässt den Druckluftstrom zum Stellglied 1V5 durch.

Das 3/2-Wegeventil 1V3 und das Zeitverzögerungsventil 1V4 bilden jeweils eine NICHT-Funktion. Bei Betätigung der Ventile wird der Druckluftstrom unterbrochen.

Zusätzlich zum Zweidruckventil 1V2 wird auch das Wechselventil 1V1 durchströmt. Das Wechselventil 1V1 ist mit dem 3/2-Wegeventil 1V3 hintereinander in Reihe geschaltet. Beide Ventile bilden eine UND-Funktion. Da das 3/2-Wegeventil 1V3 jedoch in Sperrstellung geht, ist diese UND-Funktion nicht erfüllt. Die Druckluft gelangt nicht zum Steueranschluss des Zeitverzögerungsventils. Dadurch bleibt das Zeitverzögerungsventil 1V4 in seiner Grundstellung.

Möglichkeit 2:

Nur ein 3/2-Wegeventil z. B. 1S1 wird betätigt.

Die Druckluft beaufschlagt jeweils eine Seite des Wechselventils 1V1 und des Zweidruckventils 1V2. Das Zweidruckventil 1V2 schaltet nicht durch, da die UND-Funktion nicht erfüllt ist. Somit kann keine Druckluft zum Stellglied 1V5 gelangen. Der Zylinder bleibt eingefahren.

Das Wechselventil 1V1 schaltet durch, da die ODER-Funktion erfüllt ist. Die Druckluft durch-strömt ebenfalls das 3/2-Wegeventil 1V3, da dieses nicht betätigt wird und in seiner Grundstellung Durchfluss hat. Am Steueranschluss des Zeitverzögerungsventils 1V4 liegt nun Druck an. Die Druckluft durchströmt das Drosselrückschlagventil und füllt den Speicher des Zeitverzögerungsventils. Erst wenn der Speicher gefüllt ist, baut sich ein Druck auf, welcher das 3/2-Wegeventil entgegen der Federkraft betätigt. Dadurch wird der Druckanschluss des Zeitverzögerungsventils 1V4 gesperrt.

Wird nun der Handtaster des zweiten 3/2-Wegeventils 1S2 betätigt, liegt an beiden Seiten des Zweidruckventils 1V2 Druck an. Die UND-Funktion ist erfüllt und das Ventil schaltet durch. Da das Zeitverzögerungsventil 1V4 jedoch in Sperrstellung ist, wird kein Signal an das Stellglied 1V5 gegeben. Der Pressenzylinder bleibt eingefahren.

An der Drossel des Zeitverzögerungsventils kann eingestellt werden, innerhalb welcher Zeit die beiden Taster 1S1 und 1S2 betätigt werden müssen, damit die Startbedingung für das Ausfahren erfüllt ist.

Möglichkeit 3:

Beide 3/2-Wegeventile 1S1 und 1S2 werden gleichzeitig betätigt. Der Pressenzylinder fährt aus. Ein 3/2-Wegeventil z. B. 1S2 wird nicht mehr betätigt.

Dadurch ist die UND-Funktion am Zweidruckventil 1V2 nicht mehr erfüllt. Es gelangt keine Druckluft zum Stellglied 1V5. Aufgrund der Federkraft geht das Stellglied in seine Ausgangsposition und der Pressenzylinder 1A1 fährt ein.

Gleichzeitig gelangt auch keine Druckluft mehr zum 3/2-Wegeventil 1V3. Die Federkraft stellt dieses Ventil ebenfalls in seine Ausgangsposition zurück. Über das Wechselventil 1V1 gelangt nun Druckluft zum Steueranschluss des Zeitverzögerungsventils 1V4. Dadurch wird nach Ablauf der eingestellten Zeit der Druckanschluss des Zeitverzögerungsventils gesperrt. Auch durch erneutes Betätigen des Starttasters 1S2 fährt der Pressenzylinder nicht mehr aus.

Sprachliche Beschreibungen einer Steuerung sind umfangreich, unübersichtlich, aufwändig und unter Umständen missverständlich. In der Technik sind daher grafische Darstellungen des Steuerungsvorganges üblich. Sie beschreiben die Funktionsweise einer Steuerung unabhängig von der gerätetechnischen Ausführung.

Die Funktionsweise von Steuerungen kann grafisch dargestellt werden durch:

- Funktionspläne (Logikpläne) und
- Zustandsdiagramme.

4.1.3.3 Funktionspläne

Signalzustände

Pneumatische Schaltungen arbeiten mit binären (zweiwertigen) Signalen. Die Starttaster können zwei Schaltzustände einnehmen (Abb. 1). Sie können betätigt oder unbetätigt sein. Sie leiten entweder die Druckluft weiter oder sperren sie ab. An den Eingängen nachgeordneter Bauglieder ist dann Druck vorhanden oder kein Druck vorhanden. Der Signalzustand an den Eingängen und Ausgängen von Baugliedern kann sein:

- Signal nicht vorhanden (Taster unbetätigt, kein Druck, Zylinder eingefahren), *Signalzustand 0*,
- Signal vorhanden (Taster betätigt, Druck vorhanden, Zylinder ausgefahren), *Signalzustand 1*.

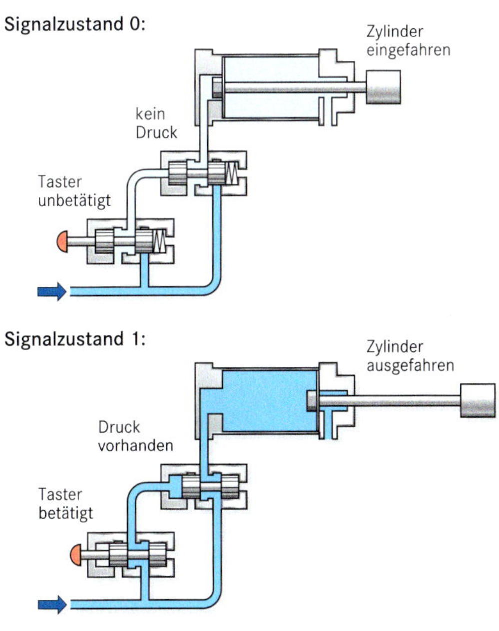

Abb. 1: Signalzustände

Logiksymbole

Die Verarbeitung von Signalen kann mit Logiksymbolen dargestellt werden. Die Schaltzeichen für Logiksymbole sind nach **DIN 40900-12** genormt (→📖).

Logiksymbole beschreiben die Art der Signalverarbeitung grafisch und unabhängig von der Gerätetechnik.

Die Schaltzeichen werden als Rechteck dargestellt. Eingänge werden links, Ausgänge rechts vom Rechteck angeordnet. Der Buchstabe E kennzeichnet die Eingänge, der Buchstabe A die Ausgänge. Im Rechteck wird ein Symbol für die Art der Signalverarbeitung angegeben.

In *Funktionstabellen* werden die Ausgangszustände von Verknüpfungsgliedern in Abhängigkeit von den Eingangszuständen dargestellt. Alle möglichen Kombinationen von Eingangszuständen werden systematisch aufgeführt und die sich daraus ergebenden Ausgangszustände festgehalten. Je mehr Eingangszustände verknüpft werden, umso mehr Kombinationsmöglichkeiten ergeben sich.

Grundfunktionen

Zur Verarbeitung müssen zwei oder mehr Signale miteinander verknüpft, gespeichert oder zeitversetzt ausgegeben werden. Die Verarbeitung von Signalen wird durch Grundfunktionen beschrieben.

- **UND-Verknüpfung**

In pneumatischen Schaltungen lässt sich eine UND-Verknüpfung durch ein Zweidruckventil aufbauen. Das Zweidruckventil leitet nur dann Druckluft zum Ausgang (A) weiter, wenn an beiden Eingängen (E1 und E2) Druckluft ansteht (Abb. 2).

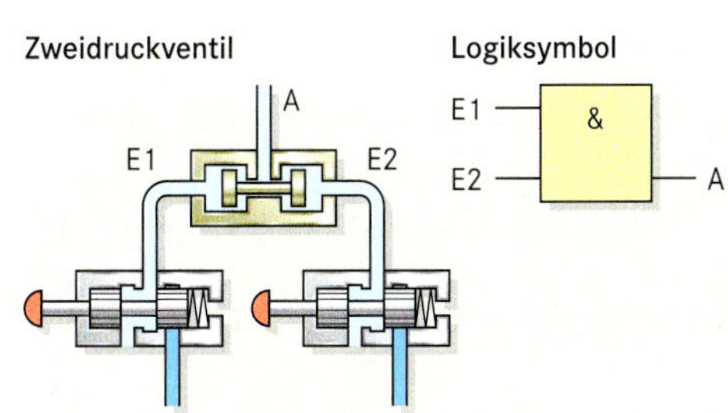

Funktionstabelle

E1	E2	A
0	0	0
1	0	0
0	1	0
1	1	1

Abb. 2: UND-Verknüpfung

Der Ausgang einer *UND-Verknüpfung* führt nur dann ein 1-Signal, wenn alle Eingänge ein 1-Signal aufweisen.

Im Logiksymbol wird die UND-Funktion durch ein &-Zeichen gekennzeichnet.

Eine UND-Verknüpfung kann auch durch eine Reihenschaltung von zwei Ventilen realisiert werden. Nur dann, wenn beide Ventile betätigt sind, liegt am Ausgang ein 1-Signal an (Abb.1).

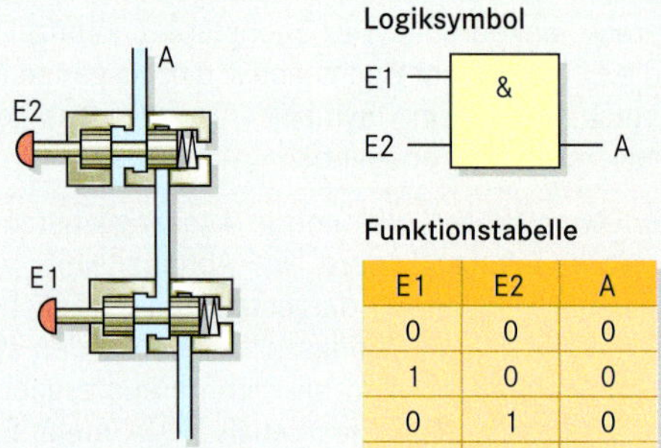

Funktionstabelle

E1	E2	A
0	0	0
1	0	0
0	1	0
1	1	1

Abb. 1: UND-Verknüpfung mit Reihenschaltung

- **ODER-Verknüpfung**

In pneumatischen Schaltungen lässt sich eine ODER-Verknüpfung durch ein Wechselventil aufbauen. Das Wechselventil leitet Druckluft zum Ausgang (A) weiter, wenn an einem oder an beiden Eingängen (E1 oder E2) Druckluft ansteht (Abb. 2).

Der Ausgang einer *ODER-Verknüpfung* führt immer dann ein 1-Signal, wenn mindestens ein Eingang ein 1-Signal aufweist.

Im Logiksymbol wird die ODER-Funktion durch ein ≥ 1- Zeichen gekennzeichnet.

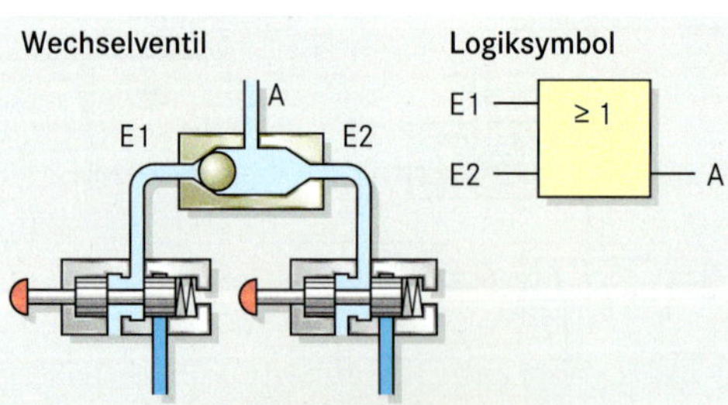

Funktionstabelle

E1	E2	A
0	0	0
1	0	1
0	1	1
1	1	1

Abb. 2: ODER-Verknüpfung

- **NICHT-Verknüpfung**

In pneumatischen Schaltungen lässt sich die NICHT-Verknüpfung durch ein Umschaltventil aufbauen. Steht am Eingang (E) des Umschaltventils ein Signal (Druckluft) an, wird der Luftweg zum Ausgang (A) abgesperrt (Abb. 3).

Der Ausgang einer *NICHT-Verknüpfung* hat ein 1-Signal, wenn der Eingang ein 0-Signal aufweist. Weist der Eingang ein 1-Signal auf, hat der Ausgang ein 0-Signal. Das Eingabesignal wird umgedreht. Dies bezeichnet man als Negierung.

Im Logiksymbol wird die NICHT-Funktion durch eine 1 und einen kleinen Kreis am Ausgang gekennzeichnet.

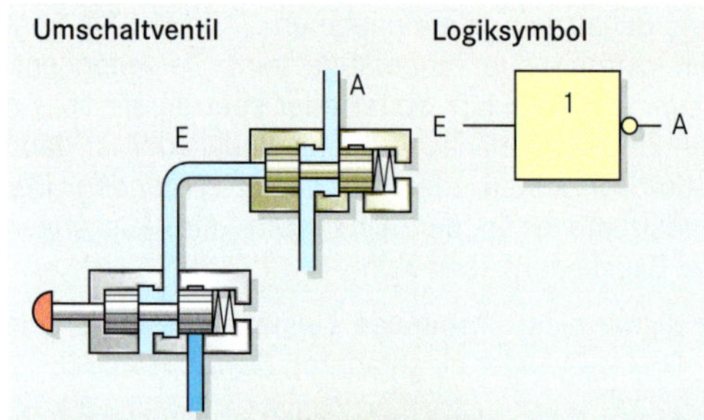

Funktionstabelle

E	A
0	1
1	0

Abb. 3: NICHT-Verknüpfung

Zeitfunktionen

In pneumatischen Schaltungen lässt sich die Zeitfunktion durch ein Drosselrückschlagventil mit nachgeordnetem Druckluftspeicher aufbauen (Abb. 4). Das Drosselrückschlagventil (1) lässt die Druckluft nur gedrosselt strömen. Erst wenn der Druckluftspeicher (2) mit Druckluft gefüllt ist, steht am Ausgang des Speichers ein Ausgabesignal an. Das Umschaltventil (3) schaltet um, wenn ein bestimmter Druck erreicht ist. Die Wirkung von Zeitgliedern wird nicht in Funktionstabellen dargestellt. Eingabesignal und Ausgabesignal haben den gleichen Wert. Sie sind aber gegeneinander zeitversetzt.

Bei der *Zeitfunktion* wird das 1-Signal eines Eingangs zeitversetzt als 1-Signal am Ausgang wiedergegeben.

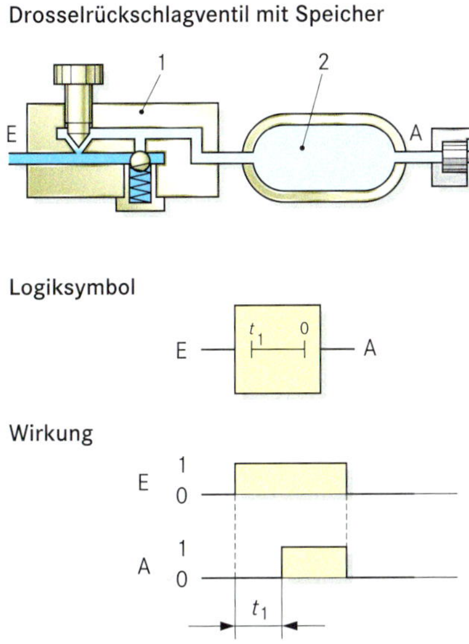

Abb. 4: Zeitfunktion

Funktionsplan der Zweihand-Sicherheits-Schaltung

Zur genauen Funktionsbeschreibung der Zweihand-Sicherheits-Schaltung wird die Signalverarbeitung der Pressensteuerung analysiert (Abb. 5). Die Signalverarbeitung erfolgt durch:

- drei *UND-Verknüpfungen*,
- eine *ODER-Verknüpfung*,
- zwei *NICHT-Verknüpfungen* und
- ein *Zeitglied*.

Der Funktionsplan der Zweihand-Sicherheits-Schaltung wird nun entwickelt. Funktionspläne werden mit Logiksymbolen der entsprechenden Schaltfunktionen gezeichnet. Der Funktionsplan wird waagrecht gezeichnet. Die Eingänge befinden sich links und die Ausgänge rechts. Der Signalfluss erfolgt von links nach rechts. Der Funktionsplan der Zweihand-Sicherheits-Schaltung hat die zwei Eingänge E1 und E2 und den Ausgang A (Abb.1, nächste Seite).

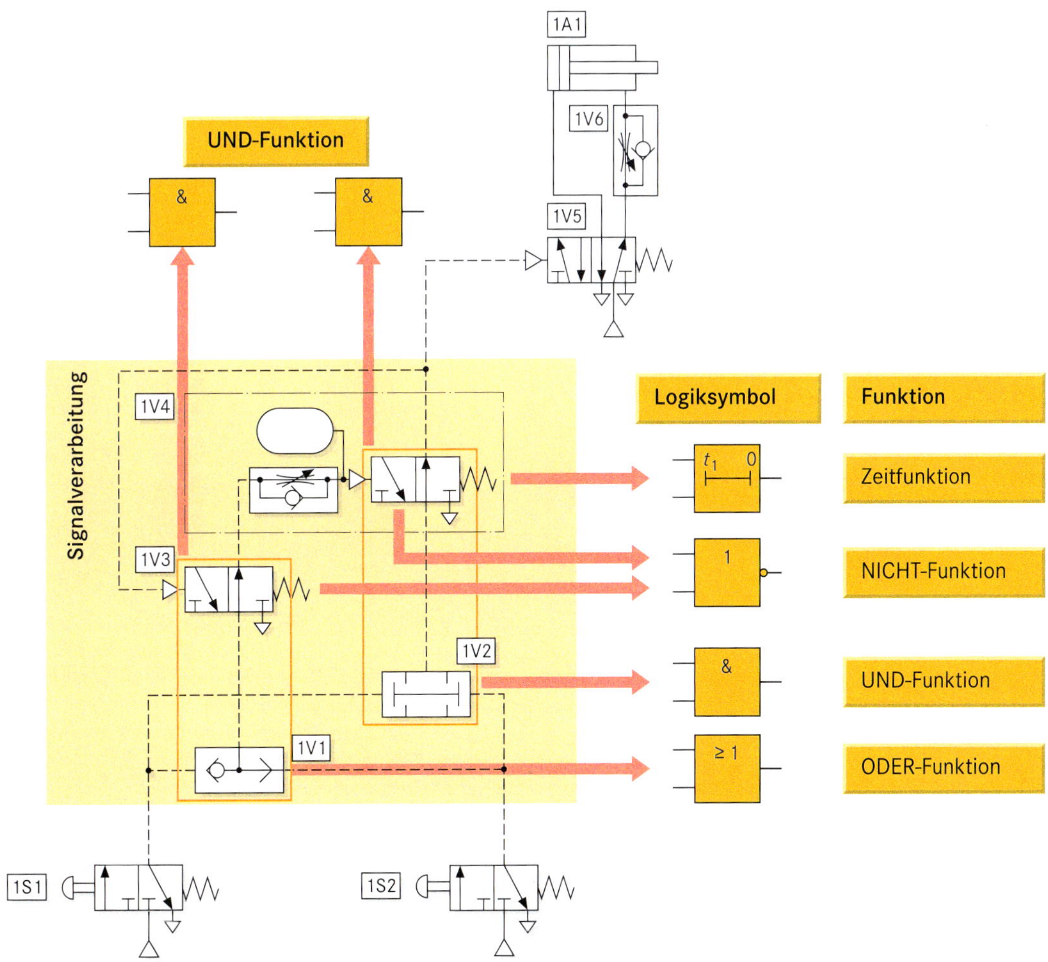

Abb. 5: Funktionsstruktur der Steuerung

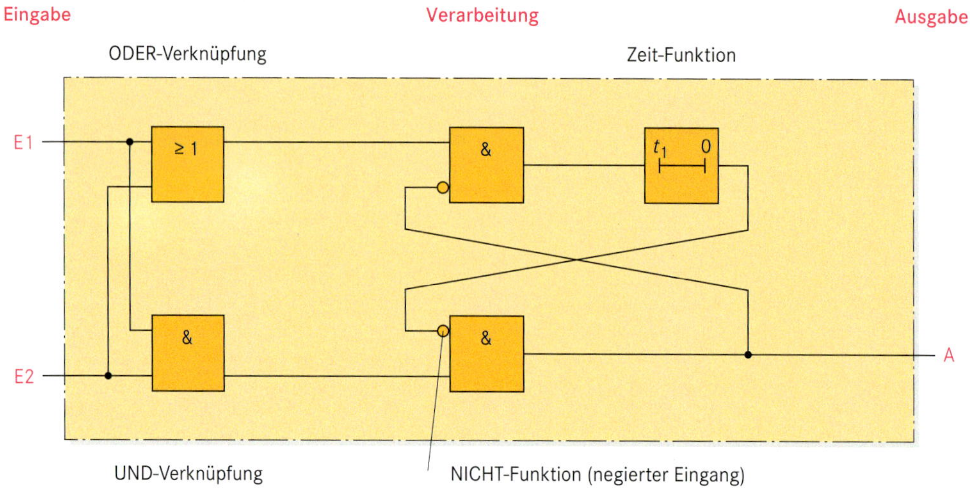

Abb. 1: Funktionsplan der Zweihand-Sicherheits-Schaltung

Funktionsbeschreibung

Im Funktionsplan lässt sich anhand der Signalzustände der Eingänge und der Ausgänge der einzelnen Verknüpfungsglieder (VG) sowie des Zeitgliedes die Funktionsweise erklären. Im Beispiel bedeuten rot gezeichnete Linien in der Schaltung Signalzustand 1, schwarz gezeichnete Linien Signalzustand 0.

Möglichkeit 1:

Die beiden Startaster S1 und S2 werden gleichzeitig betätigt. An den Eingängen E1 und E2 der Schaltung liegt Signalzustand 1 an (Abb. 2).

→ VG1 und VG2 haben an den Ausgängen ebenfalls Signalzustand 1.

→ An einem Eingang von VG4 liegt Signalzustand 1 an und am anderen Signalzustand 0, welcher aber durch die Negierung zu Signalzustand 1 wird.

→ VG4 führt am *Ausgang Signalzustand 1* und somit auch der *Ausgang A* der Schaltung. (Das Stellglied schaltet in Arbeitsstellung und der Zylinder fährt aus).

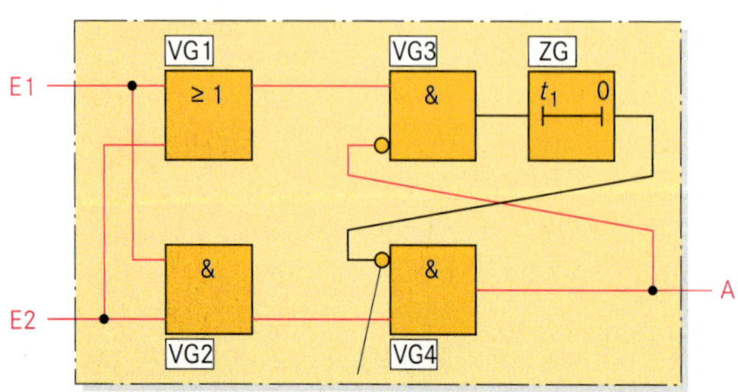

Abb. 2: Signalzustände Möglichkeit 1

Möglichkeit 2:

Es wird nur einer der beiden Starttaster S1 oder S2 betätigt. Somit liegt nur an einem der Eingänge E1 oder E2 *Signalzustand 1* an (Abb. 3 u. Abb. 4).

→ Der Ausgang von VG4 und somit *Ausgang A führen Signalzustand 0*, der Ausgang von VG1 führt Signalzustand 1.

→ VG3 führt am Ausgang *Signalzustand 1*, da der auf den negierten Eingang von VG3 geführte *Signalzustand 0* des Ausgangs A zu einem *Signalzustand 1* negiert wird.

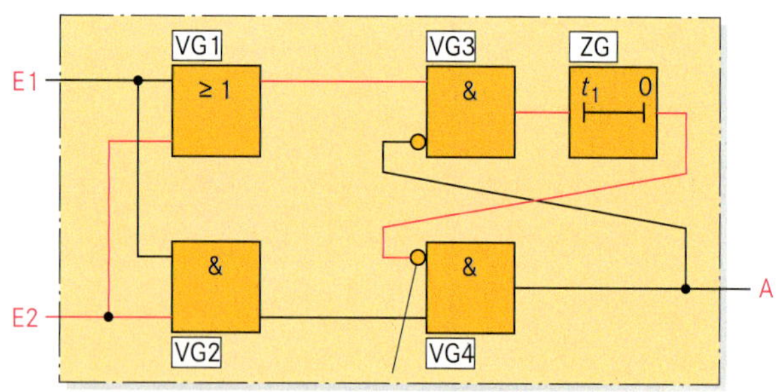

Abb. 3: Signalzustände Möglichkeiten 2 und 3

→ Das Zeitglied ZG startet und nach Ablauf der Sicherheitszeit wird dessen Ausgang auf *Signalzustand* 1 gesetzt, an den negierten Eingang von VG4 gelegt und dort zu einem *Signalzustand 0* negiert.

→ Unabhängig vom Signalzustand des anderen Eingangs liegt am Ausgang von VG4 und somit am *Ausgang A Signalzustand 0* an.

Möglichkeit 3:

Beide Starttaster sind betätigt und der Ausgang A führt *Signalzustand 1*. Nun wird einer der Taster S1 oder S2 losgelassen.

→ An E1 oder E2 liegt *Signalzustand 0* an (Abb. 3 oder Abb. 4).

→ Ausgang von VG2 nimmt *Signalzustand 0* an, am *Ausgang A liegt Signalzustand 0 an.*

→ Das Stellglied steuert um und der Zylinder fährt ein.

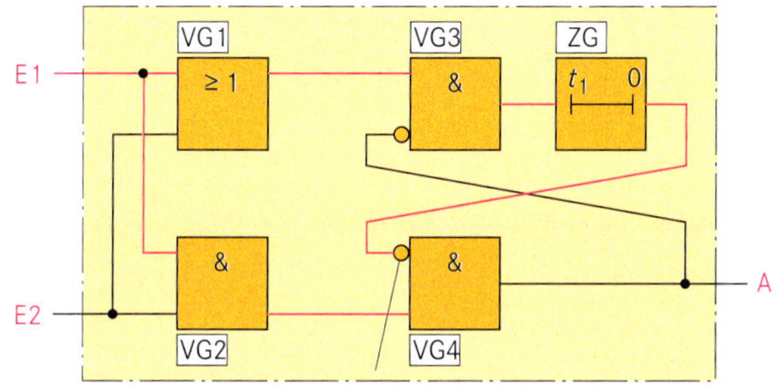

Abb. 4: Signalzustände Möglichkeiten 2 und 3

4.1.3.4 Zustandsdiagramme

Der Steuerungsablauf und die steuerungsmäßige Verknüpfung der Bauglieder der Pressensteuerung kann grafisch in *Zustandsdiagrammen* (→📖) dargestellt werden.

Die Grundlage für den Aufbau der Diagramme bildet die Gliederung des Steuerungsablaufs in einzelne Schritte. Die Schritte ergeben sich aus Zustandsänderungen der Bauglieder. Solche Zustandsänderungen sind das Ein- und Ausfahren von Zylindern oder das Umschalten von Ventilen.

Die Zustandsänderungen und die Schaltzustände der Bauglieder werden durch *Funktionslinien* angegeben (Abb. 5). Die Schaltzustände werden durch waagerechte Linien dargestellt. Schmale Volllinien geben den Ausgangszustand an. Breite Volllinien werden bei betätigten Baugliedern gezeichnet.

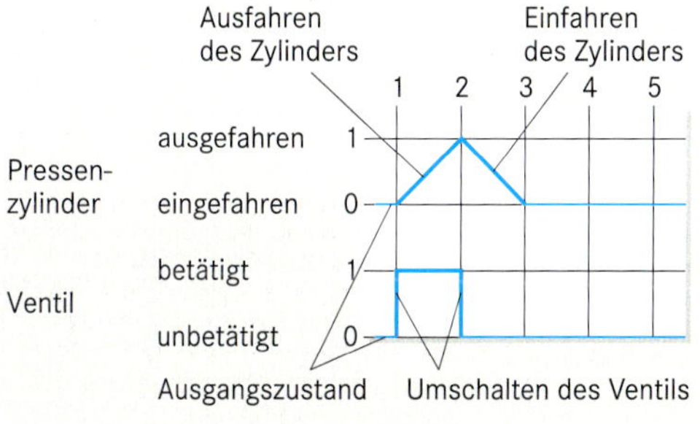

Abb. 5: Darstellung von Funktionslinien

Zustandsänderungen der Zylinder werden durch schräge Funktionslinien zwischen zwei Schaltschritten dargestellt. Zustandsänderungen von Ventilen werden durch senkrechte Funktionslinien dargestellt. Die Funktionslinien für eine Zustandsänderung beginnen an der Linie für einen Schaltschritt.

Der Arbeitsablauf der Presse wird durch manuelle Betätigung der Starttaster ausgelöst. Das Zusammenwirken der einzelnen Bauteile einer Steuerung wird durch *Signallinien* angegeben (Abb. 6). Signallinien beginnen an den Funktionslinien der Bauglieder, die eine Aktion veranlassen, und enden an den Funktionslinien der Bauglieder, die durch das Signal beeinflusst werden. Die Wirkrichtung der Signale wird durch Pfeile angegeben. Signallinien werden vorwiegend senkrecht gezeichnet, können aber auch beliebig abgewinkelt werden. An Funktionslinien beginnen und enden sie abgewinkelt. Sie werden als schmale Volllinien gezeichnet.

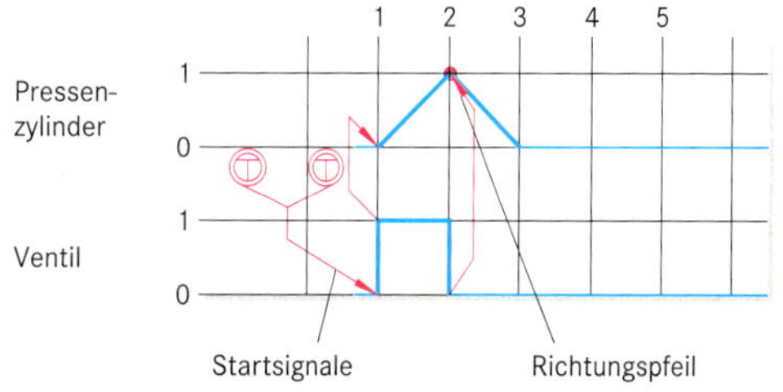

Abb. 6: Darstellung von Signallinien

Die Signallinien der Startsignale werden immer an die Funktionslinie des Baugliedes gezogen, welches die erste Zustandsänderung auslöst. Die Art der Signaleingabe wird durch genormte Symbole dargestellt. Die Verknüpfung von Signalen lässt sich ebenfalls darstellen (Abb. 7).

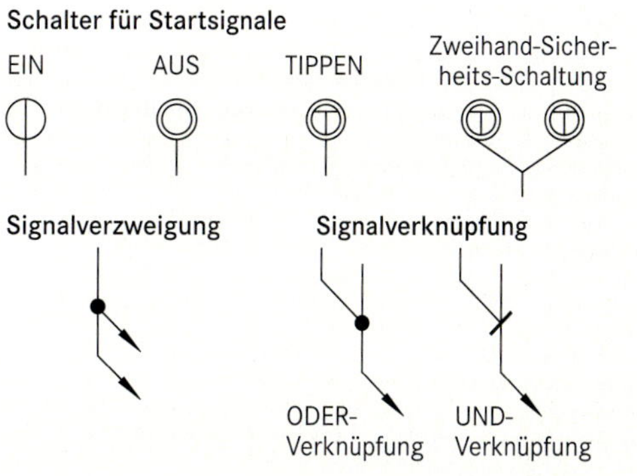

Abb. 7: Symbole für Startsignale und Signalverknüpfung

In Verbindung mit dem Schaltplan erleichtern Zustandsdiagramme das Erfassen des Steuerungsablaufes. Aus Zustandsdiagrammen ist die Schaltstellung aller Bauglieder einer Steuerung ersichtlich (Abb. 1). Sie sind wichtige Unterlagen zur Überwachung und Instandsetzung von Steuerungen.

Bauglieder Benennung	Kennzeichen	Zustand
Pressenzylinder	1 A 1	ausgefahren
		eingefahren
Ventil	1 V 5	betätigt
		unbetätigt
Starttaster	1 S 1	betätigt
	1 S 2	unbetätigt

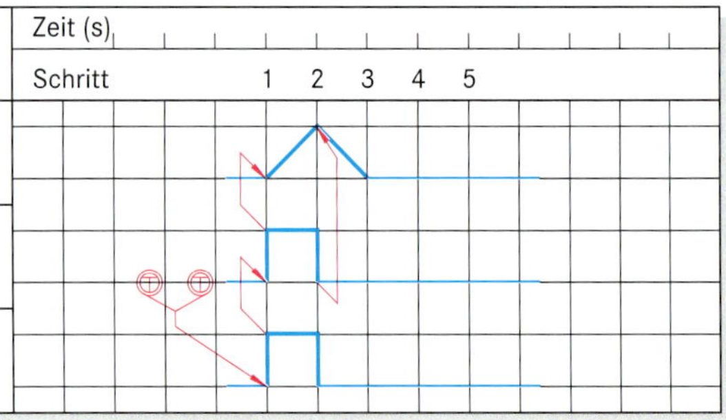

Abb. 1: Zustandsdiagramm der Presse

Aufgaben

1. Aus welchen Gründen ist der Schnittschaltplan für die technische Darstellung von Pneumatik-Schaltplänen ungeeignet?

2. Welche Regeln gelten für das Anordnen und Darstellen von pneumatischen Baugliedern und Leitungen in einem pneumatischen Schaltplan?

3. Was versteht man unter einem Schaltkreis?

4. Erklären Sie das abgebildete Wegeventil. Geben Sie dazu an:

a) die Bezeichnung des Wegeventils,

b) die Betätigungsart,

c) die Strömungswege der Druckluft bei Ruhestellung und Arbeitsstellung.

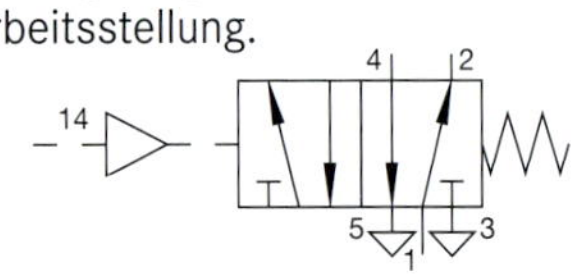

5. Beschreiben Sie den Unterschied im Aufbau und in der Wirkungsweise von einfach wirkenden und doppelt wirkenden Zylindern.

6. In welcher Schaltstellung werden die Bauglieder in einem Schaltplan üblicherweise dargestellt?

7. Beschreiben Sie die Aufgabe der Bauglieder

- Signalglied,
- Stellglied,
- Steuerglied,
- Antriebsglied.

8. Unterscheiden Sie die beiden Signalzustände Null und Eins bei den Baugliedern einer pneumatischen Steuerung.

9. Eine Steuerung soll folgende Funktion erfüllen:

Ein Ausgangssignal soll nur dann gegeben werden, wenn an den Eingängen E1 oder E2 ein Eingabesignal vorhanden ist und am Eingang E3 ein Eingabesignal anliegt.

Ergänzen Sie den Funktionsplan und die Funktionstabelle.

Funktionsplan

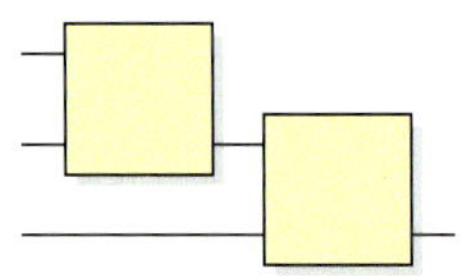

Funktionstabelle

E1	E2	E3	A
0	0	0	
1	0	0	
0	1	0	
1	1	0	
0	0	1	
1	0	1	
0	1	1	
1	1	1	

10. Erläutern Sie die mit Nummern versehenen Darstellungen im Zustandsdiagramm.

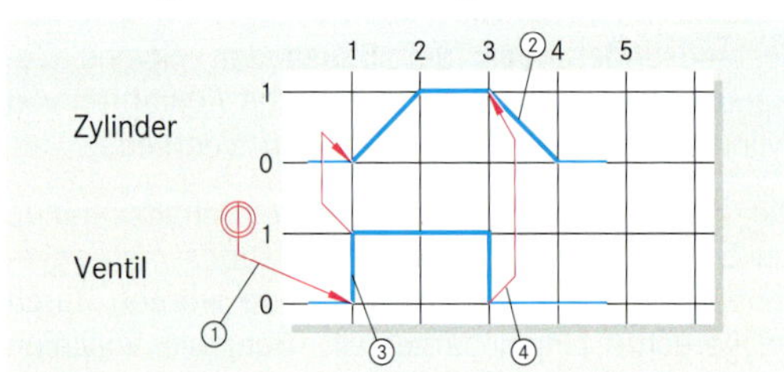

11. In einer Vorrichtung werden die Werkstücke mit dem Spannzylinder (Zylinder 1) gespannt und selbsttätig durch den Zylinder 2 ausgeworfen.

Beschreiben Sie den Bewegungsablauf der beiden Zylinder anhand des Zustandsdiagramms.

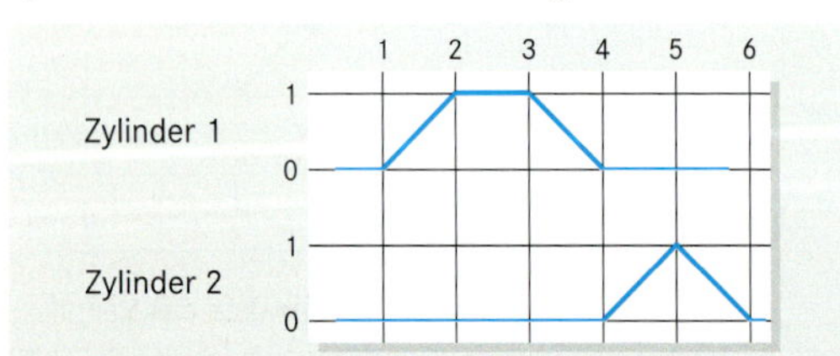

4.2 Elektropneumatische Steuerungen

ARBEITSAUFTRAG

Die pneumatische Steuerung für eine der Pressen soll durch eine elektropneumatische Steuerung ersetzt werden. Dazu sind pneumatische Bauglieder gegen elektrische Bauglieder auszutauschen. Anschließend müssen die Grundschaltungen zur funktionsfähigen Gesamtschaltung aufgebaut werden.

Die neue Steuerung ist sowohl mit elektrischen Bauteilen als auch mit pneumatischen Bauteilen aufgebaut. Die Informationsverarbeitung erfolgt im elektrischen Teil der Steuerung, die Energieumsetzung im pneumatischen Teil der Steuerung. Solche Steuerungen nennt man elektropneumatische Steuerungen.

Um diese Arbeit durchführen zu können, werden Kenntnisse der Elektrik und Pneumatik benötigt. Zum Zeichnen des Schaltplanes müssen die entsprechenden Schaltzeichen, Normen und Darstellungsarten bekannt sein.

Steuerungsstruktur

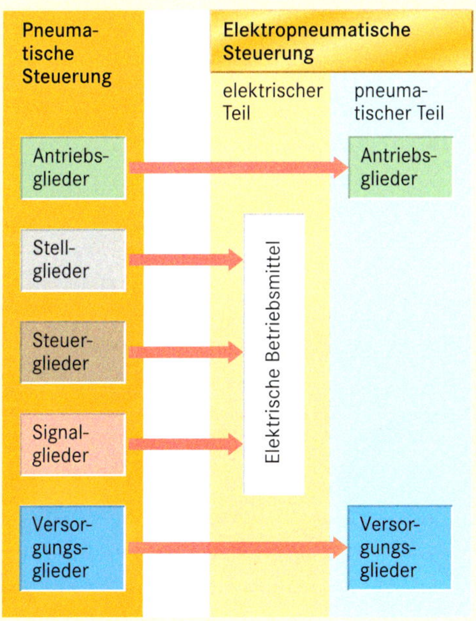

4.2.1 Elektrische Betriebsmittel

Elektrische Bauteile und Baueinheiten werden als Betriebsmittel bezeichnet. Sie werden in Schaltplänen durch Schaltzeichen nach **DIN EN 60617** dargestellt (→). Die Schaltzeichen kennzeichnen die Funktionsweise der Betriebsmittel.

4.2.1.1 Schalter

In der elektrischen Steuerung der Presse werden die Signale durch Schalter eingegeben. Schalter haben Schaltkontakte, die Stromkreise schließen oder unterbrechen (Abb. 2). Schaltkontakte können ausgeführt sein als:

- *Schließer*, die bei Betätigen einen Stromkreis schließen,
- *Öffner*, die bei Betätigen einen Stromkreis unterbrechen,
- *Wechsler*, die sowohl einen Schließer als auch einen Öffnerkontakt haben. Sie unterbrechen bei Betätigen einen Stromkreis und schließen gleichzeitig einen anderen.

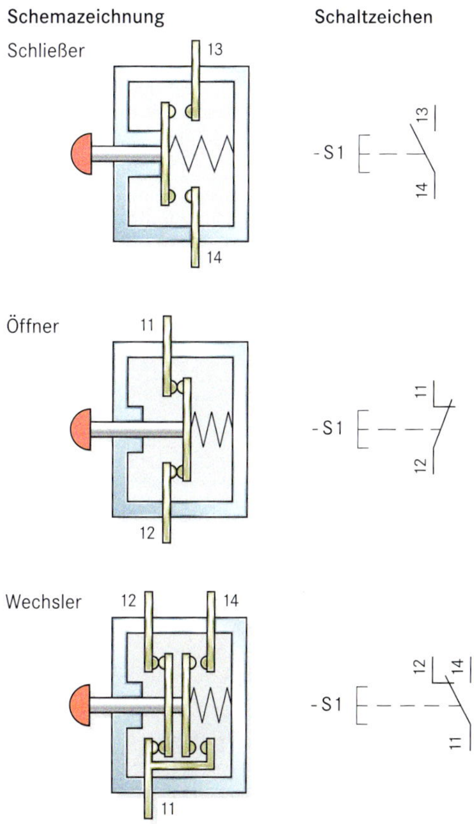

Abb. 2: Schaltkontakte

Schalter können von Hand (manuell) oder durch Baueinheiten von Maschinen und Anlagen (mechanisch) betätigt werden (Tab. 1, nächste Seite). Bei *manuell betätigten Schaltern* unterscheidet man Tastschalter und Stellschalter. *Tastschalter* kehren nach Betätigung selbsttätig in ihre Ausgangsstellung zurück. Dies bewirkt eine Feder, die beim Betätigen des Tastschalters gespannt wird. Stellschalter bleiben in der Schaltstellung, in die sie bei Betätigung gebracht werden.

Stellschalter sind häufig Kippschalter oder Drehschalter.

Mechanisch betätigte Schalter sind *Grenztaster* oder *Endschalter*. Sie fragen die Lage beweglicher Teile ab (z. B. Kolbenstellung eines Pneumatikzylinders).

Drehschalter

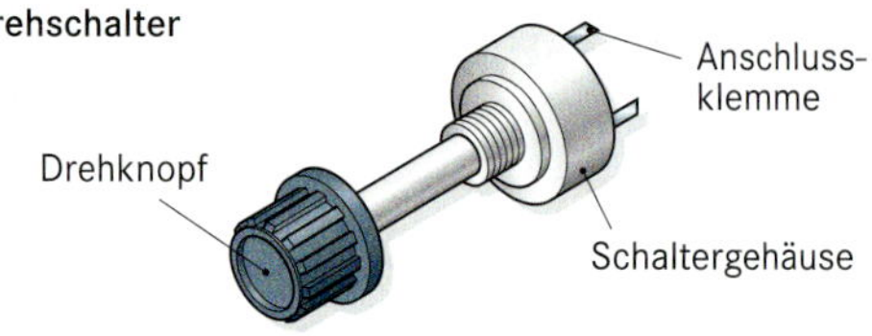

Schaltzeichen

Die Schaltzeichen für Schalter bestehen aus dem Zeichen für die Schaltkontakte, an dem seitlich das Zeichen für die Art der Betätigung, z. B. Drehschalter, angetragen wird (Abb. 1). Mechanische Verbindungen werden durch gestrichelte Linien dargestellt. An der Verbindung wird das Einrasten der Stellschalter besonders gekennzeichnet.

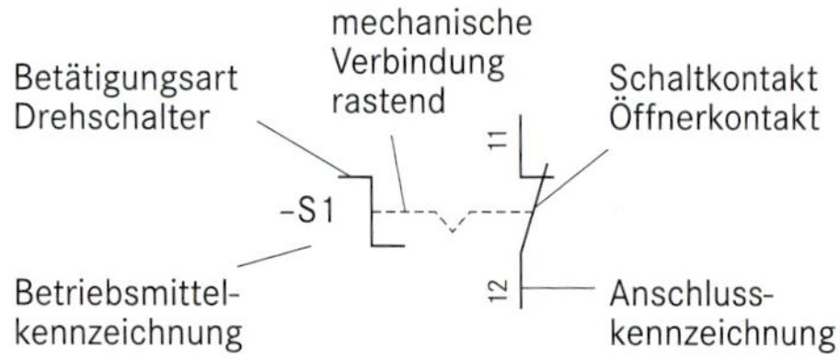

Abb. 1: Schaltzeichenaufbau eines Schalters

Betriebsmittelkennzeichnung

Alle Betriebsmittel werden zur eindeutigen Identifizierung gekennzeichnet. Die Kennzeichnung erfolgt nach **DIN EN 61346-2** (→📖). Die Art des Betriebsmittels wird mit einem Kennbuchstaben angegeben (Tab. 2). Dem Buchstaben wird eine Zählnummer angehängt. Jede Betriebsmittelart erhält eine fortlaufende, mit 1 beginnende Zählnummer. Vor den Kennbuchstaben kann ein Bindestrich als Vorzeichen gesetzt werden.

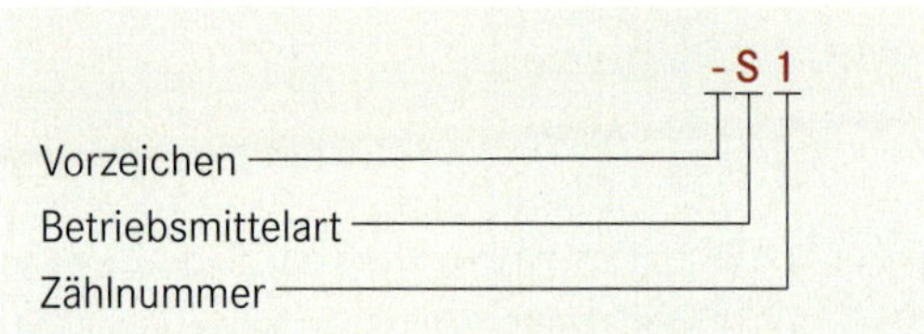

Tab. 2: Kennbuchstaben der Betriebsmittel

Kennbuchstaben	Art des Betriebsmittels	Beispiele
F	Schutzeinrichtung	Sicherungen
K	Relais	Zeitrelais
S	Schalter (manuell betätigt)	Tastschalter, Wahlschalter
B	Schalter, Sensor	Endschalter, induktiver Näherungsschalter
M	elektrisch betätigte mechanische Einrichtung	Magnetspule

Tab. 1: Schalter mit unterschiedlicher Betätigungsart

Benennung	**Handbetätigter Tastschalter mit Schließerkontakten**	**Handbetätigter rastender Stellschalter mit Öffnerkontakten**	**Rollenbetätigter Taster mit Schließerkontakten**
Bauteile			
Schaltzeichen	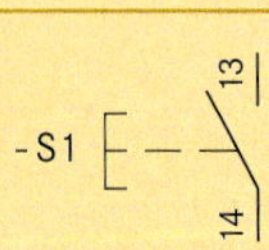	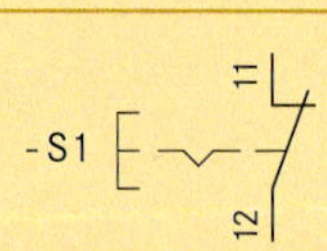	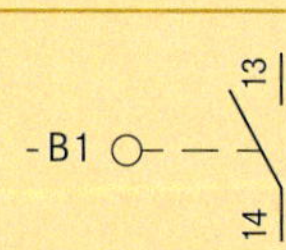
Verwendungsbeispiel	EIN-Taster zum Starten einer Anlage	NOT-AUS-Schalter zum Energielosschalten einer Anlage	Grenztaster zum Abfragen der Stellung von Anlagenteilen wie Zylinder und Schutzgitter

4.2.1.2 Relais

Relais bestehen aus einer Magnetspule mit Eisenkern und mehreren Öffner- und Schließerkontakten (Abb. 2). Sie werden elektromagnetisch betätigt und können mehrere Stromkreise schalten.

Liegt Spannung an der Magnetspule an und fließt Strom durch die Magnetspule, wird der Anker angezogen. Dadurch werden die Schaltkontakte gleichzeitig geschaltet. Im stromlosen Zustand fällt der Anker wieder ab. Die Kontakte gehen wieder in die Ausgangslage zurück.

Es gibt Relais, die sofort die Kontakte umschalten, wenn Spannung an der Spule anliegt und Relais, die zeitverzögert die Kontakte schalten, wenn Spannung anliegt oder abfällt. Relais mit dieser Funktion nennt man Zeitrelais.

Bei den *Zeitrelais* unterscheidet man:

- *Relais mit Anzugsverzögerung*, bei denen die Kontakte zeitverzögert zum Einschalten des Relais umschalten und
- *Relais mit Abfallverzögerung*, bei denen die Kontakte zeitverzögert zum Abschalten des Relais abfallen.

Schaltzeichen

Das Schaltzeichen für Relais besteht aus den Zeichen für die Magnetspule, die Schaltkontakte und die mechanische Verbindung (Anker) zwischen ihnen (Abb. 2). Das Zeichen für die Magnetspule besteht aus einem Rechteck. An das Rechteck werden die Spulenanschlüsse als senkrechte Striche gezeichnet.

Die Schaltzeichen von Zeitrelais werden besonders gekennzeichnet. An dem Zeichen für die Spule wird ein geschwärztes Feld oder ein Feld mit einem Kreuz angetragen. An die Verbindungslinie wird ein halbkreisförmiger Bogen angetragen.

Anschlusskennzeichen

Kontakte zum Schalten von Stromkreisen in Steuerungen erhalten eine zweistellige Kennziffer. Die erste Ziffer (Zehnerstelle) kennzeichnet die Rangfolge der Kontakte. Sie wird *Ordnungsziffer* genannt. Die zweite Ziffer (Einerstelle) gibt die Art des Kontaktes an. Sie wird *Funktionsziffer* genannt (Abb. 3).

Es ist folgende Funktionsziffernzuordnung genormt:

- Öffner 1 - 2
- Schließer 3 - 4
- Wechsler 1 - 2 - 4
- Öffner zeitverzögert 5 - 6
- Schließer zeitverzögert 7 - 8

Spulenanschlüsse erhalten den Kennbuchstaben A, für den Spuleneingang A1 und für den Spulenausgang A2.

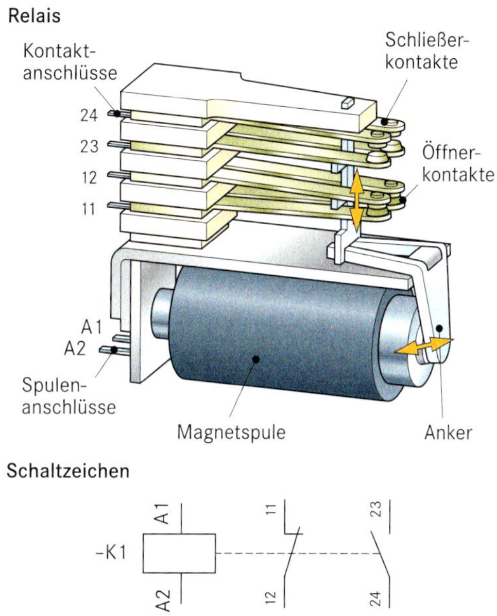

Abb. 2: Relaisaufbau

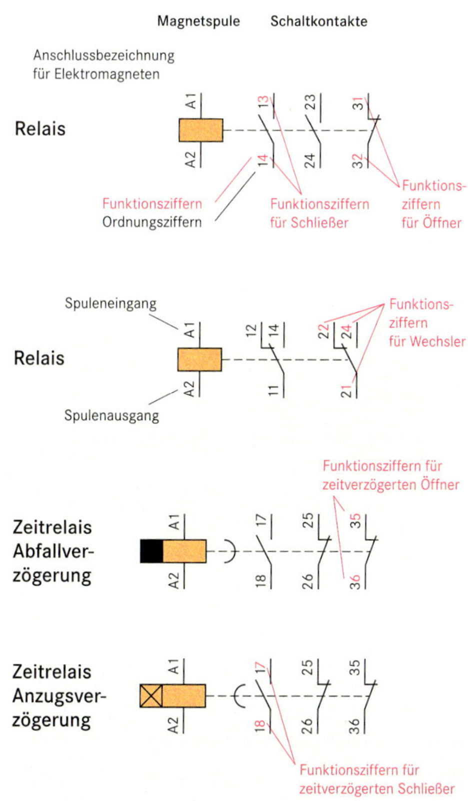

Abb. 3: Anschlusskennzeichnung von Relais

4.2.1.3 Magnetventile

Magnetventile sind pneumatische Wegeventile, die elektromagnetisch betätigt werden.

Es gibt Magnetventile, die direkt durch Elektromagnete umgeschaltet werden. Es gibt Magnetventile, bei denen der Elektromagnet ein Vorsteuerventil umschaltet. Das Vorsteuerventil steuert die Druckluft zum Umschalten des Ventils. Magnetventile mit dieser Funktion nennt man vorgesteuerte Ventile.

Abbildung 1 zeigt ein vorgesteuertes 5/2-Wegeventil, das einseitig durch einen Elektromagneten betätigt wird. Im spannungslosen Zustand (unbetätigt) wirkt die Feder am Steuerkolben (Abb. 1a). Der Steuerkolben wird in die Ausgangsstellung gedrückt. Die Druckluft strömt vom Anschluss 1 zum Anschluss 2. Abluft entweicht vom Anschluss 4 über den Anschluss 5. Der Anschluss 3 ist gesperrt.

Liegt an den Spulenanschlüssen des Magneten Spannung an, öffnet das Vorsteuerventil (Abb. 1b). Ein Teilstrom der Druckluft strömt über das geöffnete Vorsteuerventil und verschiebt den Steuerkolben entgegen der Federkraft nach rechts. Das Ventil schaltet um. Druckluft strömt vom Anschluss 1 zum Anschluss 4. Abluft entweicht vom Anschluss 2 über den Anschluss 3. Der Anschluss 5 ist gesperrt.

Schnittbild

a) Magnetspule stromlos

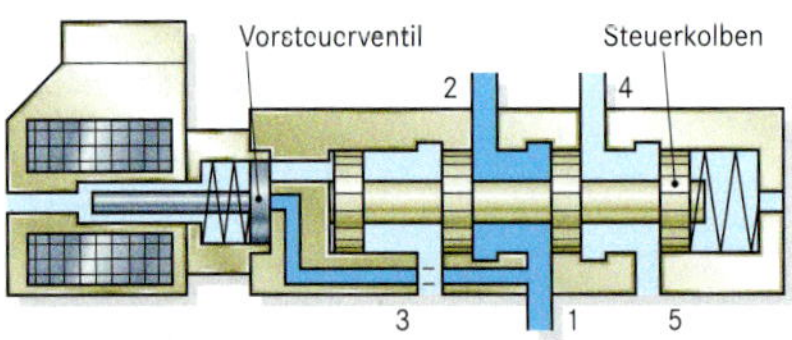

auch über Web-Link

b) Magnetspule stromdurchflossen

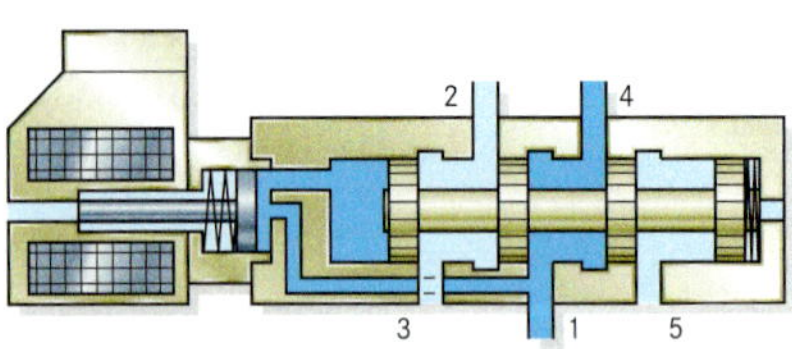

Abb. 1: Funktionsweise von elektromagnetisch betätigten Wegeventilen

Die elektromagnetisch betätigten Wegeventile bilden die Schnittstelle zwischen dem pneumatischen Arbeitsteil und dem elektrischen Steuerteil.

Im Schaltplan für den pneumatischen Teil werden sie mit Symbolen nach **DIN ISO 1219** dargestellt.

Im Schaltplan für den elektrischen Teil werden sie mit Schaltzeichen nach **DIN EN 60 617** dargestellt (➡📖).

Dem elektrischen Schaltzeichen nach **DIN EN 60 617** können keine Einzelheiten über den Aufbau des Ventils entnommen werden (Abb. 2).

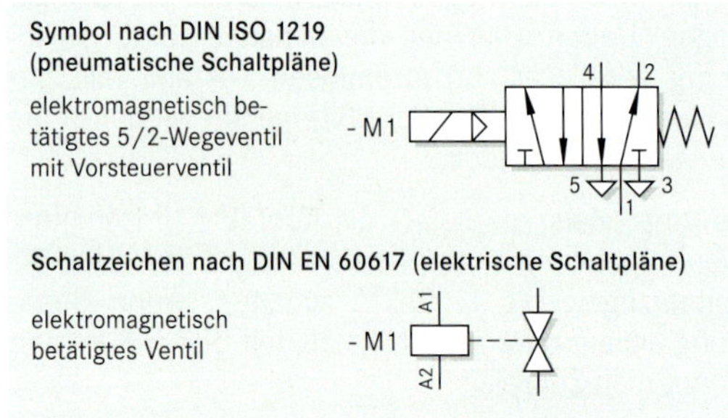

Abb. 2: Symbolhafte Darstellung von Wegeventilen

Informie

4.2.2 Grundschaltungen

Die Signalverarbeitung der Zweihand-Sicherheits-Schaltung ist mit folgenden Grundschaltungen realisiert:

- *UND-Verknüpfung*,
- *ODER-Verknüpfung*,
- *NICHT-Verknüpfung* und
- *Zeitfunktion*.

Diese Grundschaltungen müssen nun mit elektrischen Schaltungen hergestellt werden.

UND-Verknüpfung

Schaltet man Kontakte in Reihe, so erhält man eine UND-Verknüpfung (Abb. 3). Nur wenn S1 und S2 betätigt sind, ist der Strompfad zum Relais K1 geschlossen und es zieht an.

In *Reihe geschaltete Schaltkontakte* haben die Funktion einer *UND-Verknüpfung*.

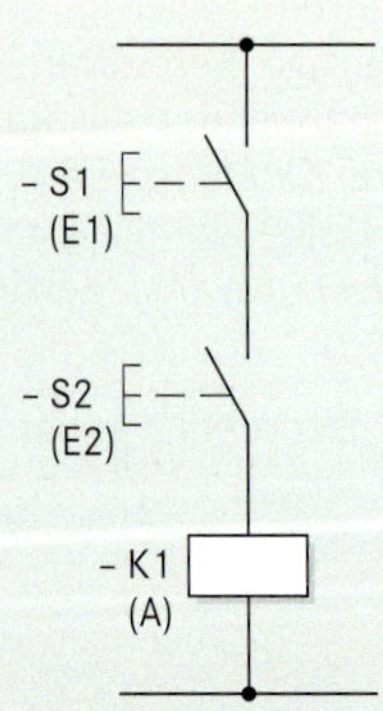

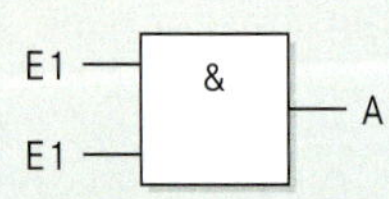

Funktionstabelle

E1	E2	A
0	0	0
1	0	0
0	1	0
1	1	1

Abb. 3: UND-Verknüpfung

ODER-Verknüpfung

Werden Kontakte parallel (nebeneinander) geschaltet, so erhält man eine ODER-Verknüpfung (Abb. 4). Wenn S1 oder S2 oder beide zusammen betätigt werden, ist der Strompfad zum Relais K1 geschlossen und es zieht an.

! *Parallel geschaltete Schaltkontakte* haben die Funktion einer *ODER-Verknüpfung.*

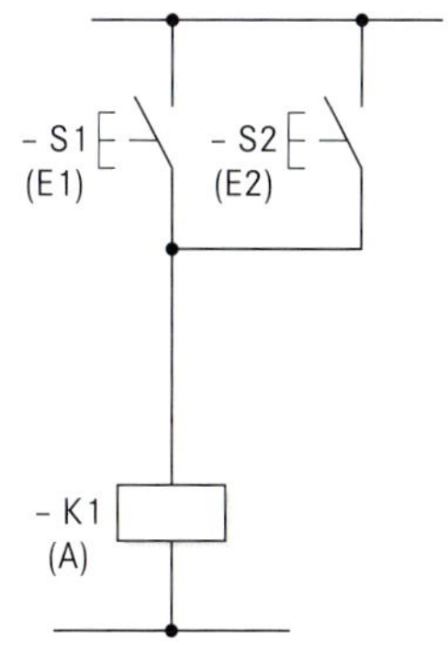

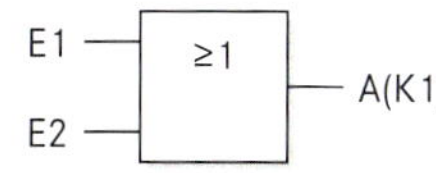

Funktionstabelle

E1	E2	A
0	0	0
1	0	1
0	1	1
1	1	1

Abb. 4: ODER-Verknüpfung

NICHT-Verknüpfung

Die NICHT-Verknüpfung wird im vorliegenden Fall mit Hilfe eines Relais realisiert (Abb. 5). Folgende zwei Fälle lassen sich unterscheiden:

1. S1 ist nicht betätigt. Dadurch ist der Strompfad 1 zum Relais K1 nicht geschlossen und das Relais ist abgefallen. Der Öffnerkontakt von K1 im Strompfad 2 zu Relais K2 ist geschlossen, der Strompfad 2 zu Relais K2 geschlossen und K2 ist angezogen.
2. S1 ist betätigt. Der Strompfad 1 zum Relais K1 ist geschlossen und Relais K1 ist angezogen. Im Strompfad 2 zum Relais K2 öffnet der Öffnerkontakt von Relais K1 und somit ist der Strompfad 2 offen. Relais K2 ist abgefallen.

Durch den Öffnerkontakt von K1 im Strompfad 2 hat K2 stets den entgegengesetzten Signalzustand von K1. Es findet eine Signalumkehr statt.

! *Öffnerkontakte* haben die Funktion einer *NICHT-Verknüpfung.*

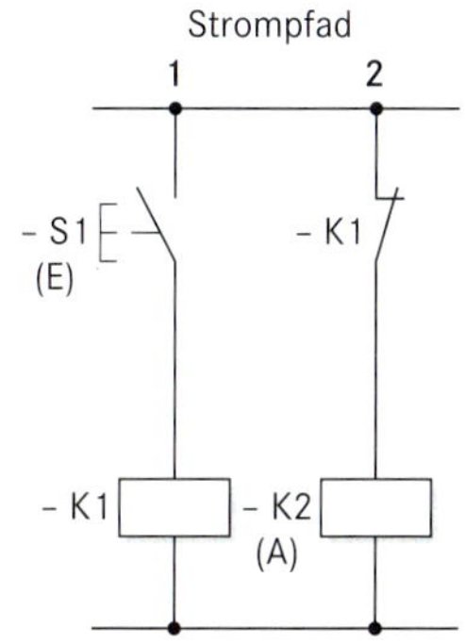

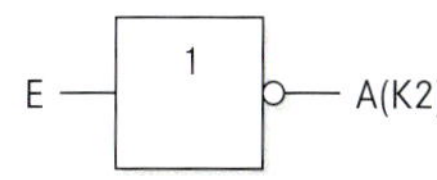

Funktionstabelle

E	A
0	1
1	0

Abb. 5: NICHT-Verknüpfung

Zeitfunktion

Wird S1 betätigt, so wird der Strompfad 1 zum Zeitrelais geschlossen. Das Zeitrelais wird dadurch aktiviert und die eingestellte Verzögerungszeit läuft ab. Nach dem Ablauf der eingestellten Zeit schaltet das Zeitrelais K1 und sein Schließerkontakt schließt Strompfad 2. Das Relais K2 zieht um die Verzögerungszeit zeitversetzt an.

Wird zu einem beliebigen Zeitpunkt S1 nicht mehr betätigt, so fällt das Zeitrelais sofort ab, wodurch sein Öffnerkontakt im Strompfad 2 öffnet und K2 abfällt. Außerdem wird das Zeitschaltwerk auf Null zurückgesetzt.

! Bei der *Zeitfunktion* wird ein 1-Signal am Eingang zeitversetzt an den Ausgang A weitergegeben.

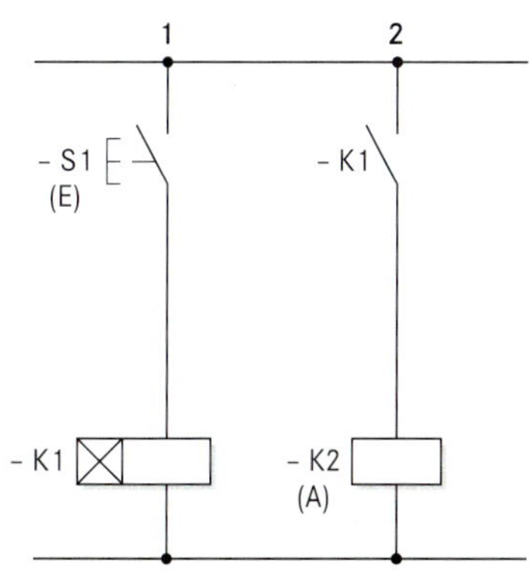

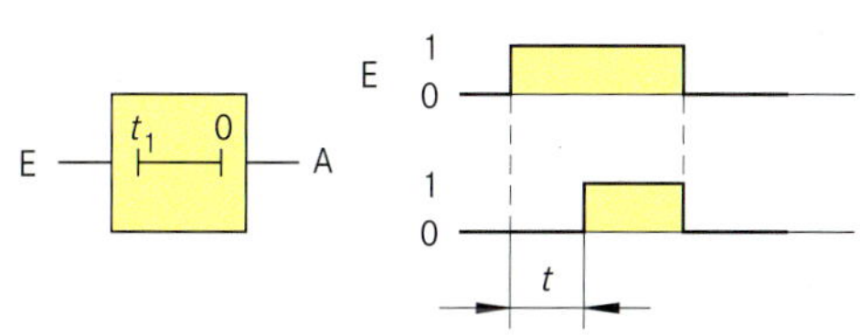

Abb. 6: Zeitfunktion

In Tabelle 1, nächste Seite sind die Verknüpfungsfunktionen und ihre Realisierungs-und Darstellungsmöglichkeiten einander gegenübergestellt.

Tab. 1: Verknüpfungsfunktionen

<table>
<tr><th></th><th>UND-Verknüpfung</th><th>ODER-Verknüpfung</th><th>NICHT-Verknüpfung</th></tr>
<tr><td>Logiksymbol</td><td>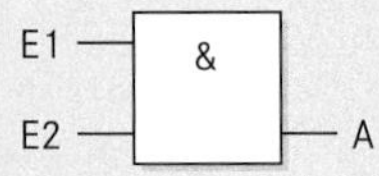
</td><td>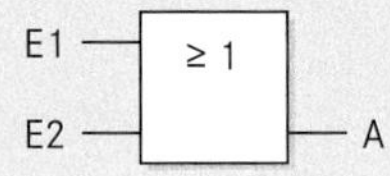
</td><td>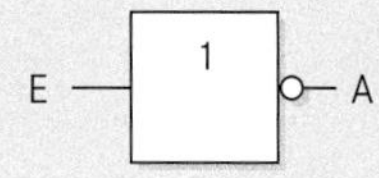
</td></tr>
<tr><td>Funktionstabelle</td><td><table><tr><th>E1</th><th>E2</th><th>A</th></tr><tr><td>0</td><td>0</td><td>0</td></tr><tr><td>1</td><td>0</td><td>0</td></tr><tr><td>0</td><td>1</td><td>0</td></tr><tr><td>1</td><td>1</td><td>1</td></tr></table></td><td><table><tr><th>E1</th><th>E2</th><th>A</th></tr><tr><td>0</td><td>0</td><td>0</td></tr><tr><td>1</td><td>0</td><td>1</td></tr><tr><td>0</td><td>1</td><td>1</td></tr><tr><td>1</td><td>1</td><td>1</td></tr></table></td><td><table><tr><th>E</th><th>A</th></tr><tr><td>0</td><td>1</td></tr><tr><td>1</td><td>0</td></tr></table></td></tr>
<tr><td>WENN-DANN-Beziehung</td><td>WENN E1
UND E2
DANN A</td><td>WENN E1
ODER E2
DANN A</td><td>WENN E
DANN NICHT A</td></tr>
<tr><td>Pneumatischer Schaltplan</td><td>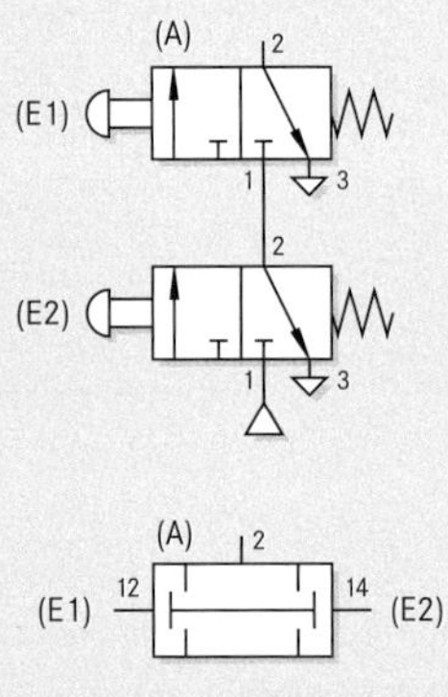

Zweidruckventil</td><td>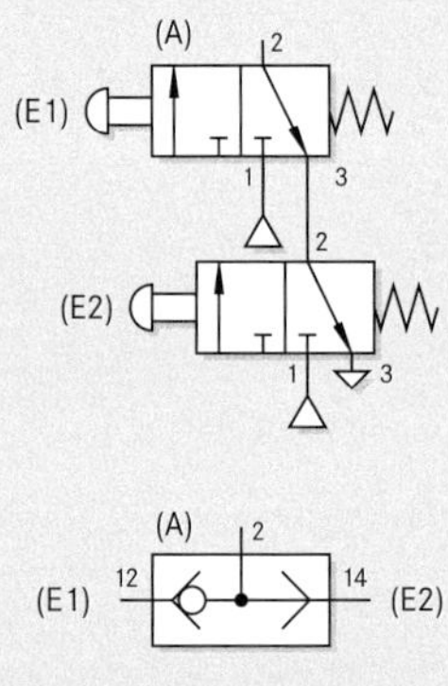

Wechselventil</td><td>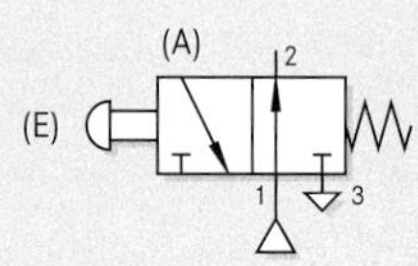
</td></tr>
<tr><td>Elektrischer Schaltplan</td><td>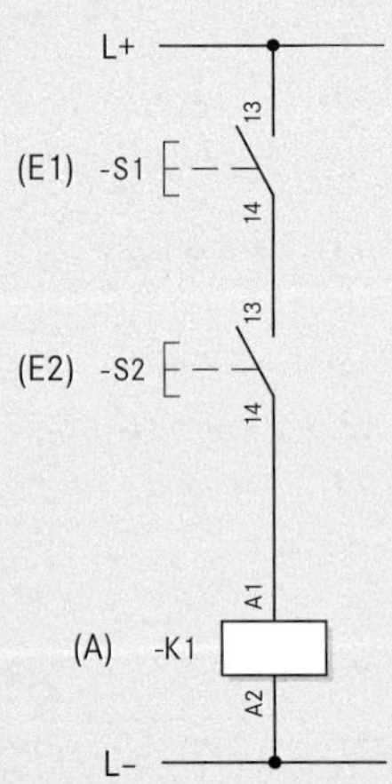
</td><td>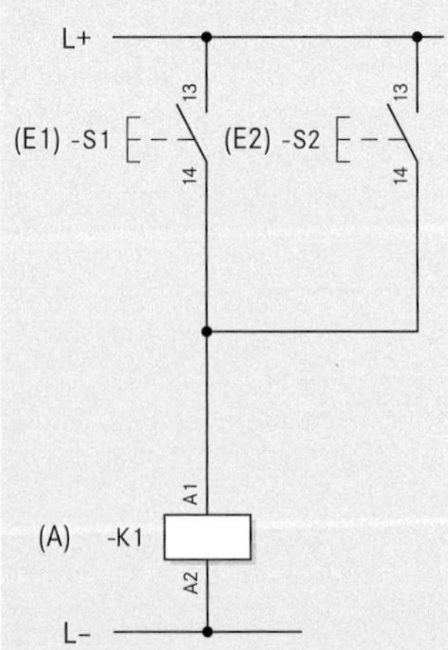
</td><td>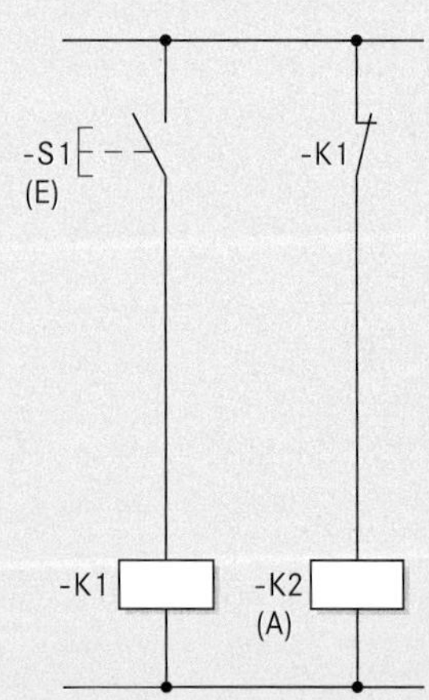
</td></tr>
</table>

4.2.3 Stromlaufpläne

Stromlaufpläne beschreiben mit Hilfe von grafischen Zeichen, wie elektrische Systeme funktionieren und wie deren Bauteile durch elektrische Leitungen miteinander verbunden sind.

Aus Stromlaufplänen ist die Funktionsweise einer Anlage, aber nicht deren bauliche Gestaltung ersichtlich.

! *Stromlaufpläne* stellen die Funktionsweise elektrischer Schaltungen dar. Sie geben nicht die Größe, Form und räumliche Anordnung der Betriebsmittel an.

Je nach der Anordnung der Schaltzeichen unterscheidet man nach **DIN EN 61 082** verschiedene Darstellungsarten von Stromlaufplänen (➡📖).

Stromlaufpläne in zusammenhängender Darstellung

Die Abbildung 1a) zeigt die Zweihand-Sicherheits-Schaltung für die Presse als Stromlaufplan in zusammenhängender Darstellung. Die einzelnen Stromkreise für die Bauglieder sind farbig hervorgehoben. Man erkennt drei verschiedene Stromkreise.

Der Stromlaufplan zeigt die beiden Tastschalter S1 und S2 als Signalglieder, ein Relais K1 und ein Zeitrelais K2 als Steuerglieder und ein Magnetventil M1 als Stellglied.

Alle Teile eines Betriebsmittels sind als Einheit dargestellt. So sind die Magnetspule und die Kontakte des Relais K1 zusammenhängend nebeneinander gezeichnet. Zwischen den Teilen des Relais sind die mechanischen Verbindungen durch Strichlinien angegeben.

Die Darstellung mechanischer Verbindungen ist typisch für diese Schaltplanart.

Der Leitungsverlauf macht den Schaltplan unübersichtlich. Die Funktionsweise der Zweihand-Sicherheits-Schaltung ist schlecht zu erkennen.

In der Steuerungstechnik werden deshalb üblicherweise keine Stromlaufpläne in zusammenhängender Darstellung verwendet. Stattdessen zeichnet man die Schaltpläne für elektrische Steuerungen als Stromlaufpläne in aufgelöster Darstellung.

Stromlaufpläne in aufgelöster Darstellung

Die Abbildung 1b) zeigt die Zweihand-Sicherheits-Schaltung als Stromlaufplan in aufgelöster Darstellung. Die Stromkreise sind in einzelne Strompfade aufgelöst. Die bauliche Zusammengehörigkeit einzelner Betriebsmittel bleibt unberücksichtigt. Die Magnetspule und die einzelnen Kontakte von Relais sind in verschiedene Strompfade eingetragen. Mechanische Verbindungen sind nicht dargestellt.

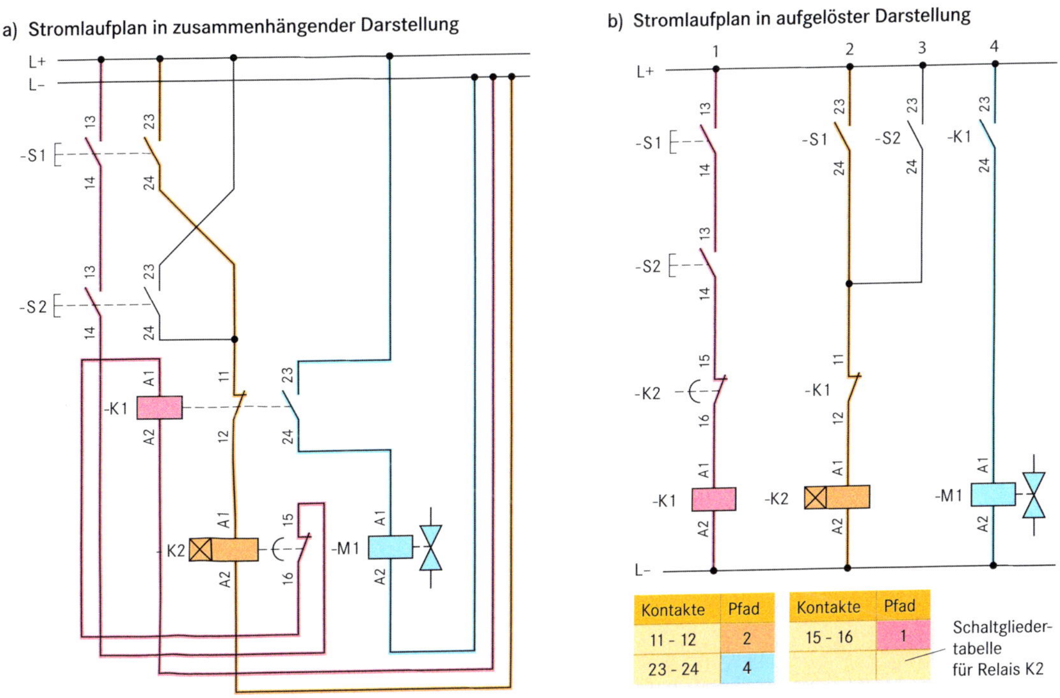

Kontakte	Pfad
11 - 12	2
23 - 24	4

Kontakte	Pfad
15 - 16	1

Schaltgliedertabelle für Relais K2

Abb. 1: Stromlaufpläne der Zweihand-Sicherheits-Schaltung

Elektrische Verbindungen

Elektrische Verbindungen werden mit Volllinien dargestellt. Verzweigungen sind durch einen Punkt gekennzeichnet.

Die Strompfade verlaufen geradlinig meist senkrecht vom Pluspol L+ zum Minuspol L-. Die Strompfade sind von links nach rechts angeordnet, entsprechend dem Funktionsablauf.

Die einzelnen Strompfade können fortlaufend durchnummeriert werden. Die Nummern der Strompfade stehen dabei über der Linie für den Pluspol L+.

Betriebsmittel

Die Schaltzeichen werden so angeordnet, dass die Betätigung von links nach rechts erfolgt. Schalter werden unbetätigt, Relais und Magnetventile im spannungslosen Zustand dargestellt. Er wird Ausgangszustand genannt.

Aus der *Betriebsmittelkennzeichnung* ist zu ersehen, welche Teile zu einem Betriebsmittel gehören.

Das Relais K1 ist in drei verschiedene Strompfade eingebaut. Die Magnetspule befindet sich im Strompfad 1, ein Öffnerkontakt im Strompfad 2 und ein Schließerkontakt im Strompfad 4. Spule und Kontakte haben die gleiche Kennzeichnung K1. Alle angeschlossenen Schaltkontakte eines Relais werden in einer Schaltgliedertabelle eingetragen (Abb.1b, vorherige Seite). Schaltgliedertabellen geben an, in welchem Strompfad ein Kontakt des Relais zu finden ist.

4.2.4 Elektropneumatische Schaltpläne

Bei elektropneumatischen Steuerungen wird der pneumatische Teil vom elektrischen Teil getrennt dargestellt.

Im *pneumatischen Teil* befinden sich das Magnetventil (1V1) und der Zylinder (1A1). Er wird als pneumatischer Schaltplan ausgeführt (Abb. 1a).

Im *elektrischen Teil* befinden sich die Schalter (S1, S2) und die Relais (K1, K2). Er wird als Stromlaufplan in aufgelöster Darstellung ausgeführt (Abb. 1b).

Über die Schalter (S1 u. S2) werden die Signale eingegeben. Relais (K1, K2) verarbeiten die Signale. Über das elektromagnetisch betätigte Wegeventil (M1) erfolgt die Signalausgabe auf den pneumatischen Teil.

Funktionsbeschreibung

Möglichkeit 1:

Die beiden Starttaster S1 und S2 werden gleichzeitig betätigt.

a) Pneumatischer Schaltplan

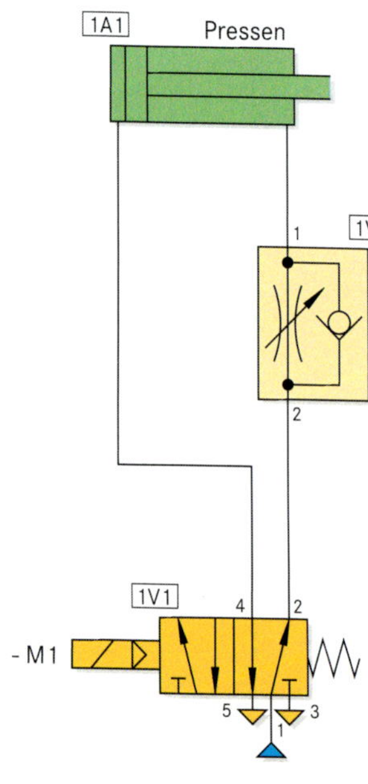

b) Stromlaufplan

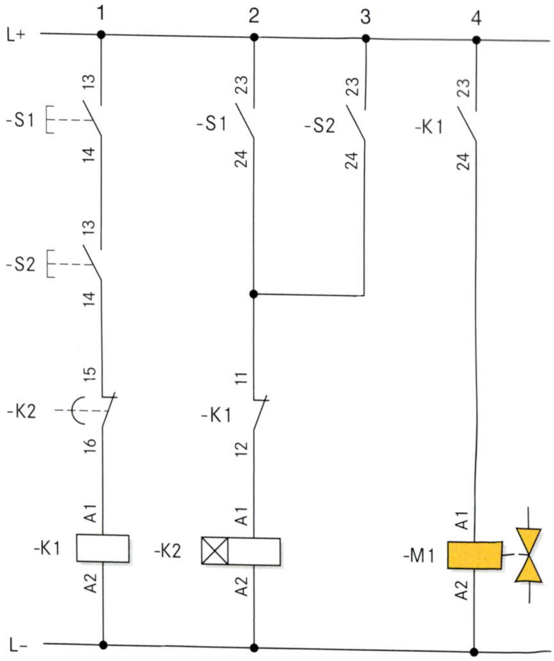

Abb. 1: Elektropneumatischer Schaltplan

Strompfad 1 ist geschlossen → Relais K1 zieht an → Öffner von K1 öffnet Strompfad 2 → Zeitrelais K2 kann nicht aktiviert werden.

Schließer von K1 im Strompfad 4 ist geschlossen → An Spule Y1 des Magnetventils liegt Spannung an → Magnetventil schaltet auf Durchfluss → Zylinder 1A fährt aus.

Möglichkeit 2:

Es wird nur einer der beiden Starttaster S1 oder S2 betätigt.

Strompfad 2 ist geschlossen → Zeitrelais K2 wird aktiviert und die eingestellte Zeit läuft ab. Ist die eingestellte Zeit abgelaufen, zieht K2 an und der Öffner von K2 öffnet Strompfad 1 → auch wenn jetzt ein zweiter Taster gedrückt wird, kann Strompfad 1 nicht geschlossen werden und somit bleibt K1 abgefallen → Strompfad 4 ist offen → Magnetventil ist in Sperrruhestellung → Zylinder bleibt eingefahren.

Möglichkeit 3:

Beide Starttaster sind betätigt und K1 ist angezogen. Wird nun einer der Taster S1 oder S2 losgelassen, fällt K1 sofort ab, da Strompfad 1 unterbrochen wird → Schließerkontakt von K1 im Strompfad 4 öffnet → das Magnetventil schaltet um und der Zylinder fährt ein.

Stromlaufplan und Grundfunktionen

Im Stromlaufplan der Zweihand-Sicherheits-Schaltung sind verschiedene Grundfunktionen durch Grundschaltungen realisiert (Abb. 2).

Die Analyse zeigt, dass folgende Grundfunktionen im Stromlaufplan enthalten sind:

- drei *UND-Verknüpfungen* durch in Reihe geschaltete Kontakte,
- eine *ODER-Verknüpfung* durch parallel geschaltete Kontakte
- zwei *NICHT-Verknüpfungen* durch Öffnerkontakte

und

- eine *Zeitfunktion* mit Hilfe eines Zeitrelais mit Anzugsverzögerung.

Man erkennt, dass dem Stromlaufplan der gleiche Funktionsplan zugrunde liegt, wie dem Pneumatikschaltplan (Abb. 3 und Abb. 1, S. 202).

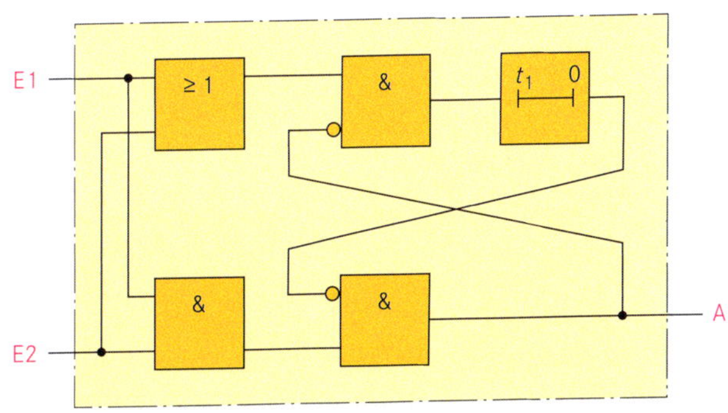

Abb. 3: Funktionsplan

Mit Funktionsplänen können Steuerungsaufgaben beschrieben werden. Sie beschreiben ausschließlich die Verarbeitung von Signalen.

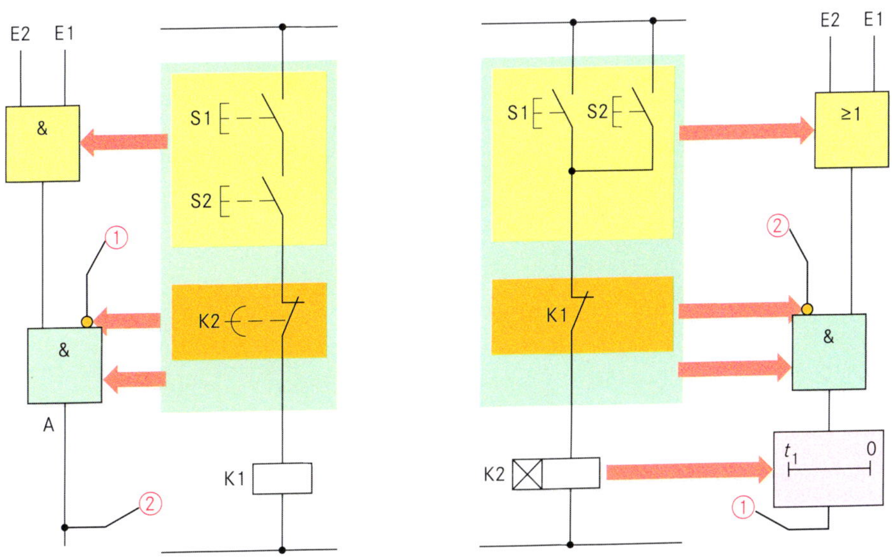

Abb. 2: Schaltungsanalyse

Zusammenfassung

Elektropneumatische Steuerung

elektrischer Teil: **Steuerteil**

Darstellung durch:
Stromlaufpläne in aufgelöster Darstellung

Aufbau durch:

pneumatischer Teil: **Arbeitsteil**

Darstellung durch:
Pneumatische Schaltpläne

Aufbau durch:

Signalglieder ➡ Steuerglieder ➡ Stellglieder ➡ Antriebsglieder

- Schalter
  manuelle Betätigung
  mechanische Betätigung
- Relais
  elektromagnetische Betätigung
- Magnetventile
  elektromagnetische Betätigung
- Zylinder
  Druckenergie

Verknüpfungsfunktion
Reihenschaltung von Kontakten
Parallelschaltung von Kontakten
Öffnerkontakte

Speicherfunktion
Selbsthalteschaltung

Zeitfunktion
Relais mit Anzugsverzögerung
Relais mit Abfallverzögerung

Aufgaben

1. Beschreiben Sie Unterschiede zwischen Stromlaufplänen in zusammenhängender Darstellung und Stromlaufplänen in aufgelöster Darstellung.

2. Wie erkennt man in einem Stromlaufplan in aufgelöster Darstellung, welche Schaltkontakte jeweils zu einer Magnetspule eines Relais gehören?

3. In welcher Reihenfolge werden die Strompfade eines Stromlaufplanes angeordnet?

4. Wie werden die Strompfade eines Stromlaufplanes gekennzeichnet?

5. Erläutern Sie die Signalverknüpfung der Tastschalter in Schaltung a) und b).

Geben Sie das Logiksymbol an und stellen Sie die Funktionstabelle auf.

Schaltung a)

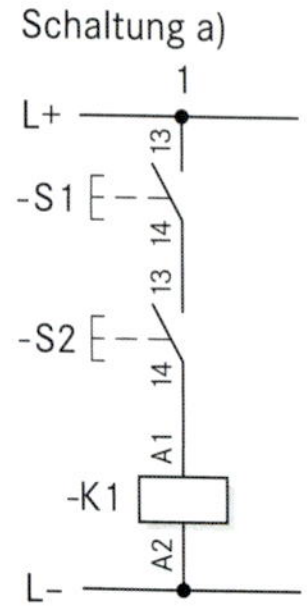

Schaltung b)

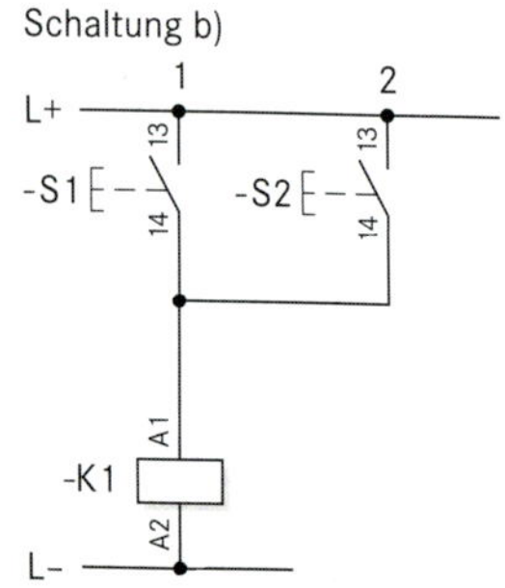

6. Welche Informationen kann man der abgebildeten Schaltgliedertabelle entnehmen?

Kontakte	Pfad
13 - 14	2
23 - 24	4
31 - 32	6

7. a) Stellen Sie für das Logiksymbol die Funktionstabelle auf.

b) Skizzieren Sie einen Schaltplan in aufgelöster Darstellung mit der Funktion, wie sie das Logiksymbol beschreibt.

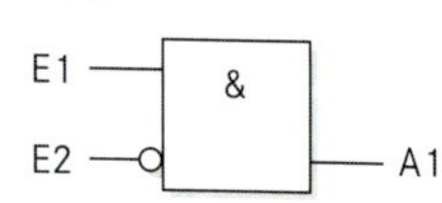

8. In einer Schaltung soll ein Eingabesignal zeitverzögert ausgegeben werden. Mit welchen Verarbeitungsgliedern kann diese Funktion erreicht werden?

9. Stellen Sie die Signalverarbeitung eines Relais mit Abfallverzögerung durch ein Logiksymbol dar.

4.3 Speicherprogrammierbare Kleinsteuerungen

ARBEITSAUFTRAG

Die Steuerung für eine der Pressen soll mit einer programmierbaren Kleinsteuerung aufgebaut werden. Der geforderte Steuerungsablauf wird in diesem Fall in die Kleinsteuerung einprogrammiert. Dazu sind Kenntnisse über die Programmiersprache der Kleinsteuerung erforderlich. Außerdem muss die Kleinsteuerung mit den Starttastern und dem Stellglied zur funktionsfähigen Steuerung aufgebaut werden.

Zur Durchführung dieser Arbeit werden Grundkenntnisse über den elektrischen Stromkreis sowie über Grundverknüpfungen und deren Darstellung benötigt.

ormieren

4.3.1 Speicherprogrammierbare Steuerungen

Die Signaleingabe erfolgt über elektrische Schalter. Die Signalverarbeitung findet in der speicherprogrammierbaren Steuerung statt. An die Ausgänge werden die Stellglieder angeschlossen.

Der Unterschied zu elektrischen Steuerungen in Relaistechnik besteht lediglich in der Signalverarbeitung. Signaleingabe und Signalausgabe sind identisch (Abb. 1 und Abb. 2).

Die Pneumatikschaltung bleibt die gleiche.

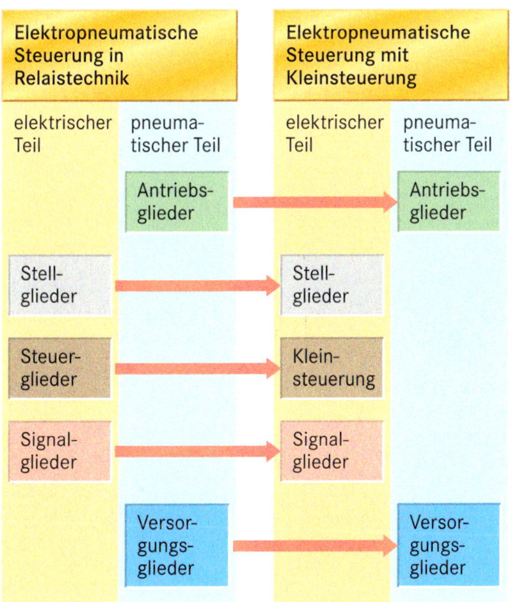

Abb. 1: Steuerungsstruktur mit Kleinsteuerung

Bei Relaissteuerungen ist der Steuerungsablauf durch die Verdrahtung festgelegt. Eine Änderung des Steuerungsablaufes erfordert eine Neuverdrahtung.

Bei speicherprogrammierbaren Steuerungen ist der Steuerungsablauf durch das eingegebene Programm festgelegt. Eine Änderung des Steuerungsablaufes erfordert lediglich eine Programmänderung.

4.3.2 Schaltung mit Kleinsteuerung

Planen/ Dokumentieren

Für die Pressensteuerung wird eine Kleinsteuerung für eine Versorgungsspannung von 24 V Gleichspannung gewählt. Das Magnetventil hat die gleiche Versorgungsspannung. Die Kleinsteuerung besitzt sechs Eingänge I1...I6 und vier Relaisausgänge Q1...Q4. Das Anschließen der Starttaster und des Magnetventils an die Eingänge und den Ausgang der Kleinsteuerung erfolgt entsprechend der Zuordnungstabelle (Tab. 1).

Tab. 1: Zuordnungstabelle

Betriebsmittel	Kennzeichen	Ein-/Ausgänge
Starttaster	S1	I1
Starttaster	S2	I2
Magnetventil	M1	Q1

Abbildung 2 zeigt die komplette elektrische Schaltung der Pressensteuerung mit der Kleinsteuerung.

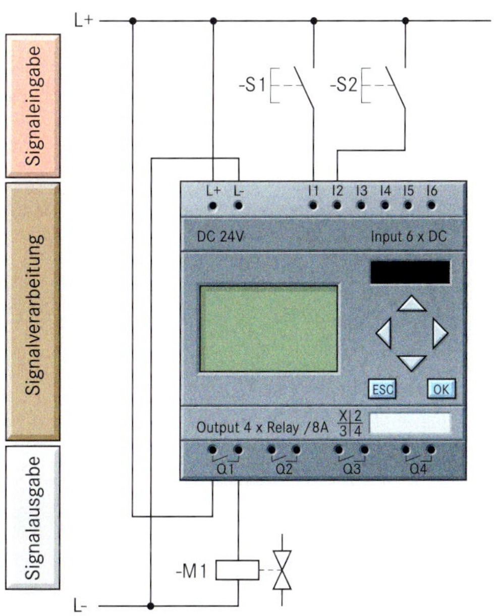

Abb. 2: Schaltplan der Kleinsteuerung

Planen/ Dokumentieren

4.3.3 Programmierung der Kleinsteuerung

Die Programmerstellung kann grafisch mit Hilfe von Logiksymbolen erfolgen. Der Funktionsplan der Pressensteuerung kann somit direkt in ein Steuerungsprogramm umgesetzt werden.

Prinzipiell kann die Programmeingabe auf zwei Arten erfolgen:

- die Programmierung am Gerät und
- die Programmierung am PC.

Programmierung am Gerät

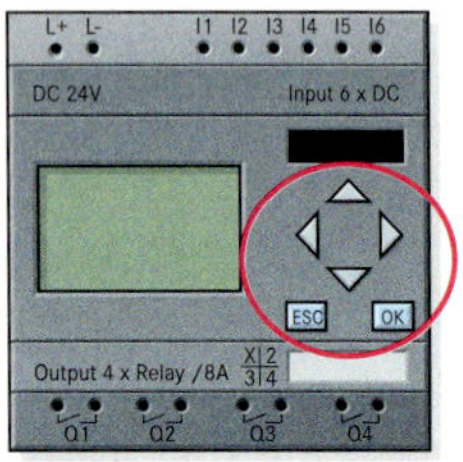

Die Schaltprogrammeingabe erfolgt mit Hilfe der

- **Cursortasten**
- **OK bzw. ESC!**

Abb. 1: Kleinsteuerung

Bei der Programmierung am Gerät erfolgt die Eingabe über das Bedienfeld der Kleinsteuerung (Abb. 1). Die einzelnen Programmierschritte werden am Display angezeigt.

Programmierung am PC

Zur Programmierung am PC wird eine spezielle Programmiersoftware benötigt. Der Funktionsplan der Pressensteuerung wird am Bildschirm mittels der bereitgestellten Symbolik in ein Steuerungsprogramm umgesetzt (Abb. 2).

Durch eine Simulation des Programmes am PC können Fehler sofort erkannt und behoben werden. Im Simulationsmodus werden die Eingänge der Kleinsteuerung als Schalter links unten am Bildschirmrand angezeigt und können per Mausklick betätigt werden. Ausgänge werden als Lampen dargestellt und leuchten, wenn sie Signalzustand 1 führen (Abb. 2). Im Programmschaltplan werden Leitungen, die Signalzustand 1 führen, rot dargestellt, Leitungen, die Signalzustand 0 haben, werden blau dargestellt.

Die Übertragung des Programms vom PC zur Kleinsteuerung geschieht über ein Übertragungskabel (Abb. 3).

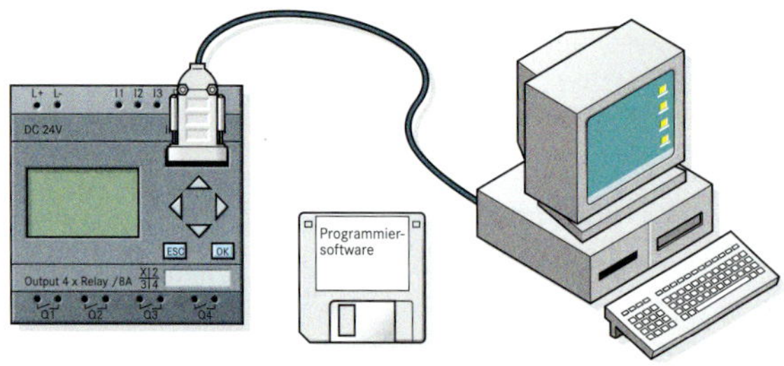

Abb. 3: Programmübertragung: PC-Kleinsteuerung

Die Programmierung am PC hat folgende Vorteile:

- Einfaches Erstellen und Archivieren von Schaltprogrammen,
- Drucken von erstellten und archivierten Schaltprogrammen.

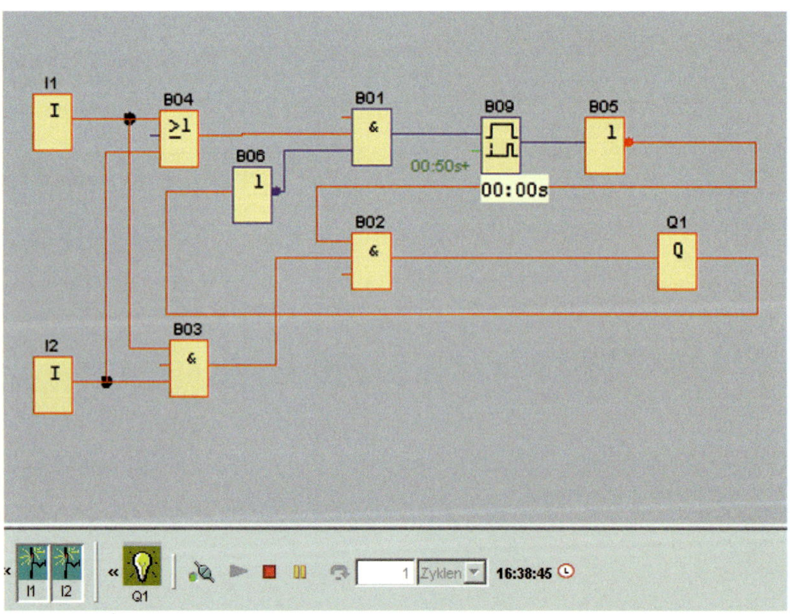

Abb. 2: Bildschirmausschnitt der Programmieroberfläche

auch über Web-Link

Das Einpressen der Lagerbuchse in eine Laufrolle kann weiter automatisiert werden. Dazu ist die Druckluftpresse mit einem Rundtisch auszurüsten. Der Rundtisch wird durch einen weiteren Druckluftzylinder angetrieben. Mit dem Rundtisch werden die Werkstücke der Presse zugeführt. Zur Verhütung von Unfällen wird ein Schutzgitter angebracht. Der Arbeitsablauf darf nur starten, wenn das Schutzgitter (1S3) geschlossen ist und der Starttaster (1S2) betätigt ist.

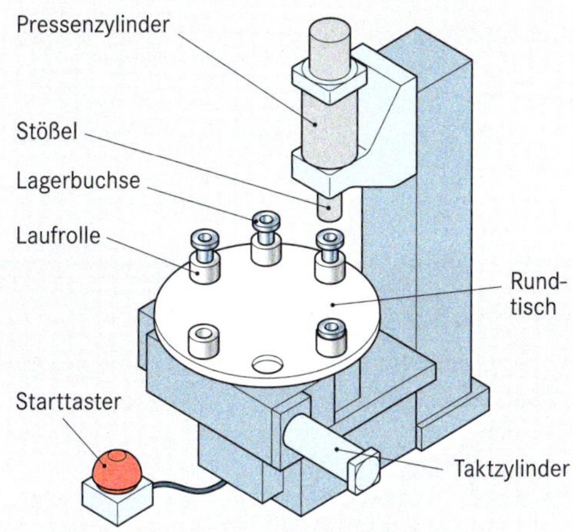

Untersuchen Sie die Funktionsweise der pneumatischen Presse mit Rundschalttisch anhand des pneumatischen Schaltplanes.

1. Erstellen Sie eine Liste mit den verwendeten Bauteilen.

2. Untersuchen Sie die Startbedingungen der Presse. Stellen Sie dazu

a) den Funktionsplan und

b) die Funktionstabelle auf.

3. Beschreiben Sie die Aufgabe des Ventils 2S1. Erläutern Sie, weshalb das Ventil in einer anderen Schaltstellung gezeichnet ist als alle anderen Signalglieder.

4. Beschreiben Sie die Aufgabe der Drosselrückschlagventile in der Schaltung.

5. Wie ändert sich der Steuerungsablauf, wenn die Anschlüsse von Ventil 1V4 vertauscht werden, so dass Anschluss 1 mit dem Ventil 1V3 und Anschluss 2 mit dem Zylinder 1A verbunden sind?

6. Welche Aufgabe hat das Ventil 1S1? Warum wurde zur Betätigung eine Leerrücklaufrolle eingebaut?

7. Es wurde an Stelle des Ventils mit Leerrücklaufrolle ein Ventil mit Rollenhebel eingebaut. Wie ändert sich dadurch der Steuerungsablauf?

8. Beschreiben Sie die Funktionsweise der beiden Stellglieder. Warum wurde für das Stellglied 1V3 ein Ventil mit Federrückstellung gewählt?

9. Stellen Sie den Steuerungsablauf der Presse im Zustandsdiagramm dar. Skizzieren Sie dabei die Funktionslinien der beiden Zylinder und der Stellglieder. Tragen Sie auch die Signallinien in das Diagramm ein.

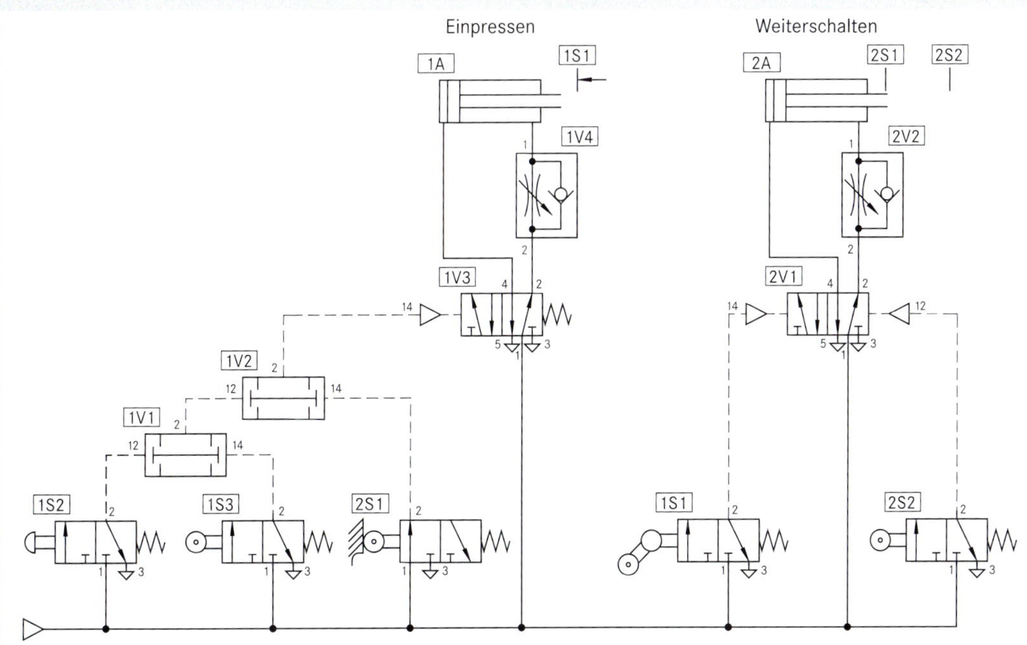

4.4 Elektrische Schaltungen

Die elektrischen Bauteile der Zweihand-Sicherheits-Schaltung müssen mit elektrischer Energie versorgt werden. Die Taster, Relais und Magnetventile sind für eine Gleichspannung von 24 Volt ausgelegt. Diese Spannung wird aus Sicherheitsgründen bevorzugt in der Steuerungstechnik eingesetzt. Steckdosen liefern eine Wechselspannung von 230 Volt. Daher muss für die Versorgung der Zweihand-Sicherheits-Schaltung ein Netzgerät eingesetzt werden, welches die benötigte Gleichspannung von 24 Volt bereitstellt.

Grundlagen

4.4.1 Elektrischer Stromkreis

Ein elektrischer Stromkreis besteht aus einer Spannungsquelle, den elektrischen Leitungen und einem Verbraucher.

Teile eines Stromkreises

Teile eines Stromkreises	Beispiele
Spannungsquelle	Netzgerät, Generator, Batterie, Akkumulator
Leiter	elektrische Leitungen
Verbraucher	Magnetventil, Glühlampe, Motor

Für die grafische Darstellung des Stromkreises mit den Bauelementen verwendet man die Schaltzeichen nach **DIN EN 60 617** (➔📖).

Der Schaltplanausschnitt der Zweihand-Sicherheits-Schaltung zeigt einen geschlossenen Stromkreis, bestehend aus einem Netzgerät, den elektrischen Leitungen, dem Schalter S1 und dem Magnetventil M1. Das Netzgerät wandelt die 230 Volt Wechselspannung der Steckdose in die benötigte Gleichspannung von 24 Volt um. Sobald das Netzgerät die elektrische Spannung liefert, kann der elektrische Strom fließen. Ist der Schalter S1 geschlossen, fließt der Strom vom Pluspol des Netzgerätes über die elektrischen Leitungen zum Magnetventil M1 und von dort zurück zum Minuspol des Netzgerätes. Das Magnetventil wird dabei mit der benötigten Energie versorgt und kann umschalten.

Elektrische Spannung entsteht durch Trennen von elektrischen Ladungen. Am Minuspol einer Spannungsquelle überwiegen negativ geladene Teilchen, die Elektronen. Am Pluspol überwiegen die positiv geladenen Teilchen, dort herrscht Elektronenmangel. Werden die Pole einer Spannungsquelle durch einen elektrischen Leiter verbunden, fließen die Elektronen vom Minuspol zum Pluspol. Es ist festgelegt, dass der *elektrische Strom* vom Pluspol zum Minuspol fließt. Dies nennt man die technische Stromrichtung.

Die *technische Stromrichtung* geht vom Pluspol zum Minuspol. !

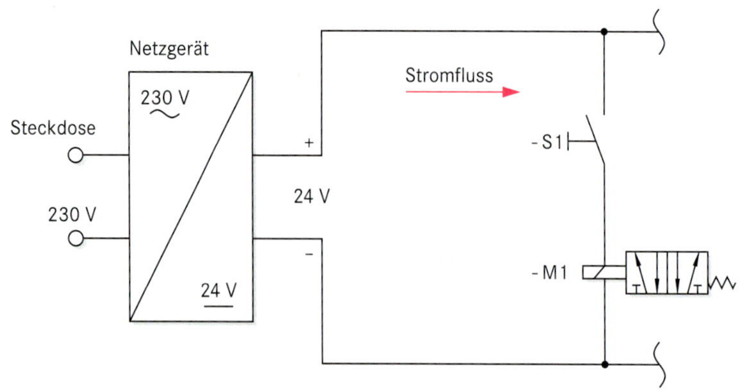

Elektrischer Stromkreis

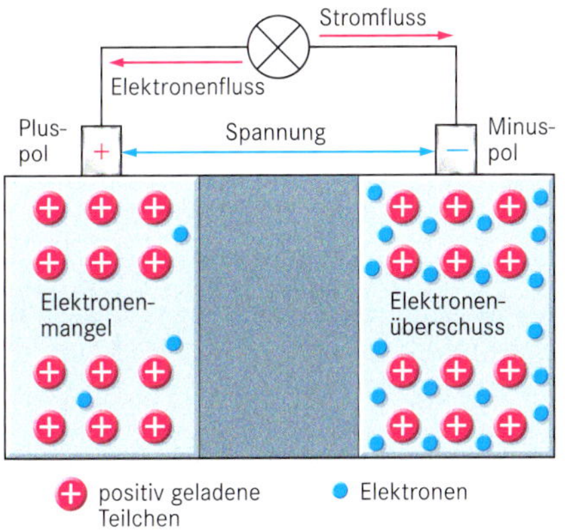

Entstehen der Spannung

Bewegen sich die Elektronen stets in die gleiche Richtung, so spricht man von Gleichstrom (Direct Current, DC). Batterien und Akkumulatoren liefern Gleichstrom. In einem Diagramm, in dem der Strom in Abhängigkeit von der Zeit dargestellt wird, ergibt sich eine Parallele zur Zeitachse. In grafischen Darstellungen verwendet man für den Gleichstrom das Symbol – .

Ändert der Strom in regelmäßigen Zeitabständen seine Größe und Richtung, spricht man von Wechselstrom (Alternating Current, AC). In einem Diagramm, in welchem der Strom in Abhängigkeit von der Zeit dargestellt wird, ergibt sich eine Sinuskurve. In grafischen Darstellungen verwendet man für den Wechselstrom das Symbol ~.

! Gleichstrom fließt stets in die gleiche Richtung.

Wechselstrom ändert seine Größe und Richtung.

Wechselstrom verwendet man im Haushalt und in der Industrie. Er wird durch Generatoren in Kraftwerken erzeugt. Der Strom wechselt 50 mal in der Sekunde seine Richtung. Er hat eine Frequenz von $f = 50$ Hertz.

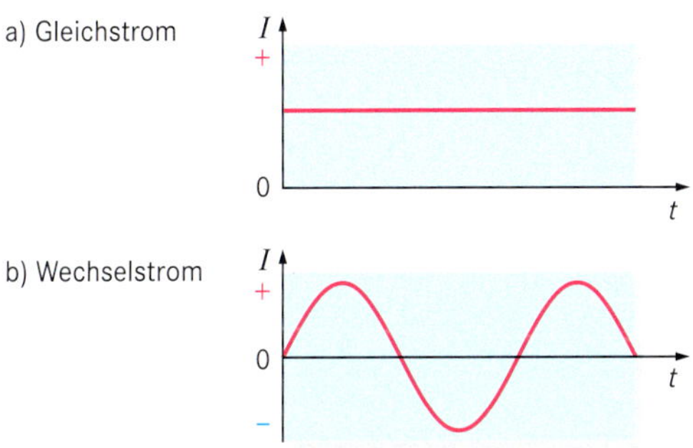

Stromarten

In einem Stromkreis hemmen Leiter und Verbraucher den Stromfluss. Diese Eigenschaft wird als *elektrischer Widerstand* bezeichnet. In der grafischen Darstellung eines Stromkreises wird an die Stelle eines Verbrauchers ein Widerstand gezeichnet.

4.4.2 Messungen im elektrischen Stromkreis

Strommessung

Bei der Strommessung wird die Bewegung der Elektronen erfasst. Daher muss das Messgerät vom elektrischen Strom durchflossen werden. Der Stromkreis muss hierzu unterbrochen werden. An dieser Stelle wird das Messgerät in den Stromkreis geschaltet). Man nennt dies eine Reihenschaltung.

! Strommessgeräte werden mit einem Verbraucher in Reihe geschaltet.

Strommessgeräte messen die Stromstärke I in Ampere A. Die Messgeräte sind so aufgebaut, dass sie den Stromkreis so gut wie nicht beeinflussen. Sie haben deshalb einen sehr kleinen Innenwiderstand.

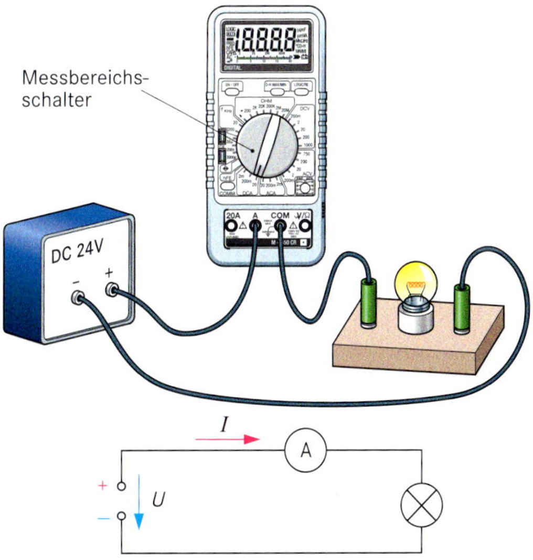

Strommessung

Vor der Messung muss der Messbereich ausgewählt werden. Ist der zu messende Strom nicht bekannt, muss man zunächst den größten Messbereich einstellen. Wenn es der Messwert erlaubt, kann man dann einen kleineren Messbereich wählen. Bestimmte digitale Messgeräte können den Messbereich automatisch bestimmen, so dass keine Auswahl getroffen werden muss.

Grundlagen

Spannungsmessung:

Eine elektrische Spannung besteht dort, wo zwischen zwei Punkten unterschiedliche Ladungen vorhanden sind. Mit dem Spannungsmessgerät kann man diesen Unterschied messen. Man misst die Spannung z. B. zwischen den Polen einer Spannungsquelle oder zwischen dem Stromeingang und dem Stromausgang eines Verbrauchers. Der Stromkreis wird dabei nicht unterbrochen. Das Messgerät wird parallel zum Verbraucher angeschlossen.

! Spannungsmessgeräte werden parallel zu einem Verbraucher angeschlossen.

Spannungsmessgeräte messen die Spannung U in Volt V.

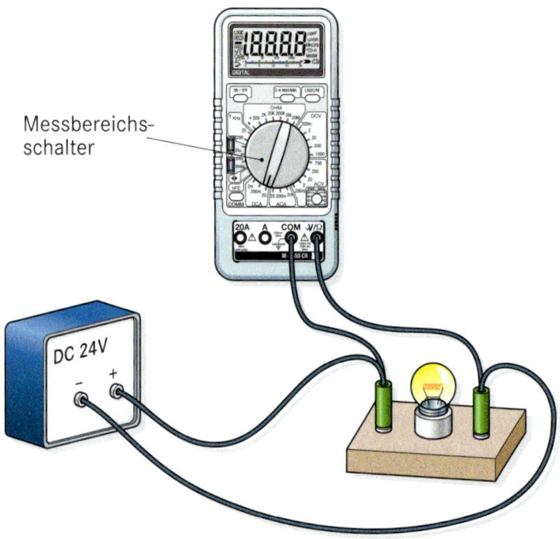

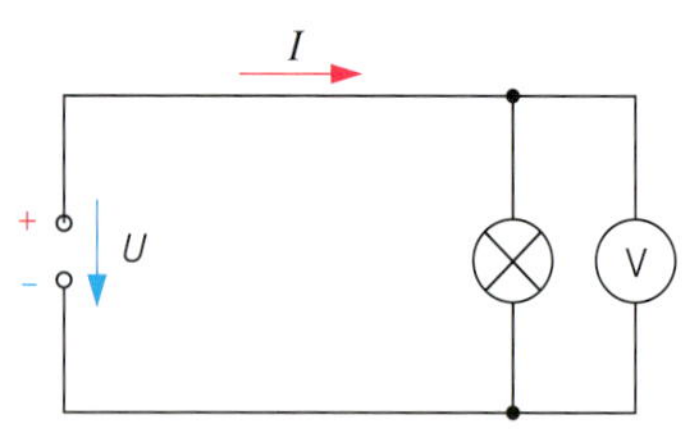

Spannungsmessung

In der Praxis verwendet man Vielfachmessgeräte. Sie werden auch Multimeter genannt. Mit ihnen kann man Gleich- und Wechselstrom, sowie Gleich- und Wechselspannungen und Widerstände messen.

Widerstandsmessung

Widerstände kann man indirekt und direkt messen. Bei der indirekten Widerstandsmessung werden mit je einem Messgerät Stromstärke und Spannung gemessen. Aus den ermittelten Werten wird mit Hilfe des ohmschen Gesetzes der Widerstand berechnet.

Die direkte Widerstandsmessung erfolgt z. B. mit einem Vielfachmessgerät. In das Messgerät eingebaute Batterien liefern den für die Messung benötigten Strom.

Am Messgerät wird der Widerstandswert direkt abgelesen. Der elektrische Widerstand R wird in Ohm Ω angegeben.

$$1\,\Omega = \frac{1\,\text{V}}{1\,\text{A}}$$

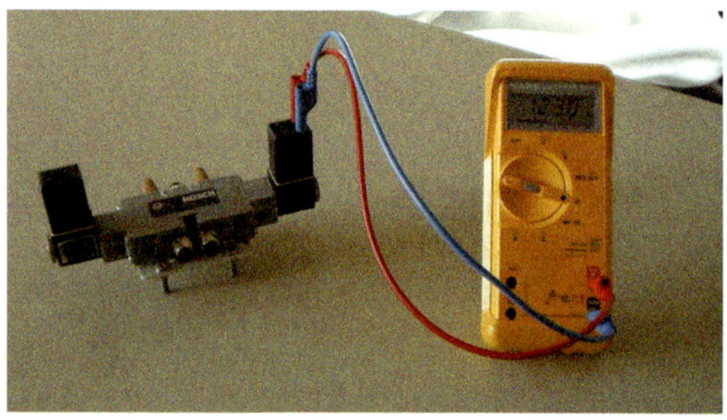

Widerstandsmessung

4.4.3 Ohmsches Gesetz

In einem geschlossenen Stromkreis gibt es einen Zusammenhang zwischen der Spannung und der Stromstärke. Zur Klärung dieses Zusammenhanges dient ein Versuch. Ein Widerstand ist an eine Spannungsquelle angeschlossen. Es fließt ein elektrischer Strom. Mit Hilfe von Messgeräten werden die Spannung und der Stromfluss gemessen.

Hat der Verbraucher einen konstanten Widerstand, kann die Stromstärke mit der Formel

$$I = \frac{U}{R}$$

U: Spannung in V
R: Widerstand in Ω
I: Stromstärke in A

bestimmt werden. Diesen Zusammenhang nennt man das *Ohmsche Gesetz*.

Versuch 1:

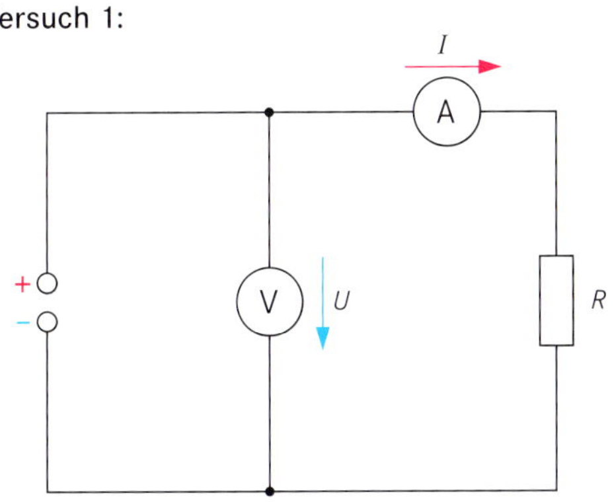

Ein konstanter Widerstand wird an ein Netzgerät angeschlossen, dessen Ausgangsspannung verändert wird. Die Spannung und die Stromstärke werden gemessen.

Messergebnisse:

U in V	I in A	R in Ω
0	0	20
2	0,1	20
4	0,2	20
6	0,3	20
8	0,4	20
10	0,5	20

Auswertung:
Mit zunehmender Spannung U nimmt bei konstantem Widerstand die Stromstärke I zu.

Versuch 2:

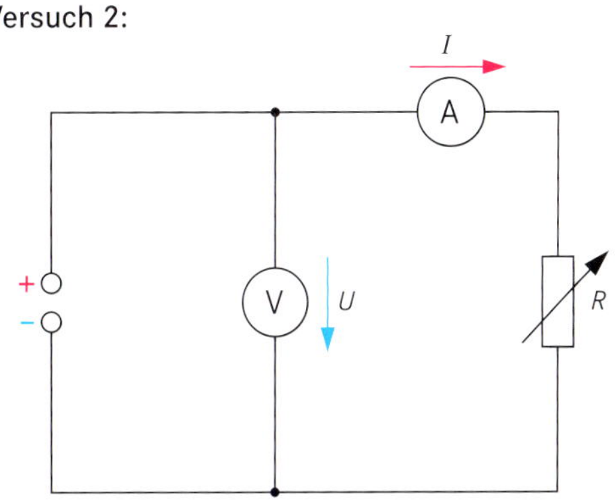

Ein verstellbarer Widerstand wird an ein Netzgerät angeschlossen, dessen Ausgangsspannung nicht verändert wird. Der Widerstand wird eingestellt und die Stromstärke wird gemessen.

Messergebnisse:

U in V	I in A	R in Ω
24	12	2
24	6	4
24	4	6
24	3	8
24	2,4	10
24	2	12

Auswertung:
Mit zunehmendem Widerstand R nimmt bei konstanter Spannung die Stromstärke I ab.

Beispiel:

Das Magnetventil ist an eine Spannung von 24 Volt angeschlossen. Der Widerstand des Magnetventils beträgt 123 Ω. Der Widerstand der Leitungen wird vernachlässigt. Mit welcher Stromstärke I fließt der Strom durch das Magnetventil M1, wenn S1 geschlossen ist?

Geg.: $U = 24\ \text{V}$ $\quad R = 123\ \Omega$

Ges.: I in mA

Lösung: $I = \frac{U}{R} = \frac{24\ \text{V}}{123\ \Omega}$

$I = 0{,}195\ \text{A}$

$\underline{I = 195\ \text{mA}}$

Durch das Magnetventil fließt ein Strom mit der Stromstärke von $I = 195$ mA.

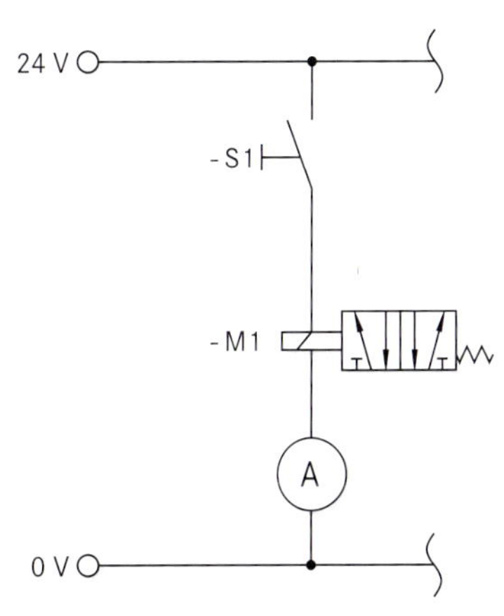

Grundlagen

4.4.4 Schaltung von Widerständen

An eine Spannungsquelle können mehrere Verbraucher angeschlossen werden. Die Verbraucher können in Reihe oder parallel geschaltet sein.

Parallelschaltung

In einer Schaltung werden zwei Widerstände an eine Spannungsquelle parallel angeschlossen. Es wird untersucht, wie sich die Spannungen und die Stromstärken an den einzelnen Widerständen und im gesamten Stromkreis verhalten.

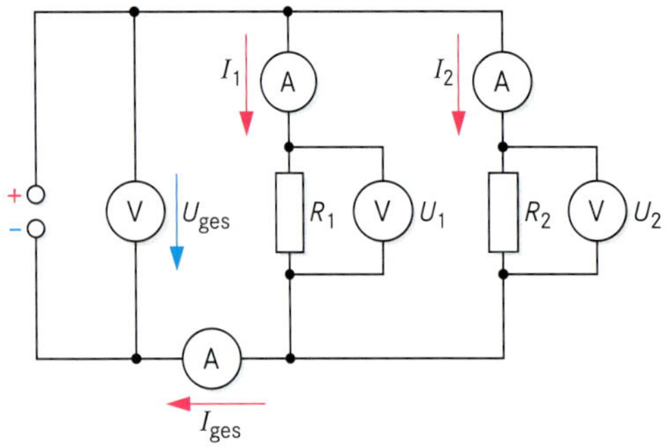

Parallelschaltung

Die Auswertung der Messungen ergibt, dass an allen Widerständen die gleiche Spannung anliegt.

! Werden Widerstände parallel geschaltet und an eine Spannungsquelle angeschlossen, liegt an allen Widerständen die gleiche Spannung an:

$$U_{ges} = U_1 = U_2$$

Vergleicht man die Stromstärken in den einzelnen Widerständen mit der Gesamtstromstärke, erkennt man, dass alle Teilstromstärken kleiner als die Gesamtstromstärke sind. Addiert man die Teilstromstärken, erhält man die Gesamtstromstärke.

! In der Parallelschaltung ist die Gesamtstromstärke die Summe der Teilstromstärken:

$$I_{ges} = I_1 + I_2$$

Aus der Spannung und der Gesamtstromstärke lässt sich nach dem ohmschen Gesetz der Gesamtwiderstand berechnen.

! Der Kehrwert des Gesamtwiderstandes ist die Summe der Kehrwerte der Teilwiderstände.

$$\frac{1}{R_{ges}} = \frac{1}{R_1} + \frac{1}{R_2}$$

! In der Parallelschaltung ist der Gesamtwiderstand kleiner als der kleinste Teilwiderstand.

In der Praxis werden die Verbraucher so an die Spannungsquelle angeschlossen, dass sie unabhängig voneinander betrieben werden können. Die Verbraucher werden alle mit derselben Spannung versorgt.

Beispiel: Parallelschaltung

2 Widerstände mit $R_1 = 10\ \Omega$ und $R_2 = 20\ \Omega$ werden parallel an eine Spannungsquelle mit $U = 24$ V angeschlossen.

Es werden gemessen

- die Stromstärken I_1 und I_2 in den Widerständen und die Gesamtstromstärke I_{ges}
- die Spannungen U_1 und U_2 an den Widerständen und die Gesamtspannung U_{ges}

Messergebnisse:

	R_1 10 Ω	R_2 20 Ω	
U in V	24 V	24 V	U_{ges} = 24 V
I in A	2,4 A	1,2 A	I_{ges} = 3,6 A

Berechnungen:

$$U_{ges} = U_1 = U_2$$
$$\underline{U_{ges} = 24\ \text{V}}$$

$$I_{ges} = I_1 + I_2$$
$$I_{ges} = 2{,}4\ \text{A} + 1{,}2\ \text{A}$$
$$\underline{I_{ges} = 3{,}6\ \text{A}}$$

$$\frac{1}{R_{ges}} = \frac{1}{R_1} + \frac{1}{R_2}$$
$$\frac{1}{R_{ges}} = \frac{1}{10\ \Omega} + \frac{1}{20\ \Omega} = \frac{3}{20\ \Omega}$$
$$\underline{R_{ges} = 6{,}66\ \Omega}$$

Kontrolle:

$$U_{ges} = R_{ges} \cdot I_{ges}$$
$$U_{ges} = 6{,}66\ \Omega \cdot 3{,}6\ \text{A}$$
$$\underline{U_{ges} = 24\ \text{V}}$$

Reihenschaltung

In einer Schaltung werden zwei Widerstände an eine Spannungsquelle in Reihe angeschlossen. Es wird untersucht, wie sich die Spannungen und die Stromstärken an den einzelnen Widerständen und im gesamten Stromkreis verhalten.

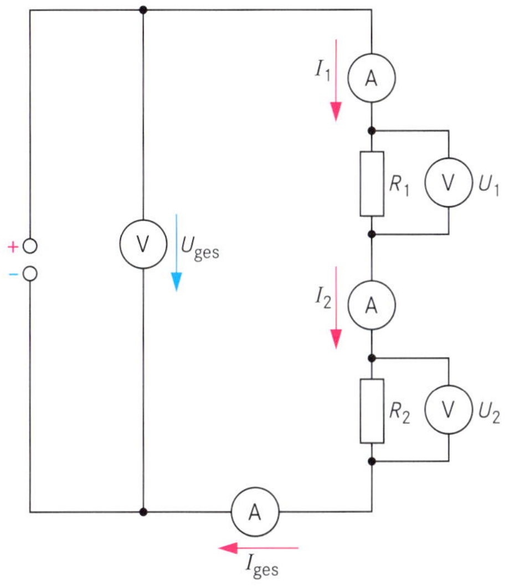

Reihenschaltung

Die Auswertung der Messergebnisse ergibt, dass an allen Widerständen die gleiche Stromstärke existiert.

! Werden *Widerstände in Reihe* geschaltet und an eine Spannungsquelle angeschlossen, fließt durch alle Widerstände der Strom mit gleicher Stromstärke.

$$I_{ges} = I_1 = I_2$$

Vergleicht man die Spannungen an den einzelnen Widerständen mit der Gesamtspannung, erkennt man, dass alle Teilspannungen kleiner als die Gesamtspannung sind.

! In der *Reihenschaltung* ist die Gesamtspannung die Summe der Teilspannungen.

$$U_{ges} = U_1 + U_2$$

Aus der Gesamtstromstärke und der Gesamt-spannung lässt sich nach dem ohmschen Gesetz der Gesamtwiderstand berechnen. Man erkennt, dass der Gesamtwiderstand die Summe der Teilwiderstände ist.

! In der *Reihenschaltung* ist der Gesamtwiderstand so groß wie die Summe der Teilwiderstände.

$$R_{ges} = R_1 + R_2$$

Die Reihenschaltung kommt in der Praxis seltener vor, da sie entscheidende Nachteile gegenüber der Parallelschaltung hat.

Die Lampen einer Beleuchtungskette für einen Weihnachtsbaum sind in Reihe geschaltet. Die einzelnen Lampen werden vom Strom der Reihe nach durchflossen. Ist eine Lampe defekt, wird der Stromkreis unterbrochen und alle Lampen erlöschen. Einzelne Lampen lassen sich nicht allein betreiben.

Beispiel: Reihenschaltung

2 Widerstände mit R_1 = 10 Ω und R_2 = 20 Ω werden in Reihe an eine Spannungsquelle mit U = 24 V angeschlossen.

Es werden gemessen

- die Stromstärken I_1 und I_2 in den Widerständen und die Gesamtstromstärke I_{ges}
- die Spannungen U_1 und U_2 an den Widerständen und die Gesamtspannung U_{ges}

Messergebnisse:

	R_1 10 Ω	R_2 20 Ω	
U in V	8 V	16 V	U_{ges} = 24 V
I in A	0,8 A	0,8 A	I_{ges} = 0,8 A

Berechnungen:

$$I_{ges} = I_1 = I_2$$
$$I_{ges} = 0{,}8\ \text{A}$$

$$U_{ges} = U_1 + U_2$$
$$U_{ges} = 8\ \text{V} + 16\ \text{V}$$
$$U_{ges} = 24\ \text{V}$$

$$R_{ges} = R_1 + R_2$$
$$R_{ges} = 10\ \Omega + 20\ \Omega$$
$$R_{ges} = 30\ \Omega$$

Kontrolle:

$$U_{ges} = R_{ges} \cdot I_{ges}$$
$$U_{ges} = 30\ \Omega \cdot 0{,}8\ \text{A}$$
$$U_{ges} = 24\ \text{V}$$

Grundlagen

4.4.5 Elektrische Leistung und elektrische Arbeit

Elektrische Leistung

Die elektrische Leistung ist abhängig von der Stromstärke und der Spannung. Sie ist eine physikalische Größe mit dem Formelzeichen P und der Einheit Watt W. Bei Gleichstrom und Wechselstrom mit ohmscher Belastung gilt die Formel:

$$P = U \cdot I$$

P: Leistung in W
U: Spannung in V
I: Stromstärke in A

Elektrische Arbeit

Die elektrische Arbeit ist das Produkt aus der elektrischen Leistung und der Zeit. Sie ist eine physikalische Größe mit dem Formelzeichen W und der Einheit Wattsekunde Ws. Bei Gleichstrom und Wechselstrom mit ohmscher Belastung gilt die Formel:

$$W = P \cdot t$$

W: Arbeit in Ws
P: Leistung in W
t: Zeit in s

Ersetzt man in der Formel die Leistung P durch $U \cdot I$, so erhält man folgende Formel:

$$W = U \cdot I \cdot t$$

Die elektrische Arbeit wird von einem Zähler in Kilowattstunden kWh gemessen.

1kWh = 1000 Wh = 3 600 000 Ws = $3{,}6 \cdot 10^6$ Ws

Beispiel: Parallelschaltung

1) Berechnen Sie die Leistung in Watt, die ein Netzgerät abgeben muss, um

a) die Parallelschaltung (S. 218, Abb. 1)

b) die Reihenschaltung (S. 219, Abb. 2)

ausreichend zu versorgen.

a) Parallelschaltung

Geg.: $U_{ges} = 24$ V; $I_{ges} = 3{,}6$ A Ges.: P in W

Lösung:

$P = U_{ges} \cdot I_{ges}$

$P = 24\ \text{V} \cdot 3{,}6\ \text{A}$

$\underline{\underline{P = 86{,}4\ \text{W}}}$

b) Reihenschaltung

Geg.: $U_{ges} = 24$ V; $I_{ges} = 0{,}8$ A Ges.: P in W

Lösung:

$P = U_{ges} \cdot I_{ges}$

$P = 24\ \text{V} \cdot 0{,}8\ \text{A}$

$\underline{\underline{P = 19{,}2\ \text{W}}}$

2) Welche elektrische Energie verbraucht das Netzgerät, wenn die Parallelschaltung eine Stunde versorgt wird?

Ges.: $U = 24$ V; $I = 3{,}6$ A; $t = 1$ h Ges.: W in Wh

Lösung:

$W = U \cdot I \cdot t$

$W = 24\ \text{V} \cdot 3{,}6\ \text{A} \cdot 1\ \text{h}$

$\underline{\underline{W = 86{,}4\ \text{Wh}}}$

Grundlagen

4.4.6 Schutzmaßnahmen

Der elektrische Strom ist für den Menschen gefährlich. Fast alle menschlichen Organe, z. B. das Herz oder das Gehirn, funktionieren aufgrund elektrischer Impulse. Durch die Berührung von spannungsführenden Teilen fließt Strom durch den menschlichen Körper. Ist dieser Strom größer als der körpereigene Strom, beeinträchtigt er die Funktion der Organe. Es kann zu Verletzungen oder tödlichen Unfällen kommen.

! Ströme über 50 mA und Spannungen über 50 V Wechselspannung und 120 V Gleichspannung sind lebensgefährlich.

Schutzzeichen

Elektrische Geräte müssen so ausgeführt sein, dass von ihnen keine Gefahren für den Menschen ausgehen. Daher unterliegen Elektrogeräte, Steckverbindungen und Leitungen den VDE-Bestimmungen (VDE = Verein deutscher Elektrotechniker). Sie werden mit einem VDE- und/oder einem GS-Zeichen gekennzeichnet.

Kennzeichnung elektrischer Geräte

Schutzklassen elektrischer Betriebsmittel nach DIN VDE 0100 - 410

Schutzklasse I	Schutzklasse II	Schutzklasse III
Schutzleiter Kennzeichen:	Schutzisolierung Kennzeichen:	Schutzkleinspannung Kennzeichen:
Betriebsmittel mit Metallgehäuse	Betriebsmittel mit Kunststoffgehäuse	Betriebsmittel mit Nennspannungen bis 25 V ~ bzw. bis 50 V ~ und bis 60 V - bzw. 120 V -
z. B. Elektromotor	z. B. Elektrische Haushaltsgeräte	z. B. Elektrische Handleuchten

Schutzmaßnahmen gegen gefährliche Körperströme

Viele Elektrounfälle werden durch schadhafte Steckverbindungen und nicht isolierte Leitungen verursacht. Um gefährliche Körperströme zu vermeiden, muss jedes elektrische Gerät so ausgestattet sein, dass auch bei einem auftretenden Fehler der Personenschutz gewährleistet ist. Alle elektrischen Geräte sind in drei Schutzklassen eingeteilt. Die Schutzklassen sind durch entsprechende Symbole gekennzeichnet.

- **Schutzklasse I**

Geräte mit Metallgehäuse sind durch den gelb-grünen Schutzleiter geerdet. Der Strom fließt bei einem Defekt nicht über den Körper, sondern durch den Schutzleiter. Dabei wird die Sicherung ausgelöst und der Stromfluss unterbrochen.

- **Schutzklasse II**

Elektrische Leitungen sind mit nichtleitendem Kunststoff überzogen. Elektrische Geräte, z. B. eine Handbohrmaschine, sind so aufgebaut, dass sie vollständig elektrisch isoliert sind.

- **Schutzklasse III**

Bei Arbeiten in Metallbehältern, z. B. im Kesselbau, sind niedrige Spannungen vorgeschrieben. Diese Schutzkleinspannung beträgt höchstens 50 V Wechselspannung oder 120 V Gleichspannung. Die Spannung wird durch einen Sicherheitstransformator erzeugt.

a) **Schmelzsicherung** b) **Leitungsschutzschalter**

Sicherungen

Schutz von Leitungen und Geräten

In Leitungen und Geräten darf die höchstzulässige Stromstärke nicht überschritten werden. Sicherungen begrenzen die Stromstärke. Dadurch wird eine zu große Erwärmung verhindert, die zur Zerstörung z. B. der Isolierungen der Leitungen führen kann.

Man verwendet Schmelzsicherungen und Leitungsschutzschalter.

Bei einer Schmelzsicherung schmilzt bei zu hoher Stromstärke ein drahtförmiger Schmelzleiter.

Der Stromkreis wird unterbrochen. Die Sicherung muss nach Beseitigung des Fehlers erneuert werden.

Leitungsschutzschalter unterbrechen bei zu hohem Stromfluss den Stromkreis. Sie können nach Beseitigung des Fehlers wieder eingeschaltet werden.

Unfallverhütungsmaßnahmen

- Defekte Elektrogeräte und defekte elektrische Anlagen sofort stilllegen.
- Reparaturen an elektrischen Leitungen und Geräten sind nur von Fachleuten auszuführen.
- Nur Elektrogeräte mit VDE- und/oder GS-Zeichen benutzen.

Erste Hilfe bei Unfällen durch elektrischen Strom

1. Strom sofort unterbrechen.
2. Verunglückten aus dem Gefahrenbereich bringen.
3. Arzt oder Rettungsdienst rufen.
4. Bei Atemstillstand sofort künstlich beatmen.
5. Bei Kreislaufstillstand mit Herzmassage beginnen.
6. Liegt kein Atem- und Herzstillstand vor, Verunglückten in die stabile Seitenlage bringen.

SÄULENBOHRMASCHINE

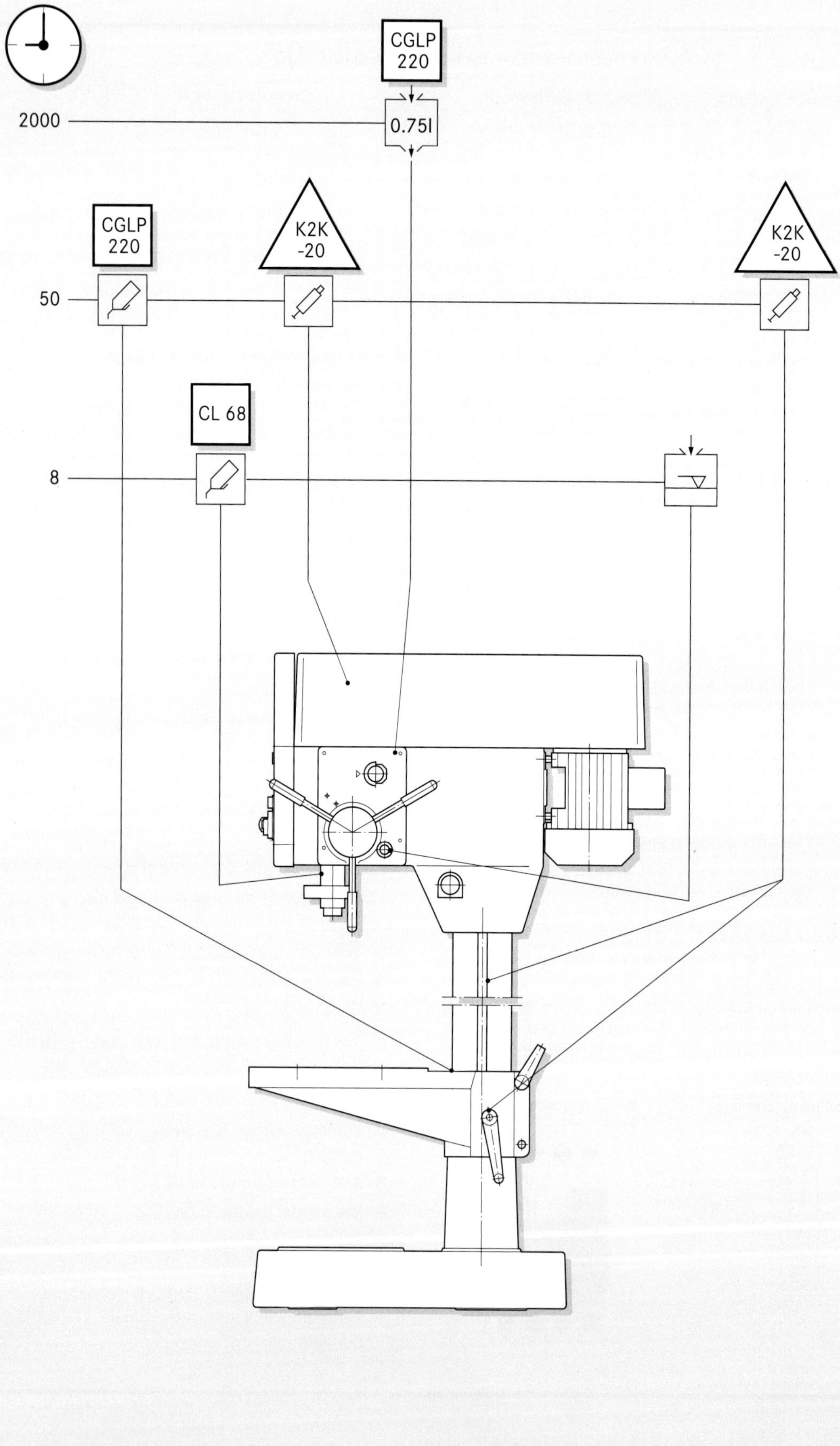

GESAMTAUFTRAG

Die Wartung der Säulenbohrmaschine soll anhand der Wartungsanleitung und des Schmierplanes durchgeführt werden.

Die termingerechte Lieferung ist unter anderem ein wichtiges Kriterium für die Konkurrenzfähigkeit von Unternehmen. Dies setzt einen störungsfreien Betrieb der technischen Systeme voraus. Hier hat die Wartung eine große Bedeutung, unabhängig, ob sie von einem Anlagenbediener oder von einer eigenständigen Abteilung eines Unternehmens durchgeführt wird.

Durch planmäßige Wartungstätigkeiten wird die Arbeitsgenauigkeit, die Leistungsfähigkeit und die Lebensdauer von technischen Systemen erheblich beeinflusst.

ANALYSE

Technische Unterlagen

Zur Wartung der Säulenbohrmaschine stehen folgende technische Unterlagen zur Verfügung:

- Wartungsanleitung,
- Schmierplan.

• **Wartungsanleitung**

Sie ist Bestandteil der Betriebsanleitung und ist einzuhalten. Die Wartungsanleitung enthält Angaben zur Durchführung der Wartung der Säulenbohrmaschine. Die Nichteinhaltung kann zu Störungen an der Bohrmaschine, zu fehlerhaften Produkten und unter Umständen zum Verlust der Gewährleistung führen.

Hersteller:	**Wartungsanleitung**							Maschine: Säulenbohrmaschine
Lfd. Nr.	Auszuführende Arbeiten	Mess- und Prüfgrößen; Betriebs- und Hilfsstoffe	Häufigkeit [1] h	d	w	m	a	Bemerkungen
1	Riemengetriebe							
1.1	Riemenspannung überprüfen	Mit Hand 2 - 3 cm zusammendrücken				X		
1.2	Riemenspannung nachstellen							Falls erforderlich
1.3	Drehzahlbegrenzung nachstellen	Scheibenabstand 0,2 - 0,3 mm				X		Höchste angegebene Drehzahl einstellen

[1] h = stündlich; d = täglich; w = wöchentlich; m = monatlich; a = jährlich

ANALYSE

- **Schmierplan**

Der Schmierplan enthält Informationen über die Schmierung eines technischen Systems. Die Versorgung der Schmierstellen einer Anlage erfolgt nach dem Schmierplan. Der Schmierplan enthält Angaben über:

- Schmierstellen,
- Schmiermittel,
- Schmierverfahren,
- Schmiermenge und Schmierhäufigkeit.

Aufbau der Säulenbohrmaschine

Die Durchführung der Wartung setzt eine entsprechende Kenntnis von dem Aufbau und der Wirkungsweise der Bohrmaschine voraus.

Die Hauptfunktion der Bohrmaschine ist das Herstellen von Bohrungen.

Zum besseren Verständnis wird das komplexe System Bohrmaschine in Teilsysteme zerlegt, die als Funktionseinheiten bestimmte Funktionen erfüllen.

Das Zusammenwirken der Funktionseinheiten ergibt die Gesamtfunktion der Bohrmaschine.

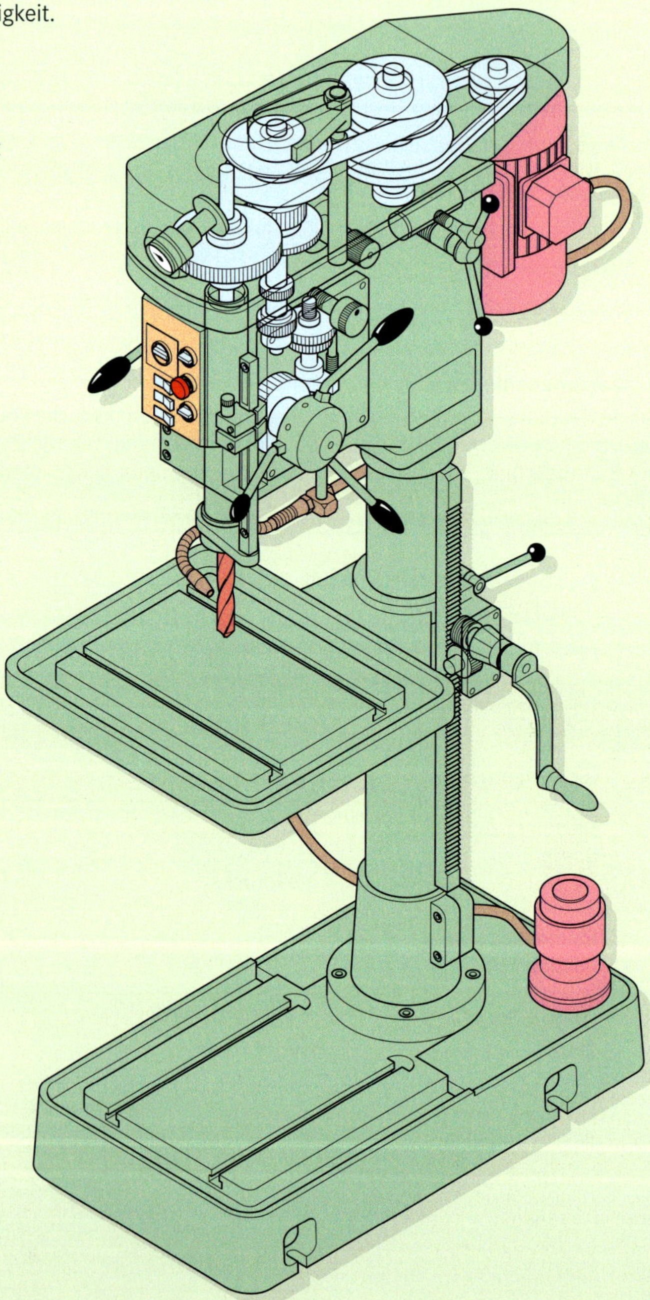

ANALYSE

Funktionseinheiten	Erläuterungen	Baugruppen und Bauelemente
Antriebseinheiten	Antriebsenergie in geeigneter Form und Menge bereitstellen	Elektromotor
Energieübertragungseinheiten	Energie zwischen Funktionseinheiten weiterleiten und deren Größen, wie Drehmoment und Drehrichtung, umformen oder Drehbewegung in geradlinige Bewegung umformen	Keilriemengetriebe, Vorschubgetriebe
Stütz- und Trageinheiten	Funktionseinheiten zusammenhalten und führen, Kräfte aufnehmen und weiterleiten	Säule, Maschinentisch, Lager
Arbeitseinheiten	verwirklicht die eigentliche Aufgabe eines technischen Systems	Bohrfutter, Bohrer, Maschinenschraubstock
Steuerungs- und Regelungseinheiten	Informations- und Signalumsetzung zur Beeinflussung und Überwachung von Energie- und Stoffumsetzungen	Schalter, Drehzahlregler, Bohrtiefeneinstellung
Ver- und Entsorgungseinheiten	Funktionseinheiten mit Energie oder Stoff versorgen	Elektrische Leitungen, Schläuche für Kühlschmierstoff

Besondere Bedeutung für die Wartung besitzen die Funktionseinheiten zum Energieübertragen und zum Stützen und Tragen.

- **Energieübertragen**

Die Energieübertragung vom Antrieb zur Bohrspindel erfolgt über ein stufenlos verstellbares Keilriemengetriebe. Um Energieverluste durch das Durchrutschen des Riemens auf der Keilriemenscheibe zu vermeiden, sollte die Riemenspannung monatlich überprüft und verschlissene Riemen ausgetauscht werden.

- **Stützen und Tragen**

Der Maschinentisch ist über eine Kurbel höhenverstellbar, um Bauteile mit unterschiedlicher Höhe bearbeiten zu können. Dabei wird er von der Säule geführt. Die Höhenverstellung der Tischführung muss leichtgängig sein, deswegen wird sie geschmiert.

Außerdem ist eine genaue Positionierung in Arbeitshöhe erforderlich, um fehlerhafte Bohrungen durch ein Kippen oder Verdrehen des Tisches zu vermeiden. Deswegen ist die Tischführung der Säulenbohrmaschine über eine Verschraubung nachstellbar.

Informieren

5.1 Warten als Teil der Instandhaltung

Die Wartung ist nach **DIN 31051** ein Teilaspekt der Instandhaltung (Abb. 1, ➔📖).

Instandhaltung

Alle Maßnahmen zur Erhaltung oder Wiederherstellung eines funktionsfähigen Zustandes eines technischen Systems

Wartung	Inspektion	Instandsetzung	Verbesserung
Maßnahmen zur Verzögerung des Abbaus des vorhandenen Abnutzungsvorrates	Maßnahmen zur Feststellung und Beurteilung des Ist-Zustandes, Bestimmung von Ursachen von Abnutzung und Ableitung von Konsequenzen für eine künftige Nutzung	Maßnahmen zur Wiederherstellung von Abnutzungsvorräten ohne technische Verbesserung	Maßnahmen zur Steigerung der Funktionssicherheit, ohne die von ihr geforderte Funktion zu ändern

Abb. 1: Instandhaltung nach DIN 31051

Beispiel: Abnutzung am Keilriemen

Der Keilriemen überträgt das Drehmoment vom Motor zur Bohrspindel.

Er unterliegt dabei einer Abnutzung und sein Abnutzungsvorrat in Form der Gewebeummantelung wird aufgebraucht.

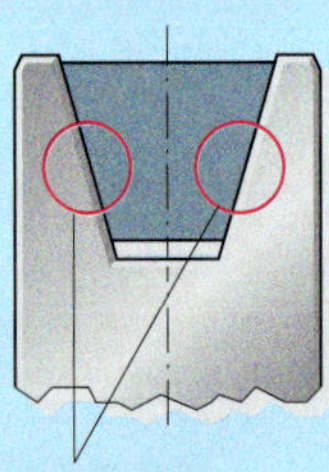

Sauberkeit, die richtige Vorspannung und das Fluchten der Keilriemenscheiben verringern die Abnutzung und erhöhen somit die Lebensdauer des Keilriemens.

5.2 Wartungsmaßnahmen

Planen

Durch entsprechende Wartungsmaßnahmen wird der Abbau des vorhandenen Abnutzungsvorrates verzögert und der funktionsfähige Zustand der Maschine bewahrt (Abb. 2). Dies geschieht durch folgende Tätigkeiten:

- Reinigungsarbeiten,
- Versorgen von Schmierstellen,
- Ergänzen von Kühlschmierstoff,
- Auswechseln von Dichtungen und Filtern,
- Nachstellen von Messeinrichtungen.

Wartung

Reinigen	Schmieren	Ergänzen	Auswechseln	Nachstellen
Kontaktstellen Sichtfenster	Getriebe Lager Führungen	Kühlmittel Öle Fette	Schlauchklemme Leuchtmittel	Anschläge Messzeiger Zeituhren

Abb. 2: Teilmaßnahmen der Wartung

Bei der Wartung der Säulenbohrmaschine ist auf die Gefahr durch elektrischen Strom zu achten. Die Durchführung der Wartung darf nur an einer stromfreien Maschine erfolgen, gegebenenfalls muss die Maschine durch befugtes Fachpersonal stromfrei geschaltet werden. Beim Umgang mit Strom sind die Sicherheitshinweise zu beachten.

Allgemeine Sicherheitshinweise

Um die Sicherheit für das Wartungspersonal zu gewährleisten, müssen Sicherheitsmaßnahmen und eine entsprechende Umsicht bei dem Umgang mit technischen Systemen eingehalten werden. Warn- und Hinweisschilder weisen auf mögliche Gefahren hin (Abb. 3).

a) Warnschild

Warnung vor gefährlicher elektrischer Spannung

b) Hinweisschild

Abb. 3: Warn- und Hinweisschild

Wartungsarbeiten dürfen nur durchgeführt werden, wenn der Maschinen-Hauptschalter ausgeschaltet ist und die Anlage gegen ein unbeabsichtigtes Wiedereinschalten gesichert ist. Dies kann durch ein Hinweisschild (Abb. 3b) und durch das Anbringen eines Vorhängeschlosses erfolgen.

Wirkungen des elektrischen Stromes bei Stromunfällen

Die unterschiedlichen Wirkungen des elektrischen Stromes auf eine Person sind von der Stromstärke, die durch den menschlichen Körper fließt, und der Dauer der Einwirkzeit abhängig. In Abbildung 4 sind beide Größen mit den Auswirkungen grafisch dargestellt.

Die hier dargestellten Auswirkungen sind statistische Angaben. Sie hängen außerdem ab von

- dem Körperaufbau (Masse),
- der Hautbeschaffenheit (feuchte oder trockene Hände) und
- der körperlichen Verfassung der Person.

Auch kurzzeitige Stromeinwirkungen können negative Folgen haben, z. B. ein Sturz von der Leiter. Auch längere Einwirkzeiten bei geringen Stromstärken sind gefährlich, denn elektrischer Strom zersetzt die Zellflüssigkeit und kann damit nachträglich zu einer Vergiftung führen.

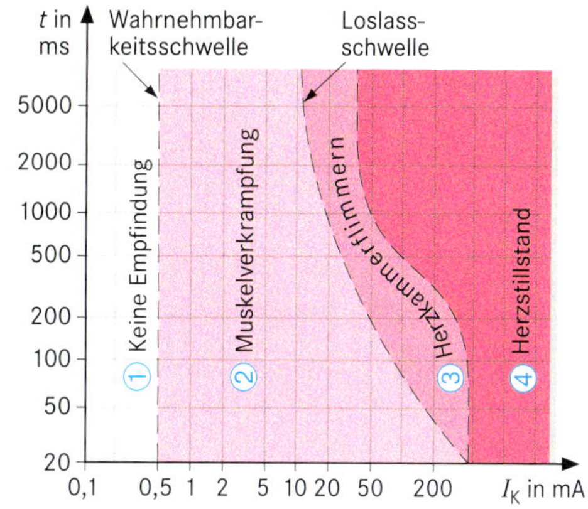

Abb. 4: Art der Gefährdung in Abhängigkeit von Stromstärke und Einwirkzeit

Erst-Maßnahmen bei Stromunfällen

Bei Eintritt eines Stromunfalles sind unverzüglich die aufgeführten Maßnahmen zu ergreifen (Abb. 5).

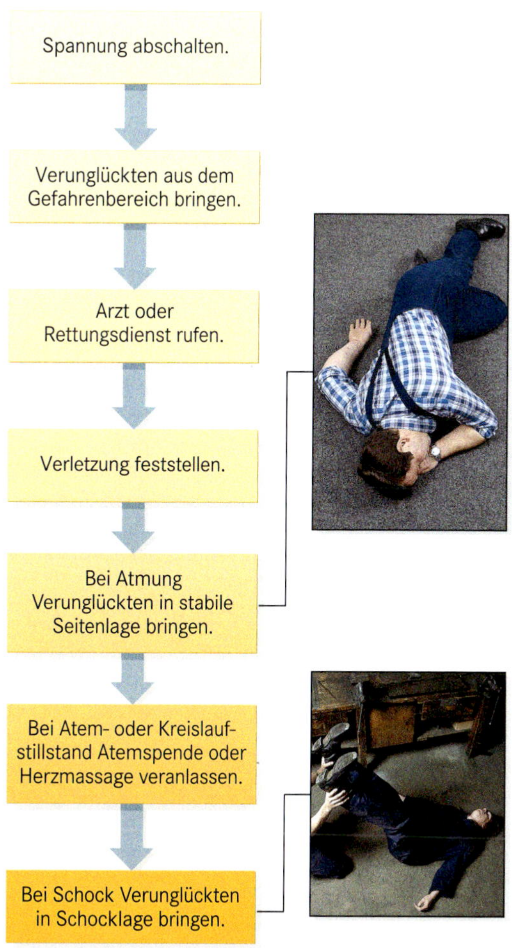

Abb. 5: Erst-Maßnahmen bei Stromunfällen

Warten

5.2.1 Reinigen

Technische Systeme werden regelmäßig gereinigt, damit der Produktionsprozess nicht behindert oder die Arbeitssicherheit nicht gefährdet wird. Die Häufigkeit der Reinigung ist von dem Produktionsprozess und den vorherrschenden Umgebungseinflüssen abhängig.

Typische Reinigungsstellen an Werkzeugmaschinen sind:

- Bedienelemente, Arbeitsräume und Abdeckungen,
- Führungsbahnen und deren Abstreifer,
- Werkzeuge und Vorrichtungen,
- Auffangbehälter für Späne,
- Siebe und Düsen.

Beim Reinigen werden Verunreinigungen von Fremd- und Hilfsstoffen z. B. durch Saugen, Kehren oder mit Lösungsmitteln entfernt.

Leichte Verunreinigungen werden mit einem nichtfasernden Putztuch und einem Putzöl entfernt, grober Schmutz wird mit einem Pinsel oder einem Handfeger beseitigt.

! Späne nicht mit Druckluft entfernen, da eine Verletzungsgefahr besteht.

Ungeschützte Metalloberflächen wie Gleitbahnen sind nach dem Reinigen einzuölen, um sie vor Korrosion zu schützen.

Reinigungsarbeiten an der Säulenbohrmaschine

Die Betriebsanleitung der Säulenbohrmaschine fordert:

- **Säule und Zahnstange**

Die Säule und die Zahnstange sind stets sauber zu halten.

- **Riemenscheibe**

Die Riemenscheibe muss frei von Schmutz sein, da sonst der Keilriemen vorzeitig zerstört wird.

- **Keilriemen**

Verschmutzte Keilriemen werden mit einer Glyzerin-Spiritus-Mischung (1:10) gesäubert.

Warten

5.2.2 Schmieren und Ergänzen

Schmierstoffe erzeugen zwischen den Gleitflächen der sich gegeneinander bewegenden Maschinenteile einen zusammenhängenden Schmierfilm. Dadurch wird die Berührung und somit die Reibung und die Abnutzung der Gleitflächen vermindert und der Wirkungsgrad einer Maschine erhöht.

Die erforderlichen Schmiertätigkeiten werden im Schmierplan durch Sinnbilder auf der entsprechenden Zeitleiste angegeben (Abb. 1).

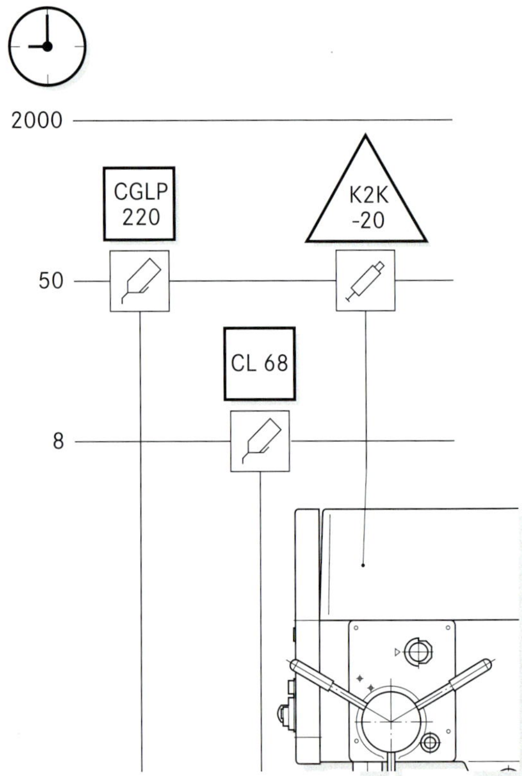

Abb. 1: Auszug Schmierplan

Die Zeitintervalle, in denen die Tätigkeiten zu wiederholen sind, sind in Betriebsstunden angegeben. Eine Bezugslinie weist auf die Schmierstelle hin. Mengenangaben (z. B. 0,75 l) werden im Sinnbild eingetragen (Abb. 2).

Sinnbilder für Wartungsarbeiten			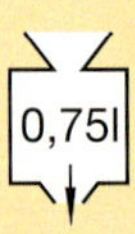	
Bedeutung	Ölen	Fetten	Kontrollieren und Auffüllen	

Abb. 2: Sinnbilder für Schmierangaben

Die Angaben über die erforderlichen Schmierstoffe erfolgen ebenfalls durch Sinnbilder, Kennbuchstaben und Kennzahlen (→📖).

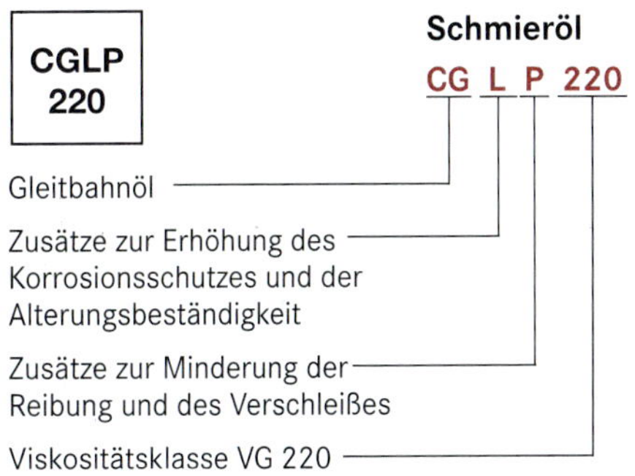

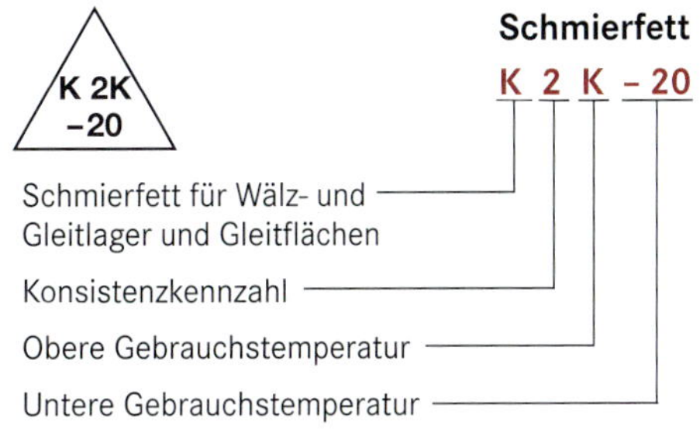

Schmierstoffe

Schmieröle
- □ Mineralöle
- ⊟ Synthetische Öle

Schmierfette
- △ auf Mineralölbasis
- ◇ auf Syntheseölbasis

Festschmierstoffe
- Grafit
- Molybdändisulfid

Die Schmierstoffe haben folgende *Aufgaben*:

- einen zusammenhängenden Schmierfilm erzeugen,
- die Abnutzung an Gleitflächen verzögern,
- Wärme abführen,
- Korrosion verhindern und
- Laufgeräusche dämpfen.

Durch Zusätze (Additive) erhalten die Schmierstoffe die für den jeweiligen Verwendungszweck erforderlichen Eigenschaften. Die wichtigsten *Eigenschaften* sind:

Viskosität:

Zähflüssigkeit des Schmierstoffes. Sie ist ein Maß für die innere Reibung des Schmierstoffes, wenn sich geschmierte Berührungsflächen gegeneinander bewegen. Mit zunehmender Temperatur nimmt die Viskosität ab und das Fließverhalten des Schmierstoffes nimmt zu.

Flammpunkt:

Temperatur, bei der der Schmierstoff brennbare Gase bildet.

Stockpunkt:

Temperatur, bei der der Schmierstoff nicht mehr fließt.

- *Schmieröle* werden je nach Herstellungsverfahren in Mineralöle auf Erdölbasis und synthetische Öle aus Kohlenwasserstoff- und Silizium-Verbindungen unterteilt.

  Schmieröle werden meist wegen den hohen Geschwindigkeiten und Temperaturen in Getrieben eingesetzt.

- *Schmierfette* sind verseifte Schmieröle mit pastenartiger Konsistenz auf Mineralöl- oder Syntheseölbasis. Nach ihrer Verformbarkeit (Walkpenetration) werden die Schmierfette in Konsistenzklassen eingeteilt (→📖). Schmierfette verwendet man bei geringen Gleitgeschwindigkeiten, niedrigen Temperaturen und hohen Lagerkräften. Vorwiegend kommen Fette zum Schmieren von Wälzlagern und Führungen zum Einsatz.

- *Festschmierstoffe* (z. B. Grafit und Molybdändisulfid) sind plättchenförmige Pulverteilchen, die Unebenheiten der Gleitflächen ausgleichen. Festschmierstoffe kommen bei sehr niedrigen Gleitgeschwindigkeiten sowie bei extrem niedrigen oder hohen Temperaturen zum Einsatz.

Umgang mit Schmierstoffen

Beim Umgang mit Schmierstoffen ist die Betriebsanweisung einzuhalten (Abb. 1). Sie legt die erforderlichen Schutzmaßnahmen und Verhaltensregeln beim Umgang mit gefährlichen Stoffen fest.

BTA - Nr 0200 16.05.2004	**BETRIEBSANWEISUNG** gemäß §20 GEFSTOFFV	Stand: 04/99 abgezeichnet am:
Betrieb/Gebäude: Halle 5/Sonderfertigung	**Geltungsbereich:** Werkzeugmaschinen	

GEFAHRSTOFFBEZEICHNUNG

Gleitbahnöl CGLP 220
Castrol Magnaglide - D 220

GEFAHREN FÜR MENSCH UND UMWELT

Intensiver Hautkontakt zerstört den Säureschutzmantel der Haut; kann zu Hautreizungen, mechansicher Beschädigung der Haut und zu Hautinfektionen führen.

Bei Hautkontakt besteht die Möglichkeit allergischer Reaktionen.

SCHUTZMASSNAHMEN UND VERHALTENSREGELN

Behälter an einem kühlen und gut belüfteten Ort aufbewahren.
Nicht in die Kanalisation oder in Gewässer gelangen lassen.

Handschutz: Schutzhandschuhe
Hautschutz: Schutzcreme verwenden

VERHALTEN IM GEFAHRFALL

Löschmittel: CO_2, Sand, Löschpulver, Schaum
ungeeignete Löschmittel: Wasser
Bei Brand kann Kohlenmonoxid (CO) und Kohlendioxid (CO_2) entstehen.

ERSTE HILFE

Hautkontakt: Sofort mit Wasser und Seife abwaschen und gut nachspülen. Mechanisch entfernen, gründlich waschen und spülen.
Augenkontakt: Bei geöffnetem Lidspalt mehrere Minuten unter fließendem Wasser abspülen und Arzt konsultieren.
Verschlucken: Bei anhaltenden Beschwerden Arzt konsultieren.

SACHGERECHTE ENTSORGUNG

Mit Schmierstoff getränkte Tücher und Lappen in besonders gekennzeichneten Behältern sammeln.

Der betrieblichen Abfallentsorgung zuführen; zuständig: Hr. Meyer, K.-St. 2743

Abb. 1: Betriebsanweisung für den Umgang mit Schmierstoffen

Versorgung der Schmierstellen

Das Ölen erfolgt mit der Ölkanne, einem Pinsel oder mit einem nichtfasernden Lappen. Das Fett wird mit einem Pinsel aufgetragen oder mit einer Fettpresse, die auf einen Schmiernippel aufgesetzt wird, zur Schmierstelle gepresst (Abb. 2).

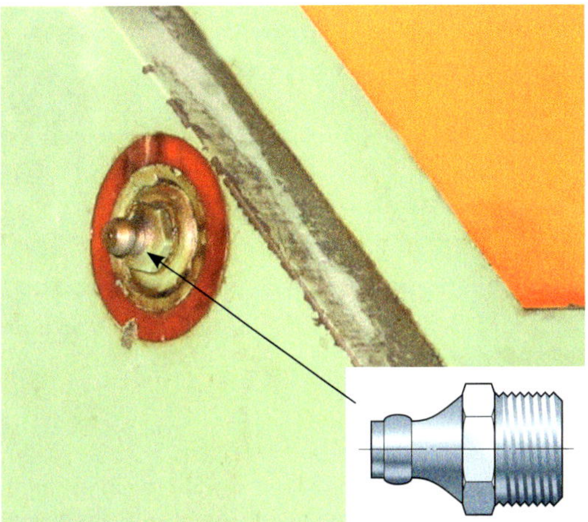

Abb. 2: Schmiernippel an einer Werkzeugmaschine

Die Schmierstellen (z. B. Schmiernippel) sind sauber zu halten, damit kein Schmutz in den Schmierkreislauf gelangen kann.

Die Menge des Schmieröles wird durch ein Öl-schauglas kontrolliert (Abb. 3). Der Ölstand muss bis zur Mitte des Ölschauglases reichen.

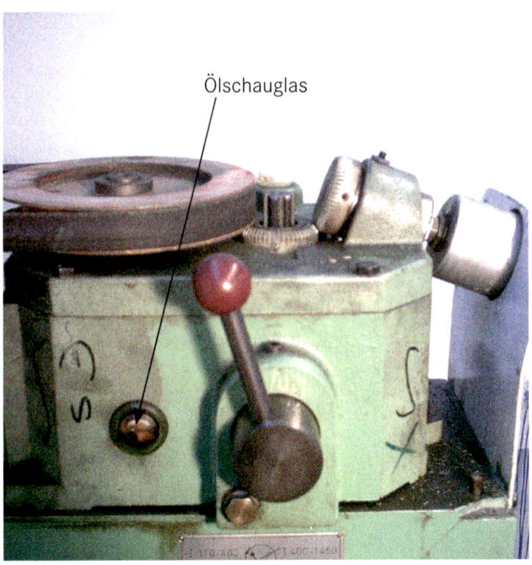

Abb. 3: Ölschauglas am Vorschubgetriebe

Mit einem Abschmierprotokoll werden die Schmiertätigkeiten dokumentiert.

Schmierarbeiten an der Säulenbohrmaschine

Der Schmierplan der Säulenbohrmaschine schreibt Schmierarbeiten an folgenden Bauteilen vor:

- **Säule**

Schmieröl CGLP 220, alle 50 Betriebsstunden mit der Ölkanne auftragen.

- **Pinole**

Schmieröl CL 68, alle 8 Betriebsstunden mit der Ölkanne auftragen.

- **Spindelkeilwelle**

Schmierfett K2K -20, alle 50 Betriebsstunden mit der Fettpresse auftragen.

- **Vorschubgetriebe**

Mengenkontrolle über Ölschauglas, alle 8 Betriebsstunden.

Schmieröl CGLP 220, alle 2000 Betriebsstunden wechseln, 0,75 l.

- **Tischhubgetriebe / Zahnstange**

Schmierfett K2K -20, alle 50 Betriebsstunden mit der Fettpresse auftragen.

5.2.3 Auswechseln

Typische Wartungsarbeiten sind bei Bedarf das Auswechseln von Verschleißteilen wie Dichtungen, Filter und Keilriemen. Der Austausch der Verschleißteile ist nach den Montage- und Demontageplänen der Betriebsanleitung durchzuführen. Die in der Betriebsanleitung angegebenen Ersatzteile und Schmierstoffe sind zu verwenden.

Auswechselarbeiten an der Säulenbohrmaschine

Entsprechend der Betriebsanleitung werden folgende Ersatzteile und Schmierstoffe ausgewechselt:

- **Keilriemen**

Sobald die Oberfläche porös ist oder die erforderliche Vorspannung nicht mehr durch die Einstellvorrichtung aufzubringen ist.

- **Öl für Vorschubgetriebe**

Jährlich (ca. 2000 Betriebsstunden) über die Öl-ablassschraube zu wechseln und durch Frischöl zu ersetzen.

- **Kühlschmierflüssigkeit**

Wenn der pH-Wertabfall (> 0,5) oder die Nitritgehaltabweichung (> 20 ppm Nitrit) den vom Hersteller vorgegebenen Wert überschreitet, ist die Kühlschmierflüssigkeit auszutauschen.

Warten

5.2.4 Nachstellen

Durch das Nachstellen von Maschinenelementen, wie Führungen, werden Abweichungen von der idealen Einstellung ausgeglichen. Gründe für Abweichungen sind z. B. die Längenänderung durch Materialermüdung beim Keilriemen oder die Materialabnutzung von Führungsbahnen einer Werkzeugmaschine.

Durch entsprechende Einstellvorrichtungen können Abweichungen ausgeglichen werden (Abb. 1). Mit Druckschrauben wird die Nachstellleiste an die Führungsbahn gedrückt und somit das Führungsspiel verringert (Abb.1a). Keilförmige Nachstellleisten werden durch Einstellschrauben gegeneinander verschoben, so dass sich der Führungsspalt verringert (Abb.1b).

Das Nachstellen von Maschinenelementen ist durch die Konstruktion der Nachstelleinrichtung begrenzt. Ist sie nicht mehr nachstellbar, muss ein Teileaustausch erfolgen.

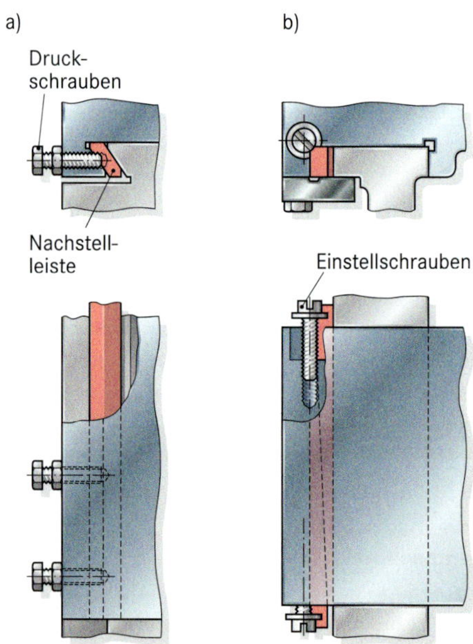

Abb. 1: Nachstellleisten

Keilriemen unterliegen betriebsbedingt einer Ermüdung, so dass die Vorspannkraft regelmäßig zu prüfen und gegebenenfalls nachzustellen ist. Das Nachstellen erfolgt durch die Vergrößerung des Achsabstandes. Bei Keilriemengetrieben wird die notwendige Vorspannkraft und die zugehörige Auslenkung nach Erfahrung eingestellt. Werden höhere Ansprüche an eine Maschine gestellt, wird die Vorspannkraft mit einem Vorspannungsmessgerät überprüft. Ein Aufkleber gibt die entsprechenden Prüfwerte an (Abb. 2).

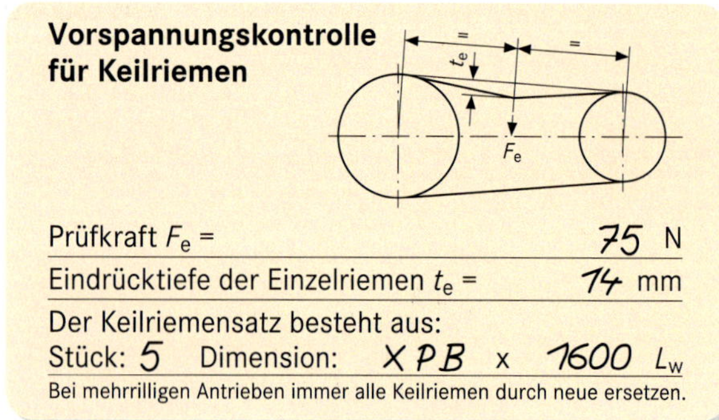

Abb. 2: Aufkleber zur Vorspannkontrolle

Nachstellarbeiten an der Säulenbohrmaschine

Nach der Betriebsanleitung werden folgende Bauteile nachgestellt:

- **Keilriemen**

Die Riemenspannung ist monatlich zu überprüfen und eventuell nachzustellen. Der Keilriemen sollte sich zwischen den Riemenscheiben 2 - 3 cm durchdrücken lassen. Weicht das Prüfergebnis von diesem Wert ab, so ist der Achsabstand des drehbar gelagerten Elektromotors durch die Einstellschraube zu verändern (Abb. 3).

Abb. 3: Einstellvorrichtung Riemenspannung

- **Rückholfeder für den Vorschub durch den Handhebel**

Mit Hilfe der Rückholfeder wird die Pinole nach erfolgter Bearbeitung in die Ausgangsstellung gefahren. Erfolgt die Rückstellung nicht in einer angemessenen Geschwindigkeit, so ist die Spiralbandfeder im Federgehäuse nachzuspannen.

- **Maschinentisch**

Je nach Bedarf ist die Maschinentischführung über die Einstellschraube nachzustellen.

Warten

5.3 Pflegen von Kühlschmierstoffen

Zur Wahrung der Gebrauchsfähigkeit müssen Kühlschmierstoffe gepflegt werden. Verunreinigungen durch Umgebungseinflüsse und Fehlverhalten von Menschen führen zu einer Veränderung der Zusammensetzung der Kühlschmierstoffe. Durch Filter werden Feststoffe, wie Späne, herausgefiltert. Sie müssen in regelmäßigen Abständen gesäubert oder gewechselt werden.

Man unterscheidet zwischen nichtwassermischbaren und wassermischbaren Kühlschmierstoffen. Bei nichtwassermischbaren Kühlschmierstoffen auf Ölbasis muss das Öl regelmäßig überprüft werden, da Verunreinigungen die Gebrauchseigenschaften verschlechtern (Alterung).

Die wassermischbaren Kühlschmierstoffe bestehen aus einer Wasser-Öl-Emulsion. Sie werden als Konzentrat geliefert und durch Zugabe von Wasser auf die Gebrauchskonzentration gebracht.

Die Gebrauchsfähigkeit von wassermischbaren Kühlschmierstoffen wird kontrolliert durch das Prüfen:

- von wahrnehmbaren Veränderungen (z. B. Geruch, Aussehen),
- der Gebrauchskonzentration,
- des pH-Wertes und
- des Nitritgehaltes.

Prüfen des Geruches

Werden Maschinen selten benutzt, kommt es wegen einer mangelnden Umwälzung des Kühlschmierstoffes zu einer Sauerstoffarmut in der Anlage. Es entstehen Faulgase wie Schwefelwasserstoff. Abhilfe bietet hier eine gute Durchlüftung und Umwälzung des Kühlschmierstoffes.

Prüfen des Aussehens

Durch die Kühlschmierung wird der Schmierfilm der Führungsbahnen abgetragen, so dass Öl auf der Oberfläche im Kühlschmierbehälter aufschwimmt (Abb. 4). Dieses Öl ist mit einem Nasssauger oder Ölabscheider zu entfernen.

Die Prüfung der wahrnehmbaren Veränderungen sollte täglich erfolgen.

Abb. 4: Verunreinigungen im Kühlschmierbehälter

Prüfen der Gebrauchskonzentration

Beim Einsatz von wassermischbaren Kühlschmierstoffen verdampft ein Teil des Wassers durch die hohe Zerspanungstemperatur. Dadurch verändert sich die Konzentration. Mit dem Handrefraktometer kann man das Mischungsverhältnis (Konzentration) von Wasser und Öl des Kühlschmierstoffes bestimmen (Abb. 5).

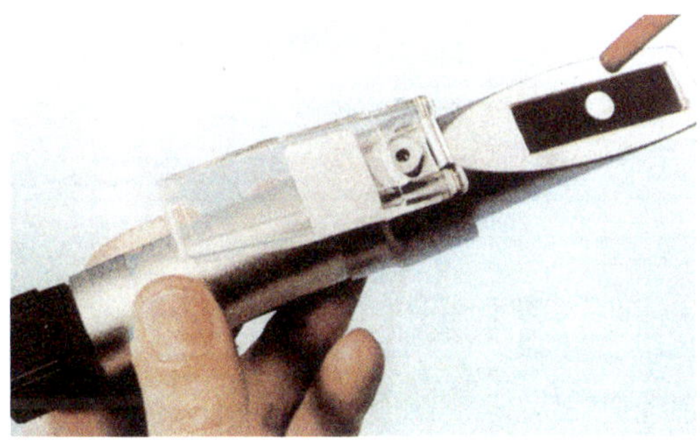

Abb. 5: Handrefraktometer

Messvorgang:

Es werden 1-2 Tropfen Kühlschmierstoff mit einer Pipette auf das Prisma gegeben. Durch das Schließen der Klappe verteilt sich die Flüssigkeit. Danach schaut man durch das Okular und stellt die Skala scharf ein. Der abgelesene Wert wird mit dem Refraktometerwert der zu prüfenden Kühlschmierflüssigkeit multipliziert. Der errechnete Wert ist das Mischungsverhältnis. Liegt der ermittelte Wert über dem vom Hersteller vorgegebenen Wert, muss neuer Kühlschmierstoff mit einer niedrigeren Konzentration zugeführt werden. Reines Wasser würde sich nicht mehr mit dem gebrauchten Kühlschmierstoff vermischen (emulgieren). Liegt die Konzentration unter dem Sollwert, wird eine höhere Konzentration zugemischt.

Die Prüfung der Konzentration sollte wöchentlich erfolgen.

Prüfen des pH-Wertes

Kühlschmierstoffe enthalten meist Zusätze zum Schutz vor Korrosion. Der pH-Wert des Kühlschmierstoffes steigt dadurch auf ca. 9 an. Ein Abfall des pH-Wertes hat ein Nachlassen des Korrosionsschutzes zur Folge. Der pH-Wert wird wöchentlich mit einem Teststäbchen geprüft, das in der Kühlschmierflüssigkeit geschwenkt wird. Der pH-Wert wird durch entsprechende Verfärbung angezeigt (Abb. 1).

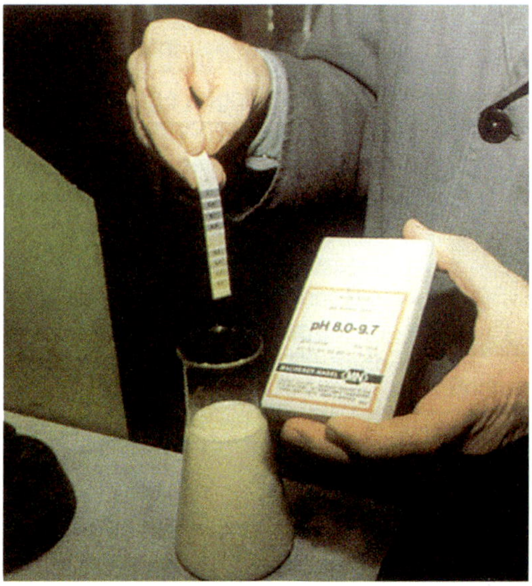

Abb. 1: Teststreifen pH-Wert

Bei Abweichungen ist zu prüfen, ob eine Veränderung der Gebrauchskonzentration den pH-Wert positiv beeinflussen kann. Ansonsten ist der Kühlschmierstoff auszutauschen und der Kühlschmierkreislauf zu reinigen.

Prüfen des Nitritgehaltes

Um Gesundheitsgefährdungen durch eine Nitrosaminbildung zu verhindern, muss der Nitritgehalt des Kühlschmierstoffes überprüft werden. Dies geschieht wöchentlich durch Teststäbchen, die sich entsprechend verfärben. Wird der zulässige Wert überschritten, so muss ein nitrithemmender Wirkstoff zugeführt werden oder ein kompletter Austausch des Kühlschmierstoffes erfolgen.

Belastung durch Mikroorganismen

Wassermischbare Kühlschmierstoffe unterliegen aufgrund ihres Wasseranteiles einem Befall von Mikroorganismen wie Pilze und Bakterien. Je nach dem Wachstumsgrad dieser Keime sinkt die Gebrauchsfähigkeit des Kühlschmierstoffes und steigt die Gesundheitsgefährdung durch Hauterkrankungen. Die Prüfung der Keimzahlbildung ist aufwändig und kann nur durch ein geeignetes Fachpersonal oder durch Fremdlabore durchgeführt werden. In der Praxis werden deswegen die Prüfung des pH-Wertes, der Konzentration und des Nitritwertes zur Zustandsbeschreibung des Kühlschmierstoffes herangezogen. Durch die Zugabe von Konservierungsmitteln wird die Verkeimung des Kühlschmierstoffes gering gehalten. Ist die zulässige Keimzahl trotz Nachkonservierung nicht einzuhalten, muss der Kühlschmierstoff ausgetauscht werden. Der Kühlschmierkreislauf muss gründlich gereinigt werden, um eine Neuverkeimung durch Keimrückstände zu vermeiden.

Umgang mit Kühlschmierstoffen

Beim Umgang mit Kühlschmierstoffen gilt die Betriebsanweisung gemäß der Gefahrstoffverordnung (siehe Abb. 1, S. 131). Es können gesundheitliche Schäden, wie Hauterkrankungen oder Augenreizungen, auftreten. Die Haut wird bei langandauerndem Kontakt mit Kühlschmierstoffen entfettet und entwässert. Das Tragen von Handschuhen und Schürzen sowie die Verwendung von Hautschutzcreme erhöhen den Gesundheitsschutz.

Nach dem Kontakt mit Kühlschmierstoffen müssen die Hände sorgfältig gewaschen und die durchnässte Arbeitskleidung gewechselt werden. Bei Augenkontakt ist sofort ein Augenarzt aufzusuchen.

Weitere Hinweise zum Umgang mit Kühlschmierstoffen können bei der zuständigen Berufsgenossenschaft angefordert werden.

Für die Entsorgung von Kühlschmierstoffen gelten folgende Anweisungen:

- in besonders gekennzeichneten Behältern sammeln,
- nicht mit Lösungsmitteln oder anderen Flüssigkeiten vermischen,
- durch Fachfirmen entsorgen lassen.

Umweltschutz

Die Entsorgung von Schmierstoffen muss nach den gesetzlichen Vorschriften erfolgen. In keinem Fall dürfen Öle in das Abwasser oder Grundwasser gelangen.

Die gebrauchten Kühlschmierstoffe müssen getrennt von anderen Abfällen umweltgerecht gesammelt werden. Gebrauchte Kühlschmierstoffe gelten nach dem Abfallgesetz als Sonderabfall. Sonderabfall ist nachweispflichtig zu entsorgen.

Warten

5.4 Korrosionsschutzmaßnahmen

Die Metalloberflächen der Säulenbohrmaschine sind der Korrosion ausgesetzt. Korrosionsschutzmaßnahmen, die im Rahmen der Wartung einer Maschine durchgeführt werden, beschränken sich auf das Aufbringen einer Schutzschicht auf die Metalloberfläche (passiver Korrosionsschutz).

Hieraus lassen sich folgende Schutzmaßnahmen ableiten:

- einölen,
- beschädigte Lackschicht ausbessern,
- Material in Ölpapier einwickeln.

Grundlagen

Korrosion

Korrosion ist die Zerstörung eines Werkstückes durch chemische oder elektrochemische Vorgänge. Bei der chemischen Korrosion verbinden sich Gase wie Sauerstoff, Schwefeldioxid oder Chlorwasserstoff mit Metallen und greifen dabei die Oberfläche an. Die elektrochemische Korrosion beruht auf der Bildung eines galvanischen Elementes. Werden zwei in der elektrochemischen Spannungsreihe (➡📖) weit auseinanderliegende Metalle verbunden, so löst sich das unedlere Metall bei Anwesenheit einer elektrisch leitenden Flüssigkeit (z. B. Wasser) auf.

Je nach Erscheinungsform unterscheidet man folgende Korrosionsarten:

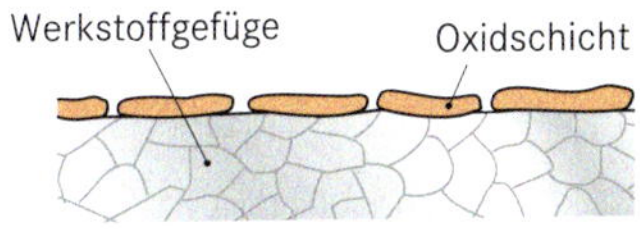

Flächenkorrosion bei einem gleichmäßigen Abtrag der Metalloberfläche.

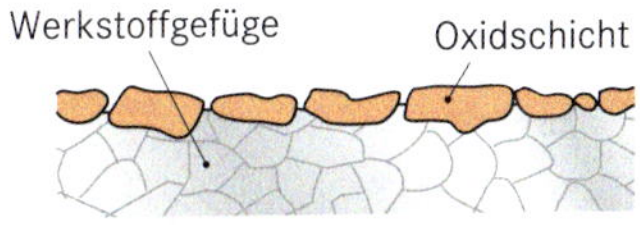

Muldenkorrosion durch örtlich unterschiedlichen Flächenabtrag.

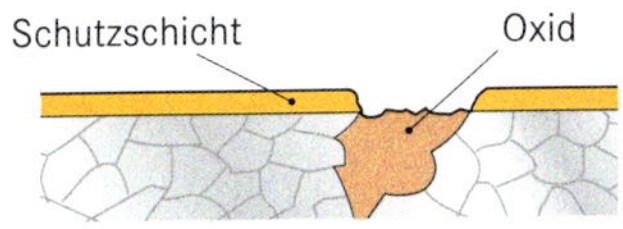

Lochkorrosion als krater- oder nadelförmige Vertiefung.

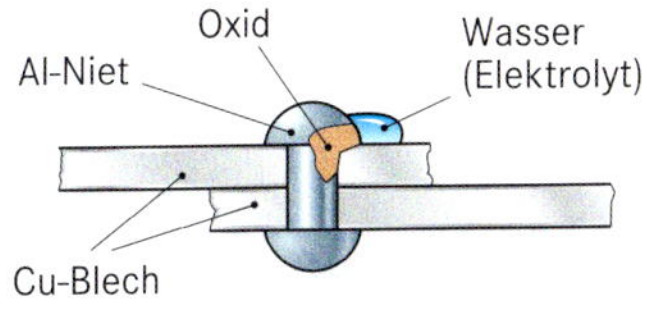

Kontaktkorrosion durch die Verbindung zweier verschiedenartiger Metalle und z. B. Wasser. Das unedlere Metall wird zerstört.

Allgemeine Korrosionsschutzmaßnahmen

Der Schutz korrosionsgefährdeter Maschinenelemente erfolgt durch:

- eine geeignete Werkstoffauswahl,
- eine korrosionsschutzgerechte Konstruktion,
- eine Beeinflussung oder Veränderung der Korrosionsvorgänge,
- das Aufbringen von einer Schutzschicht.

Korrosionsschutzmaßnahmen haben das Ziel, korrosionsgefährdete Bauteile zu schützen.

Korrosionsschutzmaßnahmen sollen vorbeugend durchgeführt werden. Nachträgliche Korrosionsschutzmaßnahmen werden zielgerichtet gegen die Ursachen der Korrosion eingesetzt.

Gesamtaufgabe

Die Senkrecht-Fräsmaschine ist an Hand der abgebildeten Unterlagen, die der Betriebsanleitung beiliegen, zu warten.

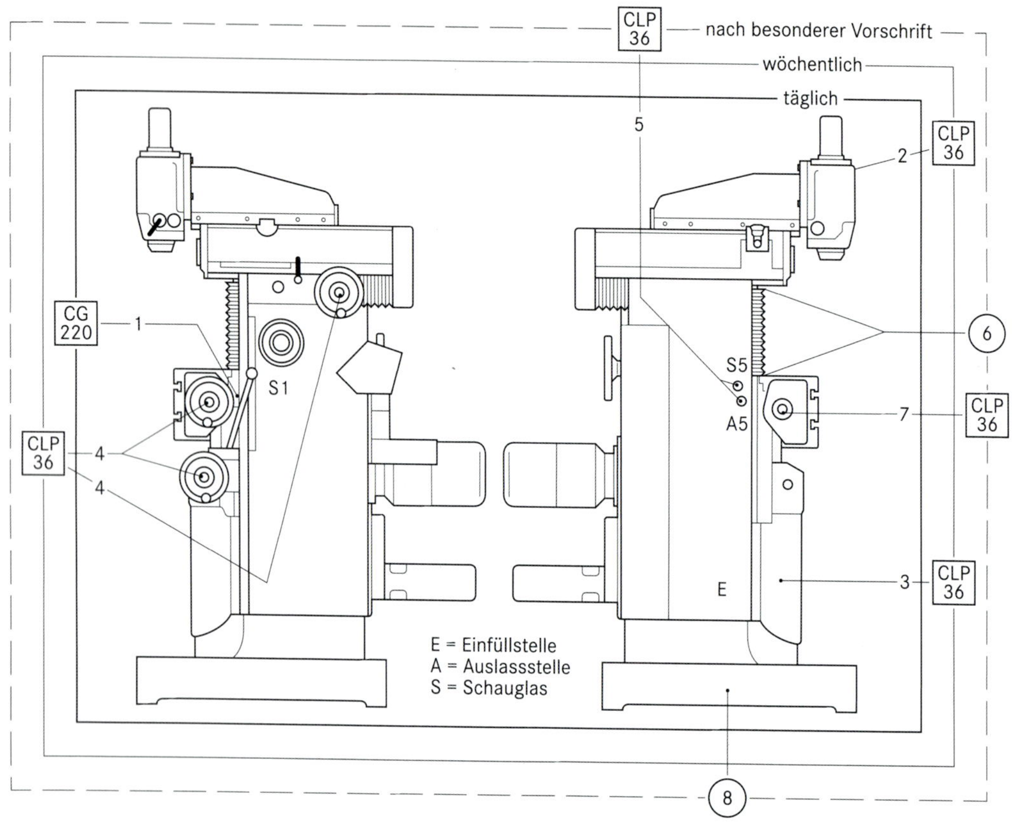

	Schmier- bzw. Wartungsstelle	Häufigkeit	Schmierstoffmenge	Nähere Hinweise
1	Support und Arbeitstischspindel	täglich	mehrere Stöße	mit Ölpresse, Schauglas 1S dient nur der Zufuhrkontrolle (keine Ölstandsanzeige)
2	Senkrechtfräskopf – Kegelräder, Kegelradlager	wöchentlich	einige Stöße	mit Ölpresse
3	Auftriebsspindel	wöchentlich	einige Tropfen	Auftriebsspindel (nach Abnehmen des Schutzbleches reinigen und schmieren) Kegelräder schmieren durch Nut der Nutwelle (mit Ölkanne).
4	Handräder	wöchentlich	einige Tropfen	mit Ölkanne
5	Hauptgetriebe	jährlich	ca. 1,5 l	altes Öl ablassen, Getriebekasten reinigen und durch Spindelbock bis Mitte Schauglas S5 mit frischem Öl füllen.
6	Späneabstreifer	monatlich	–	abnehmen und reinigen
7	Arbeitstischspindel	monatlich	–	reinigen nach Abknöpfen der Schutzbalgen, schmieren von Hand.
8	Kühlmittelraum	nach Bedarf	8 l	entleeren – reinigen

Analyse der Fräsmaschine

1. Geben Sie die Gründe an, warum die Senkrecht-Fräsmaschine zu warten ist.

2. a) Nennen Sie 3 unterschiedliche Bauelemente der Fräsmaschine, die einer Abnutzung unterliegen.

b) Ordnen Sie den 3 Bauelementen die jeweilige Funktionseinheit zu.

3. Welche Teilmaßnahmen gehören zur Wartung?

Sicherheitstechnische Maßnahmen

4. Nennen Sie die sicherheitstechnischen Maßnahmen, die erforderlich sind, um die Wartung an der Fräsmaschine durchzuführen.

5. a) Wodurch ist ein Stromunfall zu verhindern?

b) Welche Maßnahmen sind zu treffen, wenn es zu einem Stromunfall gekommen ist?

6. Von welchen Einflussgrößen ist die Gefährdung für den Menschen durch den elektrischen Strom abhängig?

Wartungstätigkeiten

7. Der Arbeitstisch der Fräsmaschine ist von Spänen und Kühlschmierstoffen zu säubern. Nennen Sie die erforderlichen Schritte.

8. Was ist bei der Entsorgung von ölverschmierten Putztüchern zu beachten?

9. Das Führungsspiel des Arbeitstisches ist nicht mehr im zulässigen Toleranzbereich. Geben Sie mögliche Gründe und erforderliche Maßnahmen an.

Schmierplan

10. Geben Sie die Häufigkeit und die Schmierstoffmenge folgender Schmierstellen an:

- Auftriebsspindel,
- Hauptgetriebe,
- Support und Arbeitstischspindel.

11. Aufgrund der Auftragslage wird die Produktion vom Einschichtbetrieb auf zwei Schichten ausgedehnt. Wie müssen die vorliegenden Unterlagen der Fräsmaschine geändert werden?

Schmierstoffe

12. Welche Aufgaben haben Schmierstoffe?

13. Erläutern Sie die Schmierstoffkennzeichnungen der Schmierstoffe der Fräsmaschine.

14. Begründen Sie den Einsatz der Schmierstoffe für folgende Schmierstellen:

a) Vorschubgetriebe – Schmieröl,

b) Zahnstange – Schmierfett.

15. Warum ist als Schmierstoff nur Öl und kein Fett vorgesehen?

16. Was bedeuten die Begriffe Viskosität und Walkpenetration?

17. Wann kommen Festschmierstoffe zum Einsatz?

Kühlschmierstoffe

18. Welche Aufgaben haben Kühlschmierstoffe?

19. a) Bei der Fräsmaschine kommt ein wassermischbarer Kühlschmierstoff zum Einsatz. Nennen Sie die anzuwendenden Prüfverfahren.

b) Was überprüft man mit den Prüfverfahren?

20. Wie misst man die Gebrauchskonzentration?

21. Wie kann man die Keimzahlbildung eines Kühlschmierstoffes prüfen?

22. Warum ist ein Kühlschmierstoff mit einem unzulässigen Befall von Mikroorganismen auszuwechseln?

23. Welche Maßnahmen sind zu ergreifen, wenn es zu einem Kontakt mit Kühlschmierstoffen kommt?

24. Was ist bei der Entsorgung von Kühlschmierstoffen zu beachten?

Korrosion

25. Warum ist die Korrosion von Bauteilen zu verhindern?

26. Geben Sie Maßnahmen zum Korrosionsschutz an.

27. Die Fräsmaschine ist durch Korrosion gefährdet. Wie kann man sie vor Korrosion schützen?

C

D

E

F

G

H

N

O

P

Q

R

S

W

Z

Verlag und Autoren möchten hiermit den nachstehend aufgeführten Firmen, Verbänden, Institutionen, Zeitschriften- und Buchredaktionen sowie Einzelpersonen für ihre tatkräftige und großzügige Hilfe bei der Bereitstellung von Bild- und Informationsmaterial und für ihre Beratung danken.

F = Foto(s); Z = Zeichnung(en)

Aluminium- Zentrale e. V., Düsseldorf: F: 21.3

Arbeitsgemeinschaft der Metall-Berufsgenossenschaften, Düsseldorf: 131, 234

Berufsgenossenschaft der Feinmechanik und Elektronik, Köln: F: 231.5

Friedrich Deckel AG, München: Z: 240

Eisenwerk Schönheiderhammer GmbH, Schönheide: F: 21.2 (unten)

FASTI- Werk Carl Aug. Fastenrath GmbH & Co. KG, Wermelskirchen: F: 68.1

Festo AG & Co., Esslingen: F: 192.1, 193.4, 194 (Tab. 1), 206 (Tab. 1/ rechts)

Fotostudio Druwe & Polastri, Cremlingen: F: 38.1, 40.1, 57.1, 91.3, 94 (Tab. 1), 99.4, 100 (Tab. 1), 109.4+5, 119.4, 141.5, 145 (Tab. 1), 146.1, 148.1, 160.1, 161 (Tab. 1), 206 (Tab. 1/ links + Mitte)

HELIOS Messtechnik GmbH & Co. KG, Niedernhall: F: 45.7

HOFFMANN GmbH, Qualitätswerkzeuge, München: F: 108.1, 110.2, 112.1+2

Hommelwerke GmbH, VS- Schwenningen: F: 134.2

Kraft & Co. GmbH, Hamburg: F: 29.3

Lutz Langanke, Hannover: F: 229, 235.2+3, 236.3, 237.4

Maschinenbau- und Metall- Berufsgenossenschaft (MMBG), Düsseldorf: F: 237.5, 238.1

Messer- Griesheim Schweißtechnik GmbH + Co., Groß- Umstadt: F: 178.1, 180.1

Mitutoyo Messgeräte GmbH, Neuss: F: 133.4

Rothenberger GmbH, Kelkheim: F: 66.3

Ludwig Schmitz GmbH & Co. KG, Haan: F: 179.4

Schubert & Salzer Eisenwerk GmbH, Erla: F: 28.1

SCHUPA- Elektro GmbH, Schalksmühle: F: 225.2

Sichel- Werke GmbH, Hannover: F: 172

Günter Sokele, Esslingen: F: 196.2+3, 220.2

Günther Tiedt, Wunstorf: F: 38.3, 61.1, 65.4

Westermann- Archiv, Braunschweig: F: 21.2 (oben), 23, 125.3

Hinweis: Für den Fall, dass berechtigte Ansprüche von Rechteinhabern unbeabsichtigt nicht berücksichtigt wurden, sichert der Verlag die Vergütung im Rahmen der üblichen Vereinbarungen zu.

Layout: Sabine Fehmer, Grafik & Layout, Cremlingen
Zeichnungen: Mario Valentinelli, Rostock
Englische Übersetzung: Günther Tiedt, Wunstorf

Wirtschafts- und Sozialkunde / Englisch

exakt!

Wirtschafts- und Sozialkunde für gewerblich-technische Ausbildungsberufe

368 Seiten, vierfarbig
Schülerbuch 978-3-14-**22 5360**-2
Lösungen 978-3-14-**22 5361**-9

WISO

Ein Nachschlagewerk für das Prüfungsfach Wirtschafts- und Sozialkunde

80 Seiten, zweifarbig
978-3-**8045-3521**-3

Englisch

für gewerblich-technische Ausbildungsberufe

200 Seiten, vierfarbig
Schülerbuch 978-3-14-**24 5010**-0
Arbeitsheft 978-3-14-**24 5012**-4
Audio-CD 978-3-14-**24 5014**-8

Nähere Informationen zum vollständigen Berufsbildungsprogramm finden Sie unter www.westermann.de